KB116847

정원수로 좋은 우리 나무 252

정원수로 좋은 우리 나무 252

1판 1쇄 발행 2019. 3. 27.
1판 3쇄 발행 2022. 6. 10.

지은이 정계준

발행인 고세규
편집 강영특 | 디자인 홍세연
발행처 김영사

등록 1979년 5월 17일 (제406-2003-036호)
주소 경기도 파주시 문발로 197(문발동) 우편번호 10881
전화 마케팅부 031)955-3100, 편집부 031)955-3250 | 팩스 031)955-3111

저작권자 ⓒ 정계준, 2019
이 책은 저작권법에 의해 보호를 받는 저작물이므로 저자와 출판사의 허락 없이 내용의 일부를 인용
하거나 발췌하는 것을 금합니다.

값은 뒤표지에 있습니다.
ISBN 978-89-349-9519-7 03480

홈페이지 www.gimmyoung.com   블로그 blog.naver.com/gybook
인스타그램 instagram.com/gimmyoung   이메일 bestbook@gimmyoung.com

좋은 독자가 좋은 책을 만듭니다.
김영사는 독자 여러분의 의견에 항상 귀 기울이고 있습니다.

이 도서의 국립중앙도서관 출판예정도서목록(CIP)은 서지정보유통지원시스템 홈페이지
(http://seoji.nl.go.kr)와 국가자료공동목록시스템(http://www.nl.go.kr/kolisnet)에서
이용하실 수 있습니다.(CIP제어번호 : CIP2019010156)

정계준 지음

정원수로 좋은
우리 나무
252

가막살나무에서 히어리까지
우리 나무 252종의 특성과 재배법

김영사

머리말

최근 산업화와 자동차 수의 증가로 대기오염과 미세먼지가 우리의 중요한 관심사가 되었고 일상생활에도 큰 영향을 미치게 되었다. 이런 미세먼지와 대기오염을 막기 위해서는 무엇보다 오염물질의 배출 자체를 줄이도록 노력해야겠지만 도시공원이나 정원을 조성하여 나무를 많이 심는 것 또한 좋은 대책이 된다. 나무와 숲은 살아 있는 공기 청정기라 할 수 있으며 사람의 정서 순화에도 더할 나위 없이 좋아 우리의 정신건강에도 크게 기여한다. 만약 숲이 우거진 정원이나 공원이 없다면 우리의 삶은 얼마나 삭막하겠는가?

그런데 도시공원, 학교원, 개인 정원 등에 심기는 나무는 하나같이 몇몇 인기종 위주로, 천편일률적이다. 보다 다양한 수종을 조경수로 활용한다면 새롭고 다채로운 나무를 보는 즐거움과 함께 조경수에 대한 관심도 증가하며, 또 어린이와 학생들에게는 교육적 효과도 클 것이다. 학생들이 학교원이나 도시공원에서 현장 학습을 통해 다양한 나무의 생김새와 이름을 익히고 이들의 생태를 공부한다면 교육 효과도 클뿐더러 얼마나 신나겠는가? 그뿐 아니다. 공원이나 정원의 수목이 다양해지면 이곳을 터전으로 살아가는 각종 곤충과 새 등 서식 생물도 다양하게 되어 보다 건강한 생태계가 구축되며, 또한 몇몇 종의 집단 식재로 인해 발생하기 쉬운 식물 병해충 발생도 억제하는 부수적 효과까지 얻을 수 있을 것이다.

보다 다양한 수목을 조경에 이용하면 좋지 않을까 생각하던 필자는 오랜 기간 우리 자생 수목 중 조경적 가치가 뛰어난 수종들을 수집하고 이들의 번식, 배양 방법 등을 연구해왔다. 산야에서 각종 수목의 종자를 채취하여 직접 파종하여 길러보고, 또 전국 각지의 식물원 관계자 및 동호인으로부터 다양한 식물을 수집하여 재배 실험을 거듭해왔다. 이 책은 우리 자생 수목 중 조경수로서 우수한 수종 위주로, 필자가 직접 번식시키고 길러보는 등의 연구 결과를 바탕으로 썼다. 따라서 파종 후 2년 만에 발아하는 수종과 근삽(뿌리꽂이)이 잘 되는 수종 등, 일반 조경수 재배법에 관한 책에서는 알기 어려운 구체적인 정보를 많이 담고 있다.

본문에는 252종에 달하는 조경 수목의 특성과 재배법 등을 상세하게 다루었는데 이는 우리나라에 자생하는 수목 중 조경수로 가치가 있는 나무는 사실상 거의 망라하는 수준이라고 할 수 있다. 거기다 조경수로서 뛰어나지는 않아 활용할 가치가 비교적 낮은 다수의 수종은 지면 관계상 본문에 넣지는 못하였지만 일곱 가지 조경 용도별로 나누어 간단한 특성과 번식 방법을 정리하여 부록으로 수록하였다. 부록에 수록된 수종은 중복된 것을 제외하면 총 503종으로 아마도 독자들이 관심을 가질 만한 수종은 대부분 이 책에서 정보를 얻을 수 있으리라 믿는다. 우리 자생 수목에 주안을 두긴 했지만 실제 조경에 많이 이용되는 외래종도 대부분 수록하여 조경수에 관심을 가진 많은 분들이 불편함 없이 활용할 수 있도록 하였다.

방대한 수종을 망라하였으며 꽃, 열매, 단풍 등의 컬러 사진을 충분히 넣었음에도 책의 쪽수는 300여 쪽 정도로,

이렇게 콤팩트하게 편집된 것은 가격을 낮추어 보다 많은 독자가 편한 마음으로 접할 수 있게 하려는 출판사의 의도가 반영된 것이다.

본문을 간략하게 기술하는 과정에서 풀어쓰기 어려운 다소 생소한 한자 용어가 등장하는데, 이 점 독자들의 이해를 바라마지 않는다. 용어가 생소하더라도 대부분은 문맥상 바로 이해 가능하리라 생각하지만 책 뒤에 용어해설을 덧붙여두었으니 이를 참고하면 내용을 보다 쉽게 이해할 수 있을 것이다.

이 책은 수목원이나 식물원에 종사하는 식물전문가, 다양한 조경수를 재배하려는 농장주, 조경업계 종사자, 조경 관련 공무원과 숲 해설가 및 관련 분야를 공부하는 학생들, 취미로 식물을 재배하는 사람들에게 모두 도움이 될 수 있도록 집필한 것이다. 아무쪼록 이 책이 필자의 의도대로 우수한 우리 자생 조경수를 널리 알리고 보급하는 데 기여하게 되길 바라마지 않는다.

이 책의 출간은 우리 자생 수목에 관심이 깊은 김영사 김강유 회장님의 권유가 계기가 되었기에 회장님께 깊은 감사를 드리는 바이다. 또 출판 과정에서 애써주신 김영사 편집부 관계자 여러분, 특히 책의 편집과 교정에 수고를 다하고 필자의 생각을 존중해준 강영특 선생과 디자인을 맡아준 홍세연 선생께 심심한 감사를 표한다.

책에 수록한 수목 사진 대부분은 본인이 직접 촬영한 것이지만 몇몇 사진은 동호인의 협조를 받았다. 사진을 제공해주신 분들께 감사 말씀을 드린다. 마지막으로 자생 수목 수집과 재배를 적극적으로 도와주고 연구 과정에도 조언을 아끼지 않은 아내에게도 고맙다는 말을 전하고 싶다.

2019년 봄

소정(素庭) 정계준(鄭癸俊)

머리말

일러두기

1. 본문에서는 252종의 수목에 대한 조경학적 이용과 재배 방법을 설명했다. 이들 대부분은 우리 자생 수목이지만, 우리나라에 도입된 지 오래되어 우리 자생 수목과 다름없이 친근한 외래종과 활용 가치가 높은 외래종도 다수 포함되었다. 다른 책에서 찾아보기 힘든 희귀종도 다수 수록했다.

2. 수록 수종 각각을 활엽관목, 상록교목, 낙엽관목, 낙엽교목 등 성상별로 우선 구분한 뒤, 과별로 다시 나누었다. 같은 과 내에서는 수목명의 가나다순으로 배열하여 찾기 쉽도록 하였다. 크게는 상록수를 전반부에, 낙엽수를 후반부에 실었으며, 각각을 활엽/침엽으로 구분했고, 이를 다시 관목/소교목/교목/만경의 순으로 수록했다.

3. 나무도감으로도 활용 가능하도록 나무 부위별로 되도록 많은 컬러 사진을 싣고자 하였고, 분류학적 위치와 형태적 특성을 약술했다.

4. 조경수로서 가치가 있는 자생 수목 중 본문에 싣지 못한 종과 현재 조경에서 많이 이용되고 있는 수목들을 7가지 조경 용도별로 분류하여 부록에 수록했다. 이렇게 수록된 수목은 중복된 것을 제외하면 503종으로, 대부분의 조경수를 망라한다. 관상 부위, 성상, 증식법, 식재 가능 지역 등의 자료를 일목요연하게 정리하여 쉽게 찾고 활용할 수 있게 하였다.

부록에 수록된 수종(총 931종)의 수는 다음과 같다.

- 가정 정원에 좋은 조경수 167종(부록 3)
- 꽃이 아름다운 조경수 259종(부록 4)
- 과수 겸용 정원수 42종(부록 5)
- 녹음수, 공원수, 가로수로 좋은 조경수 114종(부록 6)
- 열매가 아름다운 조경수 190종(부록 7)
- 단풍이 아름다운 조경수 67종(부록 8)
- 남부 난대수종 92종(부록 9)

5. 초보자를 위하여 용어 설명과 기초적인 조경수 재배법을 부록에 실었다. 특히 여러 가지 번식법을 상세하게 설명했다.

목차

머리말 ·········· 4

일러두기 ·········· 6

상록활엽관목

감탕나무과
꽝꽝나무 ·········· 12

꼭두서니과
치자나무 ·········· 13

꿀풀과
섬백리향 ·········· 14

노박덩굴과
사철나무 ·········· 15

녹나무과
월계수 ·········· 16

두릅나무과
팔손이나무 ·········· 17

돈나무과
돈나무 ·········· 18

매자나무과
남천 ·········· 19

물푸레나무과
구골나무 ·········· 20
목서 ·········· 21

자금우과
백량금 ·········· 22
산호수 ·········· 23
자금우 ·········· 24

장미과
다정큼나무 ·········· 25

홀아비꽃대과
죽절초 ·········· 26

진달래과
꼬리진달래 ·········· 27
만병초 ·········· 28
모새나무 ·········· 29

차나무과
사스레피나무 ·········· 30
차나무 ·········· 31

층층나무과
식나무 ·········· 32

팥꽃나무과
백서향 ·········· 33

회양목과
회양목 ·········· 34

상록활엽소교목

감탕나무과
호랑가시나무 ·········· 35

나한송과
나한송 ·········· 36

녹나무과
까마귀쪽나무 ·········· 37

담팔수과
담팔수 ·········· 38

대극과
굴거리나무 ·········· 39

두릅나무과
황칠나무 ·········· 40

물푸레나무과
광나무 ·········· 41
제주광나무 ·········· 42

붓순나무과
붓순나무 ·········· 43

운향과
유자나무 ·········· 44

인동과
아왜나무 ·········· 45

장미과
비파나무 ·········· 46

차나무과
동백 ·········· 47
애기동백 ·········· 48
후피향나무 ·········· 49

상록활엽교목

감탕나무과
먼나무 ·········· 50

녹나무과
녹나무 ·········· 51
참식나무 ·········· 52
후박나무 ·········· 53

목련과
태산목 ······· 54

물푸레나무과
박달목서 ······· 55

소귀나무과
소귀나무 ······· 56

장미과
홍가시나무 ······· 57

차나무과
비쭈기나무 ······· 58

참나무과
가시나무 ······· 59
종가시나무 ······· 60

상록만경

두릅나무과
송악 ······· 61

뽕나무과
모람 ······· 62

오미자과
남오미자 ······· 63

으름덩굴과
멀꿀 ······· 64

협죽도과
마삭줄 ······· 65

상록침엽관목

개비자나무과
개비자나무 ······· 66

상록침엽소교목

소나무과
섬잣나무 ······· 67

상록침엽교목

금송과
금송 ······· 68

소나무과
곰솔 ······· 69
구상나무 ······· 70
소나무 ······· 71
솔송나무 ······· 72
백송 ······· 73
잣나무 ······· 74
전나무 ······· 75

주목과
비자나무 ······· 76
주목 ······· 77

측백나무과
서양측백 ······· 78
측백나무 ······· 79
편백 ······· 80

향나무과
노간주나무 ······· 81
향나무 ······· 82

낙엽침엽교목

낙우송과
낙우송 ······· 83
메타세쿼이아 ······· 84

낙엽활엽관목

감탕나무과
낙상홍 ······· 85

고추나무과
고추나무 ······· 86
말오줌때 ······· 87

녹나무과
감태나무 ······· 88
생강나무 ······· 89

노린재나무과
노린재나무 ······· 90

노박덩굴과
화살나무 ······· 91

대극과
사람주나무 ······· 92
예덕나무 ······· 93

두릅나무과
가시오갈피 ······· 94

두릅나무 95
오갈피나무 96

마편초과
누리장나무 97
순비기나무 98
좀작살나무 99

매자나무과
당매자나무 100
매자나무 101

물푸레나무과
개나리 102
라일락 103
미선나무 104
영춘화 105
장수만리화 106
쥐똥나무 107

미나리아재비과
모란 108

박쥐나무과
박쥐나무 109

받침꽃과
납매 110

범의귀과
고광나무 111
까마귀밥나무 112
꼬리까치밥나무 113
매화말발도리 114
빈도리 115
산수국 116
수국 117

애기말발도리 118

보리수나무과
뜰보리수나무 119

뽕나무과
닥나무 120
천선과나무 121

부들레야과
부들레야 122

아욱과
무궁화 123
황근 124

운향과
산초나무 125
초피나무 126
탱자나무 127

인동과
가막살나무 128
괴불나무 129
구슬댕댕이 130
길마가지나무 131
댕강나무 132
백당나무 133
분홍괴불나무 134
(타타리카괴불나무)
섬괴불나무 135
병꽃나무 136
분꽃나무 137
올괴불나무 138
흰등괴불나무 139

자작나무과
개암나무 140

장미과
가침박달 141
꼬리조팝나무 142
명자나무 143
병아리꽃나무 144
산조팝나무 145
섬개야광나무 146
쉬땅나무 147
아구장나무 148
아로니아(블랙 초크베리) 149
앵두나무 150
이스라지 151
인가목 152
장미 153
조팝나무 154
찔레나무 155
참조팝나무 156
콩배나무 157
해당화 158
황매화 159
흰인가목 160

조록나무과
풍년화 161
히어리 162

진달래과
블루베리 163
산철쭉 164
정금나무 165
진달래 166
철쭉나무 167

콩과
개느삼 ·········· 168
골담초 ·········· 169
땅비싸리 ·········· 170
박태기나무 ·········· 171
참골담초 ·········· 172

팥꽃나무과
두메닥나무 ·········· 173
삼지닥나무 ·········· 174
팥꽃나무 ·········· 175

피나무과
장구밤나무 ·········· 176

낙엽활엽소교목

갈매나무과
까마귀베개 ·········· 177
대추나무 ·········· 178

감탕나무과
대팻집나무 ·········· 179

노박덩굴과
참빗살나무 ·········· 180

단풍나무과
당단풍 ·········· 181

때죽나무과
때죽나무 ·········· 182
쪽동백 ·········· 183

목련과
함박꽃나무 ·········· 184

무환자나무과
모감주나무 ·········· 185

물푸레나무과
개회나무 ·········· 186
정향나무 ·········· 187

뽕나무과
무화과나무 ·········· 188

부처꽃과
배롱나무 ·········· 189

석류과
석류나무 ·········· 190

옻나무과
붉나무 ·········· 191

자작나무과
소사나무 ·········· 192

장미과
마가목 ·········· 193
매실나무 ·········· 194
복사나무 ·········· 195
산사나무 ·········· 196
살구나무 ·········· 197
수사해당 ·········· 198
아그배나무 ·········· 199
야광나무 ·········· 200
윤노리나무 ·········· 201
자두나무 ·········· 202
채진목 ·········· 203
팥배나무 ·········· 204

층층나무과
산딸나무 ·········· 205

산수유 ·········· 206

콩과
왕자귀나무 ·········· 207
자귀나무 ·········· 208

낙엽활엽교목

가래나무과
호두나무 ·········· 209

감나무과
감나무 ·········· 210
고욤나무 ·········· 211

계수나무과
계수나무 ·········· 212

나도밤나무과
나도밤나무 ·········· 213
합다리나무 ·········· 214

녹나무과
비목나무 ·········· 215

느릅나무과
느티나무 ·········· 216
팽나무 ·········· 217

단풍나무과
고로쇠나무 ·········· 218
단풍나무 ·········· 219
복자기나무 ·········· 220

대극과
조구나무 ·········· 221

두릅나무과
음나무 ·········· 222

멀구슬나무과
멀구슬나무 222 223
참죽나무 ·········· 224

목련과
목련 ·········· 225
백합나무 ·········· 226

무환자나무과
무환자나무 ·········· 227

물푸레나무과
이팝나무 ·········· 228

버드나무과
버드나무 ·········· 229
왕버들 ·········· 230

벽오동과
벽오동 ·········· 231

뽕나무과
꾸지뽕나무 ·········· 232

운향과
황벽나무 ·········· 233

은행과
은행나무 ·········· 234

이나무과
이나무 ·········· 235

자작나무과
까치박달 ·········· 236
자작나무 ·········· 237

장미과
귀룽나무 ·········· 238
모과나무 ·········· 239
산돌배 ·········· 240
올벚나무 ·········· 241
왕벚나무 ·········· 242

차나무과
노각나무 ·········· 243

참나무과
굴참나무 ·········· 244

층층나무과
말채나무 ·········· 245
층층나무 ·········· 246

칠엽수과
칠엽수 ·········· 247

콩과
아까시나무 ·········· 248
회화나무 ·········· 249

피나무과
피나무 ·········· 250

현삼과
오동나무 ·········· 251

낙엽활엽만경

능소화과
능소화 ·········· 252

다래나무과
다래나무 ·········· 253

미나리아재비과
세잎종덩굴 ·········· 254
으아리 ·········· 255
종덩굴 ·········· 256

오미자과
오미자 ·········· 257

으름덩굴과
으름덩굴 ·········· 258

인동과
붉은인동 ·········· 259
인동덩굴 ·········· 260

콩과
등나무 ·········· 261

포도과
담쟁이덩굴 ·········· 262
포도나무 ·········· 263

부록

1 용어 해설 ·········· 264
2 기초적인 조경수 재배법 ·········· 269
3 가정 정원용으로 좋은 조경수 ·········· 278
4 꽃이 아름다운 조경수 ·········· 283
5 과수 겸용 정원수 ·········· 290
6 녹음수, 공원수, 가로수로 좋은 조경수 ·········· 292
7 열매가 아름다운 조경수 ·········· 295
8 단풍이 아름다운 조경수 ·········· 300
9 남부 난대수종 ·········· 302

찾아보기 ·········· 305

남부지방의 울타리나무로 좋은
꽝꽝나무
Ilex crenata

성상, 음양	상록관목, 중용수	수형	반구형
번식법	실생, 삽목	개화기, 꽃색	5월, 흰색
식재 가능 지역	남부지방	결실기, 열매색	10월, 검은색
식재 시기	봄, 여름 장마기		

분류학적 위치와 형태적 특징 및 자생지

꽝꽝나무는 감탕나무과에 속하는 상록관목으로 학명은 *Ilex crenata*이다. 속명 *Ilex*는 라틴명인데 *Quercus ilex*에서 온 것으로 참나무속의 어떤 나무와 닮았음을 나타내고 있다. 종명 *crenata*는 '둔한 톱니가 있다'는 뜻이다. 높이 3m까지 자라며 수피는 회갈색이다. 잎은 혁질(革質)로 길이 1.5~3cm, 너비 0.5~2cm이다. 자웅이주로 꽃은 잎겨드랑이에서 흰색으로 피며 열매는 핵과로 10월에 검게 익는다. 제주도와 남해안 섬 지방 및 남부지방에 자생하며 자생 북한계는 전북 부안군 변산반도이다.

관상 포인트

치밀하게 배열되며 사철 변함없는 푸른 잎이 아름답다. 5월에 하얀 꽃이 피는데 너무 작아 관상 가치가 높지는 않다. 열매는 작고 둥글며 가을에 검게 익는다. 꽝꽝나무는 자웅이주이므로 열매를 관상하려면 암수를 함께 심어야 한다.

성질과 재배

남부지방에 자생하는 상록수 중에서는 꽤 추위에 강한 편이며 성장은 느리다. 번식은 실생도 되지만 삽목으로 쉽게 뿌리가 내리므로 거의 삽목으로 한다. 새싹이 나기 전 봄의 숙지삽과 여름 6월의 녹지삽 모두 삽목이

잘 된다. 실생법의 경우 가을에 잘 익은 열매를 따서 종자를 발라내어 모래에 묻어두었다가 이듬해 봄에 파종한다. 감탕나무과의 다른 나무들과 달리 꽝꽝나무는 파종한 그해에 발아한다. 내한력이 약한 것을 제외하면 매우 강건한 수종으로 병해충은 거의 발생하지 않는다.

조경수로서의 특성과 배식

대개 원대에서 여러 개의 가지가 나와 관목상으로 자라며 가지와 잎이 치밀하게 배열된다. 나무가 크게 자라지 않으므로 주목(主木)으로보다는 잔디밭 가장자리, 정원이나 공원 등의 진입로변, 생울타리, 정원의 경계, 건물의 하부 식재 등의 용도로 좋다. 열매는 관상 가치는 높지 않지만 여러 종류의 새들이 좋아하므로 조류 유인목으로 유용하다. 이식 적기는 봄과 여름 장마철이지만, 이식에 잘 견디며 잔뿌리도 많은 편이므로 혹한기를 제외하고는 아무 때나 이식할 수 있다.

유사종

호랑가시나무, 감탕나무, 먼나무 등의 동속식물보다는 회양목이 조경적으로 비슷하게 이용된다. 꽝꽝나무가 추위에 약하고 병충해가 적은 것에 비해 회양목은 추위에 강하지만 회양목명나방의 피해를 심하게 받는 결점이 있다.

향기로운 꽃과 아름다운 열매
치자나무
Gardenia jasminoides

성상, 음양	상록관목, 중용수	수형	덤불형
번식법	실생, 삽목, 분주	개화기, 꽃색	6~7월, 흰색
식재 가능 지역	남부지방	결실기, 열매색	10월, 등황색
식재 시기	봄, 여름 장마기		

분류학적 위치와 형태적 특징 및 자생지

치자나무는 꼭두서니과에 속하는 상록관목으로 학명은 *Gardenia jasminoides*이다. 속명 *Gardenia*는 미국인 의사이자 박물학자인 알렉산더 가든Alexander Garden의 이름에서 온 것이다. 종명 *jasminoides*는 재스민을 닮았다는 뜻이다. 높이 1~2m까지 자란다. 잎은 혁질로 피침형이고 길이 3~15cm로 가장자리는 톱니가 없어 밋밋하다. 꽃은 6~7월에 가지 끝에서 하나씩 피는데 흰색으로 달콤한 향기가 매우 강하게 난다. 열매는 길이 3.5cm로 6개의 능각이 있고 10월에 등황색으로 익는다. 중국 원산으로 우리나라에는 약 1,500년 전에 도입되어 남부지방에서 관상용, 약용 및 염료용 식물로 식재되어왔다.

관상 포인트 및 이용

치자나무는 6~7월에 바람개비 모양으로 피는 흰 꽃이 아름다운데다 좋은 향기가 강하게 나므로 여름 꽃나무로 인기가 아주 좋다. 가을에 황색에서 등황색으로 다시 황적색으로 익는 타원형의 열매도 아름다우며 상록의 잎도 관상 가치가 높다. 열매는 말려두었다 등황색 염료로 이용하는데 특히 예부터 부침개 등의 색을 내는 데 이용해왔다. 열매는 한약재로도 이용하는데 이담(利膽), 지혈, 진정 효능이 있는 것으로 알려져 있다.

성질과 재배

난대수종으로 추위에 약하며 남부지방에서 재배 및 식재한다. 실생도 가능하지만 주로 삽목으로 번식하며 포기나누기와 휘묻이도 잘 된다. 삽목의 경우 여름 장마철의 녹지삽이나 이른 봄의 숙지삽 모두 쉽게 뿌리가 내린다. 실생법의 경우 가을에 열매를 따서 마르지 않게 비닐봉지에 넣어 냉장고에 저장했다가 이듬해 봄에 씨앗을 채취하여 직파한다. 충해로는 깍지벌레와 줄녹색박각시의 애벌레가 잘 생기므로 수시로 예찰하여 구제한다.

조경수로서의 특성과 배식

추위에 약한 난대수종으로 경남과 전남, 전북 해안지방 등에 한해 식재 가능하지만 남부지방도 겨울 기온이 낮은 내륙에서는 동해를 많이 입으므로 섬과 해안지방이 적지가 된다. 가정 정원, 공원, 학교원 등에서 작은 꽃나무 화단용으로 적격이다. 열매는 동박새 등 작은 새들이 즐겨 파먹으므로 겨울 동안 새들의 먹이 식물로도 좋다. 추운 곳에서는 분에 심어 재배하며 실내정원용으로도 이용하지만 실내에 심을 경우 깍지벌레의 발생이 심해지는 게 흠이다. 이식은 쉬운 편으로 거의 계절을 가리지 않고 심을 수 있다.

꿀풀과

울릉도에 자생하는 토종 향기식물
섬백리향
Thymus quinquecostatus var. *japonicus*

성상, 음양	상록관목, 양수	수형	포복형
번식법	실생, 삽목, 분주	개화기, 꽃색	6~8월, 분홍색
식재 가능 지역	전국	결실기, 열매색	9월, 암갈색
식재 시기	봄		

분류학적 위치와 형태적 특징 및 자생지

섬백리향은 꿀풀과의 상록 활엽관목으로 학명은 *Thymus quin-quecostatus* var. *japonicus*이다. 속명 *Thymus*는 이 속의 라틴명이다. 종명 *quinquecostatus*는 '중륵이 다섯'이란 뜻이며 변종명은 '일본산'이란 뜻이다. 키가 30cm를 넘지 않고 땅에 붙어 자라며 마치 풀처럼 보인다. 줄기는 가늘어 지름 7~10mm이고 가지가 많이 갈라지며 옆으로 퍼진다. 잎은 마주나며 길이 15mm로서 난상 타원형 또는 피침형이고 털이 있으며 향기가 난다. 꽃은 6~8월에 연한 분홍색으로 피며 잎겨드랑이에 2~4개씩 달린다. 꽃부리에는 겉에 잔털과 선점이 있고 수술은 4개이며 수술대와 꽃받침은 모두 연한 자주색이다. 울릉도에 자생하는데 햇빛이 잘 드는 경사지나 바위틈 등에서 자란다.

관상 포인트

사철 푸른 상록의 잎은 겨울철 삭막함을 달래준다. 여름에 피는 꽃은 아름답고 향기가 무척 좋고 강하다. 향기식물로 꽃과 전초에는 티몰Thymol, 피사이멘P-Cymene, 피넨Pinene, 리날룰Linalool 등의 성분이 함유되어 섬백리향 특유의 향기를 내뿜는다.

성질과 재배

양수로 볕바르고 다소 건조한 사질 토양에서 잘 자란다. 내한성은 어느 정도 있으나 여름철의 고온다습한 기후는 싫어한다. 번식은 삽목, 분주, 실생으로 하는데 삽목이 아주 잘 되므로 대개 삽목에 의한다. 삽목의 경우 봄부터 여름까지 줄기를 적당히 잘라 아래 가지를 제거하고 꽂는다. 포기가 벌어가면서 줄기 곳곳에 뿌리를 내리므로 이를 떼어 심는 분주로도 번식할 수 있다. 실생법의 경우 가을에 익은 종자를 비닐봉지에 담아 냉장고에 저장했다가 이듬해 봄에 파종하면 된다.

조경수로서의 특성과 배식

암석원 등에서 암석 틈새 등을 메꾸어 심는 지피식물로 아주 좋다. 경사지, 메마르며 볕이 잘 드는 곳의 지피식물로도 좋다. 평지에 심어도 잘 자라지만 땅이 기름진 곳에서는 잡초가 많이 생기므로 잡초를 수시로 제거해야 하는 수고가 따른다.

유사종

섬백리향은 백리향의 변종으로 둘은 흡사하며 거의 구별이 어렵다. 조경에서의 용도도 똑같다. 백리향도 섬백리향과 마찬가지로 향기가 아주 좋고 강하다.

상록활엽관목

생울타리용으로 좋은 상록수
사철나무
Euonymus japonica

성상, 음양	상록관목, 중용수	**수형**	덤불형, 구형
번식법	실생, 삽목	**개화기, 꽃색**	6~7월, 백록색
식재 가능 지역	중부 이남	**결실기, 열매색**	10월, 황색
식재 시기	봄, 여름 장마기		

분류학적 위치와 형태적 특징 및 자생지

사철나무는 노박덩굴과에 속하는 상록관목으로 학명은 *Euonymus japonica*이다. 속명 *Euonymus*는 그리스어로 좋다는 의미인 eu와 신화에 나오는 신의 이름인 Onoma의 합성어이다. 종명 *japonica*는 일본 원산이란 의미이다. 높이 3m까지 자라고 뿌리목에서 원줄기가 여러 대 나오며 가지도 많이 갈라져 밀집한 수형을 가진다. 잎은 마주 붙어 나고 타원형에 길이는 3~7cm, 폭은 2~4cm 정도이다. 꽃은 6~7월에 잎겨드랑이에서 취산화서로 피는데 연한 백록색이다. 열매는 삭과로 둥글고 길이 6~8mm이며 익으면 열개하여 주황색의 종자가 노출된다. 우리나라 중남부지방의 해안 산록에 주로 자생하며 해안을 따라서는 황해도까지 분포한다.

관상 포인트

사철 푸른 잎이 특징이며 가을에 익어 겨우내 달려 있는 주황색의 열매도 아름답다. 꽃은 6~7월에 백록색으로 피는데 꽃색이 잎과 비슷한 데다 꽃송이가 작아 관상 가치는 크지 않다.

성질과 재배

상록수 중에서는 추위에 강한 편으로 우리나라 중남부지방에서 재배 가능하다. 햇빛에 대한 적응성이 커서 볕바른 곳이나 그늘을 가리지 않고 잘 자란다. 번식은 실생, 삽목으로 한다. 실생법의 경우 가을에 익은 종자를 채취하여 젖은 모래에 묻어 저장하였다가 이듬해 봄에 파종한다. 삽목의 경우 가지를 10~15cm 길이로 잘라 모래나 마사로 된 삽목상에 꽂고 마르지 않게 관리한다. 삽목 적기는 봄 싹 트기 전과 여름 6~7월이지만

발근율이 아주 좋은 편이라 가을과 겨울을 제외하고는 연중 가능하다.

조경수로서의 특성과 배식

양지와 음지를 가리지 않고 잘 자라며 성장이 빠른 나무로 값싸게 공급되므로 생울타리 나무로 가장 많이 이용된다. 맹아력(萌芽力)이 좋아 전정에 잘 견디며 가지가 빽빽하게 나는 점도 생울타리로 좋은 점이다. 큰 나무의 하목, 건물의 북쪽 그늘진 곳, 화장실 부근 등의 차폐 식재용으로도 좋다. 염분에 견디는 힘이 강하여 바닷가나 해안 간척지의 방풍용이나 울타리용으로도 활용할 수 있다. 이식에는 잘 견디는 편이라 크게 자란 나무를 옮겨 심어도 잘 활착하며 거의 계절에 관계없이 이식 가능하다.

유사종

반덩굴성의 줄사철나무가 있으며, 그 외 동속식물로 화살나무, 회나무, 참빗살나무 등이 있으나 이들은 모두 낙엽관목이다.

영웅에게 주는 영광의 월계관

월계수
Laurus nobilis

성상, 음양	상록관목~소교목, 양수	수형	타원형
번식법	실생	개화기, 꽃색	4~5월, 황색
식재 가능 지역	남부지방	결실기, 열매색	10월, 암자색
식재 시기	봄, 여름 장마철		

분류학적 위치와 형태적 특징 및 자생지

월계수는 녹나무과의 상록소교목 또는 관목으로 학명은 *Laurus nobilis* 이다. 속명 *Laurus*는 '승리, 영예'를 뜻하는 laurel에서 온 말이다. 종명 *nobilis*는 '고상하다'는 뜻이다. 원산지에서는 높이 약 15m까지 자란다고 하나 우리나라의 경우 4~5m까지 자란다. 수피는 짙은 잿빛이며 가지와 잎이 무성하게 난다. 잎은 어긋매껴 나고 혁질이며 긴 타원형으로 길이 약 8cm, 너비 2~2.5cm에 짙은 녹색이다. 잎 가장자리는 물결 모양이며 문지르면 녹나무과 특유의 향기가 난다. 자웅이주로 꽃은 4~5월에 잎겨드랑이에서 난 취산화서에서 노란색으로 피는데 강한 향기가 난다. 열매는 장과(漿果)로 공 모양이고 10월에 암자색으로 익는다. 지중해 연안 원산으로 우리나라에는 일제 강점기 때 도입되었다.

관상 포인트 및 이용

사철 푸른 녹색의 잎이 아름답고 수형 또한 정연하다. 꽃은 작지만 향기가 좋고 강하다. 잎은 향기가 나며 각종 육류를 조리할 때 냄새를 없애는 데 이용하기도 한다. 그리스 시대부터 이 나무의 가지로 만든 화관을 영웅에게 씌웠던 것이 지금도 올림픽 마라톤 우승자에게 월계수 관을 씌우는 전통으로 이어지고 있다.

성질과 재배

추위에 약하여 제주도와 남부 해안지방까지 재배 및 식재할 수 있다. 어릴 때는 음지에서 잘 자라지만 성목이 되면 양수가 된다. 번식은 실생과 삽목으로 하는데 삽목의 발근율은 좋지 않다. 실생법의 경우 가을에 익는 열매에서 종자를 채취하여 젖은 모래 속에 묻어 저장했다가 이듬해 봄에 파종한다. 어린 묘는 특히 추위에 약하므로 겨울에는 방한 시설이 필요하다.

조경수로서의 특성과 배식

추위에 약한 난대수종이므로 남해안지방과 겨울이 온난한 일부 남부지방까지 식재할 수 있다. 나무가 크게 자라지 않고 수형이 좋으므로 가정 정원에 심기 좋다. 성장이 느리고 공급도 많지 않은 편이라 조경에서 많이 이용되지는 않는다.

한겨울에 꽃이 피는 진귀한 나무
팔손이나무
Fatsia japonica

성상, 음양	상록관목, 음수	수형	덤불형(반구형)
번식법	실생, 삽목	개화기, 꽃색	11~12월, 흰색
식재 가능 지역	남부 해안지방	결실기, 열매색	5월, 검은색
식재 시기	봄, 여름 장마기		

분류학적 위치 및 형태적 특징 및 자생지

팔손이나무는 두릅나무과에 속하는 상록관목으로 학명은 *Fatsia japon-ica*이다. 속명 *Fatsia*는 이 나무의 일본명인 '야쓰데'가 전음된 것이고 *japonica*는 일본산이란 뜻이다. 높이는 약 2m 정도 자라며 가지는 굵다. 잎은 어긋매껴 나며 심장형이고 지름 20~40cm에 7~9개로 갈라져 손바닥 모양을 이룬다. 꽃은 가지 끝에 큰 원추화서로 피는데 흰색이고 지름은 5mm 정도이다. 열매는 둥글고 지름 5mm로 이듬해 5월에 검정색으로 익는다. 우리나라 남해안 섬의 산기슭이나 골짜기에 주로 자라며 대표적인 자생지는 비진도, 한산도 및 거제도이다. 통영 비진도의 팔손이 자생지는 천연기념물 제63호로 지정되어 있다.

관상 포인트

팔손이나무의 이름은 손바닥 모양의 잎이 여덟 갈래로 갈라진 데서 유래되었다. 이 상록의 잎은 넓고 광택이 있어 매우 아름답다. 또한 초겨울의 꽃이 귀한 시기에 피는 흰 꽃과 이듬해 봄에 익는 열매도 아름답다. 열매는 장과로 검고 둥글며 원추화서로 모여 달리는데 검게 익었을 때도 아름답지만 덜 익어 녹색으로 윤기 있는 열매도 사랑스럽다.

성질과 재배

음수로서, 실생, 삽목, 분주로 번식하는데 가장 편하고 일반적인 방법은 실생이다. 실생 번식법은, 5월에 검게 익은 열매를 채취하여 씨앗을 발라내어 직파하는 것인데, 그해에 발아한다. 발아율은 좋은 편이다. 파종상은 해가림을 하여 마르지 않게 관리하며, 발아 후에도 알맞은 해가림이 필요하다. 삽목은 주로 취미로 재배하는 경우에 하는데, 6월 중순에 가지를 적당히 잘라 아래 잎은 따 버리고 위의 잎도 조금만 남기고 잘라낸 다음 꽂는다.

조경수로서의 특성과 배식

난지산이므로 추위에 약하여 남부 해안지방에 한하여 식재할 수 있다. 크게 자라지 않고 여러 개의 줄기를 형성하여 넓게 퍼지는 관목이므로 잔디밭 가장자리, 정원석 옆의 장식, 연못 가장자리 등에 심으면 좋다. 약한 광선에서 잘 적응하므로 실내 휴게실이나 화장실 등의 실내정원용으로도 아주 좋다. 열매는 여러 종류의 새들이 즐겨 먹으므로 남부지방의 자연생태정원의 조류 유인목으로도 좋다. 팔손이나무는 추위에 약해 식재지가 한정되므로 조경수보다는 화분에 심어 기르는 실내 관엽식물로의 소비와 공급이 더 많은 실정이다. 이식은 쉬운 편이며 이식 적기는 여름 장마기이다.

상록활엽관목

상록활엽수

돈나무과

흰 꽃과 황색 열매가 아름다운 상록수
돈나무
Pittosporum chinensis

성상, 음양	상록관목, 중용수	수형	반구형
번식법	실생, 삽목	개화기, 꽃색	5월, 흰색~황색
식재 가능 지역	남부지방	결실기, 열매색	11월, 황색
식재 시기	봄, 여름 장마기		

분류학적 위치와 형태적 특징 및 자생지

돈나무는 돈나무과에 속하는 상록관목이다. 학명은 *Pittosporum chinensis*으로, 속명 *Pittosporum*은 '수지'란 의미의 그리스어 pitta와 '종자'란 의미의 sporos의 합성어인데 종자가 점착성 물질에 싸여 있음을 나타낸다. 종명 *chinensis*는 중국산이란 뜻이다. 키는 1.5~3m까지 자라며 줄기는 회색이다. 잎은 어긋매껴 나고 길이 4~10cm로 톱니가 없다. 꽃은 새 가지 끝에 취산화서로 작은 흰색 꽃이 모여 피는데 향기가 매우 좋다. 전남과 경남의 해안과 도서지방 그리고 제주도에 자생한다.

관상 포인트

작고 둥근 녹색의 잎이 아름답다. 꽃은 5월에 피는데 처음 필 때는 흰색이지만 시일이 지나면 황색으로 변하며 꽃송이는 작아도 모여 피므로 아름답고 또 향기도 좋다. 꽃이 지면 둥근 열매가 열리는데 11월이면 노랗게 익으면서 열매 껍질이 터져 붉은색의 종자가 노출된다.

성질과 재배

돈나무는 우리나라에서 조경수로 식재되고 있는 상록수 중에서도 추위에 약한 편이다. 실생과 삽목으로 번식이 가능하다. 실생 번식의 경우 11월경에 열매를 따서 열매가 열개하기를 기다렸다가 노출되는 종자를 거두어 마르지 않게 모래 속에 묻어두었다가 이듬해 봄에 파종한다. 파종상이 마르지 않게 관리하면 5~6월경이면 발아하게 된다. 삽목 번식은 4월경 전년생 가지를 잘라 꽂거나 여름 장마철 무렵에 녹지삽을 하는데 뿌리가 잘 내리는 편이다. 일반적으로 6월 하순경에 실시하는 녹지삽의 뿌리 내림이 더 좋으며, 미스트 장치를 사용한다면 6월 초에 하는 것도 좋다. 돈나무의 병해로는 그을음병이 생기기 쉬운데 대개 진딧물이 발생하거나 통풍이 불량하고 질소질이 많은 재배 환경에서 잘 발생하므로 진딧물 구제를 잘 하고 비료가 과하지 않도록 관리한다.

조경수로서의 특성과 배식

원대에서 여러 개의 가지가 나와 관목상으로 자라며 가지가 치밀하게 자란다. 따라서 큰 나무 아래 덧붙여 심는 나무로 적당하다. 또한 정원이나 공원의 진입로 변, 건물의 하부 식재, 화단이나 정원의 경계 식재, 생울타리 등의 용도로도 좋다. 맹아력이 좋아 다듬어 가꾸기에 적당하므로 토피어리용으로도 이용할 수 있다. 이식은 쉬운 편이고 이식 적기는 여름 장마철이며 봄철도 괜찮다.

상록 단풍에 꽃과 열매가 아름다운 작은 관목
남천
Nandina domestica

성상, 음양	상록관목, 음수	수형	덤불형
번식법	실생, 삽목, 분주	개화기, 꽃색	5~6월, 흰색
식재 가능 지역	남부지방, 충남해안지방	결실기, 열매색	10월, 홍색
식재 시기	봄, 여름 장마기	단풍	홍색

분류학적 위치와 형태적 특징 및 자생지

남천은 매자나무과에 속하는 상록관목으로 학명은 *Nandina domestica* 이다. 속명 *Nandina*는 남천의 일본명인 'nanten'에서 온 말이다. 종명 *domestica*는 '집', '가정'이란 뜻으로 가정에서 많이 재배하기 때문에 붙여진 이름이다. 높이 2~3m 정도까지 자라는 상록관목으로 지하경이 뻗어 무더기로 자란다. 줄기는 가지를 치지 않으며 곧게 자라 대를 닮았다고 하여 남천죽으로 불리기도 한다. 잎은 2~3회 우상복엽으로 소엽은 광택이 있고 좁은 달걀 모양이다. 꽃은 5~6월에 가지 끝이나 잎겨드랑이에 피며, 길이 20~40cm의 원추화서에 흰색의 작은 꽃이 많이 달린다. 열매는 장과로 직경이 8mm 정도로 가을에 선홍색으로 익는다. 일본과 중국 원산의 난대성 수목으로 우리나라 남부지방에 흔히 식재한다.

관상 포인트 및 이용

5~6월에 줄기 끝과 잎겨드랑이에서 큰 원추화서로 흰색의 작은 꽃이 모여 핀다. 꽃도 볼 만하지만 남천은 실제 잎이 아름다워 정원의 관엽식물로 가치가 높다. 우상복엽의 상록수로 표면에 광택이 나는데 가을이 되면 단풍처럼 붉게 물들어 아름다움을 더한다. 수수처럼 생긴 큰 화서에 달리는 붉은 열매 또한 관상 가치가 매우 높은데 가을에 익으면 이듬해 봄까지 달려 있어 오래도록 즐길 수 있다. 잎과 열매는 약용하기도 한다.

성질과 재배

상록관목이지만 내한력이 상당히 강하여 우리나라 중부지방에서도 일부 월동 가능하다. 반그늘이 적지만 볕바른 곳에서도 잘 견디며 양광에서는 잎의 색이 보다 붉어진다. 번식은 실생, 삽목, 분주로 한다. 실생법의 경우 가을에 종자를 채취하여 모래 속에 묻어두었다가 이듬해 봄에 파종하는데 발아율은 좋은 편이다. 삽목의 경우 봄 싹 트기 전에 지난해 자란 가지를 꽂거나 여름 6~7월에 그해에 난 가지를 잘라 꽂는다. 분주는 봄 싹 트기 전이나 초여름에 한다.

조경수로서의 특성과 배식

난대수종이지만 내한력이 꽤 강하여 중부지방에서도 곳에 따라 노지 월동이 가능하다. 상록관목으로 큰 나무 아래, 잔디밭 가장자리에 식재하거나 정원석에 덧붙여 심기 등의 용도로 많이 이용한다. 일본에서는 다정이나 내정에 많이 심으며 반그늘 정도에서도 개화와 결실이 잘 되므로 건물의 그늘이나 실내정원에 심어도 좋다. 잔뿌리가 많은 편이라 이식은 쉬운 편이며 이식 적기는 봄 싹 트기 전과 여름 장마철이다.

초겨울에 피는 향기로운 꽃
구골나무
Osmanthus heteropylla

성상, 음양	상록소교목, 중용수	수형	구형, 우산형
번식법	실생, 삽목	개화기, 꽃색	11~12월, 흰색
식재 가능 지역	남부지방, 충남 해안지방	결실기, 열매색	5~6월, 흑자색
식재 시기	봄, 여름 장마기		

분류학적 위치, 형태적 특징 및 자생지

구골나무는 물푸레나무과에 속하는 상록소교목으로 학명은 *Osmanthus heteropylla*이다. 속명 *Osmanthus*는 그리스어로 '냄새'를 뜻하는 osme 와 '꽃'이라는 의미의 anthos의 합성어로 '향기가 나는 꽃'이란 뜻이다. 종 명 *heteropylla*는 '서로 다른 잎'이라는 의미로 가시가 있는 잎과 가시가 없는 잎이 함께 존재함을 나타내고 있다. 높이 6~7m까지 자라는 소교목 이지만 성장이 느려 조경에서는 대개 관목으로 간주한다. 잎은 마주나는 데 길이 3~6cm, 폭은 2~3cm 정도이며 날카로운 가시 모양의 톱니를 가 진다. 꽃은 11~12월에 잎겨드랑이에서 모여 피며 화관은 흰색으로 길이 3mm이다. 열매는 핵과로 계란형이며 길이 1.5cm, 지름 1cm로 이듬해 5~6월에 흑자색으로 익는다. 일본, 대만, 중국 원산으로 우리나라에는 일 제 강점기에 도입되어 경상도와 전라도 및 제주도 등지에 식재되고 있으 며 새들이 씨앗을 옮겨 간혹 산야에서 자라기도 한다.

관상 포인트

다른 상록수와 마찬가지로 늘 푸른 잎이 관상 대상이 되며 꽃은 향기가 좋고 강하여 아주 매력적이다. 개화 시기가 꽃이 귀한 늦가을부터 초겨울 사이라 초겨울의 꽃나무로 가치가 크다. 열매는 이듬해 5~6월에 흑자색 으로 익는다.

성질과 재배

추위에 약하여 남부지방이 재배 적지이며 물푸레나무과의 동속식물인 금 목서나 은목서 등에 비해서는 내한력이 다소 강한 편이다. 번식은 실생과 삽목으로 한다. 실생으로 번식시킬 때는 5~6월에 열매가 익는 대로 따서 종자를 발라내어 직파하는데, 잘 관리하면 그해에 발아하게 된다. 삽목 번 식은 봄에 새싹이 나기 전이나 여름 장마기에 하는데 여름의 녹지삽이 성 적이 더 좋다.

조경수로서의 특성과 배식

연중 녹색을 자랑하는 상록수로 수형이 정연하고 아름다워 정원의 주목 으로 심기에 적합하다. 꽃은 향기가 아주 강하고 또 꽃이 귀한 초겨울에 피므로 정원의 겨울 꽃나무로 아주 중요하다. 맹아력이 강하여 전정에 아 주 강하며 가지가 치밀하게 배열되는 데다 잎에 가시가 있어 생울타리용 으로도 좋은 나무이다. 이식은 쉬운 편인데 이식 적기는 6~7월 장마기이 며 봄 싹 트기 전에 해도 무방하다.

유사종

동속식물로는 구골목서, 금목서, 은목서 등이 있으며 모두 상록활엽수로 꽃이 향기롭다.

물푸레나무과

아름다운 잎과 향기로운 꽃의 난대수목
목서
Osmanthus fragrans

성상, 음양	상록소교목	수형	구형
	또는 관목, 중용수	개화기, 꽃색	10월, 흰색
번식법	삽목, 실생	결실기, 열매색	5월, 검은색
식재 가능 지역	남부지방		
식재 시기	봄, 여름 장마기		

분류학적 위치와 형태적 특징 및 자생지

목서는 물푸레나무과에 속하는 상록수로 학명은 *Osmanthus fragrans*이다. 속명 *Osmanthus*는 그리스어로 '냄새'를 뜻하는 osme와 '꽃'이라는 의미의 anthos의 합성어로 '향기 나는 꽃'이란 뜻이다. 종명 *fragrans* 역시 '향기가 있다'는 의미이다. 높이 5~6m까지 자라는 소교목 또는 관목으로 잎은 마주나며 길이 7~12cm 정도이다. 꽃은 10월에 잎겨드랑이에서 작은 흰색 꽃이 모여 핀다. 열매는 핵과로 이듬해 늦봄에 검은색으로 익는데 국내에서는 결실하는 경우가 드물다. 중국 원산으로 우리나라에는 일제 강점기 때 도입되어 남부지방 각지에 식재되고 있다.

관상 포인트

다른 상록수와 마찬가지로 늘 푸른 잎과 수형이 관상 대상이다. 흰색의 작은 꽃이 무리지어 피는데 향기가 아주 좋고 강하여 인기가 높다. 또한 꽃이 귀한 가을에 꽃이 피므로 가을 꽃나무로서 가치가 크다.

성질과 재배

추위에 약한 난대수종으로 남부지방이 재배 적지이며 내한력은 같은 속의 구골나무나 구골목서에 비해 약하다. 번식은 실생과 삽목으로 가능한데 결실하는 경우가 드문 편이어서 거의 삽목에 의한다. 삽목은 여름 장마기가 적기로, 6월 하순경에 그해에 자란 가지를 15cm 정도로 잘라 맨 위 2장의 잎만 남기고 아래 잎은 따 버리고 모래나 마사에 꽂아 해가림을 하여 마르지 않게 관리한다. 발근한 어린 묘는 동해를 입기 쉬우므로 겨울 동안 심하게 얼지 않게 관리해야 한다. 종자로 번식시킬 때는 5~6월에 열매가 익는 대로 따서 종자를 발라내어 직파한다.

조경수로서의 특성과 배식

연중 녹색을 자랑하는 상록수로 전정에 잘 견디므로 아름다운 수형으로 가꿀 수 있으며 잎과 꽃도 아름다워 정원이나 공원의 주목으로 심기에 적합하다. 종일 강한 햇볕이 쬐는 곳보다는 오후 햇빛이 나무 그늘 등에 의해 가려지는 곳이 적지이다. 이식 적기는 6~7월 장마기로, 이식성은 보통이며 큰 나무를 이식할 때는 분을 크게 뜨고 가지를 강하게 쳐서 옮긴다.

유사종

동속식물로 박달목서, 금목서, 구골나무, 구골목서 등이 있다. 금목서는 꽃색을 제외하면 목서와 구별되지 않으며, 재배 방법과 조경 용도도 거의 같다.

금목서

상록활엽관목

보석처럼 영롱한 열매의 상록관목
백량금
Ardisia crenata

성상, 음양	상록관목, 음수	수형	계란형
번식법	실생, 삽목	개화기, 꽃색	6~7월, 흰색
식재 가능 지역	제주도, 실내정원용	결실기, 열매색	9~10월, 홍색
식재 시기	봄, 여름 장마기		

분류학적 위치와 형태적 특징 및 자생지
백량금은 자금우과에 속하는 상록소관목으로 학명은 *Ardisia crenata*이다. 속명 *Ardisia*는 그리스어로 창끝, 화살촉 등의 의미인 ardis에서 온 것으로 꽃잎의 끝이 뾰족한 것에서 유래되었다. 종명 *crenata*는 '톱니가 있다'는 뜻으로 잎의 거치를 나타낸다. 높이 1.5m까지 자라며 잎은 어긋나고 길이 7~12cm로 긴 타원형에 두껍고 광택이 난다. 꽃은 여름에 가지 끝에 산형화서로 피는데 흰색이다. 열매는 공 모양이고 홍색으로 아래로 늘어진다. 제주도와 전남 홍도에 자생한다. 우리나라 외에 말레이시아, 대만, 중국, 일본에도 분포한다.

관상 포인트
가을에 포도송이처럼 붉게 익는 열매가 매우 아름답다. 두꺼운 상록 잎도 아름다우며 산형화서로 피는 작고 흰 꽃도 아름답다.

성질과 재배
난대수종으로 추위에 약하며 반그늘에서 잘 자란다. 번식은 실생과 삽목으로 한다. 삽목은 봄이나 여름 장마철에 하는데 뿌리가 잘 내린다. 실생법의 경우 가을에 열매를 따서 씨앗을 모래 속에 묻어두었다가 봄에 파종하거나 또는 이른 봄에 씨앗을 채취하여 직파한다. 여름 무렵이면 발아한다.

조경수로서의 특성과 배식
키가 작은 데다 상록의 잎과 붉은 열매가 아름다워 요즘 유행하고 있는 아파트 등의 실내정원용으로 아주 좋다. 실내에서 재배해도 잘 결실하며 열매의 수명이 긴 점도 실내정원용으로 각광받는 이유이다. 난지에서는 큰 나무 아래에 심는 지피식물용, 정원석 옆의 붙여 심기, 건물이나 담장 아래의 기초 식재 등에도 유용하다. 우리나라에서 백량금은 온실식물로 간주되며 대개 화분에 심어 실내장식용으로 많이 이용한다. 화분에 심을 때는 작은 묘는 몇 포기를 몰아 심어도 좋으며 크게 자라면 한 주씩 심는다. 화분에 심은 식물은 2~3년에 한 번씩은 묵은 흙을 털어내고 새 흙으로 갈아 심어야 새 뿌리가 내리고 물 빠짐이 좋아 성장이 순조로운데, 분갈이의 적기는 6~7월경이다. 이식은 쉬운 편으로 거의 계절을 가리지 않고 심을 수 있지만, 가장 좋은 적기는 여름 장마철이다.

유사종
동속식물로는 자금우와 산호수가 있는데 모두 상록관목으로 열매가 아름답다.

숲속의 보석
산호수
Ardisia pusilla

성상, 음양	상록관목, 음수	수형	포복형
번식법	실생, 삽목, 분주	개화기, 꽃색	5~6월, 흰색
식재 가능 지역	제주도, 남부 해안지방	결실기, 열매색	9월, 홍색
식재 시기	봄, 여름 장마기		

분류학적 위치와 형태적 특징 및 자생지

산호수는 자금우과에 속하는 상록관목으로 학명은 *Ardisia pusilla*이다. 속명 *Ardisia*는 '창끝, 화살촉'이라는 뜻의 그리스어 ardis에서 온 것으로 꽃잎의 끝이 뾰족한 것을 나타낸다. 종명 *pusilla*는 '힘이 없다'는 뜻으로 줄기가 서지 않음을 나타낸다. 높이는 20~30cm 정도이며 줄기에는 적갈색 털이 밀생한다. 잎은 돌려나고 타원형이며 길이 3~4cm로 가장자리엔 톱니가 있다. 꽃은 산형화서에 2~4개가 달리며 흰색이다. 열매는 둥글고 지름 5~6mm로 윤채가 나며 9월에 홍색으로 익는다. 제주도와 남해안 섬 지방에 자생하며 일본에도 분포한다.

관상 포인트

가을에 보석처럼 붉게 익는 열매가 가장 큰 매력이다. 또한 연중 푸른 도란형의 잎도 아름답다. 꽃은 잎겨드랑이 또는 마디 사이에서 꽃대가 자라나와 산형화서에 흰색의 작은 꽃이 2~4송이 정도가 달리는데 아래로 늘어진다.

성질과 재배

음수로 추위에 약한 난대수종이다. 번식은 실생과 삽목 및 포기나누기로 하는데 삽목과 포기나누기가 쉽다. 삽목은 봄 싹 트기 전과 여름 장마철에 하지만 여름에 꽂는 녹지삽이 성적이 더 좋으며 대개 한 달 정도면 뿌리가 내린다. 포기나누기는, 뿌리목에서 분얼하여 큰 포기가 되었을 때 이를 캐어 적당히 갈라 심는 방법이다. 실생법의 경우 씨앗을 채취하여 모래 속에 묻어두었다가 봄에 파종하거나 또는 이른 봄에 열매에서 씨앗을 바로 채취하여 직파하는데 어느 경우에나 여름 무렵이면 발아한다.

조경수로서의 특성과 배식

추위에 아주 약한 난대수종이므로 남해안 섬 지방까지 식재할 수 있으며 육지에서의 노지 식재는 어렵다. 키가 크게 자라지 않고 대개 20cm 미만인 데다 상록의 잎과 붉은 열매가 아름다워 아파트 등의 실내정원용으로 아주 좋다. 산호수는 실내에서 재배해도 잘 결실한다. 실내정원용 외에 화분용으로도 수요가 적지 않다. 또한 큰 나무 아래에 심는 하목이나 지피식물, 정원석 옆의 붙여 심기, 건물이나 담장 아래의 기초 식재 등에도 유용하다. 이식은 쉬운 편으로 거의 계절을 가리지 않고 심을 수 있다.

유사종

동속식물로는 자금우와 백량금이 있는데 모두 상록관목으로 열매가 아름답다.

자금우과

지피식물과 실내정원용으로 좋은 상록수
자금우
Ardisia japonica

성상, 음양	상록관목, 음수	수형	포복형
번식법	실생, 삽목, 분주	개화기, 꽃색	5월, 흰색
식재 가능 지역	남부 해안지방	결실기, 열매색	10월, 홍색
식재 시기	봄, 여름 장마기		

분류학적 위치 및 형태적 특징 및 자생지
자금우는 자금우과에 속하는 상록소관목으로 학명은 *Ardisia japonica*이다. 속명 *Ardisia*는 그리스어 ardis에서 온 것으로 '창끝', '화살촉' 등의 의미인데 이는 꽃잎의 끝이 뾰족한 것에서 유래되었다. 종명 *japonica*는 일본산이란 뜻이다. 높이 10~30cm 정도까지 자라며 잎은 마주나거나 돌려나며 길이는 6~13cm이다. 꽃은 잎겨드랑이에서 나온 산형화서에 흰색의 작은 꽃이 2~7송이 정도가 달린다. 열매는 홍색으로 공 모양이며 직경 8mm 정도이다. 제주도와 남부 해안 및 섬 지방 숲속의 하층 식생을 이루며 일본, 대만, 중국에도 분포한다.

관상 포인트
가을에 보석처럼 붉게 익는 열매가 매혹적이다. 또한 상록의 잎과 산형화서로 모여 피는 하얀색의 꽃도 아름답다. 꽃은 6월에 지난해 가지의 잎겨드랑이에서 꽃줄기가 나와 흰색의 작은 꽃이 밑을 향해 핀다. 열매는 장과이며 9월에 붉은색으로 익으며 직경 10mm 정도로 식물체에 비해 큰 편이다.

성질과 재배
난대수종으로 추위에 약하며, 음수로 그늘진 곳에서 잘 자란다. 번식은 실생, 삽목 및 포기나누기로 하는데 삽목과 포기나누기가 가장 일반적으로 사용된다. 삽목은 봄 싹 트기 전과 여름 장마철이 적기로 여름에 꽂는 녹지삽이 뿌리 내림이 더 좋으며 대개 한 달 정도면 뿌리가 내린다. 포기나누기는, 지하경에서 줄기가 계속 새로 돋아 많은 줄기가 생기므로 이를

적당히 갈라 심는 방법이다. 실생법의 경우 가을에 열매에서 씨앗을 채취하여 모래 속에 묻어두었다가 봄에 파종하거나 또는 이른 봄에 열매에서 씨앗을 바로 채취하여 직파하며, 여름 무렵이면 발아한다.

조경수로서의 특성과 배식
추위에 아주 약한 난대수종이므로 남해안지방까지 식재할 수 있다. 키가 크게 자라지 않고 상록의 잎과 붉은 열매가 아름다워 아파트 등의 실내정원용으로 아주 좋다. 자금우는 실내에서 재배해도 꽃이 잘 피고 잘 결실한다. 제주도에서는 큰 나무 아래의 지피식물, 정원석 옆의 붙여 심기용 등으로 좋다. 또 화분에 심어 실내 장식용으로 많이 이용한다. 이식은 쉬운 편으로 봄과 초여름이 적기이지만 거의 계절을 가리지 않고 심을 수 있다.

유사종
동속식물로는 산호수와 백량금이 있는데 모두 상록관목으로 열매가 아름다우며 특히 산호수는 자금우와 구별이 어려울 정도로 비슷하다.

상록활엽관목

바닷가의 아름다운 관목

다정큼나무
Rhaphiolepis umbellata

성상, 음양	상록관목, 양수	수형	덤불형
번식법	실생, 삽목	개화기, 꽃색	5월, 흰색
식재 가능 지역	남부지방	결실기, 열매색	9월, 흑자색
식재 시기	봄, 여름 장마기		

분류학적 위치와 형태적 특징 및 자생지

다정큼나무는 장미과에 속하는 상록관목으로 학명은 *Rhaphiolepis umbellata*이다. 속명 *Rhaphiolepis*는 그리스어로 '바늘'이라는 뜻의 raphe와 '비늘 조각'이란 뜻의 lepis의 합성어로 바늘 모양의 포를 묘사하고 있다. 종명 *umbellata*는 '우산을 닮았다'는 뜻으로 꽃차례를 표현하고 있다. 높이 2~4m까지 자라며 잎은 매우 두껍고 긴 타원형 또는 도란상 타원형이고 길이 4~10cm, 너비 2~4cm이다. 꽃잎은 흰색에 도란형으로 길이 1~1.2cm이다. 열매는 둥글고 지름 7~10mm이며 9~10월에 흑자색으로 익는다. 자생지는 전남과 경남의 도서지방 및 제주도이다.

관상 포인트

둥글고 두툼한 상록의 잎이 아름답다. 꽃은 5월에 피는데 꽃잎은 흰색이지만 중앙의 기부는 붉은색이고 작은 꽃송이가 모여 피어 매우 아름답다. 열매는 9월에 흑자색으로 익는다.

성질과 재배

우리나라 자생 난대수목 중에서도 추위에 약한 편으로 제주도와 전남 및 경남의 해안지방에 자생한다. 어린 묘목은 특히 추위에 약하므로 남부 해안지방을 제외하고는 재배가 어렵다. 번식은 실생과 삽목으로 한다. 실생법의 경우 10월경에 열매를 따서 과육을 제거하고 종자를 채취하여 축축한 모래 속에 묻어두었다가 이듬해 봄에 파종하면 5~6월경이면 발아한다. 삽목의 경우 4월경 새싹이 트기 전에 전년에 자란 가지를 잘라 꽂거나 6월경에 그해 자란 연한 가지를 꽂는다. 6월 하순경에 실시하는 것이 뿌리 내림이 더 좋지만 발근율이 좋은 편이 아니므로 발근 촉진제를 이용하는 것이 좋다. 해충으로는 깍지벌레와 진딧물이 생길 수 있는데 깍지벌레는 수프라사이드 등으로 구제하고 진딧물은 메타시스톡스 등으로 구제하면 된다. 병해로는 그을음병이 생길 수 있으나 깍지벌레 및 진딧물의 발생과 관련있으므로 해충을 구제하면 자연 사라진다.

조경수로서의 특성과 배식

다정큼나무는 제주도와 경남 및 전남의 바닷가에서 자라는 자생 상록수로 조경적 가치가 아주 우수한 나무지만 추위에 약하여 식재지는 크게 제한된다. 관목상이고 덤불로 자라므로 잔디밭 가장자리의 상록 꽃나무로 심거나 큰 나무 아래 덧붙여 심는 나무로 적당하다. 이식 적기는 여름 장마철이며 봄철도 괜찮다. 뿌리가 거친 편이라 이식을 싫어하므로 큰 나무를 옮길 때에는 분을 크게 뜨고 강하게 전지하는 것이 안전하다.

홀아비꽃대과

실내정원용으로 좋은 상록 열매 나무
죽절초
Chloranthus glaber

성상, 음양	상록관목, 음수	수형	덤불형
번식법	실생, 삽목, 분주	개화기, 꽃색	7월, 녹색
식재 가능 지역	제주도	결실기, 열매색	10월, 홍색
식재 시기	봄, 여름 장마기		

분류학적 위치와 형태적 특징 및 자생지

죽절초는 홀아비꽃대과에 속하며 학명은 *Chloranthus glaber*이다. 높이 1m까지 자라며 줄기는 녹색이며 털이 없고 마디가 뚜렷하다. 줄기에 대처럼 마디가 있다고 하여 죽절초라 부르지만 풀이 아니고 상록관목이다. 잎은 마주나며 넓은 피침형이고 길이 5~16cm로 잎 가장자리에는 톱니가 있다. 꽃은 6~7월에 피는데 양성화로 수상화서에 달리며 연한 녹색이다. 열매는 5~10개가 모여 달리며 둥글고 길이는 5~7mm에 10월에 홍색으로 익는다. 제주도의 남쪽 계곡과 산록에 자생하는 희귀식물이다.

관상 포인트

가을에 보석처럼 붉게 익는 열매가 매우 아름답다. 사철 푸른 녹색의 잎도 아름답다.

성질과 재배

난대수종으로 추위에 약하며, 음수로 그늘진 곳에서 잘 자란다. 자생지가 제한되는 희귀식물이지만 재배하면 잘 자라며 번식 또한 어렵지 않다. 번식은 실생과 삽목 및 포기나누기로 한다. 실생법은 가을에 열매에서 씨앗을 채취하여 직파하거나 모래 속에 묻어두었다가 이듬해 봄에 파종하는 것인데 초여름 무렵이면 발아한다. 삽목은 봄 싹 트기 전과 여름 장마철이 적기로 여름에 꽂는 녹지삽이 뿌리 내림이 더 좋으며 대개 한 달 정도면 뿌리가 내린다. 포기나누기는 지하경에서 줄기가 계속 새로 돋아 많은 줄기가 생기므로 이를 적당히 갈라 심는 방법으로 하면 된다.

조경수로서의 특성과 배식

추위에 아주 약한 난대수종으로 제주도에 심는다. 크게 자라지 않고 상록의 잎과 붉은 열매가 아름다워 아파트 등의 실내정원용으로 아주 좋다. 죽절초는 실내에서 재배해도 잘 자라고 꽃이 잘 핀다. 제주도에서는 큰 나무 아래의 지피식물, 정원석 옆의 붙여 심기용 등으로 좋다. 추운 지역에서는 온실에서 가꾸거나 화분에 심어 붉은 열매를 즐기는 실내장식용으로 이용할 수 있다. 이식은 쉬운 편으로 봄과 초여름이 적기이지만 거의 계절을 가리지 않고 심을 수 있다.

상록활엽관목

중부지방에 자생하는 귀한 상록수
꼬리진달래
Rhododendron micranthum

성상, 음양	상록관목, 양수	수형	덤불형
번식법	삽목, 실생	개화기, 꽃색	5~6월, 흰색
식재 가능 지역	전국	결실기, 열매색	9~10월, 녹갈색
식재 시기	봄, 여름 장마기		

분류학적 위치와 형태적 특징 및 자생지
꼬리진달래는 진달래과의 상록 활엽관목으로 학명은 *Rhododendron micranthum*이다. 속명 *Rhododendron*은 그리스어로 '붉다'는 뜻의 rhodon과 '나무'라는 의미의 dendron의 합성어이고, 종명 *micranthum*은 '작다'는 뜻인 micro와 '꽃'이라는 뜻의 antho의 합성어로 '작은 꽃이 핀다'는 뜻이다. 높이 1~2m까지 자란다. 잎은 어긋매껴 나고 도란상 타원형에 길이 2~3.5cm로, 표면은 녹색이고 흰색 점이 있으며, 뒷면은 갈색 비늘 조각이 밀생하고 잎자루 길이는 1~5mm이다. 열매는 삭과로 긴 타원형이며 길이 5~8mm로 9~10월에 성숙한다. 경북, 충북, 강원도의 양지바른 산지 또는 성긴 숲속에 자란다. 우리나라 외에 중국에도 분포한다.

관상 포인트
사철 푸른 상록관목으로 겨울에도 푸르른 잎이 매력적이다. 꽃은 5~6월에 흰색으로 피는데 크기는 작지만 무리지어 피므로 아름답다.

성질과 재배
추위에 강하여 전국 각지에서 재배 가능하다. 볕바른 곳에서 자라는 양수지만 내음력도 상당히 좋은 편이며 토질은 물이 잘 빠지는 양토가 좋다. 번식은 종자로도 가능하지만 그 방법이 까다로우므로 대부분 삽목으로 한다. 삽목의 경우 이른 봄 싹 트기 전에 10cm 내외로 잘라 아래 잎을 따버리고 꽂거나 여름 6~7월 장마철에 꽂아도 된다. 삽목으로 발근이 잘 되는 편으로 삽목묘는 4~5년 지나면 꽃이 피기 시작한다.

조경수로서의 특성과 배식
우리나라에 자생하는 이 속의 식물은 대부분 낙엽수인데 꼬리진달래는 상록수로 겨울에도 녹색의 잎을 간직하고 있어 가치가 있다. 왜철쭉과 잎의 모양이 비슷하지만 왜철쭉은 추운 곳에 심지 못하는 데 반해 꼬리진달래는 내한력이 강해 전국 각지에 식재 가능한 것도 큰 장점이다. 키가 크게 자라지 않으므로 정원의 잔디밭 가장자리, 정원석 옆, 큰 소나무 아래 등에 곁들여 심으면 좋다. 분포지가 제한된 희귀식물이지만 번식도 쉽고 재배하기 쉬우므로 앞으로 조경에 더 많은 이용이 기대되는 수종이다.

유사종
동속식물로 진달래, 산철쭉, 철쭉, 왜철쭉 등이 있다.

상록의 잎과 아름다운 꽃
만병초
Rhododendron fauriei

성상, 음양	상록관목, 음수	수형	배상형
번식법	실생, 휘묻이	개화기, 꽃색	5월, 흰색
식재 가능 지역	전국	결실기, 열매색	9~10월, 녹색
식재 시기	봄		

분류학적 위치와 형태적 특징 및 자생지

상록활엽관목으로 학명은 *Rhododendron fauriei*이다. 속명 *Rho-dodendron*은 그리스어로 '붉다'는 뜻의 rhodon과 '나무'라는 의미의 dendron의 합성어로 '붉은 꽃이 피는 나무'라는 뜻이다. 종명 *fauriei*는 프랑스 신부(神父) 포리Urbain Jean Faurie의 이름에서 비롯된 것이다. 높이는 3~4m까지 자란다. 잎은 타원형이고 길이 8~15cm, 폭은 5cm 내외이며 잎 가장자리에 톱니는 없다. 꽃은 5월에 피며 하나의 꽃눈에서 여러 송이의 꽃이 가지 끝에 달리고, 꽃부리는 깔때기 모양이며 흰색 또는 연한 분홍이다. 열매는 삭과로 길이 2cm이고 9월에 성숙한다. 울릉도, 태백산, 지리산, 설악산, 백두산 등 해발 1,000m가 넘는 고산지대 산기슭 숲 속에 자생한다.

관상 포인트

사철 푸르며 크고 두꺼운 잎은 기품이 있으며, 봄에 피는 흰색 꽃이 무척 아름답다. 배양이 어려워 공급도 적고 매우 고급스러운 꽃나무이다.

성질과 재배

음수로 공중 습도가 높은 환경을 좋아하며 산성 토양에서 잘 자라므로 묘상에는 사전에 유황을 적당량 뿌려주어 토양 산도를 낮추어주면 좋다. 번식은 실생법 및 휘묻이로 한다. 10월경에 열매를 따서 칼로 열매 껍질을 가볍게 벗겨 그늘에서 며칠 말리면 삭과가 열려 종자를 얻을 수 있다. 종자는 마르면 잘 발아하지 않으므로 채취 즉시 파종하되 얕게 심어야 한다. 파종 후 1~2개월이면 발아하기 시작하는데 겨울에는 심하게 얼지 않

도록 한다. 묘목은 여름철에 엽고병, 녹병 등이 걸리기 쉬우므로 2주에 1회 정도 다이센 등의 살균제를 예방적으로 살포한다. 휘묻이는 아래로 처지는 가지를 구부려 흙을 덮어두었다가 뿌리가 내리면 잘라내는 방법으로, 봄에 덮어두고 이듬해 봄 싹 트기 전에 잘라 심거나 조금 더 기다렸다가 여름 장마철에 분리하여 심는다.

조경수로서의 특성과 배식

번식이 어렵고 묘목의 성장도 느려 공급이 많지 않으며 따라서 구하기도 어렵고 가격이 매우 비싼 나무이다. 정원 중앙의 큰 나무 아래 등에 심되 여름에 너무 건조하지 않게 관리하도록 한다. 물이 고이는 곳이나 너무 메마른 곳, 그리고 하루 종일 직사광선이 비치는 곳은 피해야 한다. 이식은 쉬운 편이지만 크게 자란 나무는 이식 후 2~3년간은 가뭄이 들면 물을 주는 등의 철저한 관리가 필요하다.

섬 지방에 자라는 상록관목
모새나무
Vaccinium bracteatum

성상, 음양	상록관목, 양수	수형	덤불형
번식법	실생, 삽목	개화기, 꽃색	6~7월, 흰색, 분홍색
식재 가능 지역	전국	결실기, 열매색	10월, 검은색
식재 시기	봄, 여름 장마기		

분류학적 위치와 형태적 특징 및 자생지

진달래과의 상록관목으로 학명은 *Vaccinium bracteatum*이다. 속명 *Vaccinium*은 장과(漿果)를 뜻하는 라틴어 bacca에서 온 것이다. 종명 *bracteatum*은 '포엽이 있다'는 뜻으로 꽃에 달리는 포를 나타내고 있다. 높이 3m 정도까지 자라며 줄기는 적갈색이고 일년생 가지는 회갈색이다. 잎은 어긋매껴 나며 긴 타원형으로 길이 2.5~6.0cm, 폭 1.0~2.5cm 정도이며 두껍다. 꽃은 6~7월에 피는데, 아래로 처지는 길이 2~5cm의 총상꽃차례에 10개 정도 달리며 각 꽃마다 피침상의 포가 있다. 꽃부리는 계란형으로 길이 5~7mm이고 흰색 또는 분홍색이며 수술은 10개이고 꽃밥은 끝이 2개로 갈라졌다. 열매는 둥글고 지름 6mm이며 백분으로 덮여 있고 10월에 검은색으로 익는다. 서남해안 도서지방과 제주도의 산록 양지에 자생하며 일본, 인도에도 분포한다.

관상 포인트 및 이용

상록의 윤기 나는 잎이 아름답고 여름에 은방울 모양으로 피는 꽃이 매우 사랑스럽다. 열매는 가을에 검게 익는데 먹을 수 있으며 잼을 만들기도 한다. 약용수로도 이용하는데 열매를 남촉자(南燭子), 잎은 남촉엽(南燭葉)이라 한다. 정기를 보하고 설사를 멎게 하는 효능이 있다고 한다.

성질과 재배

내한성이 약하여 내륙에서는 재배가 불가능하며 내건성과 내조성은 좋다. 실생법의 경우 가을에 익은 종자를 채취하여 직파하되 이끼 위에 파종하는데 발아와 양묘가 어려운 편이다. 여름 장마기에 그해 자란 가지를 삽목하여 번식하기도 하는데 발근율이 나쁘므로 발근 촉진제를 사용하는 것이 좋다. 잎과 꽃이 아름다워 조경수로 훌륭하다. 그런데 내한력이 약하고 번식이 까다로워 조경수로 널리 애용되지 못하고 있다.

조경수로서의 특성과 배식

추위에 약한 난대수종으로 식재는 서남해안 도서지방과 제주도 및 해안에서 가까운 일부 남부지방에 국한된다. 크게 자라지 않고 잎과 꽃이 아름다우므로 큰 나무의 아래에 심거나 정원석에 곁들여 심으면 보기 좋다.

유사종

동속식물로 정금나무, 들쭉나무, 산앵두나무 등이 있으며 상록인 모새나무와 달리 이들은 모두 낙엽관목이다.

차나무과

적응력이 강한 상록관목
사스레피나무
Eurya japonica

성상, 음양	상록관목, 중용수	수형	덤불형
번식법	실생, 삽목	개화기, 꽃색	3~4월, 흰색
식재 가능 지역	남부지방	결실기, 열매색	11월, 흑자색
식재 시기	봄, 여름 장마기		

분류학적 위치와 형태적 특징 및 자생지

차나무과에 속하는 상록관목으로 학명은 *Eurya japonica*이다. 속명 *Eurya*는 그리스어로 '크다, 폭이 넓다'는 의미이며 종명 *japonica*는 일본 원산이란 뜻이다. 높이 3m까지 자라며 잎은 긴 타원형으로 길이 3~8cm 이다. 3~4월에 잎겨드랑이에서 작은 흰색의 꽃 1~3개가 뭉쳐 난다. 열매 는 장과로 구형이고 11월에 흑자색으로 익는다. 난대성 식물로 우리나라 서남 해안지방과 섬지방의 산기슭에 흔히 자생한다.

관상 포인트

치밀하게 배열되는 잔가지와 작은 상록의 잎이 관상 대상이다. 꽃은 이른 봄에 피는데, 전년생지의 잎겨드랑이에 1~2개씩 달리며 꽃색은 옅은 분 홍을 띤 흰색이다. 꽃의 지름이 5~6mm 정도로 작은 데다 잎에 가려져 아 래쪽을 향해 피므로 쉬 눈에 띄지 않아 관상 가치는 크지 않으며 오줌 냄 새와 비슷한 악취가 난다. 열매는 장과로 검고 둥글며 지름이 5~6mm 정 도로 가을에 익는다.

성질과 재배

난대성 식물로 추위에 약하여 남부지방에 한하여 식재할 수 있으며 내한 성은 대체로 동백과 거의 비슷한 수준이다. 양지와 음지를 가리지 않고 잘 자라며 건조에 대한 적응력이 상당히 강하여 척박한 곳에서도 자랄 수 있다. 번식은 실생과 삽목으로 하는데, 실생법의 경우 가을에 익은 열매를 채취하여 과육을 제거하고 종자만 정선하여 모래에 묻어두었다가 이듬해 봄에 파종한다. 삽목의 경우는 봄철의 숙지삽과 여름철의 녹지삽 모두 가

능하지만 녹지삽의 경우가 뿌리 내림이 더 좋다.

조경수로서의 특성과 배식

대개 큰 나무 아래에 심는 하목으로 많이 이용한다. 가지와 잎이 치밀하 게 배열되므로 생울타리로도 좋다. 건물의 기초식재, 경계식재 등에도 이 용할 수 있으며 새들이 열매를 좋아하므로 학교원이나 공원, 생태정원의 조류 유인목으로도 가치가 있다. 이식은 비교적 쉬운 편으로 큰 나무의 이식도 어렵지 않으며 이식 적기는 6~7월이지만 봄철에도 무난하다.

유사종

동속식물로 우묵사스레피가 있는데 잎의 크기는 사스레피나무보다 작고 여러 가지 성질이 사스레피나무와 흡사하여 조경적 용도도 동일하지만 내한력은 보다 약하다.

상록활엽관목

꽃과 열매가 서로 만나는

차나무
Thea sinensis

성상, 음양	상록관목, 음수	수형	덤불형
번식법	실생, 삽목, 분주	개화기, 꽃색	9~11월, 흰색
식재 가능 지역	남부지방	결실기, 열매색	11월, 녹갈색
식재 시기	봄, 여름 장마기		

분류학적 위치와 형태적 특징 및 자생지

차나무는 차나무과에 속하는 상록관목으로 학명은 *Thea sinensis*이다. 속명 *Thea*는 차의 중국명을 라틴어화한 것이다. 종명 *sinensis*는 '중국산'이란 뜻이다. 중국의 쓰촨, 윈난, 구이저우 원산으로 한국, 일본, 인도 등지에 분포한다. 높이 2~3m 정도로 자라며 대개 뿌리목으로부터 가지가 빽빽이 난다. 잎은 타원상 피침형으로 길이 2.5~5cm 정도이다. 꽃은 잎겨드랑이에 1~3개가 달리는데 아래로 향하여 피며 흰색에 향기가 난다. 열매는 편구형으로 이듬해 11월경에 익는다. 중국 원산으로 우리나라에서는 전라도와 경상도, 제주도 등 남부지방에서 재배한다.

관상 포인트 및 이용

꽃이 귀한 가을에 피는 흰 꽃이 아름답고 개화 기간이 길어 관상 가치가 높다. 열매는 녹색이어서 크게 눈길을 끌지는 못하지만 늦가을에 익는다. 반짝이면서 혁질인 상록의 잎도 관상 가치가 높다. 어린순을 따서 차를 만드는데 이 차는 역사가 아주 오래된 전통 음료이다.

성질과 재배

온난한 지방에서 자라는 난대성 식물로 경남, 전남, 제주도의 해안지방이 재배 적지라 할 수 있다. 음지식물이지만 볕바른 곳에서도 잘 적응하며 오후 햇볕이 가려지는 반음지를 가장 좋아한다. 번식은 대부분 실생에 의하지만 삽목과 포기나누기도 가능하다. 실생법의 경우 잘 익은 열매에서 종자를 채취하여 젖은 모래 속에 저장해두었다가 이듬해 봄에 파종한다. 삽목은 봄의 숙지삽과 여름 장마철의 녹지삽이 모두 가능하다. 차나무는 병해와 충해가 거의 발생하지 않는 나무이므로 이의 방제에 관해서는 거의 신경 쓰지 않아도 된다.

조경수로서의 특성과 배식

잎이 아름다운 상록관목으로 추위에 약하여 남부지방에 한하여 식재할 수 있다. 내한성은 동백나무와 거의 비슷한 수준이며 호랑가시보다는 좀 더 약한 편이다. 반음지를 좋아하지만 양지나 그늘진 곳에서도 잘 자란다. 따라서 큰 나무의 아래에 심는 하목으로 좋으며 생울타리용으로도 아주 좋다. 전원주택이나 가정 정원에서 생울타리로 심으면 차도 수확하고 조경수 역할도 할 수 있다. 학교원 등에 차밭을 만들면 실습도 하고 겨울에 푸른 잎과 가을의 귀한 꽃을 함께 즐길 수 있다. 관목상으로 자라지만 뿌리는 깊게 벋는 편이라 이식의 용이성은 보통이다. 흔히 차나무는 이식이 되지 않는다는 속설이 있지만 산야에서 자란 야생 차나무가 아닌 밭에서 배양한 묘목의 이식은 어려운 편이 아니다. 이식 적기는 여름 6~7월이며 봄 싹 트기 전에 해도 좋다.

층층나무과

잎과 수형이 아름다운 상록관목
식나무
Aucuba japonica

성상, 음양	상록관목, 음수	수형	원형
번식법	실생, 삽목, 휘묻이	개화기, 꽃색	3월, 자주색
식재 가능 지역	남부지방	결실기, 열매색	11~12월, 홍색
식재 시기	봄, 여름 장마기		

분류학적 위치와 형태적 특징 및 자생지
층층나무과에 속하는 상록관목으로 학명은 *Aucuba japonica*이다. 속명 *Aucuba*는 일본명 '아오키바(青木葉)'에서 유래된 것이고 종명 *japonica*는 일본산이란 뜻이다. 높이 3m까지 자라며 어린 가지는 녹색이다. 잎은 마주나고 타원상 난형으로 길이 5~20cm에 가장자리엔 드문드문 톱니가 있다. 자웅이주로 꽃은 3월에 가지 끝에 원추화서로 핀다. 열매는 타원형으로 길이 1.5~2cm이며 11~12월에 홍색으로 익는다. 난대수종으로 서남해안 섬 지방과 제주도, 울릉도 등지의 산지 숲속에 자생한다.

관상 포인트
상록의 아름다운 잎과 단정한 수형이 관상 대상이다. 꽃은 작은 데다 상록의 짙은 잎에 묻혀 관상 가치는 거의 없다. 그러나 초겨울에 붉게 익는 열매는 매우 아름답다. 식나무는 암수딴그루이므로 열매를 감상하려면 암그루를 주로 심되 부근에 수그루도 함께 심어야 한다. 식나무를 청목이라고도 부르는데 나무의 가지가 푸르기 때문이며 이 푸른 가지도 식나무의 독특한 매력이다.

성질과 재배
음수로 반그늘진 곳에서 잘 자라며 토양 수분이 적당한 곳을 좋아한다. 번식은 삽목과 실생으로 하는데 실생법의 경우 결실수도 적은 데다 파종 후 발아하는 데 오랜 기간이 걸리므로 대개 삽목으로 한다. 삽목은 봄 싹 트기 전이나 여름 장마기에 하는데 어느 시기에 하더라도 뿌리가 잘 내린다. 꽂을 때는 아래 잎은 따 버리고 위의 잎 1장만 남기고 꽂는데 잎이 크면 절반 정도 잘라 반만 남겨 꽃는 것이 좋다. 실생법으로 할 때는 발아가 느리므로 온실이나 비닐하우스 등의 시설에서 파종하면 그나마 발아를 촉진할 수 있다.

조경수로서의 특성과 배식
난대식물로 남부지방에서 재배 및 식재할 수 있지만 성목의 내한성은 꽤 강하여 일부 중부지방에서도 식재가 가능하다. 잎과 수형이 아름답지만 나무가 크게 자라지 않으므로 대개 잔디밭 가장자리나 큰 나무의 아래 등에 배식한다. 크게 자라지 않으므로 좁은 가정 정원 등에 좋으며, 내음력이 강하므로 건물의 북쪽 그늘 등에 심어도 좋다. 이식이 쉬운 나무로 이식 적기는 6~7월 장마기와 봄 싹 트기 전이다.

상록활엽관목

팥꽃나무과

향기 좋은 우리 토종 천리향
백서향
Daphne kiusiana

성상, 음양	상록관목, 음수	수형	구형
번식법	실생, 삽목	개화기, 꽃색	3~4월, 흰색
식재 가능 지역	남부지방	결실기, 열매색	6월, 홍색
식재 시기	봄, 여름 장마기		

분류학적 위치와 형태적 특징 및 자생지

백서향은 팥꽃나무과에 속하는 상록관목으로 학명은 *Daphne kiusiana* 이다. 속명 *Daphne*는 그리스어로 월계수의 옛 이름이다. 종명 *kiusiana* 는 일본 규슈산이라는 뜻이다. 잎은 혁질로 두꺼우며 길이는 5~8cm 정도 이다. 꽃은 흰색으로 이른 봄에 지난해 자란 가지 끝에 10~20송이가 모 여 핀다. 열매는 6월에 붉게 익는다. 열매에는 하나의 종자가 들어 있다. 관상용으로 많이 식재하는 서향과 형태와 성질이 흡사하다. 남해안 섬과 제주도의 상록수 숲속에 자생하며 우리나라 외에 일본에도 분포한다.

관상 포인트

꽃은 3~4월, 아주 이른 봄에 피며 향기가 매우 좋다. 꽃이 지면 둥근 열매 가 열리는데 6월경 윤기 나는 붉은색으로 익으며 매우 아름답다. 겨울에도 변함없이 선명한 녹색을 자랑하는 두껍고 선명한 녹색의 잎도 아름답다.

성질과 재배

백서향은 조경수로 많이 식재되고 있는 서향과 성질과 재배법이 비슷하 며 추위에는 좀 더 약하다. 토질은 보수력이 좋은 양토를 좋아하지만 다 습을 싫어하며 건조에도 약하다. 번식은 실생과 삽목으로 한다. 실생법의 경우 6월에 종자를 채취하여 직파하거나 모래에 묻어 저장했다가 이듬 해 봄에 파종한다. 음수로 강한 햇볕을 싫어하므로 한낮엔 50% 정도 차 광해주는 것이 좋다. 어린 묘는 특히 추위에 약하므로 겨울에 방한 조치 가 필요하다. 삽목법의 경우 4월경 새싹이 트기 전에 꽂거나 여름 장마철 무렵에 녹지삽을 하는데 6월 하순경에 실시하는 녹지삽의 뿌리 내림이

더 좋다.

조경수로서의 특성과 배식

크게 자라지 않는 상록관목으로 원대에서 여러 개의 가지가 나며 방임하 여도 치밀하고 단정한 수형을 유지한다. 따라서 작은 꽃나무 위주의 화단 식재용으로 좋은데, 음수이므로 한낮의 햇볕이 어느 정도 가려질 수 있는 큰 나무 아래 등이 좋다. 가정 화단용으로 널리 보급된 서향과 성질과 용 도가 거의 같으므로 서향 대용으로 심을 수 있으나 희귀수목으로 묘목을 구하기 어려운 실정이다. 이식을 싫어하여 큰 나무의 이식은 어려우며, 이 식 적기는 여름 장마철이며 봄철도 괜찮다.

유사종

동속식물로 조경수로 많이 이용되고 있는 중국 원산의 서향이 있다. 도입 종인 서향이 주인 행세를 하고 자생종인 백서향은 대부분의 사람들이 존 재 자체도 모르는 실정이다.

잔디밭 가장자리 경계식재용으로 좋은
회양목
Buxus microphylla var. *koreana*

성상, 음양	상록관목, 양수	수형	원추형
번식법	실생, 삽목	개화기, 꽃색	3~4월, 황색
식재 가능 지역	전국	결실기, 열매색	6월, 황갈색
식재 시기	봄, 여름 장마기		

분류학적 위치와 형태적 특징 및 자생지

회양목은 회양목과에 속하는 상록관목으로 학명은 *Buxus microphylla* var. *koreana*이다. 속명 *Buxus*는 라틴어로 '상자'를 뜻하는 puxas에서 유래된 말이며 종명 *microphylla*는 '작은 잎'을 뜻하며, 변종명 *koreana*는 한국산이란 뜻이다. 높이 2~3m까지 자란다. 잎은 혁질이며 타원형에 길이 1.2~1.7cm 정도이다. 꽃은 잎겨드랑이와 가지 끝에 나며 암꽃과 수꽃이 몇 개씩 모여 달린다. 열매는 삭과로 계란형에 돌기가 있으며 길이 10mm이고 6월에 황갈색으로 익는다. 우리나라 각지의 석회암 지대에 자생한다.

관상 포인트

작고 두꺼운 상록의 잎이 아름답다. 3~4월 이른 봄에 피는 연한 노란색의 작은 꽃은 향기가 무척 좋다. 열매는 작고 둥글며 6월에 황갈색으로 익는데 관상 가치가 높은 편은 아니다.

성질과 재배

우리나라 자생 상록활엽수 중 추위에 가장 강한 나무 중의 하나로 전국에서 재배 및 식재 가능하다. 성장은 무척 느리며, 메마른 곳에서도 상당히 적응력이 크지만 석회암 지대의 지표식물인 만큼 알칼리성 토양을 좋아한다. 따라서 회양목 재배지는 석회를 넣어 토양 산도를 개선하는 것이 좋다. 양수로 광선 요구도가 높으며 음지에서는 쇠약해지며 회양목명나방의 피해가 심해진다.

번식은 삽목과 실생으로 할 수 있다. 삽목은 봄의 숙지삽과 여름의 녹지삽 모두 뿌리가 잘 내린다. 실생법의 경우, 6월경 황갈색으로 익은 열매를 따서 며칠 말리면 종자가 이탈하므로 거두어 직파하거나 축축한 모래에 묻어 저장했다가 이듬해 봄에 파종한다. 종자가 건조하면 발아력이 떨어지므로 유의해야 한다. 직파하더라도 발아는 이듬해 봄에 하게 된다. 병해는 크게 입지 않지만 회양목명나방의 애벌레가 여러 차례 발생하여 어린 잎을 가해하는 피해가 많이 생기므로 스미치온, 디프테렉스 등으로 알맞은 시기에 방제해야 한다.

조경수로서의 특성과 배식

원대에서 여러 개의 가지가 나와 관목상으로 자라며 가지와 잎이 빽빽하게 배열된다. 성장이 매우 느리며 또 나무가 크게 자라지 않으므로 잔디밭 가장자리, 정원이나 공원 등의 진입로 가장자리, 생울타리, 정원의 경계 식재, 건물의 하부 식재, 정원석에 덧붙여 심기 등의 용도로 좋다. 가지가 치밀하여 토피어리로 가꾸어도 좋다. 이식에 잘 견뎌 거의 연중 이식할 수 있지만 적기는 봄 싹 트기 전과 여름 장마철이다.

진녹색 잎에 아름다운 붉은 열매
호랑가시나무
Ilex cornuta

성상, 음양	상록관목~소교목, 중용수	수형	반구형, 원추형
번식법	실생, 삽목	개화기, 꽃색	4~5월, 황백색
식재 가능 지역	남부지방	결실기, 열매색	10월, 홍색
식재 시기	봄, 여름 장마기		

분류학적 위치와 형태적 특징 및 자생지
호랑가시나무는 감탕나무과에 속하는 상록관목 또는 소교목으로 학명은 *Ilex cornuta*이다. 속명 *Ilex*는 라틴명으로 Quercus ilex에서 온 것이며 종명 *cornuta*는 '뿔이 있다'는 뜻으로 뿔처럼 날카로운 잎의 모양을 표현하고 있다. 높이 5~6m까지 자란다. 잎은 혁질로 육각형에 날카로운 가시가 있다. 자웅이주로 4~5월에 황백색의 작은 꽃이 모여 피며 꽃은 향기가 좋다. 열매는 핵과로 지름 6~13mm이고 10월에 붉게 익는다. 자생지는 전남북 해안지방 및 섬지방과 제주도이며 중국에도 분포한다.

관상 포인트
잎이 아름다운 나무로, 꽃은 작아 관상 가치가 적지만 향기는 아주 좋다. 호랑가시나무의 또 다른 매력은 가을에 붉게 익는 아름다운 열매이다. 열매는 가을 10월경부터 이듬해 4월까지 붉은빛을 뽐내므로 관상 기간이 긴 것도 장점이다.

성질과 재배
번식은 실생과 삽목으로 하는데 대량 재배에는 실생법이 유리하다. 실생법으로 번식시킬 때는 가을에 열매를 따서 종자를 발라내어 모래에 1년간 묻어두었다가 2년째 봄에 파종한다. 채종 이듬해 봄에 파종해도 그해에는 발아하지 않으므로 1년 더 저장하였다가 파종하는 것이 유리하다. 삽목 번식은 봄 새싹이 나기 전과 여름 장마기에 하는데 여름에 하는 것이 성적이 더 좋다.

조경수로서의 특성과 배식
난대수종이지만 내한력이 꽤 강하므로 남부지방과 일부 중부지방에도 심을 수 있다. 나무가 기품이 있어 정원의 주목으로 심기에 적합하며 아름다운 붉은 열매는 새들이 좋아하니 정원에 새를 불러들이는 데도 기여한다. 호랑가시나무는 자웅이주이므로 열매를 관상하려면 암·수그루를 섞어 심어야 한다. 전정에 아주 강하며 잎에 가시가 있어 생울타리용으로도 좋은 나무이다. 이식은 어린 나무는 쉬우나 큰 나무는 다소 어려운 편이므로 분을 크게 뜨고 강하게 전정하여 심어야 한다. 이식 최적기는 여름 6~7월의 장마기이며 봄에 해도 된다.

유사종
동속식물로는 서양호랑가시나무, 감탕나무, 먼나무, 동청목 등이 있으며 조경 용도도 비슷하다.

나한송과

열매와 잎이 독특한
나한송
Podocarpus macrophyllus

성상, 음양	상록소교목, 중용수	수형	원추형
번식법	실생, 삽목	개화기, 꽃색	5월, 황색
식재 가능 지역	제주도, 남해안지방	결실기, 열매색	10월, 홍색
식재 시기	봄		

분류학적 위치와 형태적 특징 및 자생지

나한송은 나한송과의 상록소교목으로 학명은 *Podocarpus macrophyllus*이다. 속명 *Podocarpus*는 '자루가 있는 열매'라는 뜻으로 열매가 독특하게 굵은 과탁(果托)을 가지는 데서 유래되었다. 종명 *macrophyllus*는 '큰 잎을 가졌다'는 뜻이다. 높이 5m까지 자라며 대개 줄기는 비스듬하게 선다. 잎은 어긋매껴 나고 넓은 선형 또는 선상 피침형이며 길이 4~8cm, 너비 5~9mm로서 양끝이 좁고 표면은 짙은 녹색, 뒷면은 누른빛이 돌고 주맥이 양쪽으로 도드라진다. 자웅이주로 꽃은 5월에 피며 웅화수(雄花穗)는 잎겨드랑이에 2~3개씩 달리고 원주형에 길이 5cm 정도로 황백색이 돌고 비스듬히 처진다. 암꽃은 전년지의 잎겨드랑이에 1개씩 달린다. 열매에는 큰 과탁이 있고 4개의 비늘 조각과 짧은 대가 있으며 과탁은 가을철에 적색으로 익는다. 종자는 넓은 타원형이고 청록색으로서 백분으로 덮여 있다. 중국과 일본 원산으로 우리나라 남해안과 제주도에서 조경수로 식재한다.

관상 포인트 및 이용

사철 푸른 넓고 긴 침엽의 잎이 아름다우며 붉은색의 과탁이 있는 열매는 매우 독특하다. 종자 및 꽃받침, 잎, 근피 등을 혈허, 보혈, 토혈, 타박상 등에 약재로 이용한다.

성질과 재배

상록 난대수목으로 추위에 약하여 우리나라 제주도와 남해안 섬 지방에 식재 및 재배 가능하다. 중용수로 반음지에서 잘 자라며 볕바른 곳에서는 보다 좋은 수형이 유지된다. 번식은 실생 및 삽목으로 한다. 실생법으로 번식시키려면 과탁이 자색으로 되었을 때 채종하여 5~8℃의 저온에 저장하였다가 이듬해 봄에 뿌리면 된다. 저장할 때 종자가 과습하면 잘 썩는다. 종자가 나무에 열린 채로도 발아할 정도로 발아가 잘 된다. 삽목의 경우 봄 싹 트기 전에 지난해 자란 가지를 잘라 꽂거나 여름 장마철에 그해에 자란 가지 또는 지난해 자란 가지를 잘라 꽂는데 어느 경우에나 발근이 잘 되는 편이다. 삽목상에는 적당히 해가림을 해주어야 한다.

조경수로서의 특성과 배식

사철 녹색의 잎이 아름다운 소교목으로 정원 및 공원의 조경수로 심는다. 추위에 약하여 남해안지방과 전남 남부지방이 재배 북한계이다. 추운 곳에서는 화분에 심어 재배할 수 있다. 가지가 치밀하게 배열되고 맹아력이 강하므로 난대지방의 생울타리용으로도 이용할 수 있다.

유사종

얼핏 잎의 모습만 보면 금송과 비슷한 느낌이지만 금송이 정연한 수형을 가지는 데 비해 수형이 좋지 못하며 수격 또한 떨어지고 추위에 대한 내성도 훨씬 약하다.

흑자색 열매가 아름다운 상록수
까마귀쪽나무
Litsea japonica

성상, 음양	상록소교목, 중용수	수형	계란형
번식법	실생	개화기, 꽃색	10월, 황백색
식재 가능 지역	남부 해안지방	결실기, 열매색	5~6월, 흑자색
식재 시기	봄, 여름 장마기		

분류학적 위치와 형태적 특징 및 자생지

까마귀쪽나무는 녹나무과에 속하는 상록소교목으로 학명은 *Litsea japonica*이다. 속명 *Litsea*는 이 나무의 중국 이름에서 유래되었다는 설과 '작은 자두나무'라는 의미의 중국어 litsai에서 유래되었다는 설이 있다. 종명 *japonica*는 일본산이란 뜻이다. 상록활엽수로 높이 6~7m 정도 자라며 수피는 진갈색이고 가지는 굵으며 털이 있다. 잎은 어긋나며 긴 타원형으로 길이 7~18cm, 너비 2~7cm로 잎의 뒷면에는 황갈색 털이 밀생한다. 꽃은 10월에 잎겨드랑이에서 나온 복산형화서로 황백색으로 핀다. 핵과는 타원형으로 길이 17mm 정도이며 5~6월에 흑자색으로 익는다. 제주도, 울릉도 및 전남과 경남의 여러 섬에 자생하며 우리나라 외에 일본에도 분포한다.

관상 포인트

상록소교목으로 늘 푸른 잎이 아름답다. 꽃은 작은 데다 잎과 비슷한 녹황색으로 강렬하지 않아 관상 가치가 크지 않다. 늦봄에 익는 열매는 흑자색으로 둥글고 윤기가 나며 아름답다.

성질과 재배

중용수로 어릴 때는 음지에서 잘 자란다. 까마귀쪽나무를 포함한 녹나무과의 상록수는 난대수종 중에서도 내한력이 약한 편으로 재배 및 식재 적지는 제주도와 서남해의 도서 지역과 전남 남해안지방에 한정된다. 번식은 실생으로 하는데, 늦봄에 익는 열매를 채취하여 직파하면 2~3개월 후에 발아한다. 발아율은 좋은 편이며 겨울에 추위가 있는 곳에서는 방한 조치를 할 필요가 있다. 청띠제비나비 애벌레의 기주식물이지만 피해가 심하게 나타나는 일은 거의 없다.

조경수로서의 특성과 배식

잎과 열매가 아름답지만 추위에 약하여 식재지가 서남부 해안지방과 도서지방으로 한정되는 게 매우 아쉬운 나무이다. 난대지방의 공원, 학교, 아파트 등의 조경수로 좋으며, 해안 매립지나 바닷가의 가로수로도 이용할 수 있다. 열매는 새들이 좋아하는 먹이가 되므로 새를 불러 모으는 역할도 할 수 있다. 이식을 싫어하므로 큰 나무의 경우는 1년 전쯤 뿌리 돌림을 하는 게 좋으며 가급적 분을 크게 뜨고 가지를 강하게 쳐서 심어야 한다. 이식 적기는 6월 하순경이다.

유사종

녹나무과의 상록수로 후박나무, 센달나무, 생달나무, 새덕이, 육박나무 등이 있다.

꽃과 잎이 아름다운 상록수
담팔수
Elaeocarpus sylvestris

성상, 음양	상록교목, 양수	수형	계란형
번식법	실생	개화기, 꽃색	7~8월, 흰색
식재 가능 지역	제주도	결실기, 열매색	9월, 암벽색
식재 시기	봄, 여름 장마기	단풍	홍색

분류학적 위치와 형태적 특징 및 자생지

담팔수는 담팔수과에 속하는 상록수로 학명은 *Elaeocarpus sylvestris*
이다. 속명 *Elaeocarpus*는 그리스어로 '올리브'라는 의미의 elaion과 '열
매'라는 의미의 carpus의 합성어로 열매가 올리브 열매를 닮았음을 나타
낸다. 종명 *sylvestris*는 '야생'이라는 뜻이다. 높이 15~20m까지 자라는
상록교목으로 수피는 암회색이다. 잎은 어긋매껴 나며 도피침형으로 길
이 6~12cm이다. 꽃은 양성화로 7~8월에 전년도 가지의 잎겨드랑이에
서 길이 4~8cm의 총상꽃차례에 흰색으로 핀다. 열매는 타원형의 핵과로
9월에 암벽색으로 익는다. 제주도 원산으로 일본, 대만, 인도차이나반도,
중국 남부지방 등에도 분포한다. 제주도 천지연 폭포 상단에 있는 서귀포
담팔수나무 자생지는 담팔수의 자생 북한계로 학술적 가치가 있어 천연
기념물 제163호로 지정되었다.

관상 포인트

사철 푸른 잎과 꽃, 수형이 아름답다. 상록교목으로 1년 내내 녹색의 잎
들 사이로 붉게 단풍이 든 잎 한두 장이 보이는 특징이 있다. 담팔수란 이
름도, 여덟 장 정도의 잎 중에서 한 장 정도는 항상 단풍이 든다는 뜻이다.
총상꽃차례로 피는 흰 꽃도 매우 아름다우며 열매는 잎의 색과 비슷하여
크게 눈에 띄지는 않는다.

성질과 재배

추위에 약하며 제주도에 심을 수 있다. 어릴 때는 음수에 가까우며 자라
면 양지바른 곳을 좋아한다. 번식은 실생법으로 하는데 가을에 익는 열매
를 채취하여 과육을 제거하고 얻은 종자를 젖은 모래 속에 묻어두었다가
이듬해 봄에 파종한다. 어릴 때의 성장은 비교적 빠른 편이다.

조경수로서의 특성과 배식

잎이 아름다운 상록수로 수형도 좋은 편이다. 크게 자라는 교목으로 난지
에서의 가로수, 공원수로 최고의 나무 중 하나로 꼽을 수 있으며 단식하
여 독립수로 심어도 좋고 집단으로 심어 숲을 이루어도 보기 좋다. 실제
제주에서는 가로수와 공원수로 많이 식재되어 있다. 잎과 가지가 무성한
편이므로 큰 나무를 이식할 때는 강하게 전정하여 심어야 하며 이식 적기
는 6~7월이다.

큰 잎과 흑자색 열매가 아름다운 나무
굴거리나무
Daphniphyllum macropodum

성상, 음양	상록소교목, 음수	수형	반구형
번식법	실생, 휘묻이	개화기, 꽃색	4~5월, 황록색
식재 가능 지역	남부 해안지방	결실기, 열매색	10월, 흑자색
식재 시기	봄, 여름 장마기		

분류학적 위치와 형태적 특징 및 자생지
굴거리나무는 대극과에 속하며 학명은 *Daphniphyllum macropodum*이다. 속명은 월계수를 의미하는 daphne와 잎을 의미하는 phyllon의 합성어로 월계수의 잎을 닮았다는 의미이다. 종명 *macropodum*은 줄기가 굵다는 뜻이다. 상록소교목으로 높이 8m 정도까지 자란다. 잎은 타원형으로 길이 12~20cm에 잎자루는 자홍색으로 길이 3~4cm이다. 자웅이주이며 열매는 핵과로 흑자색으로 익는다. 제주도 한라산에 많으며, 남해안의 여러 섬에도 분포한다. 자생 북한계는 섬 지방으로는 충남 안면도이고 육지로는 전북 내장산이다. 우리나라 외에 일본, 중국, 대만에도 분포한다.

관상 포인트
상록의 큰 잎과 정연한 수형이 매력적인 나무로 붉은색의 잎자루가 특이하다. 암수딴그루이며 꽃은 4~5월에 잎겨드랑이에서 발생하는 총상꽃차례에 황록색의 꽃이 피는데, 너무 작아 쉬 눈에 띄지 않으며 관상 가치는 거의 없다. 열매는 핵과로 공 모양이며 직경 약 1cm 정도로 포도송이처럼 모여 달리는데 가을에 암자색으로 익으며 아름답다.

성질과 재배
산지 숲속에서 자라는 음수지만 양지에서도 잘 적응하는 편이다. 번식은 주로 실생으로 하며 휘묻이도 가능하다. 실생법의 경우 가을에 잘 익은 열매에서 종자를 채취하여 모래 속에 묻어두었다가 이듬해 봄에 파종한다. 파종상은 여름에는 약간 해가림을 해주는 게 좋다. 취미 재배에서는 휘묻이도 가능한데 아래로 처지는 가지를 구부려 흙을 덮어두었다가 이듬해 봄에 잘라 심으면 된다.

조경수로서의 특성과 배식
추위에 약하므로 남부지방이 식재 적지이다. 잎이 아름답고 수형이 좋으나 성장이 느리고 또 나무가 아주 크게 자라지는 않으므로 비교적 좁은 뜰의 장식수나 주목으로 많이 식재한다. 독립수로 심어도 좋고 몇 그루씩 점식해도 좋으며 건물의 북쪽 등에 심어도 잘 적응한다. 잎이 넓고 수분이 많으므로 방화수로도 유용하다. 공원과 같이 넓은 공간에서는 가시나무나 소나무 등의 주목에 덧붙여 심는 나무로도 좋으며 잔디밭 등에 경관수로 심어도 좋다. 이식은 비교적 쉬운 편이며 이식 적기는 여름 장마기이고 봄에도 가능하다.

유사종
굴거리나무와 생태와 형태가 비슷한 나무로는 좀굴거리나무가 있는데 조경에서의 쓰임도 거의 같다.

갈래 진 잎이 아름다운 난대수목
황칠나무
Dendropanax morbifera

성상, 음양	상록소교목, 음수	수형	배상형
번식법	실생, 삽목	개화기, 꽃색	8~9월, 담황색
식재 가능 지역	남부지방	결실기, 열매색	11월, 검은색
식재 시기	봄, 여름 장마기		

분류학적 위치와 형태적 특징 및 자생지
황칠나무는 두릅나무과에 속하는 상록소교목으로 학명은 *Dendropanax morbifera*이다. 속명 *Dendropanax*는 그리스어로 '나무'란 의미의 dendro와 '만병 약'이란 의미의 panax의 합성어이다. 종명 *morbifera*는 '야생의 병'이란 뜻이다. 높이 7~10m, 원대는 곧으며 묵은 가지는 회색이고 새 가지는 굵고 녹색이다. 잎은 어긋매껴 나고 계란형 또는 타원형이고 3~5개로 갈라지기도 하며 톱니는 없다. 꽃은 양성화로 산형화서를 이루며 8~9월에 담황색으로 개화한다. 열매는 핵과로 직경 7~10mm 정도의 타원형이고 11월에 검게 익는다. 우리나라 특산 식물로 전남 보길도, 진도, 전북 어청도, 제주도 등지에 자생한다.

관상 포인트 및 이용
손바닥처럼 넓은 잎은 끝부분이 3~5개로 갈라져 특이하고 광택이 있으며 매우 아름답다. 또한 늦가을에 오갈피처럼 검게 익는 열매도 아름답다. 8~9월에 산형화서로 담황색의 꽃이 차례로 피는데 꽃이 작고 색이 수수하여 크게 아름다운 편은 아니다. 줄기에 상처를 내면 황색의 즙액이 나오는데 이를 황칠이라 하며 도료와 약용으로 이용한다. 황칠나무의 잎과 줄기도 건강식품 제조 원료로 이용한다.

성질과 재배
음수로 오후 볕이 가려지는 반그늘 정도에서 잘 자란다. 번식은 실생, 삽목으로 하는데 대량으로 하는 영리 재배의 경우 주로 실생법이 이용된다. 실생 번식법은, 11월에 검게 익은 열매를 채취하여 씨앗을 발라내어 모래 속에 묻어 얼지 않게 저장했다가 이듬해 봄에 파종하는데 발아율이 좋은 편이다. 삽목은 6월 중순에 그해에 자란 가지를 적당히 잘라 아래 잎은 따버리고 위의 잎도 적당히 잘라낸 다음 꽂는데 발근율이 좋은 편이다. 성장 속도는 다소 느린 편이다.

조경수로서의 특성과 배식
난대수목으로 추위에 약하여 서남부 해안지방과 일부 남부지방에 한하여 식재할 수 있다. 원래 교목성이지만 성장이 느려 조경에서는 관목으로 많이 이용한다. 잎의 모양이 독특하고 수형이 정연하여 남부지방에서 가정 정원이나 공원 등에 심으면 좋다. 열매는 여러 종류의 새들이 즐겨 먹으므로 남부지방 자연생태정원의 조류 유인목으로도 좋다. 이식은 쉬운 편이며 이식 적기는 여름 6~7월 장마기이다.

물푸레나무과

생울타리로 좋은 상록 난대수목
광나무
Ligustrum japonicum

성상, 음양	상록소교목, 중용수	수형	계란형
번식법	실생, 삽목	개화기, 꽃색	6~7월, 흰색
식재 가능 지역	남부지방	결실기, 열매색	10월, 흑자색
식재 시기	봄, 여름 장마기		

분류학적 위치와 형태적 특징 및 자생지

광나무는 물푸레나무과에 속하는 상록소교목으로 학명은 *Ligustrum japonicum*이다. 속명 *Ligustrum*은 '엮는다'는 의미의 라틴어 ligo에서 온 말로 이 속의 나뭇가지로 바구니 등을 엮는 데 사용했기 때문에 붙은 이름이다. 종명 *japonicum*은 '일본산'이란 뜻이다. 높이 2~5m까지 자라는 상록소교목으로 수피는 회색이다. 잎은 마주나며 길이 5~8cm, 폭 3~5cm 정도이며 계란형 또는 난상 타원형이고 표면은 녹색이며 뒷면은 황록색이다. 꽃은 가지 끝에 길이 5~15cm의 원추화서를 이루며 6~7월에 흰색으로 핀다. 열매는 핵과로 길이 7~10mm 정도에 타원형 또는 난원형으로 10월에 흑자색으로 익는다. 자생지는 경남과 전남북의 바닷가 산기슭이며, 일본, 중국, 대만에도 분포한다.

관상 포인트

광나무는 사철 푸른 녹색의 잎과 6~7월에 피는 흰색의 꽃이 아름답다. 흑자색으로 10월에 익는 열매도 관상 가치가 있다.

성질과 재배

추위에 약하며 남부지방이 재배 적지이다. 번식은 실생과 삽목으로 하는데 실생법을 많이 이용한다. 실생법의 경우 가을에 잘 익은 열매에서 종자를 발라내어 젖은 모래에 저장했다가 이듬해 봄에 파종한다. 삽목은 봄에 새싹이 나기 전이나 여름 6~7월의 장마기에 한다. 봄에 꽂을 때는 지난해 자란 가지를, 여름꽂이 시에는 그해에 자란 가지를 잘라 꽂는데 어느 경우에나 아래 잎을 따 버리고 위쪽 1~2매의 잎만 남기고 꽂는다. 병충해로는 질소 성분이 많은 토양이나 통풍이 불량할 때 깍지벌레가 잘 생기므로 환경에 유의하며 병충해가 생겼을 경우 수프라사이드 등의 살충제로 구제해준다.

조경수로서의 특성과 배식

난대수종 중에서는 내한력이 꽤 강한 편으로 대부분의 남부지방에서 식재 가능하다. 소교목이지만 가지와 잎이 무성하게 자라며 전정에도 강하므로 관목상으로 둥글게 가꾸어 기르기도 한다. 도시의 대기 오염과 해풍에 강하여 차폐용이나 생울타리용으로도 적합하다. 눈이 오지 않는 지방의 가로수로 이용하기도 하며 독립수로 심기도 하지만 수격이 높은 나무는 아니다. 이식은 비교적 쉬운 편으로, 이식 적기는 6~7월이며 봄에 옮겨 심어도 된다.

유사종

동속식물인 제주광나무는 광나무와 흡사하며 좀 더 크게 자란다. 쥐똥나무도 같은 속이지만 낙엽성이다.

방풍수, 생울타리로 좋은 난대수목
제주광나무
Ligustrum lucidum

성상, 음양	상록소교목, 중용수	수형	계란형
번식법	실생, 삽목	개화기, 꽃색	7~8월, 흰색
식재 가능 지역	남부지방	결실기, 열매색	11월, 흑자색
식재 시기	봄, 여름 장마기		

분류학적 위치와 형태적 특징 및 자생지

제주광나무는 물푸레나무과에 속하는 상록소교목으로 학명은 *Ligus-trum lucidum*이다. 속명 *Ligustrum*은 '엮는다'는 의미의 라틴어 ligo에서 온 말로, 가지로 물건을 엮는 데 사용했기 때문에 붙은 이름이다. 종명 *lucidum*은 '투명하다, 반짝인다'는 의미의 라틴어 lucidus에서 온 말로 반짝이는 잎을 묘사하는 이름이다. 높이 5~10m까지 자라고 잎은 마주나며 길이가 5~10cm에 혁질로 계란형 또는 난상 타원형이다. 꽃은 7~8월에 가지 끝에 길이 12~20cm의 원추화서를 이루며 피는데 화관은 지름 3~4mm로 흰색이다. 열매는 핵과로 11월에 흑자색으로 익는다. 우리나라 제주도에 자생하며, 중국에도 분포한다.

관상 포인트

제주광나무는 사철 푸른 녹색의 잎과 7~8월에 피는 흰색의 꽃이 아름답다. 가을에 흑자색으로 익는 열매도 관상 가치가 높다.

성질과 재배

추위에 약하여 제주도와 남부지방이 재배 적지이다. 번식은 실생과 삽목으로 하는데 종자가 많이 생산되므로 대량 재배는 실생법이 용이하다. 가을에 잘 익은 열매를 따서 종자를 발라내어 젖은 모래에 저장했다가 이듬해 봄에 파종한다. 음수지만 별도로 차광 재배할 필요는 없으며 메마른 곳보다는 약간 습한 곳에서 잘 자란다. 성장은 빠른 편으로 파종 후 3~4년 정도 기른 후 파내어 보다 넓게 심어 기른다. 삽목은 봄에 새싹이 나기 전이나 여름 장마기에 한다. 아래 잎을 따 버리고 위쪽 잎 1~2매만 남기고 꽂는데 어느 경우에나 뿌리가 잘 내린다.

조경수로서의 특성과 배식

제주도가 자생지인 난대수종이지만 내한력이 꽤 강하여 대부분의 남부지방에서 식재가 가능하다. 원래 꽤 크게 자라는 소교목이지만 가지와 잎이 무성하게 자라며 전정에도 강하므로 흔히 관목형으로 가꾸어 기르며, 대기 오염과 해풍에 강하므로 차폐용이나 생울타리로 많이 이용하며 바닷가의 방풍수로도 좋다. 같은 속의 광나무에 비해 크게 자라므로 눈이 오지 않는 따뜻한 지방의 가로수로도 좋다. 독립수로 심어도 좋으나 수격이 높은 나무는 아니다. 이식은 비교적 쉬운 편으로, 이식 적기는 6~7월이며 봄에 옮겨 심어도 된다.

유사종

동속식물로 광나무, 쥐똥나무가 있으며 쥐똥나무는 낙엽관목이다.

반짝이는 잎, 황백색 꽃이 아름다운 난대수종
붓순나무
Illicium religiosum

성상, 음양	상록소교목, 중용수	수형	구형, 계란형
번식법	실생, 삽목	개화기, 꽃색	4월, 황백색
식재 가능 지역	남부지방	결실기, 열매색	10월, 황록색
식재 시기	봄, 여름 장마기		

분류학적 위치와 형태적 특징 및 자생지

붓순나무는 붓순나무과에 속하는 상록소교목으로 학명은 *Illicium religiosum*이다. 속명 *Illicium*은 '유혹'이라는 의미의 라틴어 'illicio'에서 유래되었는데 이 식물의 꽃과 식물체에서 나는 강한 향기에서 비롯되었다. 종명 *religiosum*은 '종교적'이라는 뜻으로 꽃이 핀 가지를 꺾어 불단이나 제단에 바쳤기 때문에 붙여진 이름이다. 높이 3~5m 정도까지 자란다. 잎은 어긋나며 긴 타원형으로 길이 5~10cm, 너비 2~5cm이다. 꽃은 잎겨드랑이에서 나오고 강한 향기가 나며 4월에 핀다. 열매는 골돌과로 다육질인데 10월에 익는다. 상긋한 향기와는 달리 나무 전체에 독이 있는 유독식물이며 특히 씨앗은 맹독이라 먹으면 위험하다. 제주도와 전남 완도, 진도 등에 자생하며 일본, 중국, 대만에도 분포한다.

관상 포인트

무엇보다 반짝이는 혁질의 녹색 잎이 아름답다. 나무가 크게 자라지 않으면서 가지는 치밀하게 배열되어 아담하고 아름다운 수형을 이룬다. 꽃은 4월에 피는데 연한 황백색으로 아름다우며 향기 또한 매우 좋다. 골돌과는 다육질이며 가을에 황록색으로 익는다.

성질과 재배

추위에 약한 난대수종으로 제주도 및 경남과 전남 해안지역이 재배 적지이다. 토질은 보수력이 좋은 양토가 적합하다. 번식은 실생과 삽목으로 하는데, 실생의 경우 10월경에 열매를 따서 종자를 채취하여 마르지 않게 모래 속에 묻어두었다가 이듬해 봄에 파종한다. 발아와 성장이 느린 편으로 거의 여름이 되어야 발아하게 된다. 삽목의 경우 4월경 새싹이 트기 전에 꽃눈이 생기지 않은, 지난해에 자란 가지를 잘라 꽂거나 여름 장마철 무렵에 그해 자란 가지를 꽂는 녹지삽으로 한다.

조경수로서의 특성과 배식

나무가 크게 자라지 않으며 성장도 느려 전정할 필요는 거의 없다. 상록수이면서 꽃이 아름답고 향기도 좋아 남부지방의 가정 정원에 심으면 좋다. 그러나 유독식물이므로 어린이가 있는 집이나 초등학교 등에 심을 경우에는 아이들이 잎이나 꽃, 열매 등을 먹지 않도록 유의해야 한다. 양지에서도 잘 자라지만 건물의 그늘 등에 심어도 잘 적응하며 생울타리용으로도 쓸 수 있다. 이식은 쉬운 편으로 이식 적기는 여름 장마철이며 봄철도 괜찮다.

향기 좋은 꽃과 열매
유자나무
Citrus junos

성상, 음양	상록소교목, 양수	수형	타원형
번식법	실생, 접목	개화기, 꽃색	5월, 흰색
식재 가능 지역	남해안 섬 지방, 제주도	결실기, 열매색	10~11월, 황색
식재 시기	봄, 여름 장마철		

분류학적 위치와 형태적 특징 및 자생지

유자나무는 운향과의 상록관목 또는 소교목으로 학명은 *Citrus junos*이다. 속명 *Citrus*는 그리스어 kitron에서 온 말로 '레몬'이라는 뜻이다. 종명 *junos*는 그리스 신화의 여신의 이름에서 따온 것이다. 높이 4m까지 자라고 가지가 빽빽하게 나며 가지에는 강한 가시가 나 있다. 잎은 어긋매껴 나며, 긴 타원형이고, 가장 자리에 둔한 톱니가 있다. 꽃은 5월에 흰색으로 피며 잎겨드랑이에 1개씩 달리고 꽃받침조각과 꽃잎은 각각 5개이다. 열매는 편구형이고, 지름 4~7cm로 강한 향기가 나고, 10~11월에 노란색으로 익는데 외피는 요철이 있어 우둘투둘하다.

관상 포인트 및 이용

5월에 피는 유자나무의 흰색 꽃은 달콤한 향기가 강하게 난다. 가을에 노랗게 익는 열매는 아름답고 향기가 좋다. 열매는 신맛이 강한데 유자차 등 음료용으로 이용한다. 과실을 등자(橙子), 과피는 등자피(橙子皮), 종자는 등자핵(橙子核)이라 하여 약용하기도 한다.

성질과 재배

유자나무가 속하는 Citrus속의 식물은 모두 추위에 약한데 유자나무는 이 속의 식물 중에서는 추위에 강한 편으로 우리나라 남해안지방과 일부 온

난한 남부지방까지 재배 및 식재 가능하다. 번식은 실생과 접목으로 하는데 실생의 경우 가을에 열매에서 종자를 채취하여 젖은 모래와 섞어 저장하였다가 이듬해 봄에 파종한다. 종자의 발아율은 좋은 편이다. 과실을 생산하기 위한 우량 묘목은 접목으로 번식하기도 하는데 대목으로는 탱자나무나 유자나무 실생묘를 이용한다. 탱자나무를 대목으로 쓰면 내한력이 강하지만 천근성이 되어 가뭄에 약하며 유자 대목은 내한력이 약하다. 접목은 봄 4월에 깎아접으로 하거나 5~8월에 눈접으로 한다.

조경수로서의 특성과 배식

조경수로보다는 주로 과실을 이용하기 위한 과일나무로 재배하지만 꽃과 열매가 아름다워 조경수로도 가치가 있다. 다만 추위에 견디지 못하므로 남해안과 겨울이 온화한 남부지방에 한해 식재할 수 있다. 남해안지방의 가정 정원이나 전원주택의 경우 과일도 이용하고 조경적 효과도 가지는 실용수로 재배할 만한 나무이다. 따뜻한 지방에서는 열매가 겨우내 달려 있어 정취를 돋우어준다.

유사종

동속식물로 감귤나무, 금감, 여름귤나무 등이 있다. 이들은 유자나무보다 추위에 약하여 제주도와 도서지방에 한해 식재 가능하다.

상록활엽소교목

수벽, 방화수로 좋은 난대수목
아왜나무
Viburnum odoratissimum

성상, 음양	상록소교목, 중용수	수형	계란형
번식법	실생, 삽목	개화기, 꽃색	5월, 흰색
식재 가능 지역	남부지방	결실기, 열매색	10월, 홍색~검은색
식재 시기	봄, 여름 장마기		

분류학적 위치와 형태적 특징 및 자생지

인동과에 속하는 상록관목 또는 소교목으로 학명은 *Viburnum odorat-issimum*이다. 속명 *Viburnum*은 고대 라틴명이다. 종명 *odoratissimum*은 '향기가 난다'는 뜻이다. 높이 3~7m까지 자라며 가지가 많이 생기는데 거의 수직으로 뻗는다. 잎은 마주나며 길이 9~12cm에 폭 4~8cm 정도로 크며 긴 타원형으로 혁질이다. 꽃은 5월경에 흰색의 작은 꽃이 원추형으로 모여 핀다. 열매는 핵과로 도란형 또는 타원형이고 가을에 붉게 익는데 나중에 검게 변한다. 우리나라 제주도와 남해안 섬 지방에 자생하며, 대만, 일본, 중국, 인도 등지에도 분포한다.

관상 포인트

크고 혁질이며 사철 푸른 녹색의 잎이 아름답다. 또한 5월에 피는 흰색의 꽃과 가을에 붉게 익는 열매도 아름답다. 여러 아름다운 요소를 갖추고 있지만 깔끔하고 고급스럽다기보다는 대중적인 느낌의 나무이다.

성질과 재배

추위에 약하여 남부지방에서 재배할 수 있다. 번식은 실생과 삽목으로 하는데 삽목으로 쉽게 뿌리가 내리므로 삽목법이 많이 이용된다. 삽목은 봄에 새싹이 나기 전이나 여름 장마기에 하는데 어느 경우에나 뿌리가 잘 내린다. 실생법으로 번식시킬 때는 가을에 잘 익은 열매에서 종자를 발라내어 젖은 모래에 저장했다가 이듬해 봄에 파종한다. 음수에 가까우며 메마른 곳을 싫어하므로 가물 때에는 관수하며 관리하는 것이 좋다. 상록활엽수 중에서는 성장이 빠른 편으로 파종 후 3~4년 정도 지나면 파내어 보다 넓게 이식하여 기른다.

조경수로서의 특성과 배식

추위에 약한 난대수종이지만 성목이 되면 내한력이 상당히 강해지므로 대부분의 남부지방까지 식재가 가능하다. 붉은 열매가 아름다워 상록의 열매 나무로 유용하다. 성장이 빠르며 대개 뿌리목에서 계속 줄기가 자라나와 많은 줄기가 함께 자라게 된다. 남부 일부 지방에서는 가로수로도 식재하고 있으며 시선을 가리는 차폐수나 수벽, 생울타리용으로 아주 좋으며 방화수로도 좋다. 이식은 비교적 쉬운 편으로, 이식 적기는 6~7월이며 봄에 옮겨 심어도 좋다.

유사종

동속식물로 분꽃나무, 분단나무, 가막살나무, 덜꿩나무, 백당나무 등이 있으나 이들은 모두 낙엽관목으로 조경적인 면에서 상록소교목인 아왜나무와는 차이가 있다.

겨울에 꽃이 피는 큰 잎의 상록수
비파나무
Eriobotrya japonica

성상, 음양	상록소교목, 양수	수형	배상형
번식법	실생, 접목	개화기, 꽃색	10~12월, 흰색
식재 가능 지역	남부지방	결실기, 열매색	5~6월, 황색
식재 시기	봄, 여름 장마기		

분류학적 위치와 형태적 특징 및 자생지

비파나무는 장미과에 속하는 상록소교목으로 학명은 *Eriobotrya japonica*이다. 속명 *Eriobotrya*는 그리스어로 '솜털'이라는 의미의 erion과 '포도, 총상'이라는 의미의 botrys의 합성어인데 가지, 잎, 화서 등에 털이 있고 화서가 총상인 데서 비롯된 이름이다. 종명 *japonica*는 일본산이란 뜻이다. 높이 6~10m 정도까지 자라며 가지는 굵다. 잎은 어긋매껴 나고 길이 12~25cm 정도로 대형이다. 꽃은 가지 끝에 원추화서로 피는데 화관은 지름 1~2cm로 흰색이고 10~12월에 개화한다. 열매는 구형으로 지름 2~5cm이고 이듬해 5~6월에 황금색으로 익는다. 중국 원산으로 우리나라에는 일제 강점기 때 도입되어 남부지방에서 식재한다.

관상 포인트

사철 푸르고 큰 잎이 특징이며 초여름에 황색으로 익는 열매가 아름답다. 열매는 과일로 이용하는데, 일본에서는 비파를 생과로도 먹지만 통조림을 만들거나 술을 담그는 데도 쓴다고 한다. 꽃은 가을부터 초겨울에 걸쳐 피는데 작아서 관상 가치가 크지는 않지만 향기가 좋으므로 나름대로 가치가 있다.

성질과 재배

추위에 약하여 남부지방에서 재배 식재할 수 있다. 볕바른 곳을 좋아하고 적당히 습기가 유지되는 양토에서 잘 자라며 너무 메마른 곳에서는 성장이 불량하다. 번식은 실생법으로 하는데 여름에 종자를 채취하여 직파하면 대개 1~2개월 후 발아하며 일부는 이듬해 봄에 발아한다. 어릴 때의 성장 속도는 빠른 편이다. 과수로 재배할 때는 접붙이기를 이용하기도 한다. 깍지벌레와 진딧물의 병해충 피해가 생기므로 적당한 살충제로 방제한다.

조경수로서의 특성과 배식

잎이 아주 큰 상록수로 겨울에 아름다운 나무지만 열매의 관상 가치도 높다. 나무가 크게 자라지 않으며 열매를 이용할 수 있으므로 남부지방 가정 정원의 조경수 겸 과수로 훌륭하다. 꽃이 귀한 초겨울에 꽃이 피므로 공원이나 생태학습원 등에서의 겨울 꽃나무로도 가치가 있다. 이식성은 다소 나쁜 편이며 큰 나무는 이식 후 가지가 마르는 경우가 많으므로 강하게 전정하여 옮겨야 하며, 이식 시기는 장마철인 6~7월이 가장 좋다.

상록활엽수교목

겨울에 더 아름다운 나무
동백
Camellia japonica

성상, 음양	상록소교목, 중용수	**수형**	타원형
번식법	실생, 삽목	**개화기, 꽃색**	3~4월, 홍색
식재 가능 지역	남부지방, 충남 해안	**결실기, 열매색**	9월, 자주색
식재 시기	봄, 여름 장마기		

분류학적 위치와 형태적 특징 및 자생지

동백은 차나무과에 속하며 학명은 *Camellia japonica*이다. 속명 *Camellia*는 17세기 체코의 선교사 카멜(G. J. Kamel, 라틴명 Camellus)의 이름에서 비롯되었다. 종명 *japonica*는 일본산이란 뜻이다. 상록소교목으로 높이 8m 직경 30cm까지 자란다. 잎은 타원형으로 혁질이고 길이 6~12cm이다. 꽃은 가지 끝에 하나씩 달리는데 3~4월에 붉게 핀다. 열매는 삭과로 구형이고 지름 3~4cm로 9월에 익는다. 우리나라 남부 해안지방과 섬, 울릉도, 제주도 등의 바닷가에 자생한다.

관상 포인트

상록수는 대개 잎이 아름다운 반면 꽃은 볼품이 없는 경우가 많다. 이러한 일반적인 선입견에 명백히 반하는 나무가 동백이다. 동백은 그만큼 꽃이 아름답다. 우리나라에 자생하는 상록수 중에서 동백만큼 크고 아름다운 꽃을 자랑하는 나무는 없다. 꽃은 싱싱한 채로 툭툭 떨어져 꽃이 진 후에도 나무가 지저분해지지 않는다. 둥글고 큰 열매도 관상 가치가 있다.

성질과 재배

유목일 때는 음수지만 성목이 되면 양수에 가까워지며 양지쪽에서 자란 나무는 가지가 치밀하며 수형이 보다 우아하다.

번식은 실생과 삽목으로 하는데 자생 재래종 동백의 경우 실생법을 주로 이용하며 원예종의 경우에는 삽목이 주로 이용된다. 실생의 경우 초가을에 열매를 따서 종자를 채취하여 모래 속에 묻어두었다가 이듬해 봄에 파종한다. 발아율은 좋은 편이며 파종 그해에 7~8cm 정도까지 자란다. 삽목은 봄에 웃자란 가지를 잘라 심거나 여름 6~7월에 새로 자란 가지를 잘라 하는데 여름에 새 가지를 꽂는 것이 발근율이 높다.

조경수로서의 특성과 배식

추위에 약하여 중부지방에서는 대체로 식재가 어렵다. 적응성이 강하여 공원수, 학교원, 가정 정원, 생울타리, 가로수 등으로 널리 이용되는데 정원의 주목으로 많이 심는다. 양지 음지를 가리지 않으므로 건물의 북쪽 그늘 등에 심는 나무로도 유용하다. 또한 꽃에는 꿀과 꽃가루가 많아 밀원식물이 되며, 동박새나 직박구리 등과 같은 새들도 동백꽃의 꿀을 즐겨 먹으므로 조류 유인목이 되기도 한다. 이식은 비교적 쉬운 편으로 이식에 가장 적합한 시기는 여름 6~7월과 봄 싹 트기 전이다.

유사종

동속식물로 애기동백이 있는데, 동백과 흡사하지만 내한력은 동백보다 약하다.

동백을 닮은 꽃나무
애기동백
Camellia sasanqua

성상, 음양	상록소교목, 중용수	수형	타원형
번식법	삽목, 실생	개화기, 꽃색	11~1월, 적색
식재 가능 지역	남부지방	결실기, 열매색	8~9월, 녹자색
식재 시기	봄, 여름 장마기		

분류학적 위치와 형태적 특징 및 자생지

애기동백은 차나무과의 상록활엽소교목으로 학명은 *Camellia sasanqua*
이다. 속명 *Camellia*는 체코의 선교사로 아시아 식물을 다수 유럽에 소개
한 카멜의 이름에서 왔으며 종명 *sasanqua*는 이 나무의 일본 이름에서
왔다. 높이 5~10m 정도까지 자라며 수피는 회갈색이다. 잎은 타원형이
고 가장자리에는 톱니가 있으며 겉은 진한 녹색이며 윤기가 흐르고 뒷면
은 황록색이다. 잎 뒷면의 맥 위로는 잔털이 있다. 꽃은 11~1월에 피며 적
색이고 1개씩 액생 또는 정생하며 꽃자루가 없다. 동백나무와 달리 씨방
에 털이 있으며 암술대는 3개로 갈라진다. 열매는 삭과로 지름 2.5~3cm
이며 둥글고 3실이며 8~9월에 성숙한다. 일본 원산으로 우리나라 남부지
방에 조경수로 식재하고 있다.

관상 포인트 및 이용

사철 푸른 상록의 윤기 나는 잎이 아름답다. 가을부터 이른 봄에 걸쳐 피
는 붉은색의 꽃이 매우 아름다운데, 요즘은 붉은색 꽃 외에 분홍색과 흰
색 품종도 식재되고 있다. 꽃이 귀한 겨울철에 꽃을 피우므로 남부지방의
겨울 정원과 공원을 빛내주는 꽃나무로 가치가 높다. 관상용으로 이용하
고 종자에서 짠 기름은 각종 화장품과 공업용으로 쓰이며 식용할 수도 있
다. 목재는 가구재, 조각재, 세공재로 사용한다.

성질과 재배

추위에는 약하지만 해풍에 매우 강해서 주로 남쪽 바닷가에서 많이 재배
한다. 비옥 적윤한 토양을 좋아한다. 내한성이 약하여 내륙지방에서는 월
동하기 어렵다. 번식은 실생이나 삽목으로 한다. 실생법의 경우 초가을에
익는 열매를 따서 며칠 두면 종자가 노출되므로 젖은 모래에 묻어두었다
가 이듬해 봄에 파종한다. 삽목은 봄에 싹이 트기 전에 해도 되지만 여름
장마철에 그해에 자란 가지를 잘라 꽂는 것이 성공률이 높다.

조경수로서의 특성과 배식

난대수목이므로 남부지방에 한해 식재 가능하다. 동백보다 크게 자라지
않으며 남부지방의 가정 정원이나 공원의 겨울 꽃나무용으로 좋다. 잎 또
한 관상 가치가 높으므로 겨울 동안 허전함을 달래주며 꽃도 보여주므로
아주 좋은 나무지만 추위에 견디지 못하는 점이 아쉽다. 동백보다 추위에
더 약하며 전남 남부지방 경남 해안지방에 한해 식재 가능하다. 이식성은
보통이며 이식 적기는 봄 싹 트기 전과 여름 장마철이다.

유사종

동속식물로 동백이 있으며 애기동백의 원예 품종으로 흰색, 분홍색, 겹꽃
이 피는 것도 있다.

상록활엽소교목

차나무과

남부 난대수종의 왕자
후피향나무
Ternstroemia japonica

성상, 음양	상록소교목, 중용수	수형	원추형
번식법	실생, 삽목	개화기, 꽃색	6~7월, 흰색
식재 가능 지역	남부지방	결실기, 열매색	9~10월, 홍색
식재 시기	봄, 여름 장마기		

분류학적 위치와 형태적 특징 및 자생지
후피향나무는 차나무과에 속하는 상록소교목으로 학명은 *Ternstroemia japonica*이다. 속명 *Ternstroemia*는 스웨덴의 식물학자 테른스트로엠 C. Ternstroem의 이름에서 딴 것이며 종명은 일본 원산이란 뜻이다. 높이 8m, 지름 20cm에 달한다. 잎은 혁질로 긴 도란형이고 길이 3~6cm이다. 꽃은 황백색으로 잎겨드랑이에서 아래를 향해 핀다. 열매는 장과로 구형이고 지름 1.0~1.2cm로 9~10월에 홍색으로 익는다. 제주도에 자생하며 남부지방에 조경수로 식재되고 있다. 우리나라 외에 일본, 중국 남부, 대만, 인도, 실론, 수마트라, 필리핀 등지에도 분포한다.

관상 포인트
다른 상록수와 마찬가지로 사철 푸른 잎이 주요 관상 대상이다. 둥글고 조그마한 잎이 치밀하게 배열되고 가지도 정연하며 전체적인 수형이 균형 잡혀 아름답고 우아하다. 후피향나무를 정원수의 왕이라 일컫는 것도 수형과 잎이 이처럼 아름답기 때문이다. 6~7월에 흰색의 작은 꽃이 모여 달려 아름다우며 향기 또한 강하다. 조롱조롱 매달려 발그레하게 익는 가을 열매도 아름답다. 열매는 완전히 익으면 터져 빨간 종자가 노출된다.

성질과 재배
추위에 약하여 중부지방에서는 노지 월동이 어렵다. 어릴 때는 음수지만 성목은 양수에 가까우며 성장 속도는 매우 느린 편이다. 번식은 실생과 삽목으로 한다. 실생 번식법은 10월경에 잘 익은 열매로부터 종자를 채취하여 모래 속에 묻어두었다가 이듬해 봄에 파종하는 것이다. 삽목은 봄과 여름 장마철에 하는데 발근율이 높지 않으므로 그리 권할 만한 방법은 못 된다.

조경수로서의 특성과 배식
추위에 약하여 남부지방의 조경수로 이용된다. 수형이 아름다운 고급 정원수이며 원래 꽤 크게 자라는 나무이므로 정원의 주목으로 심기에 적합하다. 그러나 비교적 넓은 정원에 주목으로 심을 만한 크기의 수목은 시장에 많이 공급되지 않는 게 현실이다. 그렇다고 작은 나무를 심어 크게 자라기를 기다리기엔 성장이 너무 느리다. 또한 수형이 정연하므로 잔디밭 가장자리 등에 독립수로 심어도 좋다. 전정에도 잘 견디지만 일반적으로 전정할 필요가 거의 없이 자연 수형이 아름답다. 이식은 쉬운 편이며 비교적 큰 나무도 쉽게 활착하는 편이다.

상록활엽소교목

겨울 열매가 아름다운 난대수목
먼나무
Ilex rotunda

성상, 음양	상록교목, 중용수	수형	계란형
번식법	실생, 삽목	개화기, 꽃색	5~6월, 흰색, 자주색
식재 가능 지역	남부 해안지방	결실기, 열매색	10월, 홍색
식재 시기	봄, 여름 장마기		

분류학적 위치와 형태적 특징 및 자생지

먼나무는 감탕나무과에 속하는 상록교목으로 학명은 *Ilex rotunda*이다. 속명 *Ilex*는 고대 라틴명으로 *Quercus ilex*에서 온 것으로 참나무속의 어떤 식물의 잎을 닮았기 때문에 붙여진 이름이다. 종명 *rotunda*는 '둥글다'는 의미로 톱니 없는 둥근 잎을 표현하고 있다. 높이 10m까지 자라며 잎은 어긋나고 타원형으로 길이 3~11cm 정도이다. 자웅이주로 5~6월에 잎겨드랑이에서 흰색 또는 연한 자색의 작은 꽃이 모여 핀다. 열매는 핵과로 직경 3~8mm이고 10월경에 붉게 익는다. 보길도, 제주도 등 섬 지방에 자생하며, 대만, 일본, 중국, 인도차이나반도에도 분포한다.

관상 포인트

먼나무의 가장 큰 매력은 붉은 열매로 녹색의 잎을 바탕으로 보석같이 붉은 열매가 모여 달리는 모습은 참으로 아름답다. 열매는 10월부터 이듬해 4월경까지 달려 있으므로 동속의 호랑가시나무와 함께 겨울철 열매나무로 최고라 할 만하다. 5월에 흰색 또는 연한 자색으로 모여 피는 꽃도 아름다우며 사철 푸르른 상록의 잎도 훌륭한 관상 가치를 지닌다.

성질과 재배

추위에 약하여 중부지방에서는 노지 월동이 어려우며 제주도와 남해안 및 도서지방이 재배 적지이다. 번식은 실생과 삽목 및 접붙이기로 하는데 대량 재배는 역시 실생이 유리하다. 실생법의 경우 가을에 종자를 채취하여 모래에 1년간 묻어두었다가 2년째 봄에 파종하면 된다. 먼나무 종자는 채종한 이듬해 봄에 파종해도 그해에 발아하지 않으므로 2년째 봄에 파종하는 것이 좋다. 삽목은 봄에 새싹이 나기 전이나 여름 장마기에 하는데 여름의 녹지삽이 성적이 더 좋다. 접붙이기는 자웅이주인 먼나무의 암나무를 증식하고자 할 때 이용한다.

조경수로서의 특성과 배식

추위에 약한 난대수종으로 남해안지방과 일부 남부지방까지 식재 가능하다. 내한력은 호랑가시나무나 동백, 목서보다는 약하며 상록 녹나무과 수목보다는 강한 편이다. 겨울에도 녹색의 잎이 싱싱하고 열매가 아름다워 정원의 주목으로 심기에 적합하다. 붉은 열매는 무척 아름다운 데다 새들이 좋아하니 정원이나 공원에 새를 불러들이는 용도로도 적합하다. 먼나무는 자웅이주이므로 열매를 관상하려면 암그루와 수그루를 섞어 심어야 한다. 이식 적기는 6~7월 장마기이며 봄에 해도 된다.

유사종

동속식물로 호랑가시나무, 감탕나무, 동청목 등이 있다.

공원수로 좋은 난대수목
녹나무
Cinnamomum camphora

성상, 음양	상록교목, 중용수	수형	구형
번식법	실생	개화기, 꽃색	5월, 흰색~황록색
식재 가능 지역	남부 해안지방	결실기, 열매색	11~12월, 흑자색
식재 시기	봄, 여름 장마기		

분류학적 위치, 형태적 특징 및 자생지

녹나무는 녹나무과에 속하는 상록교목으로 학명은 *Cinnamomum camphora*이다. 속명 *Cinnamomum*은 '장뇌'란 의미의 그리스어 kinamom에서 나온 것이다. 종명 *camphora* 또한 '장뇌'라는 뜻이다. 상록교목으로 높이 30m, 지름 2m까지 자란다. 잎은 어긋매껴 나며 난상 장타원형으로 길이 6~12cm, 너비 2.5~5.5cm이고 잎 끝이 뾰족하다. 꽃은 5월에 잎겨드랑이에서 나는 원추화서에 흰색의 작은 꽃이 모여 핀다. 열매는 11~12월경에 흑자색 내지 검은색으로 익는데 지름 6~8mm로 콩알 모양이다. 제주도에 자생하며 서귀포시 도순동의 녹나무 군락은 천연기념물 제162호로 지정되었다. 우리나라 외에 인도, 대만, 일본, 중국에도 분포한다.

관상 포인트 및 이용

녹나무는 수형이 웅장한 대교목으로 상록의 윤기 나는 잎이 매우 아름답다. 꽃은 작은 데다 나무가 크게 자라므로 관상 가치가 크지 않다. 초겨울에 익는 열매는 둥글며 흑자색이다. 녹나무로부터 추출하는 장뇌($C_{10}H_{16}O$)는 약용하거나, 방취·방부제로 이용하며 그 외에도 여러 가지 공업용 원료가 된다. 목재는 건축, 기구, 악기, 선박, 조각재로 이용된다.

성질과 재배

어릴 때는 음지를 좋아하지만 자라면 양수에 가깝다. 녹나무는 난대수종 중에서도 내한력이 약한 편으로 재배 적지는 제주도와 전남 남해안과 도서지방에 한정된다. 번식은 실생법으로 하는데, 열매에서 종자를 채취하여 젖은 모래와 섞어 얼지 않게 보관했다가 이듬해 봄에 파종한다. 청띠제비나비의 애벌레가 잎을 먹지만 피해가 심하지는 않다.

조경수로서의 특성과 배식

수형이 좋고 잎이 아름답지만 추위에 약하여 식재지가 한정되는 게 매우 아쉬운 나무이다. 난대지방의 공원수, 학교원, 아파트 등 넓은 곳의 조경수로 좋으며 바닷가의 방풍수나 해안 매립지, 눈이 잘 내리지 않는 지방의 가로수로도 좋다. 열매는 새들이 좋아한다. 이식은 어려운 편으로 큰 나무의 경우는 1년 전쯤 뿌리돌림을 하는 게 좋으며 가지를 강하게 잘라서 옮겨야 한다. 이식 적기는 공중 습도가 높아지는 6월 하순 경이다.

유사종

동속식물로 생달나무와 육계가 있으며, 녹나무과의 후박나무, 센달나무, 새덕이, 육박나무 등도 성질과 조경적 용도가 비슷하다.

붉은 열매가 아름다운 상록수
참식나무
Neolitsea sericea

성상, 음양	상록교목, 양수	수형	계란형
번식법	실생, 삽목	개화기, 꽃색	10~11월, 황백색
식재 가능 지역	제주도, 남해안지방	결실기, 열매색	7~10월, 홍색
식재 시기	봄, 여름 장마철		

분류학적 위치와 형태적 특징 및 자생지
참식나무는 녹나무과의 상록교목으로 학명은 *Neolitsea sericea*이다. 속명 *Neolitsea*는 새롭다는 의미의 neo와 중국어로 '작은 자두나무'라는 의미의 litsai의 합성어이다. 종명 *sericea*는 '명주같이 부드럽다', '명주처럼 윤이 난다'는 의미이다. 높이 10m에 달하고, 지름 40cm까지 자란다. 잎은 어긋나고 혁질이며 긴 타원형이다. 어릴 때는 털이 밀생하나 자라면서 털이 없어지고 3개의 큰 맥이 생기며, 가장자리는 밋밋하고 뒷면은 희다. 새로 돋아나는 잎은 회갈색으로 마치 죽은 잎처럼 보이는 게 특징이다. 자웅이주로 꽃은 10~11월에 피는데 황백색을 띤다. 열매는 둥글며 지름 1.2cm로서 다음해 7~10월에 붉게 익는다. 전남 도서지역, 제주도, 울릉도에 자생하며 중국, 대만, 일본에도 분포한다. 전남 영광군 불갑사의 참식나무 자생지는 우리나라 참식나무의 자생 북한계로 천연기념물 제112호로 지정되었다.

관상 포인트 및 이용
사철 푸른 잎과 붉게 익는 열매가 매우 아름답다. 목재는 치밀하고 향기가 좋은데, 건축재나 기구재로 이용한다.

성질과 재배
내한성과 내음성이 약하며 토심이 깊고 비옥한 토양에서 잘 자란다. 해풍과 공해에 잘 견디나 건조에는 약하다. 번식은 실생법으로 하는데 가을에 종자 채취 후 직파하거나 노천매장 후 이듬해 봄에 파종한다. 종자를 말리면 거의 발아하지 않는다. 봄에 어린 가지를 잘라 삽목하기도 하는데 발근율이 좋은 편이 아니다.

조경수로서의 특성과 배식
내한성이 약하여 제주도와 남부 해안지방까지 식재 가능하다. 남부 해안지방의 정원수, 공원수, 가로수, 녹음수로 좋고 생태공원 등에 심을 수 있으며 독립수로 심어도 좋고 집단으로 심어도 좋다. 이식은 어려운 편이며 이식 적기는 봄과 여름 장마철이다. 큰 나무를 이식할 때는 강하게 전정하여 심어야 하며 맹아력이 강하여 가지를 쳐도 새 눈이 잘 자란다.

유사종
동속식물로 제주도에서 자생하는 새덕이가 있으며 조경수로서의 성질도 비슷하다.

종자

수피를 약재로 이용하는
후박나무
Machilus thunbergii

성상, 음양	상록교목, 양수	수형	반구형
번식법	실생	개화기, 꽃색	5~6월, 황록색
식재 가능 지역	남부 해안지방	결실기, 열매색	7월, 흑자색
식재 시기	봄, 여름 장마기		

분류학적 위치와 형태적 특징 및 자생지
녹나무과에 속하는 상록교목으로 학명은 *Machilus thunbergii*이다. 속명 *Machilus*는 인도의 지명인 Makilian의 라틴어식 이름이고, 종명 *thunbergii*는 스웨덴의 식물학자 C. P. 툰베르그의 이름에서 따온 것이다. 높이 20m, 직경 1m까지 자란다. 잎은 도란상 타원형으로 길이 6~15cm 크기이다. 꽃은 5~6월에 원추화서로 피는데, 양성화이고 황록색에 길이는 6mm 정도로 아주 작다. 열매는 7월에 흑자색으로 익는다. 기후가 온난한 전남북 및 경남 도서지방에 자생하며 제주도와 울릉도에도 분포한다.

관상 포인트
후박나무는 수형이 웅장하며 상록 혁질의 잎이 매우 아름답다. 꽃은 작으며 황록색이어서 크게 눈에 띄지 않는다. 여름에 익는 열매는 둥글며 흑자색인데 열매보다 오히려 붉은색의 과경이 마치 꽃이 핀 듯 눈길을 끈다. 불그레한 색에 통통한 겨울눈도 독특한 매력이 있다.

성질과 재배
난대수종으로 어릴 때는 음수에 가깝지만 자라면 양수가 된다. 내한력은 동백이나 가시나무, 목서보다 훨씬 약하며 따라서 재배 적지는 제주도와 남해안 도서지방이다. 번식은 실생법으로 하는데, 여름에 익는 열매에서 종자를 채취하여 직파하거나 젖은 모래와 섞어 냉장고에 보관했다가 이듬해 봄에 파종한다. 직파하면 약 4~6주 정도 지난 그해 가을에 발아하여 5cm 내외까지 자라지만 대개 겨울 추위에 지상부가 얼어 죽고 이듬해 봄에 다시 움이 터서 자라게 된다. 따라서 직파할 경우 시설 내에서 관리하는 것이 좋다.

조경수로서의 특성과 배식
수형이 좋고 잎이 아름답지만 추위에 약하여 서남부 해안지방과 도서지방으로 식재지가 한정되는 게 매우 아쉬운 나무이다. 크게 자라는 대교목으로 학교원, 공원, 공공 주택 단지 등에 적합하다. 해안지방의 가로수, 바닷가의 방풍수나 해안 매립지 등의 조경수로도 좋다. 잎이 무성하고 크게 자라는 성질상 방화수로도 좋다. 이식은 어려운 편이고 큰 나무의 경우는 1년 전쯤 뿌리돌림을 하는 게 좋으며 가지를 강하게 다듬어 옮겨야 하며 또한 적기 이식이 중요하다. 이식 적기는 새순이 굳어지고 공중 습도가 높아지는 6월 하순경이다.

유사종
동속식물로 센달나무가 있으며 같은 과의 녹나무, 참식나무, 육박나무 등도 비슷한 조경 용도로 이용될 수 있다.

남해 창선도 후박나무

목련과

향기로운 초대형 꽃의 상록 목련
태산목
Magnolia grandiflora

성상, 음양	상록교목, 양수	수형	포복형
번식법	실생, 접목	개화기, 꽃색	6월, 흰색
식재 가능 지역	남부지방	결실기, 열매색	10월, 갈색
식재 시기	봄, 여름 장마기		

분류학적 위치 및 형태적 특징 및 자생지

태산목은 목련과의 상록교목으로 학명은 *Magnolia grandiflora*이다. 속명 *Magnolia*는 프랑스의 식물학자 피에르 마뇰Pierre Magnol의 이름에서 따온 것이다. 종명 *grandiflora*는 '꽃이 크다'란 뜻이다. 우리나라에서는 높이 10m 정도까지 자라지만 원산지에서는 20~30m까지 자라는 대교목이다. 잎은 길이 20cm 내외로 크며 긴 타원형에 두껍고 혁질이다. 꽃은 6월에 지름 15~20cm의 큰 꽃이 피는데 향기가 매우 강하다. 열매는 골돌과로 익으면 적색 종자가 돌출된다. 북미 남부 원산으로 우리나라에는 20세기 초에 도입되었으며 남부지방에 식재되고 있다.

관상 포인트

꽃은 초여름에 피는데 초대형으로 매우 아름답고 향기 또한 아주 좋고 강하다. 상록이며 두껍고 큰 혁질의 잎도 아름다우며 가을에 붉은 종자가 점점이 박히는 원주형의 골돌상 열매도 아름답다. 종자는 새들이 무척 좋아하므로 조류 유인목으로도 좋다.

성질과 재배

상록성 목련의 대표종으로 따뜻하고 비가 많이 오는 지역이 재배 적지이다. 상록의 잎과 함께 대형의 아름다운 꽃을 가져 관상 가치는 매우 높지만 추위에 약하여 남부지방에 한해 재배와 식재 가능하다. 번식은 접목이나 실생법으로 한다. 접목의 경우 목련이나 일본 목련을 대목으로, 봄에 지난해 자란 가지를 접수로 하여 잎을 따 버리고 깎아접으로 한다. 실생법의 경우 가을에 채종한 종자를 물에 담가 문질러 붉은 종피를 벗긴 후

모래에 묻어 저장했다 이듬해 봄에 파종한다. 종자의 발아력은 좋은 편으로 5~6월이면 발아한다. 병해충으로는 깍지벌레가 생기는 수가 있는데 수프라사이드로 방제하면 된다.

조경수로서의 특성과 배식

태산목은 난대성 상록수로 나무가 웅장하게 자라며 꽃이 무척 크고 탐스러워 남부지방의 학교원이나 공원용으로 아주 좋은 나무이며 눈이 내리지 않는 해안지역의 가로수로도 좋다. 열매가 아름답고 또 새들이 좋아하므로 자연생태공원에도 심을 만하다. 골프장, 공장, 고속도로 인터체인지 등 넓은 공간이라면 어떤 곳이라도 잘 어울릴 만한 나무지만 특히 양식 건물과 조화가 잘 된다. 이식을 싫어하므로 큰 나무를 이식할 때는 사전에 뿌리돌림을 하거나 강하게 전정하여 옮겨야 하며 이식 적기는 봄 싹트기 전과 장마가 시작되는 6월 하순경이다.

유사종

목련과의 한국 자생종 상록수로는 초령목이 있으나 희귀수목이다.

상록활엽교목

유일한 우리나라 자생 목서
박달목서
Osmanthus insularis

성상, 음양	상록교목, 중용수	수형	역삼각형
번식법	삽목, 실생	개화기, 꽃색	9~10월, 흰색
식재 가능 지역	남부지방	결실기, 열매색	5월, 검은색
식재 시기	봄, 여름 장마철		

분류학적 위치와 형태적 특징 및 자생지
박달목서는 물푸레나무과에 속하는 상록교목으로 학명은 *Osmanthus insularis*이다. 속명 *Osmanthus*는 그리스어로 '냄새'를 뜻하는 osme와 '꽃'이라는 의미의 anthos의 합성어로 '향기가 나는 꽃'이라는 뜻이다. 종명 *insularis*는 '섬에서 난다'는 의미이다. 키가 10~15m까지 자라는 교목으로 잎은 마주나며 긴 타원형으로 길이 7~12cm 정도이며 잎 가장자리는 톱니가 없어 매끈하다. 9~10월에 잎겨드랑이에서 작은 흰색 꽃이 모여 피는데 향기가 매우 강하다. 열매는 타원형의 핵과로 이듬해 5월에 검은색으로 익는다. 우리나라 전남 거문도와 보길도, 제주 등지에 분포하는데 자생지가 제한되고 개체수도 적은 희귀종이다. 세계적으로는 일본과 대만에 난다.

관상 포인트
늘 푸른 잎이 아름답고 수형이 단정하다. 가을에 작은 흰색 꽃이 무리지어 피는데 아름다운 데다 향기가 좋아 관상 가치가 매우 높다. 또한 개화 시기가 꽃이 귀한 계절이라 가을 꽃나무로서의 가치가 크다.

성질과 재배
추위에 약한 난대수종으로 남부지방이 재배 적지이며 내한력은 현재 조경수로 많이 이용되고 있는 금목서와 비슷한 수준이다. 번식은 실생과 삽목으로 한다. 삽목은 여름 장마철이 적기로, 6월 중~하순경에 그해에 새로 자란 가지를 10~15cm 정도로 잘라 맨 위 1~2장의 잎만 남기고 아래 잎은 따 버리고 꽂아 해가림을 하여 마르지 않게 관리한다. 실생법의 경우, 5~6월에 열매가 익는 대로 채취하여 과육을 제거한 후 직파하는데, 가을 무렵에 발아하게 된다. 어린 묘는 겨울에 동해를 입지 않도록 보호해주어야 한다.

조경수로서의 특성과 배식
귀한 우리 자생 상록수로 아름다운 수형으로 가꿀 수 있으며 꽃도 아름답고 향기로워 정원이나 공원의 주목으로 심기에 적합하지만 추위에 약하여 남부지방으로 식재지가 제한된다. 중용수로 오후엔 나무 그늘 등에 의해 어느 정도 햇빛이 가려지는 곳을 좋아한다. 이식 적기는 6~7월 장마기로, 이식성은 보통이다.

유사종
동속식물로 목서, 금목서, 구골나무, 구골목서 등이 있는데 성질이 비슷하며, 키는 박달목서가 가장 크게 자란다.

소귀나무과

열매가 독특한 난대수종

소귀나무
Myrica rubra

성상, 음양	상록교목, 양수	수형	계란형
번식법	실생, 삽목	개화기, 꽃색	4월, 황색
식재 가능 지역	제주도, 남해안지방	결실기, 열매색	6~7월, 암홍색
식재 시기	봄, 여름 장마기	단풍	홍색

분류학적 위치와 형태적 특징 및 자생지
소귀나무는 소귀나무과에 속하는 상록교목으로 학명은 *Myrica rubra*이다. 속명 *Myrica*는 그리스어로 '방향, 향료'라는 의미의 myrizein에서 유래된 말이다. 종명 *rubra*는 '붉다'는 뜻으로 열매가 붉은 데서 온 것이다. 높이 15~20m까지 자라며 수피는 회색이다. 잎은 어긋매껴 나며 혁질이고 도란상 긴 타원형으로 길이 5~15cm로 잎 끝은 뾰족하다. 자웅이주로 꽃은 4월에 핀다. 열매는 구형의 핵과로 지름 1~2cm이고 작은 돌기가 무수히 돋아 있는데 6~7월에 암홍색으로 익는다. 열매에는 하나의 종자가 들어 있다. 제주도 원산으로 중국 남부지방과 일본에도 분포한다.

관상 포인트
사철 푸른 잎과 암홍색의 열매가 아름답다. 열매는 과일로 이용하는데 여름에 익으며 신맛이 강하다. 열매는 작은 돌기가 무수히 나 있어 특이하고 색이 오묘하여 관상 가치가 높다.

성질과 재배
추위에 약하여 제주도와 남부 해안지방에서 식재할 수 있다. 어릴 때는 반음수에 가까우며 자라면 양지바른 곳을 좋아한다. 번식은 주로 실생으로 하는데 과수로 재배할 때는 접붙이기를 이용하기도 한다. 삽목은 발근율이 매우 낮아 실용성이 떨어진다. 실생 방법은, 여름에 익는 열매에서 종자를 채취하여 직파하거나 비닐봉지나 플라스틱 통에 담아 냉장고에 저장해두었다가 이듬해 봄에 파종하면 된다. 젖은 모래에 묻어두어도 되는데 여름에 썩는 종자가 다수 생긴다. 우량 형질의 나무나 암그루를 번식시

키고자 할 경우는 우량 모주로부터 접수를 채취하여 접붙이기로 한다.

조경수로서의 특성과 배식
상록수로 겨울에 잎이 아름다운 나무로 수형이 정연하며 특히 열매의 관상 가치가 높다. 크게 자라는 교목으로 잎이 무성하여 방화수나 녹음수로도 좋으며 난지의 가로수로도 이용할 수 있으며 공원수로 최적의 나무이다. 다만 여름에 익어 떨어지는 열매가 지저분해질 수도 있으므로 공원수로 이용할 때는 이 점을 고려할 필요가 있다. 열매를 이용할 수 있으므로 뜰이 넓은 가정의 조경수 겸 과수로도 좋으며 열매를 목적으로 심을 경우 수그루를 섞어 심되 암그루 위주로 심는다. 큰 나무는 이식 후 가지가 마르는 경우가 많으므로 강하게 전정하여 옮겨야 하며 이식 시기는 6~7월이 가장 좋다.

장미과

붉게 돋는 새순과 흰 꽃이 아름다운
홍가시나무
Photinia glabra

성상, 음양	상록소교목, 중용수	수형	구형, 계란형
번식법	삽목, 실생	개화기, 꽃색	5~6월, 흰색
식재 가능 지역	남부지방	결실기, 열매색	10월, 홍색
식재 시기	봄, 여름 장마기		

분류학적 위치와 형태적 특징 및 자생지

홍가시나무는 장미과에 속하는 상록소교목으로 학명은 *Photinia glabra* 이다. 속명 *Photinia*는 '광택이 있다'는 의미의 그리스어 photeinos에서 나온 말로 반짝거리는 잎을 나타낸 말이다. 종명 *glabra*는 '털이 없다'는 뜻이다. 높이 3~5m 정도 자라는 상록소교목으로 가지는 회흑색이고 털이 없다. 잎은 어긋나고 혁질로 빳빳하며 길이 5~12cm 정도이다. 새로 피는 잎이 붉은색을 띠므로 홍가시나무란 이름이 붙었다. 꽃은 5~6월에 새 가지 끝에 산방화서로 피는데 흰색이고 꽃의 직경은 7~13mm이다. 열매는 지름 5mm 정도로 가을에 붉은색으로 익는다. 일본과 중국 원산으로 우리나라 남부지방에 조경수로 식재한다.

관상 포인트

사철 푸른 녹색의 잎이 아름다우며 특히 봄철에 돋는 붉은색의 새잎은 관상 가치가 높다. 꽃은 늦봄에 피는데 나무 전체를 하얀 꽃으로 뒤덮을 정도로 아름다워 꽃나무로도 가치가 크다. 열매는 크기가 작지만 모여 달리므로 나름 매력이 있다.

성질과 재배

추위에 약하여 남부지방에서 재배 및 식재할 수 있다. 번식은 삽목과 실생으로 하는데 삽목이 일반적이다. 삽목은 봄 싹 트기 전과 여름 6~7월에 하는데 여름에 하는 것이 성적이 더 좋다. 실생으로 번식할 때는 가을에 열매를 따서 종자를 채취하여 모래에 묻어두었다가 이듬해 봄에 파종한다.

조경수로서의 특성과 배식

상록수로 겨울에 아름다운 나무지만 꽃과 열매도 관상 가치가 높다. 또한 새로 돋는 붉은 잎도 특징이 있다. 맹아력이 좋아 전정에 아주 강하며 가지가 치밀하게 배열되는 데다 잎도 무성하여 생울타리로 아주 적합한 수종으로 꼽히며 토피어리용으로도 이용할 수 있다. 꽃이 아름다우므로 공원이나 가정 정원에서 독립수로 심어 감상하는 상록 꽃나무로도 가치가 있다. 뿌리가 천근성으로 이식은 쉬운 편이며 이식 시기는 6~7월이 가장 좋고, 봄에 해도 된다.

유사종

동속식물로 낙엽소교목인 윤노리나무가 있다.

상록활엽교목

흰꽃이 향기로운 난대수종
비쭈기나무
Cleyera japonica

성상, 음양	상록교목, 중용수	수형	타원형
번식법	실생, 삽목	개화기, 꽃색	5~6월, 흰색
식재 가능 지역	남부지방	결실기, 열매색	10월, 검은색
식재 시기	봄, 여름 장마기		

분류학적 위치와 형태적 특징 및 자생지

비쭈기나무는 차나무과에 속하는 상록교목으로 학명은 *Cleyera japon-ica*이다. 속명 *Cleyera*는 17세기 네덜란드 의사로 아시아 약초를 연구하였던 클레이어르A. Cleyer의 이름에서 온 것이다. 종명 *japonica*는 '일본산'이란 뜻이다. 높이 10m, 지름 30cm 정도까지 자라며 가지 끝의 눈이 약간 구부러지며 뾰족하여 비쭈기나무란 이름이 붙게 되었다. 잎 길이는 6~10cm로 가장자리는 톱니가 없이 매끈하다. 꽃은 양성화로 흰색이며 5~6월에 핀다. 열매는 7~8mm 크기로 10월경에 검게 익는다. 제주도에 자생하며 일본, 중국, 대만, 인도 등지에도 분포한다.

관상 포인트

무엇보다 반질거리면서 혁질인 상록의 잎이 관상 가치가 높다. 늦봄에 아래로 늘어지며 피는 흰 꽃도 아름다운데 향기가 무척 좋다. 검고 둥근 열매도 관상 가치가 있으며 자주색 비늘잎에 싸인 길쭉한 눈도 특징이 있다.

성질과 재배

난대성 음수 내지는 중용수로 남부지방에서 재배 및 식재한다. 번식은 실생과 삽목으로 한다. 가을에 열매가 검게 익으면 씨앗을 채취하여 냉장고에서 저온 저장하거나 젖은 모래에 묻어 저장하였다가 이듬해 봄에 파종한

다. 삽목의 경우, 춘삽은 4월 상순경에 지난해에 자란 가지를 10~15cm 정도로 잘라 아래 잎을 따고 꽂는다. 여름 삽목은 6월 하순~7월 초순 사이에 그해에 자란 가지를 10cm 정도로 잘라 역시 아래 잎을 따고 꽂는다. 삽목상은 시기에 관계없이 해가림을 해주고 마르지 않게 관리한다.

조경수로서의 특성과 배식

잎이 아름다운 상록교목으로 추위에 약하여 경남과 전남 지방 등 남부 일부 지방에 한하여 식재할 수 있다. 반음지를 좋아하지만 너무 건조하지 않은 곳이라면 양지에서도 적응하는 편이다. 꽤 크게 자라므로 정원의 주목으로 이용할 수 있으며 잎과 가지가 치밀하게 자라므로 생울타리용으로도 아주 좋다. 대체로 동백과 비슷한 용도로 이용할 수 있다. 교목상으로 자라지만 잔뿌리가 많은 편이라 이식은 쉬운 편이다. 이식 적기는 여름 6~7월이며 봄 싹 트기 전에 해도 좋다.

유사종

속은 다르지만 같은 차나무과의 사스레피나무 및 우묵사스레피나무와 성상이 비슷하다.

산림조경수종

참나무과

꿋꿋한 기상의 상록 참나무
가시나무
Quercus myrsinaefolia

성상, 음양	상록교목, 양수	**수형**	타원형
번식법	실생	**개화기, 꽃색**	4월, 흰색
식재 가능 지역	남부지방	**결실기, 열매색**	11월, 갈색
식재 시기	봄, 여름 장마기		

분류학적 위치와 형태적 특징 및 자생지

가시나무는 참나무과에 속하는 상록활엽교목으로 학명은 *Quercus myrsinaefolia*이다. 속명 *Quercus*는 켈트어에서 기원된 말로 '아름다운 나무'란 뜻이다. 종명 *myrsinaefolia*는 *Myrsine*속의 식물과 닮은 잎을 가졌다는 뜻이다. 높이 20m, 줄기 지름 1m에 달하며 수피는 짙은 회색이다. 잎은 난상 피침형으로 길이 7~12cm, 너비 2~4cm이며 위쪽 가장자리에는 예리한 톱니가 있다. 견과는 난상 타원형으로 지름 1~1.5cm, 길이 1.4~2.5cm이며 11월에 갈색으로 성숙한다.

전남 및 경남 해안지방과 섬 지방, 울릉도, 제주도 등지의 산기슭에서 자란다.

관상 포인트

가시나무 종류는 모두 웅장한 수형과 상록의 아름다운 잎이 관상 대상이다. 늦가을에 익는 열매는 가까이서 보면 아름답지만 나무가 크게 자라므로 사실상 관상의 대상이 되지 못한다. 꽃은 4월에 피는데 역시 상록의 잎에 묻혀 크게 눈길을 끌지 못한다.

성질과 재배

난대수종으로 추위에 약하며 어릴 때는 음수로 다른 나무의 그늘에서 잘 자라지만 성목이 되면 양수가 된다. 번식은 전적으로 실생법으로 하는데, 늦가을에 익어 떨어지는 열매를 모아 마르지 않게 모래 속에 묻어두었다가 이듬해 봄에 파종한다. 어릴 때는 음수에 가깝지만 너무 마르지 않게 관리한다면 구태여 해가림을 할 필요는 없다. 성장은 상록수 중에서는 빠른 편이다.

조경수로서의 특성과 배식

난대수종 중에서는 비교적 추위에 견디는 편으로 남부지방과 충남 서해안지방까지 식재 가능하다. 나무가 크게 자라므로 좁은 뜰에는 어울리지 않으며 학교원, 공원, 자연학습원이나 생태공원 등에 심기 좋은 나무이다. 뿌리가 깊게 벋어 바람에 아주 강하므로 해안지방의 방풍수로 특히 유용하다. 눈이 잘 내리지 않는 지방의 가로수로도 좋고, 공장이나 공공주택단지 등의 울타리에 심어 소음과 시선을 차단하는 차폐수로도 좋다. 이식 적기는 새순이 굳어지고 공중 습도가 높아지는 6월 하순경이며 그다음으로는 봄 싹 트기 전이 알맞다. 이식이 약간 어려운 편이므로 큰 나무의 경우는 분을 크게 뜨고 가지를 강하게 전정하여 적기에 맞춰 옮겨 심는 것이 좋다.

유사종

동속식물로 종가시나무, 붉가시나무, 참가시나무, 졸가시나무, 개가시나무가 있는데 분포 지역과 성질이 가시나무와 비슷하다.

참나무과

도토리 여는 상록수
종가시나무
Quercus glauca

성상, 음양	상록교목, 양수	수형	계란형
번식법	실생	개화기, 꽃색	4월, 흰색
식재 가능 지역	남부지방	결실기, 열매색	11월, 갈색
식재 시기	봄, 여름 장마기		

분류학적 위치, 형태적 특징 및 자생지

종가시나무는 참나무과에 속하는 상록교목으로 학명은 *Quercus glauca*
이다. 속명 *Quercus*는 켈트어로 '아름답다'는 뜻의 quer와 '나무'라는 의
미의 cuez의 복합어로 '아름다운 나무'란 뜻이다. 종명 *glauca*는 회청색
이란 뜻으로 잎 뒷면의 색을 표현하고 있다. 높이 15m까지 자라며 잎은
도란상 타원형으로 길이 6~13cm이고 잎 끝은 뾰족하다. 꽃은 4~5월에
피는데 수꽃은 길게 늘어지며 흰색이다. 열매는 견과로 11월에 익는다. 자
생지는 전남 도서지방과 제주도 등지로 대개 산기슭에서 자란다.

관상 포인트

종가시나무를 포함한 가시나무 종류는 웅장한 수형에 상록의 잎이 아름
답다. 꽃은 4월에 피는데, 수꽃은 꼬리 모양의 화서에 흰 꽃이 피며 암꽃
은 너무 작아 거의 눈에 띄지 않는다. 열매는 타원형으로 늦가을부터 초
겨울 사이에 갈색으로 익는데 아름답다.

성질과 재배

난대수종으로 어릴 때는 음수로 그늘에서 잘 자라지만 성목이 되면 양수
가 된다. 습기가 유지되는 양토에서 잘 자라지만 뿌리가 깊이 벋으므로
건조에도 상당히 잘 견디는 편이다. 번식은 전적으로 실생법으로 하는데,
늦가을에 익어 떨어지는 열매를 모아 마르지 않게 모래 속에 묻어두었다
가 이듬해 봄에 파종한다. 상록 활엽수 중에서는 성장이 빠른 편이다. 종
가시나무에 발생하는 병해와 충해는 상세히 알려진 바 없으나 심하게 피
해를 입히는 병충해는 없는 것으로 보이다.

조경수로서의 특성과 배식

난대수종 중에서는 비교적 추위에 견디는 편으로 남부지방과 서해안에
서 가까운 일부 중부지방까지 식재가 가능하다. 크게 자라는 대교목으로
학교원, 공원, 자연학습원이나 생태공원 등에 심기 좋은 나무이다. 뿌리가
깊게 벋는 데다 가지와 잎이 무성하여 방풍수로도 좋으며 염분에 대한 저
항성도 있으므로 해안지방의 방풍수로 특히 유용하다. 이식 난이도는 보
통으로 적기는 새순이 굳어지고 공중 습도가 높아지는 6월 하순경이며
그다음으로는 봄 싹 트기 전이 알맞다. 맹아력이 강하여 강한 전정에도
잘 견디므로 가지를 강하게 치고 옮겨 심어야 잘 활착한다.

유사종

동속의 상록성 참나무로 가시나무, 붉가시나무, 참가시나무 등이 있는데
분포 지역과 성질이 종가시나무와 비슷하다.

조경수품종각론

바위 벼랑에 잘 자라는 난대성 덩굴
송악
Hedera rhombea

성상, 음양	상록만경, 음수	수형	덩굴형
번식법	삽목, 실생, 휘묻이	개화기, 꽃색	10월, 황록색
식재 가능 지역	남부지방	결실기, 열매색	4~5월, 검은색
식재 시기	봄, 여름 장마기		

분류학적 위치와 형태적 특징 및 자생지

송악은 두릅나무과에 속하는 상록 덩굴로 학명은 *Hedera rhombea*이다. 속명 *Hedera*는 라틴어로 아이비의 옛 이름이다. 종명 *rhombea*는 마름모꼴이란 뜻이다. 상록 덩굴식물로 길이 10m 이상 자란다. 잎은 어긋매껴 나며 두껍고 혁질에 광택이 나는데, 실내 관엽식물로 많이 재배하는 아이비*Hedera helix*와 흡사하지만 결각이 약하거나 없다. 줄기에서는 부착근이 나와 바위나 나무줄기 등에 부착하여 자라게 되며 어린 줄기는 녹색 또는 자주색이지만 오래되면 갈색으로 변한다. 꽃은 산형화서로 10월경에 황록색의 작은 꽃이 밀집하여 핀다. 열매는 공 모양에 직경 8~10mm 정도이고 다음 해 4~5월에 검게 익는다.

우리나라 서남부 해안지역과 섬지역에 자생하며 일본과 대만에도 분포한다. 대개 바위나 나무줄기 등을 타고 오르며 자라는데 크게 자란 나무들은 흔히 암반 지역에서 발견된다.

관상 포인트

송악은 상록 덩굴로 겨울에도 푸른 잎이 매력이다. 꽃은 10월에 피는데 크기가 작고 잎의 색과 비슷한 황록색이지만 집단으로 모여 피는 모습은 꽤 아름다우며 더구나 꽃이 귀한 철에 피는 꽃이라 진기하다. 열매는 4~5월에 검게 익는다.

성질과 재배

우리나라 서남 해안지방 및 섬과 겨울이 따뜻한 남부 일부 지역에서 재배 가능하다. 삽목, 실생, 휘묻이로 하는데 삽목법이 가장 실용적이며 또 일반적인 번식법으로, 봄 싹 트기 전에 전년생지를 15cm 길이로 잘라 3분의 2가 묻히게 꽂으면 된다. 여름의 녹지삽으로도 쉽게 뿌리가 내리는데, 6~7월 장마철에 그해 자란 가지나 전년생지를 10cm 내외로 잘라 아래 잎을 따 버리고 3분의 2를 꽂으면 된다. 휘묻이는 많이 이용하지 않지만 큰 줄기를 떼어내고자 할 경우 흙으로 싸매두었다가 뿌리가 실하게 내리면 잘라낼 수 있다.

조경수로서의 특성과 배식

난대성 덩굴식물인 만큼 일반적인 조경수로는 이용하기 어려우며 남부지방의 절개지 피복용이나 암반 녹화용으로 좋다. 음수로 그늘에서 잘 견디므로 큰 나무 아래의 지피식물로도 이용 가능하며 요즘 아파트에 유행하는 실내정원용으로도 아주 좋은 소재다. 이식에 잘 견디지만 이식할 때는 가지를 적당히 잘라주는 것이 추후 활착과 성장에 좋다. 이식 적기는 봄과 6~7월이다.

유사종

유럽 원산의 도입종으로 실내 원예식물로 많이 이용되는 아이비*Hedera helix*가 있다.

고창 선운사 송악

뽕나무과

바닷가에 자라는 부착성 상록 덩굴
모람
Ficus nipponica

성상, 음양	상록만경, 음수	수형	덩굴형
번식법	삽목, 실생,	개화기, 꽃색	7~8월, 녹색 은화과
식재 가능 지역	남부 해안지방	결실기, 열매색	10~12월, 흑자색
식재 시기	봄, 여름 장마기		

분류학적 위치와 형태적 특징 및 자생지

모람은 뽕나무과의 상록 덩굴식물로 학명은 *Ficus nipponica*이다. 속명 *Ficus*는 무화과를 뜻하는 라틴어 옛 이름이다. 종명 *nipponica*는 일본산이란 뜻이다. 줄기는 가늘고 길게 자라며 기근을 벋어 암벽과 나무줄기를 타고 오르는데 가지를 많이 치고 잎도 무성하다. 잎은 어긋매껴 나고 길이 5~12cm, 폭은 2~4cm이며 가장자리에는 톱니가 없다. 꽃은 공 모양 꽃받침이 달리고 그 속에 수많은 작은 꽃이 핀다. 과실은 은화과로 직경 0.7~1cm 정도로 작으며 구형이다. 제주도와 남해안지방 여러 섬에 자생하며 일본, 중국, 대만 등에도 분포한다.

관상 포인트

사철 푸른 잎의 덩굴식물이다. 꽃은 꽃받침 속에 숨어 피므로 눈에 띄지 않아 관상 가치가 없으며 콩알처럼 생긴 열매가 특징적이다.

성질과 재배

추위에 약한 난대성 덩굴식물로 남부 해안지방에서 재배 및 식재할 수 있다. 번식은 삽목, 휘묻이, 포기나누기, 종자로 할 수 있지만 삽목이 가장 실용적이다. 삽목은 봄에 새싹이 나기 전이나 여름 6~7월에 하는데 줄기를 15cm 내외로 잘라 아래 잎을 따 버리고 꽂는다. 줄기가 벋으면서 곳곳에 부정근이 내리므로 포기나 줄기를 떼어 심는 포기나누기나 길게 벋은 줄기 일부를 흙으로 덮어 뿌리가 내리게 유도하여 분리하는 휘묻이도 손쉬운 번식 방법이다. 종자 번식의 경우 가을에 익은 열매를 따서 으깨어 종자를 분리하여 직파한다.

조경수로서의 특성과 배식

모람은 일반인뿐 아니라 조경 종사자에게도 아주 생소한 수종으로 조경수로서의 이용은 거의 없는 실정이다. 그러나 상록 덩굴식물로 암반을 타고 오르는 특성이 있으며 양지와 음지를 가리지 않으므로 난대지방에서의 벽면 녹화용으로 이용할 만하며 아파트 등의 실내정원용으로도 좋다. 화분에서도 잘 적응하고 자라므로 늘어뜨려 가꾸는 분식용 식물로도 좋다.

유사종

동속식물로 왕모람, 천선과나무, 무화과 등이 있으며, 왕모람은 모람과 흡사하여 구별이 어렵다. 실내 관엽식물로 재배되는 인도고무나무도 같은 속이다.

상록만경

수줍은 꽃에 붉은 열매가 탐스러운
남오미자
Kadsura japonica

성상, 음양	상록만경, 음수	수형	덩굴형
번식법	실생, 삽목, 휘묻이	개화기, 꽃색	6~8월, 황백색
식재 가능 지역	남부지방	결실기, 열매색	9월, 홍색
식재 시기	봄, 여름 장마기		

분류학적 위치와 형태적 특징 및 자생지

남오미자는 오미자과에 속하는 상록 덩굴식물로 학명은 *Kadsura japonica*이다. 속명 *Kadsura*는 일본명 '카즈라'에서 딴 것이며 종명 *japonica*는 일본산이란 뜻이다. 상록 덩굴식물로 줄기는 회갈색이다. 잎은 어긋나고 혁질이며 긴 계란형이고 길이 5~10cm이다. 꽃은 단성화로 6~8월에 황백색으로 핀다. 열매는 장과로 9월에 붉게 익는다. 난대수종으로 전남, 경남의 서남해안 섬 지방과 제주도 등의 숲속에 자생한다.

관상 포인트 및 이용

상록의 잎이 매력적인데, 특이하게 잎의 표면은 녹색이지만 뒷면은 자주색을 띠는데, 겨울에는 표면도 연한 자주색으로 변한다. 가을에 붉게 익는 열매와 봄부터 여름 사이에 피는 황백색의 꽃이 아름답다. 꽃은 직경 1cm 정도로 작고 하나씩 수줍은 듯 아래로 매달려 피는데 황백색의 꽃잎에 붉은색의 암술머리를 가져 깜찍하고 예쁘다. 열매는 빨간색의 장과로 공 모양의 작은 열매가 모여 달려 매우 아름답다. 남오미자 열매도 오미자 열매와 마찬가지로 약용한다.

성질과 재배

난대수종이고 다른 나무의 줄기를 타고 오르는 덩굴식물로 음수지만 양지쪽에서도 잘 자란다. 내한력이 약하며, 추운 곳에서는 월동하더라도 겨울에 낙엽이 지기도 한다. 번식은 실생과 삽목 및 휘묻이로 하는데 삽목이 편리하다. 삽목은 4월경이나 6월 하순경에 하는데 6월에 하는 녹지삽이 관리와 뿌리 내림에 용이하다. 실생법의 경우 가을에 익은 열매에서 종자를 발라내어 모래 속에 묻어 얼지 않게 저장했다가 이듬해 봄에 파종한다. 휘묻이는 봄이나 여름에 벋어가는 줄기 중간을 흙으로 덮어두면 뿌리가 내리므로 이듬해 봄에 잘라 심으면 된다.

조경수로서의 특성과 배식

남부지방에 한해 식재할 수 있으며 일반 정원수로보다는 퍼걸러나 펜스, 절개지 녹화에 활용하거나 창고 지붕 등에 올리면 좋다. 일본에서는 분재 소재로도 이용된다. 추운 지방에서는 분식하여 실내 관엽식물로 가꾸어도 좋다. 이식은 쉬운 편이며 여름 장마기가 적기이지만 봄에 옮겨도 무난하다.

유사종

오미자과에 속하는 근연식물로는 오미자와 흑오미자가 있는데 오미자는 낙엽 덩굴식물로 추위에 강하여 전국에 식재 가능하다. 흑오미자는 제주도에 자생하는 난대식물이다.

꿀처럼 달콤한 열매의 상록 덩굴식물
멀꿀
Stauntonia hexaphylla

성상, 음양	상록만경, 중용수	수형	덩굴형
번식법	실생, 삽목, 휘묻이	개화기, 꽃색	4~5월, 흰색
식재 가능 지역	남부지방	결실기, 열매색	10월, 자주색
식재 시기	봄, 여름 장마기		

분류학적 위치와 형태적 특징 및 자생지

멀꿀은 으름덩굴과에 속하는 상록 덩굴식물로 학명은 *Stauntonia hexa-phylla*이다. 속명 *Stauntonia*는 식물 애호가인 아일랜드의 의사인 스톤튼Staunton의 이름에서 따온 것이다. 종명 *hexaphylla*는 '여섯 장의 잎사귀'란 뜻이다. 잎은 혁질로 장상복엽이고 소엽의 매수는 5~7장이다. 꽃은 잎겨드랑이에서 나오며 흰색에 담자홍색을 띠며 4~5월에 핀다. 열매는 장과로 타원형이고 길이 4~10cm 정도로 크며 10월에 자주색으로 익는데 맛이 좋다. 난대성 식물로 우리나라 서남해 도서지방의 산기슭에 자생한다.

관상 포인트

사철 푸른 장상복엽이 아름다운 덩굴식물이다. 꽃은 4~5월에 산형화서에 3~7송이가 모여 피는데 흰색 바탕에 중앙부가 담자홍색을 띠며 아름답지만 으름덩굴과 달리 향기는 거의 없다. 장과는 10월 하순경에 자주색으로 익는데 달걀 모양이고 크기는 오리 알보다 약간 크다.

성질과 재배

난대수종으로 양지와 음지를 가리지 않는 중용수이다. 번식은 실생, 삽목, 휘묻이로 하는데 모두 용이한 편이다. 실생법의 경우 10월 하순경 열매에서 씨앗을 발라내어 마르지 않게 모래 속에 묻어두었다가 이듬해 봄에 파종하면 된다. 삽목의 경우 봄 싹 트기 전이나 여름 장마철에 새로 자란 가지를 잘라 아래 잎을 따 버리고 해가림하에 꽂는데 뿌리 내림은 비교적 좋은 편이다. 병충해로는 간혹 으름밤나방 유충이 발생하지만 크게 피해를 입힐 정도는 아니다.

조경수로서의 특성과 배식

난대성 식물로 남부지방에 한하여 식재할 수 있다. 우리나라에 자생하는 상록 덩굴식물 중 가장 아름다운 나무 중 하나이다. 퍼걸러, 아치, 창고나 차고의 지붕에 올리면 아주 좋다. 과일이 크고 맛이 좋으므로 가정 정원의 조경수 겸 과수로 이용할 수 있다. 열매는 새들이 아주 좋아한다. 이식은 비교적 쉬우며, 봄 싹 트기 전과 여름 장마기가 이식 적기이다. 이식할 때는 길게 자란 줄기를 절반 이상 잘라내고 심어야 잘 활착한다.

유사종

멀꿀과 가까운 식물로는 으름덩굴이 있는데 멀꿀이 상록성 난대식물인 데 반해 으름덩굴은 반상록성으로 내한력이 강하고 잎은 훨씬 작다.

바람개비 모양의 아름답고 향기로운 꽃
마삭줄
Trachelospermum asiaticum

성상, 음양	상록만경, 음수	수형	덩굴형
번식법	삽목, 실생, 휘묻이	개화기, 꽃색	5~6월, 흰색
식재 가능 지역	충청 이남 지방	결실기, 열매색	10월, 녹갈색
식재 시기	봄, 여름 장마기		

분류학적 위치와 형태적 특징 및 자생지

마삭줄은 협죽도과에 속하며 학명은 *Trachelospermum asiaticum*이다. 속명 *Trachelospermum*은 '목'이라는 의미의 그리스어 trachelos와 '종자'란 의미의 sperma의 합성어로 잘록한 열매 모양을 나타낸다. 종명 *asiaticum*은 '아시아산'이란 뜻이다. 상록 덩굴로 줄기는 회색이며 어린 가지는 적갈색으로 다른 나무나 물체를 타고 오르는데 줄기에는 부착성 기근이 발생한다. 잎은 마주나며 타원형이고 길이 2~5cm이다. 꽃은 정생 또는 액생하는 취산화서에 달리는데 흰색이고 5~6월에 핀다. 열매는 골돌과로 마치 콩 꼬투리처럼 2개가 달리는데 길이 12~22cm에 달한다. 충남 이남의 산기슭 수림 하에 자생한다.

관상 포인트

사철 푸른 잎과 아름답고 향기로운 꽃이 관상의 대상이 된다. 마치 바람개비처럼 생긴 흰 꽃이 5~6월에 피는데 화기는 약 20여 일간 지속되며 향기가 아주 좋고 강하다.

성질과 재배

상록수 중에서는 비교적 추위에 견디는 편이며 강한 음수로 상당히 우거진 숲속에서도 자랄 수 있다. 번식은 실생으로도 할 수 있지만 삽목으로 쉽게 뿌리가 내리므로 거의 삽목으로 한다. 삽목은 봄에 새싹이 나기 전이나 여름 6~7월에 줄기를 15cm 내외로 잘라 아래 잎을 따 버리고 꽂으면 된다. 꽂은 후에는 해가림을 하고 마르지 않게 관리한다. 뿌리가 내리면 새순이 자라게 된다. 실생법의 경우 가을에 콩 꼬투리처럼 생긴 열매를 따서 씨앗을 채취하여 직파하거나 모래와 섞어두었다가 이듬해 봄에 파종한다.

조경수로서의 특성과 배식

잎과 꽃이 아름답고 향기가 좋으므로 남부지방에서 퍼걸러에 올리거나 공원이나 정원 출입구의 아치 등에 올려도 좋다. 그 외에도 담장이나 건물의 벽면 녹화용이나 절개지의 사방공사용으로도 적합하다. 큰 나무 아래 지피식물로도 이용할 수 있다.

유사종

동속식물로 털마삭줄이 자생하며 마삭줄과 거의 구별 없이 조경이나 원예적 용도로 사용된다.

온난한 지방에서 자라는 상록 침엽수
개비자나무
Cephalotaxus koreana

성상, 음양	상록침엽관목, 음수	수형	덤불형
번식법	삽목, 실생	개화기, 꽃색	4월, 황색
식재 가능 지역	중남부지방	결실기, 열매색	8월, 자홍색
식재 시기	봄		

분류학적 위치와 형태적 특징 및 자생지

개비자나무과의 상록침엽관목으로 학명은 *Cephalotaxus koreana*이다. 속명 *Cephalotaxus*는 그리스어로 '머리'를 뜻하는 kephale와 '주목'을 뜻하는 taxus의 합성어로 수관과 잎이 주목과 흡사함을 나타낸다. 종명 *koreana*는 한국산이란 뜻이다. 높이 2m, 직경 5cm 정도에 수피는 암갈색이고 잎은 선형으로 어긋나고 뒷면에는 2줄의 흰색 기공선이 있다. 잎은 길이 2~5cm, 폭2.5~3.5mm이며 부드러워 만져도 찌르지 않는다. 자웅이주로 수꽃은 공 모양으로 잎겨드랑이에 나며 암꽃은 작은 가지 끝에 달린다. 우리나라 경기, 충북 이남에 자생한다. 대체로 계곡 부근 습도가 높고 물기가 유지되는 수림 아래에 자생한다.

관상 포인트

상록으로 사시사철 푸른 잎이 관상 대상이며 크게 자라지 않아 가정 정원에 심기 좋다. 꽃은 4월에 피는데 다른 침엽수의 꽃과 마찬가지로 관상 가치는 거의 없다. 열매는 구형 또는 타원형이며 여름에 자홍색으로 익는데 아름답다. 열매가 익으면 향긋한 침엽수 향기가 나며 과육은 먹을 수 있다.

성질과 재배

주로 남부지방에 자생하는 난·온대 수종으로 혹한지에서는 견디지 못한다. 번식은 종자로 해도 되지만 삽목이 잘 되므로 대개 삽목으로 한다. 이른 봄에 지난해 자란 가지를 10cm 정도로 잘라 아래 잎을 따 버리고 꽂으면 된다. 여름 6~7월의 장마기에 하는 녹지삽도 잘 되는데 녹지삽은 그해에 자란 가지를 꽂는다. 실생법의 경우 여름에 익는 열매에서 종자를 채취하여 젖은 모래 속에 묻어두었다가 이듬해 봄에 파종한다. 하나의 열매에는 단 하나의 종자만 있으며 결실수가 많지 않으므로 종자 번식은 그리 실용적인 방법이 되지 못한다.

조경수로서의 특성과 배식

음수로 나무 그늘이나 건물 그늘에 심는 게 좋다. 수형이 특히 좋거나 고급 이미지가 나는 나무는 아니므로 앞뜰이나 건물 정면보다는 뒤뜰이나 벽면을 가리는 등의 용도로 심으면 좋다. 침엽수로 크게 자라지 않는 나무이므로 좁은 정원에서 독특한 경관 조성이 필요할 때 심으면 좋다. 이식은 쉬운 편이며 한겨울을 제외하고는 연중 이식이 가능하지만 적기는 봄 싹 트기 전이다.

울릉도 특산의 오엽송
섬잣나무
Pinus parviflora

성상, 음양	상록침엽교목, 양수	수형	타원형
번식법	실생, 접목	개화기, 꽃색	5월, 황색
식재 가능 지역	전국	결실기, 열매색	10월, 녹갈색
식재 시기	봄		

분류학적 위치와 형태적 특징 및 자생지

섬잣나무는 소나무과의 상록침엽교목으로 학명은 *Pinus parviflora*이다. 속명 *Pinus*는 수지가 있는 수목을 가리키는 고대 그리스어에서 유래된 말이다. 종명 *parviflora*는 '작은 꽃'이라는 뜻이다. 높이 20m, 직경 0.6~1.5m까지 자란다. 잎은 5매씩 나고 구부러지며 길이 3.5~7.5cm이고 청록색이며 뒷면은 흰색을 띤다. 자웅동주이며 꽃은 5월에 핀다. 구과는 계란형으로 열매꼭지가 거의 없고 길이 5~8cm, 폭 약 2.5cm이다. 종자는 갈색이며 짧고 납작한 날개가 있다, 열매는 이듬해 10월에 익는다. 울릉도에 자생하며 정원수, 공원수로 전국 각지에 식재되어 있다.

관상 포인트

상록침엽수로 잎과 가지가 치밀하게 배열되어 겨울 정원에서 특히 돋보인다. 성장이 느리고 대개 크게 자라지 않으므로 좁은 정원에도 심을 수 있는 상록수로 가치가 크다.

성질과 재배

번식은 실생법 및 접목으로 한다. 종자는 가을에 구과를 따서 며칠 말려 얻는데, 종피가 딱딱하고 두꺼워 외관으로 잘 여물었는지 식별이 어렵다. 물에 넣어 뜨는 것은 충실치 못한 것이므로 버리고 가라앉는 좋은 종자만 선별하여 모래와 섞어 노천매장하였다가 이듬해 봄에 파종한다. 묘목의 성장이 느리므로 4~5년 재배 후에 파내서 다시 넓게 심어준다. 접목은 곰솔을 대목으로 하여 붙이는데 실생묘의 성장이 느리므로 오히려 접목묘를 많이 배양하는 편이다.

조경수로서의 특성과 배식

크게 자라는 교목이지만 성장이 느려 조경용으로는 대개 상록침엽소교목으로 이용한다. 집단 재식하기보다는 독립수로 심지만 수형이 웅장하거나 수관이 특히 돋보이는 나무는 아니므로 주목으로 심기보다는 보조적인 역할을 하는 자리에 심는 경우가 많다. 대체로 가정 정원, 학교원, 공원 등에 많이 심는다. 성장이 느리므로 한 번 심어둔 후 별다른 관리를 하지 않아도 되는 것이 이 나무의 좋은 점이기도 하다.

유사종

동속식물로 잣나무와 소나무, 곰솔, 백송 등이 있으나 조경 용도는 제각기 다르다. 그중에서는 백송과 조경 용도가 비슷하다고 할 수도 있지만 백송만큼 기품이 높지는 못하다.

기품있는 고급 정원수
금송
Sciadopitys verticillata

성상, 음양	상록교목, 음수	수형	원추형
번식법	실생, 삽목	개화기, 꽃색	3월, 황색(수꽃),
식재 가능 지역	중남부지방(대전 이남)		녹색(암꽃)
식재 시기	봄, 여름 장마기	결실기, 열매색	10월, 녹갈색

분류학적 위치와 형태적 특징 및 자생지

금송은 금송과의 상록침엽교목으로 학명은 *Sciadopitys verticillata*이다. 속명 *Sciadopitys*는 '유사하다'는 의미의 그리스어 접두어 sciado와 '소나무'란 뜻의 pitys의 합성어로 소나무를 닮은 나무란 뜻이다. 종명 *verticillata*는 '윤생(輪生)한다'는 뜻으로 잎이 나는 모습을 설명하고 있다. 높이 30m, 직경 1m까지 자란다. 잎은 2개가 합쳐져서 두꺼우며 길이 6~12cm에 폭 3mm 정도로 길며 윤채가 있는 짙은 녹색이다. 잎은 짧은 가지 위에서는 10~30장씩 돌려나며 거꾸로 된 우산모양이다. 자웅동주로 꽃은 3월에 피며 웅화서는 둥글고 가지 끝에 모여 달리며 자화서는 타원체로서 가지 끝에 1개씩 달린다. 열매는 구과로 길이 8~12cm로서 난상 타원형이다. 일본(四國, 九州) 특산식물로 우리나라 남부지방에 조경수로 식재한다.

관상 포인트

원추형의 단정한 수형과 윤기 나고 기품 있는 잎이 아름답다.

성질과 재배

추위에 약하며 음수로 부식질이 많고 적당하게 습기가 유지되는 토양에서 잘 자란다. 어릴 때 생장이 극히 더디나 10년생 정도 되면 빨라진다. 전형적인 음수로 묘목은 직사광선에 견디지 못하며 성목이 되면 양지쪽에서도 견디지만 오후 햇볕이 어느 정도 가려지는 반그늘이 가장 좋은 환경이다. 번식은 실생 및 삽목으로 한다. 가을에 채종한 종자를 젖은 모래와 섞어 노천매장하였다가 이듬해 봄에 파종하는 것이 실생 방법이다. 파종

후에는 묘상이 마르지 않게 짚을 덮어 관리하는데, 파종 그해에 발아한다. 모종은 적당히 해가림을 하여 직사광선을 받지 않게 한다. 삽목은 봄이나 여름 장마철에 하는데 2년생 내지 3년생 가지를 잘라 다듬어 삽수로 쓴다. 전정을 싫어하며 방임하여도 정연한 수형이 유지되므로 구태여 전정할 필요가 없다.

조경수로서의 특성과 배식

추위에 약하며 잎이 아름답고 기품이 있는 데다 수형이 좋으며 공급은 적어 최고급 조경수로 꼽힌다. 대개 정원이나 공원의 중앙이나 주정에 심어 감상한다. 건물의 중앙 정면 좌우에 심어 장식해도 좋다. 나무가 크게 자라므로 좁은 뜰보다는 넓은 정원이나 공원수 등으로 적합한 나무이다. 기념수로도 많이 심는다. 묘목은 이식하기 쉬우나 중목 이상 자란 나무는 이식이 어렵고 특히 큰 나무의 이식은 매우 어려우므로 중목 정도를 심어 가꾸는 것이 안전하다.

상록침엽교목

바닷가에 자라는 거친 소나무
곰솔
Pinus thunbergii

성상, 음양	상록침엽교목, 양수	수형	원개형
번식법	실생	개화기, 꽃색	5월, 황색
식재 가능 지역	중남부지방	결실기, 열매색	10월, 녹갈색
식재 시기	봄		

분류학적 위치와 형태적 특징 및 자생지

곰솔은 소나무과의 상록침엽교목으로 학명은 *Pinus thunbergii*이다. 속명 *Pinus*는 이 속을 뜻하는 수목의 그리스 고어로부터 유래되었다. 종명 *thunbergii*는 스웨덴의 식물학자 툰베르그의 이름에서 온 것이다. 높이 20m, 지름 1m까지 자라며 나무껍질은 흑갈색이다. 잎은 억세고 짙은 녹색이며 길이 9~14cm로 끝이 뾰족하다. 자웅동주로 꽃은 5월에 핀다. 구과는 성숙하는 데 2년이 걸리는데 난상 타원형이며 길이 45~60mm, 지름 30~40mm 정도이고 익으면 녹갈색이 된다. 주로 남부 해안지방에 자생하며 동해안으로는 경북 울진까지 분포한다. 우리나라 외에 일본, 중국에도 분포한다.

관상 포인트

사철 푸른 잎과 굳센 기상이 풍기는 웅건한 수형이 일품이다.

성질과 재배

바닷바람이 부는 해안가 모래땅에 많이 자라므로 해송(海松)이라고도 부르며 또 수피가 검정색을 띠므로 흑송이라고도 한다. 양수로 토심이 깊고 비옥한 토양을 좋아하지만 척박한 곳에서도 잘 견딘다. 소나무보다는 추위에 약해서 중부내륙지방에서는 생육이 어렵다. 번식은 실생으로 하는데 가을에 솔방울을 따서 종자를 채취하여 노천매장하였다가 이듬해 봄에 파종한다. 어릴 때는 소나무보다 빨리 자라지만 어느 정도 자란 후에는 소나무에 뒤지게 되며 수명도 소나무보다 짧은 편이다. 묘목 재배 중에는 녹병, 잎떨림병, 가지마름병, 혹병, 모잘록병 등이 발생하며 예방적으로 방제할 필요가 있다. 충해로는 소나무재선충, 솔잎혹파리, 솔껍질깍지벌레 등이 발생하며 특히 소나무재선충의 피해가 심하다. 소나무재선충은 중간 숙주인 솔수염하늘소를 방제하거나 감염된 나무를 잘 제거하여 확산을 예방하는 것이 중요하며 일단 감염되면 치료가 불가능하다. 솔껍질깍지벌레와 솔잎혹파리는 적당한 살충제를 사용하여 수간주사 방법으로 방제한다.

조경수로서의 특성과 배식

공해에도 강하고 내조성이 강하며 뿌리가 깊게 벋어 바람에도 강하므로 도시의 가로수, 공원수로도 좋으며 특히 해안 도시의 방조림, 방풍림, 해안 매립지 사방용 등으로 많이 쓰인다. 해안지방의 자연마을에 있는 방풍림의 경우 곰솔림이 다수인 것을 보아도 곰솔의 방풍, 방조림으로서의 가치를 알 수 있다.

유사종

소나무와 흡사하며 조경 용도도 비슷하다.

온난화로 위기에 빠진 한국 고유종
구상나무
Abies koreana

성상, 음양	상록침엽교목, 음수	수형	원추형
번식법	실생	개화기, 꽃색	6월, 자주색
식재 가능 지역	전국	결실기, 열매색	9~10월, 녹갈색
식재 시기	봄		

분류학적 위치와 형태적 특징 및 자생지
구상나무는 소나무과의 상록침엽교목으로 학명은 *Abies koreana*이다. 속명 *Abies*는 이 속 어떤 종의 라틴어 이름이다. 종명 *koreana*는 한국산 이란 뜻이다. 높이 15m, 직경 60cm까지 자라며 수관은 원추형이다. 수피는 회백색이고 어린 가지는 황색이다. 잎은 바늘 모양이며 길이 1~2cm로 짧으며 끝이 오목하고 뒷면은 흰색이 뚜렷하다. 꽃은 6월에 피는데 수꽃이삭은 타원형, 암꽃이삭은 농자색으로 가지 위 꼭대기에 달리며 관상 가치는 없다. 열매는 구과로 직립하며 암자색에서 익으면 녹갈색으로 변한다. 한국 특산종으로 제주도 한라산, 지리산, 덕유산 등지에 자생한다. 여름이 서늘한 기후에 적응된 종으로 최근 들어서 지구 온난화로 한라산과 지리산 등지의 자생지에서는 고사목이 늘고 자생지가 크게 위축되는 현상이 일어나 우려를 낳고 있다.

관상 포인트
잎이 아름답고 원추형의 정연한 수형이 좋아 조경수로 좋으며 특히 크리스마스 장식용 등으로 이용 가치가 높다. 위를 향해 열리는 열매도 아름답고 특징이 있다.

성질과 재배

지리산과 한라산 등지의 높은 산에서 자라며 여름이 냉량한 기후를 좋아하여 저지대에서는 재배가 어렵다. 따라서 묘목 배양은 중부지방이 적지이며 특히 여름 기후가 시원하고 공중 습도가 높은 산간지방이 재배 적지이다. 번식은 종자로 하는데 가을에 구과를 따서 그늘에서 며칠 말려 종자를 얻는다. 종자는 젖은 모래에 묻어 노천매장했다가 이듬해 봄에 파종한다. 묘상은 볕바른 곳보다는 반그늘이 좋으므로 여름에는 햇볕을 약간 차단해주는 게 좋다. 유묘의 성장이 느리므로 3~5년간 재배한 후 넓혀 심으면 된다.

조경수로서의 특성과 배식
수형과 수관이 아름다워 조경수로 많이 이용했으면 싶지만 저지대에서는 적응이 어려운 게 아쉬운 나무이다. 저지대에서는 잘 자라다가도 덥고 가뭄이 지속되거나 하면 견디지 못하고 갑자기 고사하는 경우가 많이 생긴다. 따라서 일반적인 도시의 공원수나 가로수 등으로는 많이 이용하지 않고 있으며 조경수로서 한계가 있는 나무이다. 강원도나 경기도 등지의 공원, 학교원 등에 심어 유전자 자원도 보존하고 경관도 살리면 좋을 것이다.

유사종
같은 속의 식물로 분비나무와 전나무가 있으며 특히 분비나무와 성질과 용도 등이 흡사하다.

소나무과

한민족의 상징

소나무
Pinus densiflora

성상, 음양	상록침엽교목, 양수	수형	원추형, 원개형
번식법	실생	개화기, 꽃색	4~5월, 황색
식재 가능 지역	전국	결실기, 열매색	9~10월, 녹갈색
식재 시기	봄		

분류학적 위치와 형태적 특징 및 자생지

소나무는 소나무과의 상록침엽교목으로 학명은 *Pinus densiflora*이다. 속명 *Pinus*는 수지가 있는 수목의 그리스 고어로부터 유래된 말이다. 종명 *densiflora*는 꽃이 많이 핀다는 뜻이다. 높이 20~30m까지 자라며 수피는 흑갈색 또는 홍갈색이다. 잎은 2매씩 나며 길이 7~12cm로 끝이 뾰족하다. 자웅동주이고 수꽃이삭은 새순의 기부에, 암꽃이삭은 새순 끝에 2~3개가 달린다. 열매는 구과로 이듬해 9~10월에 황갈색으로 익는다. 우리나라 전역의 산지 능선이나 산 정상부 등 건조하고 햇볕이 잘 드는 곳에서 자란다.

관상 포인트

사철 푸른 잎과 굳센 기상이 느껴지는 단정한 수형이 소나무의 매력이다. 곧게 바로 서는 형질의 금강송은 꿋꿋한 모습이 멋지며 가지가 늘어지고 수간이 구불구불 자라는 낙락장송은 또 그 나름대로 매력이 있다.

성질과 재배

햇볕을 아주 좋아하는 극양수로 대개 산의 능선부에 자랄 정도로 건조에는 무척 강하다. 따라서 재배지는 물 빠짐이 잘 되고 하루 종일 햇볕이 잘 드는 곳이어야 한다. 척박한 곳에서도 잘 자라지만 석회질 토양이나 사질 토양은 좋지 않다. 번식은 종자로 하는데 가을에 솔방울이 터지기 전에

채취하여 그늘에 며칠 말리면 솔방울이 열려 종자가 흐르게 된다. 종자는 정선하여 노천매장했다가 이듬해 봄에 파종한다.

조경수로서의 특성과 배식

정원의 주목으로 1~3그루를 심기도 하며 작은 동산을 만들어 집단으로 심어 소나무 숲을 만들어도 보기 좋다. 잔뿌리가 적고 주근이 발달하므로 옮겨 심을 때는 주의하여 분을 떠서 흙이 깨어지지 않게 볏줄이나 철사로 근분을 단단히 묶어 옮겨야 하며 가지를 강하게 잘라주어야 한다. 심은 후에 물을 줄 필요는 없다. 옮겨 심은 후에는 새끼로 수간(樹幹)을 감고 황토를 발라주면 수간으로부터 증산 작용을 막고 또 소나무좀의 피해로부터 예방도 된다. 키가 작아 수관이 잘 보이는 나무는 매년 늦봄에서 초여름 사이에 자라는 새순을 적당히 잘라주어야 단정하고 보기에 좋다. 또한 가지가 너무 밀집하면 아래 가지에 햇빛이 들지 않아 쇠약해지고 결국 고사하게 되므로 적당히 가지를 솎아주어 아래 가지에도 충분히 햇볕이 들게 해준다.

유사종

동속식물로 곰솔이 있는데 곰솔은 바닷가에서 자라며 잎이 억세고 굵다. 또한 중국에서 들여온 백송은 수간이 미려하고 기품 있는 잎의 질감으로 조경수로 인기가 좋다.

의령 정곡면 성황리 소나무

소나무과

울릉도 원산의 희귀수목
솔송나무
Tsuga sieboldii

성상, 음양	상록침엽교목, 음수	수형	원추형
번식법	실생, 삽목	개화기, 꽃색	4월, 황색
식재 가능 지역	남부지방	결실기, 열매색	9~10월, 황록색
식재 시기	봄		

분류학적 위치와 형태적 특징 및 자생지

솔송나무는 소나무과의 상록침엽교목으로 학명은 *Tsuga sieboldii*이다. 속명 *Tsuga*는 이 나무의 일본 이름에서 따온 것이다. 종명 *sieboldii*는 식물학자 지볼트Franz Philipp von Siebold의 이름에서 왔다. 높이 25~30m 직경 1m까지 자라는 대교목으로 곧게 자라며 가지가 밀생한다. 수형은 피라미드 모양이며 수피는 회색 또는 회흑색이다. 잎은 작은 가지의 좌우로 나란히 배열하며 길이 1~2cm, 폭은 0.25~0.3cm이다. 잎의 뒷면에는 2줄의 흰색 기공선이 있다. 자웅동주로 꽃은 전년생 가지에 달리며 4월에 피는데 관상 가치는 없다. 구과는 계란형으로 길이 2~3cm이고 10월에 연한 갈색으로 익는다. 종자에는 날개가 달려 있다. 자생지는 울릉도이며 일본의 혼슈, 시코쿠, 규슈에도 분포한다.

관상 포인트

곧게 자라는 수간과 원추형의 정연한 수형 그리고 상록침엽수의 늘 푸른 잎이 아름다운 나무이다.

성질과 재배

어릴 때는 음수이지만 자람에 따라 햇빛 필요량이 많아지며 대체로 오후 햇볕이 가려지는 장소가 적지이다. 배수가 잘 되는 양토 또는 사질 양토가 재배 적지이다. 번식은 실생법으로 하는데 가을에 열매를 따서 종자를 채취하여 모래와 섞어 노천매장했다가 이듬해 봄에 파종한다. 어린 묘는 직사광선을 싫어하므로 여름에는 해가림을 해줄 필요가 있다. 겨울에는 짚으로 여물을 쳐서 묘목 사이에 뿌려주어 서릿발의 피해를 줄이도록 한다.

조경수로서의 특성과 배식

우리나라에서는 희귀수목으로 묘목의 공급도 거의 없고 따라서 조경수로의 이용도 없는 실정이다. 구상나무나 주목 등과 비슷한 수형을 가지지만 지엽이 부드럽고 우아한 느낌이 들어 침엽수로서는 여성스러운 분위기를 주는 나무이다. 공원수, 학교원 등에 단식 또는 몇 그루씩 모아심기 방식으로 심으면 좋다.

상록침엽교목

알록달록 수피가 특이한 소나무
백송
Pinus bungeana

성상, 음양	상록침엽교목, 양수	수형	타원형
번식법	실생	개화기, 꽃색	4~5월, 황색
식재 가능 지역	전국	결실기, 열매색	9~10월, 녹갈색
식재 시기	봄		

분류학적 위치와 형태적 특징 및 자생지

백송은 소나무과의 상록침엽교목으로 학명은 *Pinus bungeana*이다. 속명 *Pinus*는 수지가 있는 수목의 그리스 고어로부터 유래된 말이다. 종명 *bungeana*는 백송을 처음 발견한 러시아인 알렉산드르 분제Alexander Von Bunge의 이름에서 온 것이다. 높이 15m, 지름 1m까지 자란다. 수피가 불규칙적으로 벗겨져 얼룩덜룩해지며 회색 내지 흰빛이 돌므로 백송(白松)이라는 이름이 붙었다. 가지는 굵으며 수관은 둥글게 발달한다. 잎은 3개씩 달리고 길이 7~9cm, 너비 1.8mm이다. 꽃은 5월에 피고 수꽃은 긴 타원형이며 암꽃은 달걀 모양이다. 열매는 구과로 다음해 10월에 익는다. 중국 특산 식물로 우리나라에는 약 600여 년 전 도입되었다.

관상 포인트

굵고 기품이 있는 잎과 회백색의 얼룩덜룩한 수피가 독특하고 아름답다. 우리나라에서는 아주 귀한 나무로 대접받아왔으며 근래에 들어서야 묘목이 공급되고 있다.

성질과 재배

햇볕을 좋아하는 양수이며 알칼리성 토양에서 잘 자란다. 건조에는 강하지만 저습지에서는 견디지 못한다. 따라서 재배지는 물 빠짐이 잘 되고 하루 종일 햇볕이 잘 드는 곳이어야 한다. 번식은 종자로 하는데 가을에 솔방울을 채취하여 그늘에 며칠 말리면 솔방울이 열려 종자가 흐르게 된다. 종자는 정선하여 노천매장했다가 이듬해 봄에 파종한다. 종자의 발아는 비교적 잘 되지만 어릴 때 성장은 소나무보다 느리다.

조경수로서의 특성과 배식

매우 기품 있고 또 희소성도 있는 나무라 정원이나 공원의 주목으로 심는다. 본격적으로 국내에 조경수로 공급이 된 시기가 오래되지 않았기에 중목 이상의 큰 나무의 공급은 매우 적은 실정이다. 하여 대개 중목을 구하여 심게 마련이며 또 대목은 이식이 무척 어렵다. 잔뿌리가 적으므로 옮겨 심을 때는 주의하여 분을 떠서 옮겨야 한다. 옮겨 심은 후에는 새끼로 수간을 감고 황토를 발라주면 수간으로부터 증산을 막고 또 소나무좀의 피해도 방지할 수 있다. 귀한 나무라는 인식이 강해 기념식수용으로 수요도 많고 또 많이 심기고 있지만 큰 나무는 이식이 어려우므로 기념식수용으로 사용하기 위해서는 이따금 이식하여 잔뿌리를 내리게 해두어야 한다. 가정 정원에 심을 때는 키 1m 내외의 묘목을 심어 매년 순치기를 반복하여 가지가 치밀하게 벋게 하고 수고는 낮게 관리하면 아름다운 수형과 멋진 수피를 감상할 수 있게 된다.

유사종

동속식물로 소나무, 곰솔, 잣나무 등이 있다.

깊은 산에 자라는 오엽송
잣나무
Pinus koraiensis

성상, 음양	상록침엽교목, 양수	수형	원추형
번식법	실생	개화기, 꽃색	5월, 황색
식재 가능 지역	전국	결실기, 열매색	9~10월, 녹갈색
식재 시기	봄		

분류학적 위치와 형태적 특징 및 자생지
잣나무는 소나무과의 상록교목으로 학명은 *Pinus koraiensis*이다. 속명 *Pinus*는 수지가 있는 수목의 그리스어 고어로부터 유래된 말이다. 종명 *koraiensis*는 '한국산'이라는 뜻이다. 높이 30m 직경 1m까지 자란다. 원대는 곧고 가지가 굵으며 수관은 녹색에 흰색 기미가 있어 다른 침엽수와 뚜렷이 구별된다. 잎은 5매씩 나며 길이 6~15cm이다. 자웅동주이며 꽃은 5월에 핀다. 열매는 구과로 원주형이고 길이 10~15cm, 직경은 6~7cm로 아주 크며 이듬해 10월에 익는다. 전국의 산지에 자생하는데 특히 강원도에 많이 자란다. 전국 각지에서 잣을 수확하기 위해 흔히 산지에 재배한다.

관상 포인트 및 이용
곧고 시원하게 뻗은 수간과 사철 푸른 침엽의 수관이 관상 대상이다. 원추형의 수형이 아름다워 공원수로 심으면 좋다. 단목으로보다는 몇 그루씩 심거나 집단으로 심으면 보기 좋다. 잣나무 종자는 실백이라 하며 약용, 식용하는데 불포화지방을 많이 함유하고 있어 건강식품으로 인기가 높다.

성질과 재배
여름 기후가 무덥지 않고 공중 습도가 높은 깊은 산의 기후를 좋아하며 토심이 깊은 땅에서 잘 자란다. 번식은 종자로 하는데 가을에 구과를 따서 며칠 말려 종자를 얻는다. 종자는 12월 중에 모래와 섞어 노천매장하였다가 이듬해 봄에 파종한다. 성장이 빠른 나무지만 건조하고 척박한 곳에서는 성장이 좋지 못하므로 포장은 기름진 땅이 좋다. 어릴 때는 음지에 견디지만 장령목이 되면 햇볕을 좋아하게 되며 또 볕이 잘 들어야 잣도 잘 열린다.

조경수로서의 특성과 배식
소나무와 비슷한 용도로 조경 식재할 수 있지만 소나무가 전국 각지 어디서든 잘 자라는 데 반해 잣나무는 중부지방이 식재 적지이다. 그렇다고 남부지방에 심지 못하는 것은 아니며 적응력은 강한 편이다. 독립수로 심기보다는 집단 재식하여 삼렬한 잣나무 숲을 조성하여 특징적인 숲을 감상하면 아주 좋다. 정연하게 자라는 수간과 수관이 특징적이므로 공원수로 심으면 좋고 산지 사찰의 주변에 집단 재식하면 조경 효과도 좋고 또 잣도 수확할 수 있을 것이다.

유사종
섬잣나무와 소나무 등의 동속식물이 있다. 북미에서 들여온 스트로부스 잣나무*Pinus strobus*도 식재되고 있으며 성장이 빠르고 크게 자라지만 기품은 잣나무만 못하다.

소나무과

곧게 자라는 수간이 아름다운 침엽수
전나무
Abies holophylla

성상, 음양	상록침엽교목, 음수	수형	원추형
번식법	실생	개화기, 꽃색	4월, 황록색
식재 가능 지역	전국	결실기, 열매색	9~10월, 황록색
식재 시기	봄		

분류학적 위치와 형태적 특징 및 자생지

전나무는 소나무과의 상록침엽교목으로 학명은 *Abies holophylla*이다. 속명 *Abies*는 이 속 어떤 종의 옛날 이름이다. 종명 *holophylla*는 '흠이 없는 완전한 잎'이란 뜻이다. 높이 30m, 수간 직경 1.2m에 이른다. 잎은 길이 4cm로 끝이 갈라지지 않으며 날카롭고 뒷면에는 흰색 기공선이 있다. 꽃은 4월 하순에 피며 열매는 그해 10월에 길이 10~12cm의 원통형 구과가 성숙한다. 우리나라 전국의 높은 산에 자생하며 만주 우수리에도 분포한다.

관상 포인트

곧게 자라는 수간과 웅장한 수형이 아름답다.

성질과 재배

추운 곳에서 잘 자라지만 침엽수 중에서는 난지에 대한 적응력이 좋은 나무로 전국 각지에서 재배 및 식재 가능하다. 번식은 종자로 하는데, 가을에 종자를 채취하여 기건 저장하였다가 2월에 젖은 모래와 섞어 노천매장한 후 4월에 파종한다. 묘상은 30% 정도 차광하여 재배한다.

조경수로서의 특성과 배식

대교목으로 자라며 공원수, 학교원 등에 심기 좋은 나무이다. 한지형 상록 침엽수 중에서는 저지에 가장 잘 적응하는 나무로 남부지방에서 웅장한 수형을 감상하는 침엽교목으로서 가치가 있다. 기후가 냉량한 산지 사찰의 진입로 가로수로도 좋은 나무이다. 우리나라 강원도 오대산 월정사의 전나무 숲과 부안 내소사의 전나무 가로수 길은 유명하다. 수형이 웅장하고 아름다우나 공해와 대기 오염에 대한 저항력이 약하여 대도시와 그 주변에서는 적응력이 약하며 나무의 수명도 짧다. 이식성은 보통이며 이식 적기는 봄철 싹 트기 전이다.

유사종

동속식물로 분비나무, 구상나무, 일본전나무 등이 있으며 특히 일본전나무와 성질이 비슷하다. 분비나무와 구상나무는 남부지방의 저지에서는 식재와 재배가 어려운 수종이다.

상록교목류

난대성 상록 침엽수
비자나무
Torreya nucifera

성상, 음양	상록침엽교목, 음수	수형	원추형
번식법	실생, 삽목	개화기, 꽃색	4월, 황색
식재 가능 지역	남부지방	결실기, 열매색	9~10월, 황록색
식재 시기	봄		

분류학적 위치와 형태적 특징 및 자생지

비자나무는 주목과에 속하는 상록침엽교목으로 학명은 *Torreya nucifera*이다. 속명 *Torreya*는 미국의 식물학자 토레이John Torrey의 이름에서 유래된 것이다. 종명 *nucifera*는 '견과를 가지고 있다'는 뜻이다. 높이 20m 이상, 줄기 직경은 90cm에 달한다. 잎은 우상복엽으로 2줄로 배열하며 소엽은 길이 25mm, 너비 3mm 정도로 단단하며 끝이 뾰족하다. 수꽃은 잎겨드랑이에 난원형으로 달리며 암꽃은 가지 끝에 계란형으로 달린다. 열매는 9~10월에 익으며 길이 25~28mm 정도이고 타원형이다. 종자는 길이 23mm, 지름 12mm로 갈색이며 껍질은 딱딱하다. 우리나라 제주도와 남부지방의 따뜻한 곳에서 자라는데 전북 내장산이 내륙 지방의 북한계선이다.

관상 포인트와 이용

나무가 곧게 자라며 수형이 웅장하다. 꽃은 다른 상록침엽수와 마찬가지로 관상 가치가 없지만 열매는 나름대로 볼 만하다. 열매는 익으면 향긋한 침엽수 향기가 강하게 난다. 상록침엽수로 조경적으로도 우수하지만 실용적 가치가 매우 큰 나무이다. 한방에서는 종자를 비자라고 하며 구충, 요통 등에 약재로 사용하는데 특히 촌충, 요충 등의 기생충 구제에 효과가 있어 예부터 이용해왔다. 종자에서 기름을 짜서 식용하기도 한다. 목재는 질이 좋아 조각재, 가구재로 이용되는데, 특히 바둑판용으로는 비자나무를 최고로 친다.

성질과 재배

상록침엽수는 대부분 여름이 시원한 기후에 잘 적응하는 데 반해 비자나무는 난대지방에서 잘 자라는 특징이 있으며, 음수이지만 크게 자라면 햇볕 요구량이 많아진다. 번식은 실생, 꺾꽂이로 한다. 실생법의 경우 가을에 열매를 채취하여 젖은 모래 속에 묻어두었다가 이듬해 봄에 파종한다. 꺾꽂이는 봄 일찍 또는 여름에 하는데 뿌리가 아주 잘 내린다.

조경수로서의 특성과 배식

조경수로의 이용은 그리 많지 않은 실정이지만 난지에서 잘 자라는 상록침엽수로서의 조경적 가치가 크다. 나무가 크게 자라며 수형이 곧은 편이므로 공원수, 학교원, 눈이 내리지 않는 곳의 가로수 등의 용도로 유용하다. 이식이 잘 되는 편이며 이식 적기는 봄 싹 트기 전이다. 지상부가 무거운 나무이므로 이식 후에는 반드시 지주를 튼튼하게 세워 나무가 흔들리지 않게 조치해야 하며 맹아력이 좋은 편이므로 이식 후 강하게 전정하여도 무방하다.

진도 상만리 비자나무

고산에서 자라는 희귀수목

주목

Taxus cuspidata

성상, 음양	상록침엽교목, 음수	수형	원추형
번식법	삽목, 실생	개화기, 꽃색	3~4월, 황색
식재 가능 지역	전국	결실기, 열매색	8~9월, 홍색
식재 시기	봄		

분류학적 위치와 형태적 특징 및 자생지

주목은 주목과에 속하는 상록침엽교목으로 학명은 *Taxus cuspidata*이다. 속명 *Taxus*는 라틴어로 '활'이라는 의미의 taxos에서 유래된 말로 주목의 목재로 활을 만들었기 때문에 붙은 이름이다. 종명 *cuspidata*는 '가시 모양으로 뾰족하다'는 뜻인데 끝이 뾰족한 잎의 모양에서 온 이름이다. 높이 20m 내외 직경 0.5~0.8m까지 자라며 수피는 얇고 적갈색을 띠므로 주목(朱木)이란 이름이 붙었다. 잎은 선상이고 위로 향하는 가지에는 나선상으로 배열되지만 옆으로 벋은 가지에서는 좌우 2열로 깃털 모양으로 어긋매껴 난다. 잎의 길이는 2cm 내외이고 폭은 2~3mm에 뒷면의 주맥 양측에는 두 줄의 선황색 기공선이 있다. 자웅이주이고 수꽃은 잎겨드랑이의 작은 타원형 화서에 달리고 암꽃은 잎겨드랑이에 단생한다. 꽃은 3~4월에 피고 열매는 8~9월에 익는데 가종피는 홍색이고 다육질이며 중앙에 종자가 묻혀 있다. 우리나라 각지의 높은 산에 자생하는데 특히 소백산의 주목 군락은 천연기념물로 지정되었고 그 외 덕유산과 태백산의 주목 군락도 유명하다.

관상 포인트

사철 푸른 녹색의 부드러운 침엽과 수간의 적색 수피, 정연한 원추형 수형이 아름답다. 가을에 점점이 붉게 익는 열매도 관상 가치가 있다.

성질과 재배

음수로 나무 그늘에서도 잘 견디지만 좋은 수형을 유지하려면 햇볕이 잘 드는 곳이 좋다. 높은 산에 자생하는 나무지만 저지에서도 잘 적응하여 자란다. 번식은 삽목과 실생법으로 하는데 종자는 발아가 더디고 초기 유묘의 성장이 느리므로 대개 삽목으로 한다. 삽목은 3~4월에 전년생 가지를 10cm 길이로 잘라 꽂거나 여름 장마철에 지난해 가지에 그해 가지를 일부 붙여 꽂되 그해 가지 끝을 잘라버리고 꽂는다. 꺾꽂이 후에는 볕가림을 설치하여 강한 직사광선을 가려준다. 묘목을 기르다 보면 주간이 2간 이상 자라는 경우도 있는데 가장 강하고 보기 좋은 줄기 하나만 남기고 나머지는 잘라 버려 외대로 자라게 하는 것이 보기 좋다. 종자를 심으면 일부는 그해에 발아하지만 일부는 이듬해 봄에 발아한다.

조경수로서의 특성과 배식

수형이 단정하고 붉은 수피가 특이하여 조경수로 매우 인기가 높은 수종이다. 흔히 정원의 주목으로 식재하며 공원 등에서도 가장 눈에 잘 띄는 중요한 위치에 심는 나무 중의 하나이다. 수형이 보기 좋고 기품이 있어 기념식수용으로도 인기가 높다. 정원이나 공원의 출입구에 적당한 간격으로 열식해도 보기 좋고 작은 나무로 생울타리를 만들어도 좋다. 이식은 쉬운 편이며 이식 적기는 봄철 싹 트기 전이다.

잎에서 좋은 향기가 나는
서양측백
Thuja occidentalis

성상, 음양	상록침엽교목, 양수	수형	원추형
번식법	실생, 삽목	개화기, 꽃색	5월, 녹색
식재 가능 지역	남부지방, 경기, 충남	결실기, 열매색	10~11월, 녹갈색
식재 시기	봄		

분류학적 위치와 형태적 특징 및 자생지

서양측백은 측백나무과의 상록침엽교목으로 학명은 *Thuja occiden-talis*이다. 속명 *Thuja*는 그리스어 thya 혹은 thyia에서 온 말로 '수지(樹脂)'란 뜻이다. 종명 *occidentalis*는 '서양'이란 뜻이다. 높이 20m, 지름 30~100cm까지 자라며 좁은 원추형의 수관을 이룬다. 잎은 달걀 모양으로 갑자기 뾰족해지고 표면은 연녹색이며 뒷면은 황록색이다. 비늘잎의 중앙부에서 기부 쪽으로 비교적 뚜렷한 수지 주머니가 돌출하여 있고 이 속에 휘발성 정유가 있어 향기가 강하다. 자웅동주로 5월에 꽃이 피는데 암꽃은 난원형이고 수꽃은 구형이다. 구과는 긴 타원형이고 길이 8~12mm이다. 아메리카 원산으로 캐나다 남동부와 미국 북동부 지역의 대서양 연안이 주 분포지이다. 우리나라에는 1930년경에 도입되어 주로 남부지방에 조경수로 식재되고 있다.

관상 포인트

질감이 좋은 잎과 원추형의 정연한 수형이 관상 대상이다. 잎을 만지면 좋은 향기가 강하게 나는 향기식물이다.

성질과 재배

내한력이 강한 편이지만 재배 적지는 남부지방이며 특히 석회암 지대에서 성장이 양호하다. 번식은 삽목과 실생법으로 하는데 삽목이 잘 되므로 대개 삽목법을 이용한다. 삽목 적기는 봄과 여름 장마철로 10~15cm 정도로 잘라 아래 잎을 따 버리고 꽂는다. 적당히 해가림을 해주었다가 싹이 자라기 시작하면 서서히 해가림을 제거한다. 실생의 경우 가을에 종자를 채취하여 냉장고에 저장해두었다가 1월 말경에 젖은 모래와 섞어 노천매장했다가 4월에 파종한다.

조경수로서의 특성과 배식

내한성이 강하여 중부 내륙과 강원도를 제외한 전국 대부분 지역에서 식재 가능하다. 전정하지 않아도 수형이 정연하므로 전정할 필요가 거의 없지만 가지를 다듬어도 맹아력이 강하여 다듬어 기르기도 가능하다. 공원, 가정 정원, 학교원 등 다양한 조경 환경에 잘 어울리며 묘목 공급도 많고 가격도 싼 편이다. 한 그루씩 독립수로 심어도 좋으며 여러 그루 몰아 심어도 좋다. 생울타리목으로도 좋다.

유사종

동속식물로 우리나라 자생인 측백나무가 있으며 수형이나 질감에서 서양측백이 우수하므로 조경수로는 서양측백이 더 사랑받고 있는 실정이다.

석회암 지대에서 자라는 상록수
측백나무
Thuja orientalis

성상, 음양	상록침엽교목, 양수	수형	원추형
번식법	실생, 삽목	개화기, 꽃색	4월, 자갈색
식재 가능 지역	전국	결실기, 열매색	9~10월, 녹갈색
식재 시기	봄		

분류학적 위치와 형태적 특징 및 자생지
측백나무는 상록침엽교목으로 학명은 *Thuja orientalis*이다. 속명 *Thuja*는 그리스어 thya 혹은 thyia에서 온 말로 '수지(樹脂)'란 뜻이다. 종명 *orientalis*는 '동양'이란 뜻이다. 높이 5~10m에 달하며 가지를 많이 치며 원추형 수관을 이룬다. 자웅동주이고 꽃은 4월에 피지만 관상 가치는 없다. 열매는 구과로 9~10월에 익으며 길이 1~1.5cm에 4~6개의 인편을 가진다. 종자는 갈색에 날개가 있다. 충북과 경북의 석회암 지대에 자생지가 다수 있다. 대구 도동 측백나무림은 천연기념물 제1호로 지정되었고 충북 단양군 내포읍 영천리 측백나무림은 천연기념물 제62호로 지정되었다. 자생지는 다른 나무가 자라기 어려운 바위 지대의 경사가 가파르며 표토가 적은 건조한 곳이다.

관상 포인트
사철 푸른 잎과 수형을 감상하지만 수형이나 잎의 질감이 빼어난 편은 아니라서 조경수로의 이용이 많지는 않은 편이다.

성질과 재배
강한 양수로 사질 양토에서 잘 자라며 저습지에서는 견디지 못한다. 번식은 실생과 삽목으로 한다. 실생법의 경우 가을에 구과를 채취하여 그늘에서 말려 종자를 얻은 후 노천매장하였다가 이듬해 봄에 파종하면 된다. 종자에 기름이 많고 영양이 풍부하여 쥐 등이 먹기 쉬우므로 저장 때 유의한다. 삽목은 여름 장마철이 좋은데 그해에 자란 가지를 10cm 내외로 잘라 꽂는다. 삽목상에는 해가림을 하여 직사광선을 가려주며 새순이 자라기 시작하면 서서히 해가림을 제거한다.

조경수로서의 특성과 배식
우리 자생 수목이지만 조경에 이용하는 경우는 많지 않고 수목원이나 표본원 등에 식재하는 정도이다. 키가 너무 자란 나무보다는 1~3m 정도의 나무가 보기에 좋으므로 열식하여 생울타리, 차폐용 등으로 이용하면 좋다. 수형이 단정하고 번식이 쉬우며 키도 너무 크게 자라지 않는 서양측백나무가 도입된 후 측백나무를 조경에 이용하는 경우는 크게 줄어들어 묘목 공급 자체도 거의 없는 실정이다. 그러나 병충해도 거의 없고 우리 자생 수목이므로 생울타리 등으로 조성하거나 학교원 등에 심으면 좋은 나무이다.

유사종
같은 속의 식물로 서양측백나무가 있으며 측백과의 편백과 화백은 속은 다르지만 비슷한 용도로 이용한다. 서양측백, 편백, 화백이 수형이 단정하고 질감이 좋으므로 이들 외래 수종이 오히려 인기가 좋은 편이다.

측백나무과

삼림욕 효과로 각광받고 있는

편백

Chamaecyparis obtusa

성상, 음양	상록침엽교목, 음수	수형	원추형
번식법	실생, 삽목	개화기, 꽃색	4월, 황색
식재 가능 지역	남부지방	결실기, 열매색	10월, 황갈색
식재 시기	봄		

분류학적 위치와 형태적 특징 및 자생지

편백은 측백나무과의 상록침엽교목으로 속명 *Chamaecyparis*는 그리스어로 왜소하다는 뜻의 chaami와 '실 모양의 나무'란 의미의 kyparissos에서 온 말의 합성어이다. 종명 *obtusa*는 '모양이 뭉툭하다'란 뜻으로 잎의 모습을 나타내는 것이다. 높이 30~40m, 직경 1~2m에 달하는 거목으로 자라며 가지를 많이 쳐서 울밀한 수관을 형성한다. 자웅동주이고 꽃은 4월에 피지만 관상 가치는 없다. 구과는 공 모양이며 10월에 익고 직경 0.8~1cm에 7~9개의 인편을 가진다. 종자는 갈색에 좁은 날개가 있다. 일본과 대만 원산으로 우리나라에는 일본에서 들여와 주로 남부지방에 재식하며 제주도, 경남, 전남 등지에 편백림이 다수 조성되어 있다.

관상 포인트

사철 푸른 잎과 장대하게 자라는 수형과 수간을 감상한다. 잎의 질감이 부드러우며 원추형의 수형도 보기 좋다. 삼림욕 효과가 큰 피톤치드를 많이 방출하는 것으로 알려져 편백 숲으로 조성된 삼림욕장이 인기를 끌고 있으며 편백 숲은 쭉쭉 곧게 자라는 수간이 보기 좋다.

성질과 재배

성장이 빠른 나무로 어릴 때는 음지에서 잘 자라며 성목이 되면 햇빛을 좋아한다. 번식은 삽목도 되지만 대량 재배는 실생으로 한다. 실생 번식의 경우, 가을에 구과를 채취하여 며칠 말리면 인편이 벌어져 종자가 흐르므로 수집하여 젖은 모래와 섞어 노천매장하였다가 이듬해 봄에 파종한다. 삽목은 여름 장마철이 좋은데 그해에 자란 가지를 10cm 내외로 잘라 꽃

는다. 삽목상에는 해가림을 하여 직사광선을 가려주며 새순이 자라기 시작하면 서서히 해가림을 제거한다. 실생묘나 삽목묘 모두 2년 정도 자라면 밀집해지므로 캐어서 간격을 넓혀 심어준다.

조경수로서의 특성과 배식

성장이 빠르고 장대한 수간과 수형이 좋아 공원이나 학교원에 많이 심는다. 남부지방의 눈이 오지 않는 지역에서는 가로수로도 좋다. 나무가 너무 크게 자라므로 좁은 가정 정원에는 어울리지 않는다. 목재가 건축재 등으로 매우 가치가 있으므로 산지 조림용으로 많이 이용하는데 삼림욕 효과가 큰 피톤치드를 많이 생산한다는 것이 알려지자 조림지는 대부분 목재 생산용으로보다는 삼림욕장으로 많이 이용되고 있다. 삼림욕장으로 인기가 높아지자 남부지방의 여러 지자체에서 경쟁적으로 편백 숲을 조성하고 있는 실정이다.

유사종

같은 속의 식물로 화백이 있으며 수형과 질감이 흡사하다.

상록침엽교목

척박한 땅에서도 잘 자라는
노간주나무
Juniperus utilis

성상, 음양	상록침엽교목, 양수	수형	원추형
번식법	실생, 삽목	개화기, 꽃색	4~5월, 녹갈색
식재 가능 지역	전국	결실기, 열매색	9~10월, 녹갈색
식재 시기	봄		

분류학적 위치와 형태적 특징 및 자생지

노간주나무는 향나무과의 상록침엽교목으로 학명은 *Juniperus utilis*이다. 속명 *Juniperus*는 '거칠다'는 뜻의 켈트어 juneprus에서 온 말이다. 종명 *utilis*는 '빳빳하다'는 뜻으로 강한 잎의 상태를 나타내고 있다. 높이 10m, 직경 30cm에 달하며 수형은 거의 1자형에 가까운 좁은 원추형이다. 수피는 갈색이며 세로로 결이 지며 얇게 벗겨진다. 잎은 3개씩 윤생하며 바늘 모양으로 날카롭다. 잎의 길이는 2.3~2.5cm이며 폭은 0.1cm이다. 자웅이주이며 꽃은 전년생 가지의 잎겨드랑이에 단생하며 4~5월에 핀다. 열매는 직경 7~9mm 정도로 공 모양이고 이듬해 10월에 흑자색으로 익는다. 전국 각지의 산록이나 능선 등 양지바른 곳에 자생하며 특히 석회암 지대에 많이 자생한다. 우리나라 외에 몽골, 만주 우수리 지역에 분포한다.

관상 포인트

하늘을 향해 곧게 1자형으로 자라는 수형이 독특하고 사철 푸르고 억센 잎이 특징이다.

성질과 재배

양수로 볕바른 곳에서 재배하며 메마른 땅에서도 잘 견딘다. 건조한 환경에 잘 적응한 식물로 습한 곳이나 그늘진 곳에서는 적응이 어렵다. 번식은 실생과 삽목으로 한다. 실생법의 경우 가을에 익은 열매를 따서 과육을 제거하고 종자를 채취하여 모래와 섞어 노천매장하였다가 이듬해 봄에 파종하거나 1년 더 두었다가 2년째 봄에 파종하면 된다. 채종 이듬해

봄에 파종하면 그해에 발아하지 않고 1년 후에 발아한다. 꺾꽂이는 봄 싹 트기 전에 지난해 자란 가지를 10cm 내외로 잘라 꽂는다. 삽목상은 여름에는 해가림을 하여 직사광선을 약간 가려주며 새순이 자라기 시작하면 점차 광량을 늘려준다. 실생묘, 삽목묘 모두 3~4년 기른 후 캐어 넓게 심어주어 충분히 햇볕을 받고 자라게 한다.

조경수로서의 특성과 배식

강한 양수로 햇볕이 잘 들고 물이 잘 빠지는 환경에 심어야 건강하게 자라고 좋은 모양이 유지된다. 수형이 좁은 원추형이므로 단식할 경우 빈약한 느낌이 들게 되므로 3주 또는 5주 정도로 모아서 심으면 보기 좋다. 노간주나무는 향나무와 마찬가지로 배나무, 모과나무 등에 발생하는 적성병의 중간 기주가 되므로 배나무 과수원 주변에는 식재를 자제해야 한다. 정원에서도 배나무, 모과나무, 아그배나무, 꽃사과, 윤노리나무 등에 적성병을 일으키므로 이들 수종을 심었을 때는 노간주나무의 식재는 피해야 한다.

유사종

동속식물로 향나무, 연필향나무, 섬향나무 등이 있다.

목재에서 좋은 향기가 나는 나무
향나무
Juniperus chinensis

성상, 음양	상록침엽교목, 양수	수형	원형
번식법	실생, 삽목	개화기, 꽃색	4월, 황색
식재 가능 지역	전국	결실기, 열매색	10월, 흑자색
식재 시기	봄		

분류학적 위치와 형태적 특징 및 자생지

향나무는 향나무과의 상록침엽교목으로 학명은 *Juniperus chinensis*이다. 속명 *Juniperus*는 '거칠다'는 뜻의 켈트어 juneprus에서 온 말이다. 종명 *chinensis*는 중국 원산이란 뜻이다. 높이 10m 직경 70cm에 달하며 가지를 많이 친다. 수피는 적갈색이며 세로로 결이 지고 얕게 벗겨진다. 잎은 침상엽(針狀葉)과 인상엽(鱗狀葉), 두 가지가 있으며 나무가 나이 들면 인상엽이 증가하는 경향을 보인다. 자웅이주이며 간혹 동주도 있다. 꽃은 묵은 가지 끝에 달리며 4월에 피지만 관상 가치는 전혀 없다. 열매는 직경 5~11mm 정도로 공 모양이고 이듬해 10월에 흑자색으로 익는다. 울릉도는 가장 저명한 향나무 자생지이다. 그러나 지금은 벌목으로 많이 훼손되어 사람의 접근이 어려운 가파른 암릉 주위에만 남아 있다. 그 외 중부지방의 경기도 등지에 자생 수목이 남아 있으며 순천 송광사 천자암 등 곳곳에 향나무 노목이 남아 있으나 이들은 대부분 인공으로 식재한 것이다.

관상 포인트

상록수로 사철 푸른 모습을 보이며 나이를 먹으면 줄기와 가지가 기기묘묘하게 뒤틀리는 모습이 매우 인상적이다.

성질과 재배

양수이므로 볕바른 곳에서 재배하여야 하며 물기가 비치는 습한 곳은 좋지 못하다. 번식은 실생과 삽목으로 한다. 종자를 심을 때는 가을에 익은 열매를 따서 그대로 냉장고에 저장했다가 이듬해 봄에 과육을 제거하고 심으면 된다. 삽목의 경우 봄 싹 트기 전에 지난해 자란 가지를 10cm 내외로 잘라 꽂는다. 삽목상은 여름에는 약간 차광하여 직사광선을 가리며 새순이 자라기 시작하면 점차 광량을 늘려준다. 실생묘나 삽목묘나 모두 3~4년 기른 후 캐어 넓게 심어주어 충분히 햇볕을 받고 자라게 한다.

조경수로서의 특성과 배식

정원의 주정에 심을 수 있는 품격 높은 나무이며 햇볕이 잘 드는 곳이어야 건강하게 자라고 유지된다. 작은 나무를 열식하여 생울타리를 만들어도 좋다. 향나무는 배나무, 모과나무 등에 발생하는 적성병의 중간 기주가 되므로 배나무 과수원 주변에는 심지 않는 게 좋은데, 자칫 분쟁을 불러일으킬 수 있기 때문이다. 이전에 아주 인기 좋은 나무로 정원이나 공원 등에 많이 심었던 조경수였지만 적성병을 매개하는 것으로 알려진 후 조경수로서의 수요도 거의 사라졌다. 이식은 쉬운 편이며 이식 적기는 봄철 싹 트기 전이다.

유사종

동속식물로 노간주나무, 연필향나무, 섬향나무, 누운향나무 등이 있다.

순천 송광사 천자암 향나무

침상엽

인상엽과 열매

저습지에 잘 자라는 침엽수
낙우송
Taxodium distichum

성상, 음양	낙엽침엽교목, 양수	수형	원추형
번식법	삽목, 실생	개화기, 꽃색	4~5월, 자주색
식재 가능 지역	전국	결실기, 열매색	10월, 녹갈색
식재 시기	봄, 가을 낙엽 후	단풍	적갈색

분류학적 위치와 형태적 특징 및 자생지
낙우송은 측백나무과의 낙엽침엽교목으로 학명은 *Taxodium distichum*이다. 속명 *Taxodium*은 주목속을 뜻하는 Taxus와 '같다'는 의미의 그리스어 eidos의 합성어로 잎이 주목의 잎과 비슷하여 붙은 이름이다. 종명 *distichum*은 '2열로 난다'는 뜻으로 잎이 좌우로 배열되는 것을 나타낸다. 높이 20~50m, 지름 5m까지 자라는 대교목으로 수피는 홍갈색이며 세로로 갈라져 벗겨진다. 어린 가지는 녹색이다. 잎은 어긋매껴 나며, 홑잎이지만 여러 장이 깃털 모양으로 붙고, 선형으로 길이 1.5~2.0cm이다. 꽃은 4~5월에 원추화서로 피는데 수꽃이삭은 가지 끝에 발달하며 자주색이다. 암꽃이삭은 전년생 가지 끝에 달린다. 열매는 구과이며, 둥글고, 지름 2~3cm이다. 자라면서 흔히 지상으로 공기뿌리가 생겨 노출된다. 북아메리카 원산으로 우리나라에는 일제 강점기 때 도입되어 전국 각지에 식재되고 있다.

관상 포인트
주간이 수직으로 자라며 원추형의 정연한 수형이 아름다운 나무이다. 봄철에 돋는 새잎과 여름의 녹음도 아름다우며 적갈색으로 물드는 가을 단풍도 좋다.

성질과 재배
양수로 추위에 강하여 전국적으로 재배 및 식재 가능하다. 토양에 물이 많은 것을 좋아하며 습지에서 잘 자란다. 번식은 삽목과 실생으로 한다. 삽목 방법은, 봄 싹 트기 전에 지난해 자란 가지를 15~20cm 길이로 잘라 10cm 깊이로 꽂는 것인데 뿌리가 쉽게 내린다. 실생은 가을에 채종한 종자를 젖은 모래 속에 묻어 노천매장했다가 이듬해 봄에 파종하는 방법으로 하면 된다. 일부는 그해에 발아하고 일부는 1년 후에 발아한다. 묘상을 마르지 않게 잘 관리하면 발아한 그해에 80cm 정도까지 자랄 정도로 성장이 빠르다.

조경수로서의 특성과 배식
물을 특히 좋아하는 나무로 물이 고이는 저습지나 심지어 물속에서도 자랄 수 있다. 연못이나 호수 가장자리에 심거나 얕은 물속에 심어 독특한 수변 경관을 연출할 수 있다. 연못이나 호수의 물속에 심을 때는 물속에 직접 심어도 되지만 작업이 불편하므로 물을 빼서 수위를 낮추어 나무를 심은 후 1개월 정도 새 뿌리가 내리기를 기다려 물을 채우면 좋다. 너무 깊은 곳에 심는 것보다는 뿌리목에서 30cm 이내의 수심이 유지되는 얕은 물속이 보기도 좋고 성장에도 좋다. 물이 고이는 곳에만 심을 수 있는 것은 아니고 공원수, 가로수로 심어도 아름다운 경관을 보여준다.

유사종
중국 원산의 메타세쿼이아와 모습과 수형 및 성질이 흡사하다.

성장이 빠른 화석식물
메타세쿼이아
Metasequoia glyptostroboides

성상, 음양	낙엽교목, 양수	수형	원추형
번식법	실생, 삽목	개화기, 꽃색	4~5월, 황색(수꽃), 녹색(암꽃)
식재 가능 지역	전국		
식재 시기	봄, 가을 낙엽 후	결실기, 열매색	10월, 녹갈색
		단풍	적갈색

분류학적 위치와 형태적 특징 및 자생지

메타세쿼이아는 측백나무과에 속하는 낙엽침엽교목으로 학명은 *Metasequoia glyptostroboides*이다. 속명 *Metasequoia*는 'sequoia' 를 닮았다는 뜻이다. 종명 *glyptostroboides*는 측백나무과의 한 속인 'Glyptostrobus를 닮았다'는 뜻이다. 높이 35m 이상, 지름 2m 이상으로 자라는 대교목으로 줄기는 회갈색이다. 잎은 길이 10~23mm인 선형의 소엽이 두 줄로 마주나서 깃털 모양을 이룬다. 자웅동주로 꽃은 2~3월에 개화한다. 열매는 구과로 길이 1.5~2.0cm이다. 화석으로 먼저 발견되어 멸종된 종으로 알았으나 후에 중국 후베이성에서 자생하고 있음이 확인되었고 이후 세계 각지에 도입되었다. 우리나라는 1950년대 이후에 도입되어 전국에 식재되고 있다.

관상 포인트

원추형의 단정한 수형과 깃털 모양의 잎이 독특하다. 가을에 적갈색으로 물드는 단풍이 아름답고 겨울의 한수(寒樹)도 멋스럽다.

성질과 재배

양수로 내한성이 강하고 성장이 무척 빠른 나무이다. 토질은 습기가 있는 비옥한 사질 양토가 이상적이며 건조한 땅에서는 성장이 좋지 않다. 번식은 실생 및 삽목으로 한다. 실생법의 경우 가을에 구과를 따서 종자를 채취하여 기건 저장한 후, 파종 1개월 전에 젖은 모래와 섞어 노천매장하였다가 봄에 파종하면 된다. 삽목은 봄 싹 트기 전의 숙지삽과 6월의 녹지삽이 가능하다. 어느 경우에나 뿌리가 잘 내리는 편이다.

조경수로서의 특성과 배식

성장이 무척 빨라 빠른 녹화가 요구되는 개발지 등의 공원수, 가로수로 적당하다. 학교원에 심어 학생들의 화석식물 교육 및 풍치목으로도 활용해도 좋다. 그 외 유원지, 관광지, 공장 지대의 풍치수 겸 녹화용으로 좋은 나무이다. 전남 담양은 이 메타세쿼이아 가로수로 유명하여 이를 보려는 관광객들이 끊이지 않는다. 이식성은 보통이며 전정에 잘 견디고 맹아력이 강하므로 큰 나무는 강하게 가지를 쳐서 옮겨 심는 것이 좋다.

유사종

같은 과의 낙우송과 흡사하며 성질과 조경적 용도도 비슷하다.

가지를 뒤덮는 아름다운 붉은 열매
낙상홍
Ilex serrata

성상, 음양	낙엽관목, 양수	수형	계란형
번식법	실생, 접목	개화기, 꽃색	6월, 흰색
식재 가능 지역	황해도 이남	결실기, 열매색	9월, 홍색
식재 시기	봄, 가을 낙엽 후	단풍	황갈색

분류학적 위치와 형태적 특징 및 자생지

낙상홍은 감탕나무과에 속하며 학명은 *Ilex serrata*이다. 속명 *Ilex*는 고대 라틴명으로 *Quercus ilex*에서 온 이름이다. 종명 *serrata*는 '거치가 있다'는 뜻으로 잎의 잔거치를 나타낸다. 높이 2~3m까지 자라며 잎은 도란상 타원형으로 길이 4~8cm이다. 자웅이주로 꽃은 직경 3.5~5mm 정도로 작고 연보라색 또는 흰색으로 6월에 핀다. 열매는 초가을에 붉게 익는데, 직경 3~5mm로 작지만 아주 많이 달려 매우 아름답다. 일본이 원산지로 우리나라에서는 자연에서 스스로 번식하는 경우는 드물어 산야에서 발견되지는 않는다.

관상 포인트

6월에 피는 작은 꽃, 가을의 붉은 열매가 아름다운 나무이다. 열매가 익으면 마치 온 가지가 열매로 뒤덮인 듯하여 관상 가치가 높으며 열매나무로 인기가 매우 높다.

성질과 재배

낙엽관목으로 강한 양수이다. 번식은 실생과 접목으로 하는데, 실생법의 경우 9월경에 잘 익은 열매를 따서 과육을 제거하고 씨앗을 정선하여 노천매장하였다가 이듬해 봄에 파종하면 된다. 종자가 작으므로 얕게 복토하며 마르지 않게 관리한다. 일부는 파종한 그해에 발아하지만 이듬해에 발아하는 것도 있다. 접목법은 자웅이주인 관계로 열매를 맺는 암그루를 번식하기 위한 목적으로 사용하는데, 열매가 잘 맺는 암그루의 웃자란 가지를 접수로 사용하여 4월경에 깎아접이나 짜개접으로 한다.

조경수로서의 특성과 배식

관목이면서 양수이므로 햇볕이 잘 드는 잔디밭 등에 심으면 좋으며, 성장이 느리므로 이를 감안하여 키가 크게 자라지 않는 다른 나무들과 조합하여 배식하는 것이 좋다. 작은 규모의 공원이나 학교원, 전원주택 등에 어울리며 또한 열매가 아름답고 새들이 즐겨 먹으므로 자연 생태공원의 조류 유인목으로도 좋다. 이식 후 활착은 쉬운 편이다.

유사종

동속식물로는 미국낙상홍, 대팻집나무, 호랑가시나무, 먼나무, 감탕나무, 꽝꽝나무 등이 있으며 서양낙상홍은 낙상홍과 거의 구별이 어려울 정도로 흡사하다.

고추나무과

하트 모양의 열매가 독특한 나무

고추나무
Staphylea bumalda

성상, 음양	낙엽관목, 양수~중용수	수형	덤불형
번식법	실생, 삽목, 휘문이	개화기, 꽃색	5월, 흰색
식재 가능 지역	전국	결실기, 열매색	10월, 황록색
식재 시기	봄, 가을 낙엽 후	단풍	갈색

분류학적 위치, 형태적 특징 및 자생지

고추나무는 고추나무과에 속하는 낙엽관목으로 학명은 *Staphylea bumalda*이다. 속명 *Staphylea*는 그리스어로 '방' 또는 '포도송이'라는 의미로 원추화서로 모여 피는 꽃의 특징을 나타내고 있다. 이 속의 식물은 전 세계적으로 11종이 알려져 있다. 종명 *bumalda*는 사람 이름에서 유래되었다. 고추나무란 이름은 잎이 밭에서 재배하는 채소인 고추 잎을 닮아 붙은 이름이다. 높이 3~5m 정도까지 자라는 낙엽관목 내지 소교목이다. 잎은 마주나는데 3개의 소엽으로 된 복엽이며 소엽의 길이는 4.5~8cm이며 가장자리에는 잔 톱니가 있다. 꽃은 5월에 가지 끝에 길이 5~8cm의 원추화서로 피며 화관은 흰색이다. 열매는 거꾸로 된 하트 모양으로 윗부분이 2개로 갈라지고 길이는 1.5~2.5cm로 10월에 익는다. 전국의 해발 100~500m 사이의 산지 계곡 부근과 산록에 자생한다. 우리나라 외에 일본, 만주, 중국에도 분포한다.

관상 포인트 및 이용

5월에 원추화서로 피는 하얀 꽃은 아름답고 또한 향기도 좋다. 거꾸로 된 하트 모양과 비슷한 열매도 특이한데 여름에는 녹색이지만 가을에 익으면 황록색으로 변한다. 약간 광택이 나는 잎은 어릴 때 채취하여 나물로 이용하기도 한다.

성질과 재배

추위에도 강하고 적응성이 강해 전국적으로 재배 및 식재 가능하다. 번식은 주로 실생법을 이용하는데, 가을에 종자를 채취하여 모래 속에 묻어두었다가 이듬해 봄에 파종한다. 녹지삽과 숙지삽도 가능한데 발근율은 그리 좋은 편이 아니다. 고추나무의 해충으로 새순이 자랄 때 진딧물이 발생하는 수가 있으므로 예찰과 적당한 방제가 필요하다.

조경수로서의 특성과 배식

소교목으로 자라는 경우도 있지만 대개 줄기가 여러 대 자라는 관목형이 일반적이다. 따라서 정원의 주목으로 심기에는 적당하지 않으며 가정 정원, 공원이나 생태공원에서 큰 나무 주위에 몇 그루씩 심으면 잘 어울린다. 야성이 강하고 다양한 환경에 적응성이 강하므로 토목 공사로 생겨난 절개지나 매립지 조경 등에 이용할 수도 있다. 조경에 거의 이용되고 있지 않지만 꽃과 열매가 좋아 활용가치가 높은 나무이다. 이식에는 잘 견디는 편이며 이식 적기는 가을에 낙엽이 진 후부터 봄 싹 트기 전까지이다.

고추나무과

보석같이 아름다운 열매

말오줌때
Euscaphis japonica

성상, 음양	낙엽관목, 양수	수형	우산형
번식법	실생, 삽목	개화기, 꽃색	5~6월, 황록색
식재 가능 지역	남부지방, 충남 해안지방	결실기, 열매색	8~9월, 홍자색
식재 시기	봄	단풍	홍색, 홍자색

분류학적 위치와 형태적 특징 및 자생지

말오줌때는 고추나무과에 속하는 낙엽관목으로 학명은 *Euscaphis japonica*이다. 속명 *Euscaphis*는 그리스어로 '좋다'는 의미의 eu와 '작은 배'라는 의미의 scaphis의 합성어로 열매의 형태에서 나온 말이다. 종명 *japonica*는 '일본산'이란 뜻이다. 말오줌때란 이름은 가지를 꺾으면 말 오줌 냄새가 나기 때문이라는 설명과 열매가 말의 오줌보를 닮았기 때문에 유래되었다는 설이 있다. 높이 3~4m 정도까지 자라고, 잎은 마주나며 5~11개의 소엽으로 구성된 기수우상복엽이다. 꽃은 가지 끝에 원추화서로 피는데 꽃자루의 길이는 21cm에 달하고 화관의 지름은 5mm로 황록색이고 5~6월에 핀다. 열매는 골돌과로 1~3개씩 달리고 길이 1.5~2cm로 8~9월에 홍자색으로 성숙하며 종자는 검은색이다.

황해도 해안과 전남북 및 경남 지방과 남부 섬 지방에 자생하며 일본, 중국에도 분포한다.

관상 포인트

꽃은 5월에 줄기 끝에 큰 원추화서로 흰색 내지 연한 황백색으로 핀다. 잎은 기수우상복엽으로 잎의 표면에 약한 광택이 나며 아름답다. 말오줌때의 가장 큰 매력은 아름다운 열매에 있는데, 골돌과가 1~3개씩 달리며 이지러진 타원형에 끝이 뾰족하며 붉은색에 다육질이고 그 위에 검은색의 광택이 나는 둥근 종자가 박혀 있다.

성질과 재배

남부 해안지방 원산으로 추위에 약하여 남부지방에서 재배 및 식재 가능하다. 햇볕이 잘 쬐는 곳을 좋아하지만 어느 정도 그늘에서도 견딘다. 번식은 실생법으로 한다. 가을에 익은 열매를 채취하여 모래 속에 묻어두었다가 이듬해 봄에 파종하는데 발아율은 좋은 편이다. 채종 후 너무 마르면 잘 발아하지 않거나 2년째 봄에 발아하므로 너무 마르지 않게 관리해야 한다. 말오줌때의 병해충은 잘 알려진 게 없으나 큰 피해를 입히는 병해충은 없는 것으로 보인다.

조경수로서의 특성과 배식

관목 또는 소교목으로 자라며 가정 정원, 공원 등에 한 두그루씩 심으면 좋은 나무이다. 반그늘 정도에서도 개화와 결실이 잘 되므로 큰 나무와 곁들여 심는 배식도 좋다. 복엽의 잎도 아름답지만 열매가 매우 아름다우므로 가을 열매 나무로 가치가 높다. 이식에는 잘 견디는 편이며 이식 적기는 봄 싹 트기 전이다.

낙엽활엽관목

녹나무과

단풍이 황홀한 소교목

감태나무
Lindera glauca

성상, 음양	낙엽관목-소교목, 음수	수형	타원형
번식법	실생	개화기, 꽃색	4월, 연황색
식재 가능 지역	전국	결실기, 열매색	9월, 검은색
식재 시기	봄, 가을 낙엽 후	단풍	홍색, 홍갈색

녹나무과 감태나무

분류학적 위치와 형태적 특징 및 자생지

감태나무는 녹나무과에 속하는 낙엽관목 또는 소교목으로 학명은 *Lindera glauca*이다. 속명 *Lindera*는 스웨덴의 의사이며 식물학자인 린데르J. Linder의 이름에서 유래된 것이다. 종명 *glauca*는 회청색이란 뜻으로 잎의 색을 나타내고 있다.

높이 8m 정도까지 자라며 수피는 회백색으로 매끈하다. 잎은 계란형으로 길이 4~9cm이며 뒷면에는 회백색 털이 있다. 암수딴그루로 꽃은 잎겨드랑이에서 나오는 산형화서에 황백색의 아주 작은 꽃이 핀다. 열매는 구형으로 지름 6mm이며 9월에 검은색으로 익는다. 황해도 및 강원도 이남의 산지에 자생하는데 주로 큰 나무의 하층 숲을 이룬다.

관상 포인트 및 이용

감태나무의 매력은 가을의 단풍이다. 단풍은 홍색, 홍갈색, 황색 등으로 다양하게 나타나지만 홍갈색의 경우가 일반적이다. 감태나무는 단풍 한 가지만으로도 정원의 한 자리를 차지할 만한 가치가 충분할 정도로 단풍이 좋다. 꽃은 아주 작아 거의 눈길을 끌지 못하며 가을에 검게 익는 열매는 아름답기는 하지만 크기가 작아 역시 크게 주목받지 못한다. 또 다른 특징으로는 회백색의 매끈한 수피와 겨울에도 낙엽지지 않는 갈색의 고엽이다. 겨우내 달려 있는 고엽은 정원에서 이질감과 독특한 정취를 느끼게 해준다. 감태나무의 잎과 가지는 여러 가지 약재로 이용되기도 하는데 민간약으로는 중풍에 잎과 가지를 달여 먹기도 한다.

성질과 재배

재배 적지는 물이 잘 빠지는 곳이며 양지나 음지 모두 잘 적응한다. 번식은 실생법으로 하는데 가을에 검게 익은 열매에서 종자를 채취하여 젖은 모래 속에 묻어 저장했다가 이듬해 봄에 파종한다. 성장 속도는 느린 편이다. 병해로는 수간의 체관부가 부분적으로 고사하는 일이 일어나기도 하는데 아직 여기에 적합한 처치법은 확인하지 못하였으나 곰팡이에 의한 줄기 마름이 아닌가 여겨진다. 따라서 대량 재배할 때는 정기적으로 살균제를 살포하는 것이 필요할 것으로 생각된다.

조경수로서의 특성과 배식

자연 공원이나 학교원, 아파트 단지 등의 큰 나무 아래 허전한 곳을 메꾸어 심는 용도로 적합한 수종이다. 강한 햇빛과 그늘에서 모두 잘 적응하므로 건물의 그늘 등에 심는 소재로도 좋다. 수형이 정연한 편이므로 뜰이 좁은 정원에서는 독립수로도 식재할 수 있다. 녹나무과 나무들은 대체로 이식을 싫어하는 편인데 감태나무도 마찬가지다. 따라서 큰 나무는 분을 크게 떠서 옮겨야 하며 가지를 강하게 다듬어주어야 한다.

녹나무과

향기 좋은 봄 꽃나무
생강나무
Lindera obtusiloba

성상, 음양	낙엽관목, 양수	수형	구형
번식법	실생, 삽목	개화기, 꽃색	3~4월, 황색
식재 가능 지역	전국	결실기, 열매색	9월, 흑자색
식재 시기	봄, 가을 낙엽 후	단풍	황색

분류학적 위치와 형태적 특징 및 자생지

생강나무는 녹나무과에 속하는 낙엽관목으로 학명은 *Lindera obtusiloba*이다. 속명 *Lindera*는 스웨덴의 의사이며 식물학자인 린데르의 이름에서 유래된 것이다. 종명 *obtusiloba*는 '뭉툭한 잎 끝'을 가졌다는 뜻이다. 높이 4~5m까지 자라고, 잎은 원형에 가까우며 길이 5.5~10cm 정도로 끝 부분은 3열한다. 자웅이주이고, 꽃은 황색으로 산형화서에 5~6개가 모여 피며, 열매는 구형으로 지름 8mm이고 9월에 흑자색으로 익는다. 전국의 산지에 자생하며 우리나라 외에 중국, 일본, 만주에도 분포한다.

관상 포인트 및 이용

봄 일찍 잔설이 녹을 무렵 노란색으로 피는 꽃은 무척 아름답고 향기 또한 좋다. 산수유와 개화 시기가 비슷하고 또한 꽃도 비슷하지만 산수유는 민가 주변에서 볼 수 있는 데 반해 생강나무는 산야에서 그 아름다움을 뽐낸다. 잎이 아름답고 가을에 노랗게 물드는 단풍은 일품이다. 열매는 둥글며 가을에 검게 익는다. 종자에서 짠 기름을 동백기름이라 하는데 여인네들의 고급 머릿기름으로 이용되어왔다. 김유정 선생이 쓴 단편소설 〈동백꽃〉의 동백은 바로 이 생강나무를 지칭하는 것이다.

성질과 재배

양수지만 내음성도 강하며 전국에서 재배 및 식재 가능하다. 번식은 실생과 삽목으로 하는데 삽목의 발근율이 좋은 편은 아니다. 생강나무 종자는 마르면 발아하지 않으므로 채종 후 젖은 모래에 묻어두었다가 이듬해 봄에 파종한다. 파종 후에는 마르지 않게 거적이나 짚 등으로 덮어주고 발아하면 걷어준다. 삽목은 봄에 하는 것보다 여름의 녹지삽이 발근율이 높다.

조경수로서의 특성과 배식

대체로 관목상으로 자라며 독립수로 심을 경우에는 둥근 수형을 이룬다. 잎과 꽃이 아름다우며 또 아주 이른 봄에 꽃이 피므로 가정 정원에 봄맞이꽃나무로 심으면 좋다. 현재 조경수로의 이용이나 묘목의 공급은 미미한 실정이지만, 아주 매력적인 나무이므로 앞으로 조경 재료로 좀 더 많이 이용되었으면 한다. 이식을 싫어하여 큰 나무는 이식이 어려우므로 중목을 심어 기르는 것이 좋다. 이식 적기는 가을에 낙엽이 진 직후와 봄 일찍 싹 트기 전이다.

유사종

동속식물로 비목나무와 감태나무가 있는데 비목나무는 열매와 단풍이, 감태나무는 단풍이 빼어나다.

낙엽활엽관목

향기롭고 아름다운 꽃의 관목

노린재나무

Symplocos chinensis f. *pilosa*

성상, 음양	낙엽관목, 양수	수형	우산형
번식법	실생	개화기, 꽃색	5월, 흰색
식재 가능 지역	전국	결실기, 열매색	9월, 남색
식재 시기	봄, 가을 낙엽 후	단풍	청람색

분류학적 위치와 형태적 특징 및 자생지

노린재나무는 노린재나무과에 속하는 낙엽관목으로 학명은 *Symplocos chinensis* f. *pilosa*이다. 속명 *Symplocos*는 그리스어로 '유합(癒合)'이라는 뜻이다. 종명 *chinensis*는 중국산이란 뜻이며 품종명 *pilosa*는 '털이 많다'는 뜻이다. 높이 2~3m까지 자라며 수피는 회갈색이다. 가을에 단풍이 든 잎을 태우면 노란색 재를 남긴다 하여 '노린재나무'라는 이름이 붙었다. 하나의 줄기가 곧게 올라와 많은 가지를 내어 우산 모양의 수형을 만든다. 잎은 어긋매껴 나며 타원형이고 길이 3~9cm 정도이며 가장자리에 긴 톱니가 있다. 꽃은 5월에 새가지 끝에 길이 4~8cm의 원추화서에 달린다. 꽃은 지름 8~10mm로 흰색이며 향기가 있다. 열매는 타원형이며 길이 7mm로 남색이고 9월에 성숙한다.

관상 포인트 및 이용

꽃은 5~6월에 흰색의 꽃이 온 나무를 뒤덮듯이 피어 아름답고 향기도 좋다. 개화 기간 또한 길어 우수한 조경용수로 이용될 수 있다. 가을에 청람색으로 익는 열매 또한 색이 독특하고 일품이다.

성질과 재배

양수로 내한력이 강해 전국적으로 재배 및 식재 가능하다. 번식은 실생법으로 하는데 가을에 성숙한 종자를 채취하여 노천매장하였다가 이듬해 봄에 파종한다. 발아율은 좋다. 성질이 강건하며 적응력이 강하지만 저습지에서는 견디지 못한다.

조경수로서의 특성과 배식

양수지만 내음성도 상당히 있으며 내한성, 내건성, 내공해성도 강하다. 나무가 크게 자라지 않고 성장 또한 느리므로 좁은 규모의 공원이나 정원 등에 심으면 좋다. 꽃이 아름답고 향기도 좋으나 고급 이미지의 나무는 아니므로 주정보다는 정원의 가장자리나 공원의 큰 나무 아래 하목으로 심으면 좋다. 뿌리가 심근성으로 이식을 싫어하며 이식 적기는 봄 싹 트기 전과 가을 낙엽 후이다.

유사종

동속식물로는 낙엽관목인 검노린재나무와 보다 크게 자라는 상록 난대수종인 검은재나무가 있다. 검노린재나무는 노린재나무와 흡사하며 조경적 용도도 동일하다.

노박덩굴과

붉은 열매, 붉은 단풍

화살나무
Euonymus alatus

성상, 음양	낙엽관목, 중용수	수형	덤불형, 부정형
번식법	삽목, 실생	개화기, 꽃색	5~6월, 황록색
식재 가능 지역	전국	결실기, 열매색	10월, 홍색
식재 시기	봄, 가을 낙엽 후	단풍	홍색

분류학적 위치와 형태적 특징 및 자생지
화살나무는 노박덩굴과에 속하는 낙엽관목으로 학명은 *Euonymus alatus* 이다. 속명 *Euonymus*는 그리스어로 '좋다'는 의미인 eu와 신화에 나오는 신의 이름인 Onoma의 합성어이다. 종명 *alatus*는 '날개가 있다'는 의미로 가지의 날개를 나타내고 있다. 높이 3m까지 자라며 뿌리목에서 원줄기가 여러 대 자라며 가지에는 세로로 2~5개의 코르크질 날개가 있다. 잎은 마주 붙어 나고 도란형에 길이 3~6cm, 폭 1.5~3cm 정도이다. 꽃은 5~6월에 황록색으로 피는데 작고 잎겨드랑이에 난 취산화서에 2~3송이가 달린다. 종자는 길쭉한 공 모양이며 홍자색의 가종피에 싸여 있다. 충북을 제외한 우리나라 전역의 산지 숲속에서 자라며 일본, 중국, 만주 등지에도 분포한다.

관상 포인트
화살나무의 가장 큰 특징은 가지에 세로로 달리는 독특한 날개로 호기심과 관상의 대상이 된다. 꽃은 5~6월에 황록색으로 피는데 꽃색이 잎과 비슷한 데다 꽃송이가 작아 관상 가치는 거의 없다. 열매는 삭과로 홍자색인데 터지면 주황색의 종자가 노출되어 아름답다. 화살나무의 가장 큰 매력은 가을에 진홍색으로 물드는 아름다운 단풍이다.

성질과 재배
추위에 강하여 우리나라 전역에서 재배 가능하다. 햇볕에 대한 적응성이 커서 볕바른 곳이나 그늘을 가리지 않고 잘 자란다. 번식은 삽목, 실생법으로 한다. 실생법의 경우 가을에 익은 종자를 채취하여 젖은 모래에 노천매장하였다가 이듬해 봄에 파종한다. 삽목할 때는 이른 봄에 가지를 10~15cm 길이로 잘라 모래나 마사로 된 삽목상에 꽂고 마르지 않게 관리한다. 해충으로는 진딧물 외에 몇 가지 충해가 발생할 수 있으므로 정기적으로 살충제로 방제할 필요가 있다. 화살나무에 피해를 입히는 병해는 별로 없는 것으로 보인다.

조경수로서의 특성과 배식
빨간 열매와 단풍이 아름다운 나무로 양지와 음지를 가리지 않고 잘 적응하므로 잔디밭의 가장자리, 큰 나무의 하목, 건물의 북쪽 그늘진 곳, 다른 나무를 심기 어려운 척박한 곳 등의 조경용으로 좋다. 또 가지가 치밀하게 배열되므로 생울타리 나무로도 이용할 수 있다. 이식에는 잘 견디는 편이라 크게 자란 나무를 옮겨 심어도 잘 활착하는데 이식 적기는 가을에 낙엽이 진 후부터 봄 싹 트기 전까지이다.

유사종
동속식물로 회나무, 나래회나무, 참빗살나무 등이 있다.

대극과

회백색 수피, 아름다운 단풍
사람주나무
Sapium japonicum

성상, 음양	낙엽소교목, 중용수	수형	부정형
번식법	실생	개화기, 꽃색	5~6월, 연황색
식재 가능 지역	중부 이남	결실기, 열매색	10월, 갈색
식재 시기	봄, 가을 낙엽 후	단풍	홍색

분류학적 위치와 형태적 특징 및 자생지
사람주나무는 대극과에 속하는 낙엽소교목으로 학명은 *Sapium japon-icum*이다. 속명 *Sapium*은 라틴어로 '점성이 있다'는 의미로 잎이나 줄기에 상처를 내면 끈끈한 흰 즙액이 나오는 데서 연유한 것이다. 종명 *japonicum*은 일본산이라는 뜻이다. 높이 5m까지 자라며 수피는 회백색으로 매끈하다. 잎은 타원형으로 끝이 뾰족하여 마치 감나무 잎과 비슷한데 길이는 7~15cm, 너비는 5~10cm이며 가장자리는 톱니가 없이 밋밋하다. 꽃은 5~6월에 수상화서로 핀다. 열매는 둥근 삭과로 10월에 익는다. 우리나라 중부 이남에 자생하지만 주로 경상도와 전라도 그리고 충남에 분포하며 중부 내륙지방에서는 아주 드물다. 일본과 중국에도 분포한다.

관상 포인트
사람주나무의 가장 큰 아름다움은 수피와 단풍에 있다. 수피는 얕게 골이 지며 매끄러운 데다 회백색을 띠는 보기 드문 모습이며, 큰 잎사귀는 가을에 진홍색으로 물든다. 붉은색으로 피어나는 봄의 새잎도 매력적이다. 5~6월에 가지 끝의 수상화서에 연한 황색의 꽃이 피는데 꽃이 작아 관상 가치는 크지 않다. 열매는 둥글고 성장기에는 녹색이며 익으면 갈색으로 변한다.

성질과 재배
우리나라 전역에서 재배 및 식재 가능하지만 남부지방이 재배 적지이다. 주로 큰 나무의 아래에서 자라는 음수지만 양지에서도 잘 적응한다. 성장 속도는 활엽수 중에서는 느린 편이다. 번식은 전적으로 실생법으로 하는데, 가을에 익은 열매를 채취하여 냉장고나 젖은 모래와 섞어 저장했다가 이듬해 봄에 파종한다. 묘상은 물 빠짐이 좋은 곳이라야 한다. 사람주나무의 병충해에 대해서는 별로 알려진 바가 없다.

조경수로서의 특성과 배식
소교목으로 나무가 크게 자라기보다는 대개 관목상으로 자라므로 큰 나무 아래에 심는 하목으로 좋다. 잎이 크고 아름다우며 단풍도 고운 데다 흰색에 가까운 수피가 특색이 있어 생태 공원 등에 심으면 특이한 모습이 눈길을 끌게 된다. 음수이므로 건물 북쪽 등에 심어도 좋다. 면적이 좁은 정원에서는 독립수로 심어도 좋으나 오후 볕이 가려지는 곳이 좋으며, 지하 수위가 높거나 물 빠짐이 나쁜 곳에서는 적응하지 못하므로 피해야 한다. 이식을 싫어하여 큰 나무는 이식이 어려우며, 이식 적기는 가을 낙엽 후와 봄 싹 트기 전이다.

유사종
동속식물로 오구나무가 있으나 사람주나무와 달리 대교목이다.

바닷가에 자라는 난대성 낙엽관목
예덕나무
Mallotus japonicus

성상, 음양	낙엽관목, 양수	수형	부정형
번식법	실생, 삽목	개화기, 꽃색	6~8월, 연황색
식재 가능 지역	남부지방	결실기, 열매색	10월, 갈색
식재 시기	봄, 가을 낙엽 후	단풍	황갈색

분류학적 위치와 형태적 특징 및 자생지

예덕나무는 대극과에 속하는 낙엽관목 또는 소교목으로 학명은 *Mallo-tus japonicus*이다. 이 속의 식물은 동아시아, 동남아시아, 호주 피지 등에 140여 종이 나며 우리나라에는 예덕나무 1종이 자생한다. 높이 5~6m까지 자라며 수피는 회백색에 세로로 얇게 갈라진다. 잎은 어긋나고 난상 원형이며 길이 10~20cm로 가장자리는 톱니 없이 밋밋하고 엽병이 매우 길다. 꽃은 자웅이주로 6~8월에 가지 끝에 원추화서로 피는데 연황색이다. 열매는 삭과로 10월에 익으며, 종자는 암갈색에 장원형이고 길이 4mm 정도이다. 우리나라 남쪽 바닷가에 자생하며 서해안을 따라서는 충남까지 분포한다.

관상 포인트 및 이용

예덕나무는 특징이 강렬한 나무는 아니다. 6~8월에 가지 끝의 원추화서에 연한 황색의 꽃이 피는데 수꽃은 꽤 아름다우나 암꽃은 눈길을 끌지 못한다. 새로 자라는 붉은 잎이 특징적이며, 회백색으로 얇게 골이 지며 매끄러운 수피도 나름대로 매력이 있다. 예덕나무는 약용수로 가치가 높다. 한방에서는 예덕나무를 야오동(野梧桐)이라 부르는데 수피와 가지, 잎을 위궤양과 십이지장궤양, 위암, 유선염 등의 치료에 이용한다. 민간에서는 위암 외에도 여러 암의 치료제로 이용해왔다. 또한 열매와 수피는 염료로 이용된다.

성질과 재배

추위에 약하며 남부지방에서 재배 및 식재할 수 있다. 볕바른 곳에서 잘 자라며 토질은 가리지 않는다. 번식은 실생법으로 해야 하는데, 가을에 익은 열매를 채취하여 노천매장하였다가 이듬해 봄에 파종한다. 묘상은 햇볕이 잘 드는 곳이라야 한다.

조경수로서의 특성과 배식

소교목으로 10m까지 자란다고 하지만 실제 자생지에서 예덕나무가 4~5m 이상으로 자란 경우를 보기는 어렵고 대부분 작은 관목으로 자란다. 해풍과 조해에 강하므로 해안지방의 울타리나무, 차폐수로 적당하다. 척박한 곳에서도 잘 견디지만 저습지에선 자라지 못한다. 이식을 싫어하는 편이며 큰 나무를 이식할 때에는 사전에 뿌리를 끊어 잔뿌리가 내리게 하거나 분을 크게 뜨고 가지를 강하게 전정하는 것이 안전하다. 이식 적기는 봄 싹 트기 전이다.

건강식품으로 인기 좋은
가시오갈피
Eleutherococcus senticosus

성상, 음양	낙엽관목, 음수	수형	덤불형
번식법	실생, 삽목, 분주	개화기, 꽃색	6~7월, 흰색
식재 가능 지역	전국	결실기, 열매색	8~9월, 검은색
식재 시기	봄, 가을 낙엽 후	단풍	황갈색

분류학적 위치와 형태적 특징 및 자생지
가시오갈피는 두릅나무과에 속하는 낙엽관목으로 학명은 *Eleuthero-coccus senticosus*이다. 속명 *Eleutherococcus*는 그리스어로 '열매가 없다'는 뜻으로 열매가 익자마자 잘 떨어지는 것을 나타낸다. 종명 *senticosus*는 '가시가 많은'이란 뜻이다. 높이 2~3m가량의 관목으로 줄기에는 가늘고 날카로운 가시가 빽빽하게 난다. 잎은 장상복엽으로 3~5장의 소엽으로 구성되며 가장자리에 뾰족한 겹 톱니가 있다. 꽃은 한 나무에 수꽃과 양성화가 함께 달리는데, 6~7월에 줄기 끝에 흰색의 꽃이 공 모양으로 모여 핀다. 열매는 핵과로 검게 익는다. 전국의 깊은 산 숲속에 자생하며 지리산이 남방 한계선이다. 개체수가 적은 희귀식물이다.

관상 포인트 및 이용
장상복엽의 잎이 아름답고 가시가 빽빽이 나는 줄기도 특징이 있다. 꽃은 미황색 내지 흰색으로 피는데 매우 아름답고 향기가 난다. 늦여름에 흑진주처럼 검게 익는 열매도 아름답다. 어린순을 따서 나물로 이용하며 열매, 줄기, 뿌리, 잎은 건강 음료와 약용으로 이용된다.

성질과 재배
내한력이 강하여 전국 각지에서 재배 및 식재할 수 있으나 남부지방보다는 여름이 시원한 중부지방의 기후가 더 적합하다. 번식은 실생과 삽목으로 하며 분주도 가능하다. 실생은 늦여름에 익는 종자를 채취하여 젖은 모래에 묻어두었다가 이듬해 봄에 파종하는 방법으로 한다. 열매는 새들이 좋아하므로 새들이 먹기 전에 익는 대로 채취하여야 한다. 삽목은 봄 싹 트기 전이나 여름 장마기에 하는데 여름의 녹지삽이 더 쉽게 뿌리가 내린다. 뿌리목에서 새 줄기가 자라 덤불을 이루므로 포기를 캐어 나누거나 곁가지를 떼어내어 심는 포기나누기도 되는데 이른 봄에 하면 된다. 흔히 농장에서 약재, 건강 음료 등으로 이용하기 위해 재배한다. 저지대보다는 공중 습도가 높고 한낮의 기온이 많이 올라가지 않는 산간 계곡 주변 등이 재배 적지이다.

조경수로서의 특성과 배식
강한 햇빛을 싫어하므로 큰 나무의 아래 등 오후 햇볕이 가려지는 곳에 심는 것이 좋다. 크게 자라지 않으며 덤불을 이루는 관목이므로 큰 나무에 붙여 심거나 약간 그늘지는 곳에 여러 그루 몰아 심는 것이 좋다. 시골 농가 담장 아래 등에 심어 순과 가지 등을 이용하고 꽃도 감상하는 실용수 겸 꽃나무로 이용하면 좋다.

유사종
오갈피나무와 섬오갈피 등이 흡사하며 섬오갈피나무는 더 크게 자란다.

두릅나무과

순도 먹고 꽃도 보고
두릅나무
Aralia elata

성상, 음양	낙엽관목, 양수	수형	우산형
번식법	근삽, 실생	개화기, 꽃색	8월, 흰색
식재 가능 지역	전국	결실기, 열매색	9월, 검은색
식재 시기	봄, 가을 낙엽 후	단풍	황갈색

분류학적 위치와 형태적 특징 및 자생지

두릅나무는 두릅나무과에 속하는 낙엽관목으로 학명은 *Aralia elata*이다. 속명 *Aralia*는 캐나다 이름으로부터 온 것이다. 종명 *elata*는 '높다'는 의미이다. 높이 3~5m 정도까지 자라는 낙엽관목으로 줄기에는 강한 가시가 많이 붙어 있다. 잎은 어긋매껴 나며 2~3회 우상복엽이다. 꽃은 8월경에 줄기 끝에서 복총상꽃차례 또는 복산형화서로 피는데 꽃잎은 흰색이고 지름 약 3mm 정도로 작다. 열매는 가을에 검게 익는다. 우리나라 전국 각지의 산기슭 양지 바른 곳에 자생한다. 새순을 나물로 이용하므로 흔히 야산이나 밭 등에 심어 재배하기도 한다. 우리나라 외에 일본, 러시아, 중국에도 분포한다.

관상 포인트 및 이용

꽃은 8~9월에 줄기 끝에서 피는데 흰색으로 아름답다. 꽃은 밀원식물로도 이용될 수 있다. 가을에 검게 익는 열매도 관상 가치가 있으며 새들이 즐겨 먹는다. 잎은 3회 우상복엽으로 전체적으로 아주 크며 가을이면 적갈색 또는 황갈색으로 단풍이 든다. 두릅나무의 어린순은 나물로 이용되는데, 데쳐서 초고추장에 찍어 먹거나 무쳐 먹는데 맛이 좋아 산나물 중 최고급으로 친다. 또한 뿌리와 줄기의 껍질을 벗겨 말린 것을 총목피(楤木皮)라 하여 한약재로 이용하는데 신경쇠약, 정신분열증, 당뇨병, 저혈압, 이뇨, 진통, 두통, 위궤양, 강장, 거담 등에 이용한다.

성질과 재배

양수로 우리나라 전역에서 재배 가능하다. 토질은 크게 가리지 않지만 그늘진 곳에서는 자라지 못한다. 번식은 실생법과 근삽으로 한다. 근삽의 경우 이른 봄에 연필 굵기 전후의 뿌리를 캐어 10~15cm 정도의 길이로 잘라 심으면 된다. 실생 번식은 가을에 익은 열매를 채취하여 종자를 발라내어 모래 속에 묻어두었다가 이듬해 봄에 파종하는 방법이다. 두릅나무에 크게 피해를 입히는 병해충은 없다.

조경수로서의 특성과 배식

키가 3~4m 이내로 자라는 작은 관목이므로 한 그루씩 단식하기보다는 집단으로 심어 꽃과 열매를 관상하도록 한다. 두릅나무는 심은 후 몇 년 지나면 뿌리가 벋으면서 새 포기가 발생하므로 나중에는 자연 군락이 형성된다. 꽃에 벌이 많이 모이고 또 새들이 열매를 좋아하므로 생태공원에 집단 식재해도 좋다. 나무가 작고 뿌리가 연하므로 이식은 아주 쉬우며 이식 적기는 가을에 낙엽이 진 후부터 봄 싹 트기 전까지이다.

약용수로 좋은
오갈피나무
Acanthopanax sessiliflorus

성상, 음양	낙엽관목, 양수	수형	덤불형
번식법	실생, 삽목, 분주	개화기, 꽃색	9~10월, 흰색
식재 가능 지역	전국	결실기, 열매색	10월, 검은색
식재 시기	봄, 가을 낙엽 후	단풍	황갈색

분류학적 위치와 형태적 특징 및 자생지

오갈피나무는 두릅나무과에 속하는 낙엽관목으로 학명은 *Acanthopa-nax sessiliflorus*이다. 속명 *Acanthopanax*는 그리스어로 '가시'라는 의미의 acanthos와 '인삼'이라는 의미의 panax의 합성어이다. 종명 *sessili-florus*는 '꽃대가 없는 꽃'이란 뜻이다. 높이 3~4m 정도까지 자라며 잎은 마주나는데 하나의 잎자루에 3~5장의 소엽이 달려 있어 오갈피란 이름이 유래되었다. 가지에는 가시가 드문드문 나며 꽃은 가지 끝에서 산형화서로 둥글게 모여 핀다. 열매는 공처럼 뭉쳐 달리며 9월부터 11월에 걸쳐 검게 익는다. 우리나라 전역의 산지에 자생하는데 약용으로 흔히 집 주변이나 밭에서 재배하기도 한다.

관상 포인트 및 이용

꽃은 흰색으로 아주 작지만 둥글게 모여 피므로 특이한 아름다움이 있다. 둥글게 모여 달리는 검은색의 열매도 매우 아름답다. 어린순은 데쳐서 초고추장에 찍어 먹거나 나물로 무쳐 먹는데 쌉쓰레하면서 향긋한 향기가 나며 맛이 좋다. 가지와 뿌리는 치풍, 뼈의 통증 등에 약용하며 열매는 술을 담근다.

성질과 재배

햇볕이 잘 쬐는 곳이 재배 적지이며 번식은 실생, 삽목, 포기나누기로 한다. 실생의 경우 가을에 익는 열매를 그대로 봉지나 그릇에 담아 냉장고에 보관했다가 이듬해 봄에 씨앗을 발라내어 파종하거나 가을에 채취하는 대로 모래 속에 묻어두었다가 이듬해 봄에 파종하면 된다. 삽목의 경우 이른 봄 지난해 자란 가지를 꽂거나 여름 6월경에 새로 자란 가지를 꽂는다. 포기나누기는 어느 정도 자란 포기를 파서 두세 가지씩 적당히 나누어 심는 방법이다. 오갈피나무는 꽃눈과 잎눈에 해충으로 인해 충영이 생기고 꽃과 잎이 제대로 자라지 못하는 경우가 많으므로 수시로 살충제를 살포하여 이를 예방 및 방제해야 한다.

조경수로서의 특성과 배식

잎과 꽃, 열매가 관상 가치가 있는 낙엽관목으로 수격이 높은 고급 조경수는 아니다. 약용 및 식용으로 이용 가능하므로 농가나 전원주택 등에서 실용수 겸 조경수로 심기 좋다. 또 꽃이 오래 피고 꿀이 많으므로 양봉 농가의 실용수 겸 밀원식물로도 이용 가능하다. 뿌리가 연하여 이식은 아주 쉬운 편이며 이식 적기는 봄 싹 트기 전과 가을 낙엽이 진 후이다.

유사종

동속식물로 섬오갈피, 가시오갈피, 털오갈피, 지리산오갈피 등이 있다.

진주 브로치를 닮은 아름다운 열매
누리장나무
Clerodendron trichotomum

성상, 음양	낙엽관목, 중용수	수형	부정형
번식법	실생, 삽목	개화기, 꽃색	8~9월, 흰색
식재 가능 지역	전국	결실기, 열매색	9월, 남색
식재 시기	봄, 가을 낙엽 후	단풍	황갈색

분류학적 위치와 형태적 특징 및 자생지

누리장나무는 마편초과에 속하는 낙엽관목으로 학명은 *Clerodendron trichotomum*이다. 속명 *Clerodendron*은 그리스어로 '운명'이라는 의미의 kleros와 '나무'라는 의미의 dendron의 합성어이다. 종명 *trichotomum*은 세 갈래로 갈라졌다는 의미이다. 높이가 2~3m 정도까지 자라는 낙엽관목으로 줄기는 곧게 자라며 가지를 많이 친다. 어린 가지에는 짧고 연한 털이 있다. 잎은 길이 8~15cm, 너비 5~10cm 정도의 크기로 넓은 달걀 모양이고 끝은 뾰족하다. 잎을 건드리면 강한 누린내가 나므로 누리장나무란 이름이 붙었다. 꽃은 8~9월에 가지 끝에 취산화서를 이루며 핀다. 열매는 핵과로 10월에 남색으로 익는데 붉은 꽃받침이 받치고 있어 아름답다. 중부 이남의 산기슭, 냇가, 민가 주변 등에 흔히 자생한다. 일본, 중국에도 분포한다.

관상 포인트

꽃은 8~9월에 줄기 끝에 큰 취산화서로 피는데 꽃부리는 길이 2~2.5cm로 흰색이고 향기가 아주 강하게 난다. 꽃받침은 다섯 갈래로 갈라지며 붉은색을 띠는데 흰색의 화관과 대비되어 아름답다. 열매는 9월에 익는데 보랏빛이 도는 남색으로 붉은 꽃받침이 열매가 익을 때까지 남아 있어 보석을 박은 브로치가 연상될 정도로 매우 아름답다. 꽃이 귀한 늦여름에 꽃이 피면서 향기가 좋아 여름 꽃나무로 가치가 있으며 또한 열매가 아름다워 열매나무로도 심을 만하다.

성질과 재배

우리나라 전역에서 재배 가능하며 중용수로 양지와 음지를 가리지 않는다. 번식은 실생과 삽목으로 하는데, 실생법의 경우 가을에 익는 열매를 채취하여 젖은 모래와 섞어 저장했다가 이듬해 봄에 파종한다. 삽목의 경우 이른 봄 싹 트기 전에 전년생 가지를 10~15cm 길이로 잘라 꽂는다. 누리장나무의 병해충은 별로 알려진 바 없으나 크게 피해를 입히는 경우는 없는 것으로 보인다.

조경수로서의 특성과 배식

키가 2~3m 이내로 자라는 작은 관목으로 꽃과 열매가 아름답긴 하지만 격이 높은 나무는 아니다. 따라서 건물 정면이나 정원의 눈길이 많이 가는 곳보다는 건물의 뒤편 등에 심어 여름 꽃나무와 열매나무로 이용하는 것이 좋다. 꽃에 벌이 많이 모이고 또 새들이 열매를 좋아하므로 자연 공원이나 생태 공원 등에 심어도 좋다. 나무가 작고 뿌리가 연하므로 이식은 아주 쉬우며 이식 적기는 가을에 낙엽이 진 후부터 봄 싹 트기 전까지이다.

바닷가에 자라는 여름 꽃나무
순비기나무
Vitex rotundifolia

성상, 음양	낙엽관목, 양수	수형	포복형
번식법	삽목, 분주, 휘묻이, 실생	개화기, 꽃색	7~9월, 보라색
식재 가능 지역	남부지방	결실기, 열매색	9~10월, 흑자색
식재 시기	봄		

분류학적 위치와 형태적 특징 및 자생지

순비기나무는 마편초과에 속하는 낙엽관목으로 학명은 *Vitex rotundifolia*이다. 속명 *Vitex*는 '짜다, 묶다'는 의미의 라틴어 vieo에서 유래되었는데 덩굴로 바구니를 짰던 데서 유래된 것이다. 종명 *rotundifolia*는 잎이 둥글다는 뜻이다. 바닷가에 자라는 낙엽관목으로 대개 비스듬히 자라거나 바닥을 기면서 자란다. 잎은 마주나는데 두꺼우며 계란형 또는 도란형으로 길이 2~5cm, 너비 1.5~3cm 정도로 가장자리에는 톱니가 없다. 꽃은 7~9월에 가지 끝의 원추화서에서 보라색의 작은 꽃이 많이 달린다. 목질의 열매는 원형 또는 도란형 원형으로 지름 5~7mm이고 9~10월에 흑자색으로 익는다. 제주도와 울릉도를 포함하여 경북 및 황해도 이남의 바닷가 모래땅에 자생한다.

관상 포인트

여름에 무리지어 피는 보라색 꽃이 매우 아름답고 또한 향기롭다. 마치 잔디처럼 바닥을 뒤덮으며 자라면서 연한 녹색의 잎이 촘촘하게 난 모습도 융단처럼 아름답다.

성질과 재배

추위에 약하여 중부 내륙 지방에서는 재배 및 식재가 어려우며 남부지방과 해안지방에 심을 수 있다. 강한 양수로 그늘진 곳에서는 제대로 자라지 못하며 적당하게 습기가 있는 땅을 좋아하지만 건조에는 상당히 강한 편이다. 번식은 실생으로도 할 수 있지만 삽목으로 쉽게 뿌리가 내리므로 거의 삽목에 의한다. 삽목 방법은 봄에 새싹이 나기 전이나 여름 6~7월에 줄기를 10cm 내외로 잘라 아래 잎을 따 버리고 꽂는 것이다. 땅바닥을 기면서 땅에 닿는 마디 곳곳에서 뿌리가 내리므로 이것을 잘라 심어도 되며 휘묻이로도 쉽게 번식할 수 있다. 실생법의 경우 가을에 종자를 따서 직파하거나 모래와 섞어두었다가 이듬해 봄에 파종한다.

조경수로서의 특성과 배식

현재 조경수로의 이용은 거의 없는 실정이지만 포복성으로 척박지와 해풍에 잘 견디므로 해안에 가까운 황폐한 모래밭이나 해안 사구 등의 녹화에 이용하기 좋은 식물이다. 수세가 강한 편이 아니므로 등나무나 칡처럼 사방공사지에서 임야 등으로 침입하여 피해를 입힐 염려는 거의 없다.

유사종

동속식물로 좀목형과 중국 원산의 목형이 있다.

마편초과

보랏빛 열매가 아름다운 나무
좀작살나무
Callicarpa dichotoma

성상, 음양	낙엽관목, 중용수	수형	덤불형
번식법	실생, 삽목	개화기, 꽃색	7~8월, 분홍색
식재 가능 지역	전국	결실기, 열매색	10월, 보라색
식재 시기	봄, 가을 낙엽 후	단풍	황갈색

분류학적 위치와 형태적 특징 및 자생지
좀작살나무는 마편초과에 속하는 낙엽관목으로 학명은 *Callicarpa di-chotoma*이다. 속명 *Callicarpa*는 그리스어로 '아름답다'는 의미의 kallos 와 '열매'라는 의미의 karpos의 합성어이다. 종명 *dichotoma*는 '마주난 다'는 뜻으로 잎이 대생함을 설명하고 있다. 높이 1~2m 정도까지 자라며 줄기는 곧게 서고 가지의 윗부분은 아래로 늘어진다. 잎은 마주나고 길이 3~8cm로 끝이 뾰족하다. 꽃은 양성화로 8월에 연한 보라색으로 핀다. 열매는 핵과로 지름 3~4mm 정도이고 아름다운 보라색을 띠며 윤기가 난다. 우리나라 전국 각지의 산기슭에 자생한다. 우리나라 외에 일본, 중국, 대만에도 분포한다.

관상 포인트
꽃은 7~8월에 잎겨드랑이에서 취산화서로 피는데 하나의 화서에 연한 분홍색의 작은 꽃송이가 많이 달려 아름답다. 열매는 둥글며 직경 3~4mm 정도이고 10월에 보랏빛으로 익는데 매우 아름답다. 좀작살나무의 가장 큰 매력은 바로 이 열매이다.

성질과 재배
우리나라 전역에서 재배 가능하며 양지나 음지를 가리지 않고 잘 자란다. 번식은 실생과 삽목에 의하는데, 실생법의 경우 가을에 익는 열매를 채취 하여 젖은 모래 속에 저장했다가 이듬해 봄에 파종한다. 삽목의 경우 이른 봄 싹 트기 전에 전년생 가지를 10~15cm 길이로 잘라 꽂는다. 좀작살나무의 병해충에 관해서는 별로 알려진 바가 없다.

조경수로서의 특성과 배식
키 2m 이내로 자라는 작은 관목으로 뿌리목에서 줄기가 계속 새로 자라 덤불 모양이 된다. 꽃과 열매가 아름다운데 특히 열매의 색이 환상적인 보라색으로 관상 가치가 아주 크다. 따라서 공원이나 정원의 열매나무로 좋으며 생울타리 등으로 열식해도 어울린다. 또 나무 그늘에서도 잘 견디며 새들이 열매를 좋아하므로 자연 공원이나 생태 공원 등에서 큰 나무 아래에 하목으로 심어 조류의 먹이 식물로 삼아도 좋다. 나무가 작고 뿌리가 천근성이어서 이식은 아주 쉬우며 이식 적기는 가을에 낙엽이 진 후부터 봄 싹 트기 전까지이다.

유사종
동속식물로 작살나무와 새비나무가 있으며 성질과 이용도 비슷하다.

붉은 열매가 아름다운 관목
당매자나무
Berberis poiretii

성상, 음양	낙엽관목, 양수	수형	덤불형
번식법	실생, 삽목, 분주	개화기, 꽃색	4~5월, 황색
식재 가능 지역	전국	결실기, 열매색	9~10월, 홍색
식재 시기	봄, 가을 낙엽 후	단풍	홍자색

분류학적 위치와 형태적 특징 및 자생지
당매자나무는 매자나무과의 낙엽관목으로 학명은 *Berberis poiretii*이다. 높이 2m에 달하며 가지에는 다소 능선이 지며 자갈색이고 길이 0.5~1cm의 가시가 산재한다. 잎은 어긋매껴 나고 짧은 가지에서는 모여나기하는데 길이 2~4cm로서 표면은 녹색이며 뒷면은 회녹색이고 가장자리가 밋밋하다. 꽃은 양성화로 4~5월에 피며 잎겨드랑이에서 아래로 늘어지고 황색이지만 표면은 붉은빛이 돌며 짧은 총상꽃차례에 8~15개의 꽃이 달린다. 꽃잎은 황색으로 6개이다. 열매는 장과로 길이 약 1cm 정도이며 타원형 또는 긴 타원형이고 9월에 붉게 익는다. 경기도, 강원도 등지의 표고 800m 이하에 자생한다. 중국, 만주, 유럽 등지에도 분포한다.

관상 포인트
4~5월에 피는 황색 꽃은 작지만 깜찍하고 또 가을에 붉게 익는 열매 또한 아름답다. 작은 잎에 단풍은 홍색 또는 홍자색으로 물들어 매우 곱다.

성질과 재배
양수로 내한성이 강하고 적응력이 강하여 전국 각지에서 식재 및 재배 가능하다. 양수지만 내음력도 상당히 강하다. 번식은 실생, 삽목 및 분주로 한다. 실생법의 경우 가을에 붉게 익는 열매를 따서 과육을 제거하고 종자를 채취하여 모래에 묻어 저장했다가 이듬해 봄에 파종한다. 꺾꽂이는 봄 3~4월에 지난해 자란 가지를 꽂거나 초여름 장마기인 6~7월에 그해에 자란 가지를 꽂는다. 포기나누기의 경우 가을에 낙엽이 진 직후 또는 이른 봄에 큰 포기를 파내어 2~3줄기씩 나누어 심으면 된다.

조경수로서의 특성과 배식
키가 작고 가지가 빽빽이 나며 가시가 있으므로 생울타리로 심거나 정원의 경계 등에 열식하면 좋다. 여러 그루를 집단 재식해도 좋다. 가시가 있으므로 어린이가 다니는 길 주변이나 손이 닿기 쉬운 곳은 피해야 한다. 열매를 새들이 좋아하므로 정원에 새를 끌어들이는 조류 유인목으로도 이용할 수 있다. 대기오염에 대한 저항성이 크므로 도심지 공원에 심어도 좋다.

유사종
동속식물로 매발톱나무와 매자나무가 있으며 성질이나 조경 용도도 비슷하여 함께 사용할 수 있다.

가시는 무서워도 꽃과 열매가 좋은
매자나무
Berberis koreana

성상, 음양	낙엽관목, 양수	수형	덤불형
번식법	실생, 분주	개화기, 꽃색	5월, 황색
식재 가능 지역	전국	결실기, 열매색	9월, 홍색
식재 시기	봄, 가을 낙엽 후	단풍	홍색

분류학적 위치와 형태적 특징 및 자생지

매자나무는 매자나무과의 낙엽관목으로 학명은 *Berberis koreana*이다. 속명 *Berberis*는 이 식물 및 열매의 아랍어 berberys에서 온 말이다. 종명 *koreana*는 한국산이란 뜻이다. 낙엽관목으로 높이 1~2m까지 자란다. 뿌리목에서 줄기가 계속 자라서 덤불을 이루며 묵은 줄기의 수피는 황갈색이고 지난해 자란 가지는 자주색이다. 줄기에는 모가 나며 잎이 난 곳 아래에는 잎이 변형된 가시가 있는데 세 갈래 또는 단생하며 길이는 0.5~1.5cm이다. 잎은 새 가지에서는 어긋매껴 나고 짧은 가지에서는 무더기로 나는데 넓은 도란형이다. 잎의 길이는 3~7cm, 너비는 1~3cm에 가장자리에는 날카로운 톱니가 있다. 꽃은 황색이며 5월에 피는데 총상꽃차례에 10~15송이가 달려 아래로 늘어진다. 꽃의 직경은 5~8mm에 수술 6개, 암술 1개이다. 열매는 장과로 공 모양이고 9월에 붉게 익는다. 자생지는 경기도, 강원도, 황해도 등 중부지방의 산지이다.

관상 포인트

5월에 피는 황색 꽃과 가을에 조롱조롱 붉게 익는 열매가 무척 아름답다.

성질과 재배

여름이 시원한 기후를 좋아하므로 중부지방이 재배 적지이다. 번식은 종자와 포기나누기로 한다. 종자 번식의 경우 가을에 붉게 익는 열매를 따서 과육을 제거하고 종자를 채취하여 모래에 묻어 저장했다가 이듬해 봄에 파종한다. 포기나누기는 포기를 파서 줄기를 나누어 심는 방법이다. 매자나무는 땅속에서 지하경으로 지속적으로 번지는 성질이 있어 심은 지 몇 년 지나면 줄기가 많이 생겨 무더기를 이루게 된다. 단풍이 든 직후의 가을이나 이른 봄에 큰 포기를 파내어 두세 줄기씩 나누어 심으면 된다.

조경수로서의 특성과 배식

작은 관목이므로 정원이나 공원에서 다른 키 작은 꽃나무와 함께 배식한다. 가시가 날카로우므로 어린이의 손이 닿기 쉬운 곳은 피해야 한다. 볕바른 곳을 좋아하며 그늘에서는 적응하기 어렵다.

유사종

동속식물로 매발톱나무와 당매자나무가 있으며 성질이나 조경 용도도 비슷하여 함께 사용할 수 있다.

병아리처럼 귀엽고 발랄한 꽃
개나리
Forsythia koreana

성상, 음양	낙엽관목, 양수	수형	덤불형
번식법	삽목, 휘묻이,	개화기, 꽃색	4월, 황색
	포기나누기, 실생	결실기, 열매색	9월, 갈색
식재 가능 지역	전국	단풍	황갈색
식재 시기	봄, 가을 낙엽 후		

분류학적 위치와 형태적 특징 및 자생지

개나리는 물푸레나무과에 속하는 낙엽관목으로 키는 3m 정도까지 자란다. 학명은 *Forsythia koreana*이다. 속명 *Forsythia*는 유명한 원예가인 영국인 윌리엄 포시스William Forsyth의 이름에서 비롯되었다. 종명 *koreana*는 한국산이란 뜻이다. 가지가 길게 자라며 아래쪽으로 약간 늘어지는 성질이 있으며 또 뿌리목에서 새 줄기가 계속 자라나서 덤불 모양이 된다. 잎은 마주나며 난상 피침형이다. 꽃은 1~3개가 잎겨드랑이에 모여 노란색으로 핀다. 열매는 삭과로 길이 1.5~2cm 정도로 9월에 갈색으로 익는다. 우리나라 평안도 이남지역에 분포한다. 주로 산기슭이나 볕이 잘 드는 산골의 계곡 주변 또는 들에서 자라지만 산야에 자생하는 경우보다는 조경용으로 식재된 경우가 많다.

관상 포인트

개나리는 아무리 식물에 관해 문외한이라 하더라도 모르는 이가 없을 정도로 우리에게 친숙한 나무로 학교, 공원, 길가, 개인 정원 등 어디서나 볼 수 있다. 개나리를 심는 이유는 꽃이 너무나 화사하게 아름답기 때문이다. 진달래, 벚꽃과 함께 봄꽃의 대명사로 여겨질 정도이다.

성질과 재배

우리나라 전역에서 재배와 식재가 가능하다. 볕바른 곳에서 잘 자라며 적응력이 강하여 척박한 곳이나 약간 그늘진 곳에서도 잘 견딘다. 번식은 삽목, 분주, 휘묻이, 실생으로 할 수 있으나 삽목이 가장 편리하다. 삽목은 봄 싹 트기 전이나 여름 장마철에 하는데 봄에는 지난해에 자란 줄기를 10~15cm 정도로 잘라 꽂으며 여름에는 그해에 자란 가지를 잘라 아래 잎을 따 버리고 꽂는다. 개나리는 병충해에 강하여 크게 피해를 입는 경우는 거의 없다.

조경수로서의 특성과 배식

양수로 햇볕이 잘 들고 적당한 습기를 가지는 곳을 좋아하지만 적응력이 강하여 척박한 곳이나 사방 식재 등으로도 사용한다. 또한 어린 나무도 잘 개화하는 성질이 있고 성장이 빨라 조기에 조경 효과를 거둘 수 있는 장점이 있어 봄에 행사를 치르는 도시의 갑작스러운 조경에도 효과적이다. 봄꽃을 즐기는 생울타리로도 좋으며 도로변, 학교, 공원 등 어느 곳에서도 잘 어울린다. 이식은 아주 잘 되며 적기는 가을에 낙엽이 진 후부터 봄 싹 트기 전까지이다.

유사종

동속식물로 산개나리, 만리화, 장수만리화 등이 있다.

첫사랑처럼 향기로운 꽃
라일락
Syringa vulgaris

성상, 음양	낙엽관목~소교목, 양수	수형	덤불형, 구형
번식법	삽목, 접목, 실생	개화기, 꽃색	4월, 보라색, 흰색
식재 가능 지역	전국	결실기, 열매색	10월, 녹갈색
식재 시기	봄, 가을 낙엽 후	단풍	황갈색

분류학적 위치와 형태적 특징 및 자생지

라일락은 물푸레나무과의 낙엽관목 내지 소교목으로 학명은 *Syringa vulgaris*이다. 속명 *Syringa*는 그리스어로 '파이프'란 뜻으로 꽃의 모양이 관상(管狀)인 데서 비롯된 것이다. 종명 *vulgaris*는 '보통의, 일반적인'이란 뜻이다. 높이 3~7m까지 자라며 줄기는 회갈색이다. 잎은 마주나며, 계란형이고 길이 6~12cm, 폭 5~8cm이고, 가장자리는 톱니가 없이 매끈하다. 꽃은 4~5월에 묵은 가지에서 난 길이 15~20cm의 원추화서에 핀다. 꽃의 지름은 8~12mm이고 보라색 또는 연한 보라색을 띠고 향기가 진하다. 열매는 삭과로 타원형에 길이 1.2~1.5cm이다. 발칸 반도를 중심으로 한 유럽 원산으로 세계적으로 많은 품종이 개발되어 있으며 봄 꽃나무로 우리나라 각지에 심어 기른다.

관상 포인트 및 이용

꽃은 4~5월에 피는데 꽃색은 흰색 또는 보라색으로 화려하고 또 향기가 매우 좋다. 달콤한 향기를 묘사할 때 흔히 '달콤한 라일락 향기처럼' 등과 같이 표현하는데 그만큼 향기가 좋고 강하다.

성질과 재배

내한력이 좋아 전국적으로 재배 및 식재 가능하지만 남부지방보다는 중부지방의 기후가 더 적합하다. 번식은 삽목, 접목, 실생으로 한다. 삽목의 경우 봄 싹 트기 전에 지난해 가지를 잘라 꽂거나 여름 장마철에 그해에 자란 가지를 잘라 꽂는데 어느 경우에나 뿌리가 쉽게 내린다. 다만 품종에 따라서는 삽목이 어려운 경우도 있다. 접목은 삽목이 어려운 원예 품종에 이용하는데 공대나 개회나무 또는 쥐똥나무를 대목으로 하여 봄에 깎아접을 하거나 여름 생육기에 눈접으로 한다. 실생법의 경우 가을에 익는 종자를 따서 기건 저장했다가 이듬해 봄에 파종한다.

조경수로서의 특성과 배식

양수로 볕바른 곳에 심어야 한다. 봄에 피는 꽃이 화려하므로 가정 정원이나 공원의 봄 꽃나무로 인기가 높다. 라일락은 꽃이 밝은 색이므로 상록수를 배경으로 심으면 꽃이 더욱 돋보인다. 꽤 크게 자라는 나무이므로 단식해도 좋고 또 여러 그루를 모아 심어도 보기 좋다.

유사종

우리 자생 동속식물로 개회나무, 정향나무, 꽃개회나무 등이 있으며 모두 꽃이 좋고 향기 또한 좋아 꽃나무로 이용할 수 있다.

낙엽활엽관목

물푸레나무과

향기롭고 아름다운 꽃의 세계적 희귀수목
미선나무
Abeliophyllum distichum

성상, 음양	낙엽관목, 양수	수형	덤불형
번식법	삽목, 실생, 분주	개화기, 꽃색	4월, 흰색
식재 가능 지역	전국	결실기, 열매색	10월, 갈색
식재 시기	봄, 가을 낙엽 후	단풍	황색

분류학적 위치와 형태적 특징 및 자생지

미선나무는 물푸레나무과에 속하는 낙엽관목으로 학명은 *Abeliophyl-lum distichum*이다. 속명 *Abeliophyllum*은 댕강나무속인 Abelia와 잎을 뜻하는 phyllon의 합성어로 잎이 댕강나무속의 잎을 닮았음을 의미하는데, 이 속의 식물로는 전 세계적으로 오직 우리나라에만 자생하는 미선나무 1종밖에 없다. 종명 *distichum*은 두 줄이라는 의미로 잎과 가지가 마주나는 것을 나타낸 것이다. 키는 1~2m 정도까지 자라고 잎은 마주나며 계란형이고 길이 3~8cm이다. 꽃은 3~15cm의 총상꽃차례에 달리고 화관은 흰색 또는 연분홍색이고 4월에 잎보다 먼저 핀다. 열매는 시과로 끝이 오목한 원형으로 부채를 닮았다. 전 세계적으로 우리나라에만 분포하는 희귀 특산종으로 충북 괴산, 진천, 영동 등지에 자생지가 있다.

관상 포인트

봄 일찍 잎이 나기 전에 피는 흰색 또는 연분홍색의 꽃이 아름다우며 향기도 좋다. 이름과 달리 열매는 그다지 관상 가치가 없다.

성질과 재배

개나리와 성질이 비슷하지만 개나리보다는 수성이 약한 편이다. 적당하게 습기가 유지되는 기름진 땅에 양지 쪽을 좋아하지만 음지에서도 어느 정도 적응한다. 번식은 삽목, 실생, 분주 및 휘묻이로 할 수 있지만, 삽목으로 쉬 뿌리가 내리므로 삽목이 가장 경제적이고 편리하다. 삽목 시기는 봄 3월경으로, 잎이 피기 전에 웃자란 가지를 10~15cm 정도로 잘라 3분의 2 정도가 흙 속에 묻히게 꽂는다. 여름의 녹지삽도 잘 되는데 6월 말에서 7월 사이에 그해에 새로 자란 가지를 잘라 꽂는다. 실생법은 많이 이용하지는 않으나 종자를 건조 저장했다가 이듬해 봄에 파종한다.

조경수로서의 특성과 배식

추위와 더위에 모두 강하여 전국 어느 곳이든지 식재 가능하다. 뿌리목에서 지속적으로 가지를 쳐서 덤불을 이루며 또 가지가 길게 자라 아래로 늘어지는 등 수형과 꽃 피는 시기 등이 개나리와 비슷하며 꽃의 모양도 비슷하다. 도로변, 제방, 공원 등에 줄지어 심으면 아주 좋으며 큰 무더기로 잔디밭 가장자리 등에 화목으로 심어도 손색이 없다. 교과서에도 많이 소개되는 나무이므로 학교원에는 교육용으로 꼭 필요한 나무라 하겠다. 이식이 잘 되므로 아무 때나 할 수 있지만 적기는 봄과 가을에 낙엽이 진 후이다.

개나리를 닮은 봄맞이 꽃
영춘화
Jasminum nudiflorum

성상, 음양	낙엽관목, 중용수	수형	포복형
번식법	삽목, 휘묻이	개화기, 꽃색	5월, 흰색
식재 가능 지역	전국	결실기, 열매색	10월, 홍색
식재 시기	봄, 가을 낙엽 후	단풍	황갈색

분류학적 위치와 형태적 특징 및 자생지

영춘화는 물푸레나무과에 속하는 낙엽관목으로 키는 2~3m 정도까지 자란다. 학명은 *Jasminum nudiflorum*이다. 속명 *Jasminum*은 아랍어 ysmyn(Jasmin)에서 유래된 것으로 본 속의 식물이 대개 Jasmon의 향유를 함유하므로 붙여진 이름이다. 종명 *nudiflorum*은 나화(裸花)라는 의미로 실제는 아주 작은 꽃받침이 있어 나화는 아니지만 얼핏 화관만 존재하는 것처럼 보이는 데서 연유한다. 잎은 마주나며 삼출엽이고 작은 잎은 타원상 난형이다. 줄기는 네모지고 녹색이며 반덩굴성으로 아래로 늘어지는 성질이 있다. 꽃은 노란색에 직경 2~2.5cm로 나팔 모양이며 꽃잎 끝은 6개로 갈라져 납작한 모양이다. 자생지는 중국으로, 오래전에 도입되어 봄 꽃나무로 정원이나 화단에 심으며 산야에 자생하는 경우는 없다.

관상 포인트

영춘화(迎春花)는 이름 자체가 '봄을 맞는 꽃나무'란 의미로, 봄 일찍 피는 황금색 꽃이 그 특징이다. 중국에서는 예부터 이른 봄에 피는 꽃으로 영춘화를 매화, 수선화, 산다화와 함께 설중사우(雪中四友)라 불렀다. 그러나 안타깝게도 일찍 피는 이 꽃은 의외로 추위엔 약하여 늦추위가 닥치면 핀 꽃이 곧잘 얼기도 한다. 열매는 거의 맺지 않는다.

성질과 재배

우리나라 전역에서 재배와 식재가 가능하며 적당히 습기가 유지되는 곳에서 잘 자란다. 번식은 삽목, 분주, 휘묻이로 할 수 있다. 삽목은 봄 싹 트기 전이나 여름 장마철에 하는데 어느 경우에나 뿌리가 잘 내린다. 분주는 뿌리목에서 분지하여 줄기가 많아진 포기를 파내어 나누어 심는 방법으로 단번에 큰 포기를 얻을 수 있는 장점이 있다. 휘묻이는 늘어지는 가지를 구부려 흙을 덮어두었다 뿌리가 내린 후 잘라내는 방법이다. 영춘화는 가지가 늘어지는 성질이 있어 땅에 닿은 부분에서 자연적으로 발근하는 경우도 흔하다.

조경수로서의 특성과 배식

중용수로 적응성이 강하다. 나무가 크게 자라지 않고 오는 봄을 알려주니 가정 정원의 봄맞이 꽃나무로 식재하면 좋다. 또 학교나 공원의 화단이나 벽면 장식용으로도 좋은 나무이다. 개나리와 성질도 비슷하고 꽃도 닮아 개나리와 거의 같은 용도로 식재할 수 있으나 개나리보다는 성장력이 약하고 수성도 약한 편이다. 이식이 쉬워 어느 때고 옮겨 심을 수 있으나 적기는 낙엽이 진 후부터 봄 싹 트기 전이다.

유사종

속은 다르지만 같은 물푸레나무과의 개나리, 만리화, 미선나무 등과 성질이 비슷하다.

개나리를 닮은 꽃
장수만리화
Forsythia velutina

성상, 음양	낙엽관목, 양수	수형	덤불형
번식법	삽목, 분주, 실생	개화기, 꽃색	4월, 황색
식재 가능 지역	전국	결실기, 열매색	9~10월, 녹갈색
식재 시기	봄, 가을 낙엽 후	단풍	홍자색

분류학적 위치와 형태적 특징 및 자생지

장수만리화는 물푸레나무과의 낙엽관목으로 학명은 *Forsythia velutina* 이다. 속명 *Forsythia*는 영국의 원예가 포시스의 이름에서 딴 것이다. 종 명 *velutina*는 부드러운 털을 가졌다는 뜻으로 새 가지에 미세한 털이 나 는 것을 뜻한다. 높이 1~1.5m까지 자라며 수피는 회색이고 피목이 산재한 다. 만리화와는 달리 일년생 가지 기부에 융털이 있으며 줄기가 곧추서는 점이 개나리와 구별된다. 잎은 마주나며 넓은 계란형으로 길이 4~8cm 에 폭 2~6cm이고 양면에 털이 없다. 꽃은 4월에 노란색으로 피는데 길고 비틀리며, 길이 6mm의 꽃대가 있다. 열매는 삭과로 달걀 모양이며 길이 10mm, 두께 5mm로 9월에 익는다. 한국 특산종으로 황해도 장수산 일대 에 자생하므로 장수만리화란 이름이 붙었다.

관상 포인트

흡사 개나리꽃을 닮은 노란색 꽃이 아름답다. 개나리와 달리 줄기가 늘어 지거나 구부러지지 않고 곧추서는 것이 특징이다. 가을에 홍자색으로 물 드는 단풍도 아름답다.

성질과 재배

북한이 자생지로 우리나라 전역에서 재배 및 식재 가능하다. 내한성이 강 하며 볕바른 곳을 좋아하지만 반음지에서도 잘 견디며 여름이 무더운 남 부지방에서도 잘 적응하여 자란다. 기름지고 습기가 잘 유지되는 토양을 좋아하며 바닷가나 대도시와 같이 대기오염이 심한 지역에서도 잘 자라 며 개화와 결실이 잘 된다. 번식은 종자를 심어도 되지만 삽목이 잘 되므

로 대개 삽목으로 한다. 이른 봄 싹이 트기 전에 전년생 가지를 꽂아도 되 고 그해에 자란 가지를 6~7월 장마기에 꽂아도 쉽게 뿌리가 내린다. 뿌리 목에서 새로 줄기가 돋아 큰 포기를 이루므로 포기 전체를 캐어 나누어 심는 분주도 가능하다.

조경수로서의 특성과 배식

대체로 개나리와 비슷한 꽃과 성질이 있어, 공원이나 가로변 등에 심으면 좋다. 꽃뿐 아니라 가을에 홍색 또는 홍자색으로 물드는 둥근 잎의 단풍 을 즐길 수 있어 개나리 이상의 조경적 가치를 지니는 나무이다. 따라서 도시 공원 등에 많이 심긴 개나리의 대체 식물로 심어 변화를 꾀하는 것 도 좋을 것이다.

유사종

동속식물로 개나리, 만리화가 있는데 특히 만리화와 흡사하다.

향기로운 흰 꽃의 울타리용 나무
쥐똥나무
Ligustrum obtusifolium

성상, 음양	낙엽관목, 중용수	수형	덤불형
번식법	실생, 삽목	개화기, 꽃색	5월, 흰색
식재 가능 지역	전국	결실기, 열매색	10월, 검은색
식재 시기	봄, 가을 낙엽 후	단풍	황갈색

분류학적 위치와 형태적 특징 및 자생지
쥐똥나무는 물푸레나무과에 속하는 낙엽관목으로 학명은 *Ligustrum obtusifolium*이다. 속명 *Ligustrum*은 '맺다, 엮다'는 의미의 라틴어 ligo에서 온 말로 이 속의 나뭇가지로 물건을 엮는 데 쓴 것에서 유래했다. 종명 *obtusifolium*은 '둥근 잎을 가졌다'는 뜻이다. 낙엽관목으로 높이 2~3m 정도까지 자라며 잎은 마주나고 길이는 2~5cm가량이다. 꽃은 그 해에 자라난 가지 끝의 원추화서에서 흰색의 작은 꽃이 많이 달린다. 열매는 둥글며 10월에 검은색으로 익는다. 전국의 산기슭, 밭둑, 민가 주변 등에 자생한다. 중국, 일본, 대만에도 분포한다.

관상 포인트
5월에 잎이 핀 후 새 가지 끝에 하얗게 무리지어 피는 꽃이 아름다우며 꽃은 향기도 좋다. 열매는 검게 익는데 마치 쥐똥처럼 생겼다 하여 쥐똥나무라 부른다.

성질과 재배
우리나라 전역에서 재배 가능하다. 중용수로 양지나 음지에서 모두 잘 자란다. 번식은 실생, 삽목, 휘묻이, 분주 등이 가능하며 대량 재배는 주로 실생과 삽목으로 한다. 실생법의 경우 가을에 익는 종자를 채취하여 직파하거나 열매째로 또는 종자를 채취하여 젖은 모래 속에 저장했다가 이듬해 봄에 파종한다. 삽목은 숙지삽과 녹지삽 모두 가능한데, 숙지삽은 4월 상순경 싹 트기 전에 어린 가지를 15cm 정도의 길이로 잘라 꽂으며 녹지삽은 6월 하순~7월 중순경에 새로 자란 가지를 잘라 아래 잎을 따 버리고 꽂

아 해가림을 하고 마르지 않게 관리하는데 어느 경우나 뿌리가 잘 내린다.

조경수로서의 특성과 배식
하얗게 가지를 뒤덮는 향기로운 흰 꽃이 매력이지만 품격이 높은 나무는 아니다. 수성이 강하여 척박한 땅이나 그늘진 곳 등 나쁜 환경에도 잘 적응하며 묘목의 가격이 비교적 저렴하므로 공장이나 창고, 화장실 주변 등의 생울타리목, 경계 식재용 등으로 많이 이용된다. 열매는 새들의 먹이가 되므로 공원이나 생태공원에서 큰 나무의 아래에 심는 하목으로서도 이용 가치가 크다. 이식은 아주 쉬운 편으로 이식 적기는 가을에 낙엽이 진 후와 봄 싹 트기 전이다. 잎이 있는 상태에서도 옮겨 심은 후 강하게 전정하면 활착에는 별문제가 없다.

유사종
동속식물로 광나무, 제주광나무가 있으나 이들은 모두 상록소교목이다.

꽃 중의 왕
모란
Paeonia suffruticosa

성상, 음양	낙엽관목, 양수	수형	부정형
번식법	실생, 접목, 분주	개화기, 꽃색	4~5월, 자홍색
식재 가능 지역	전국	결실기, 열매색	10월, 갈색
식재 시기	가을 낙엽 후	단풍	황갈색

분류학적 위치와 형태 및 자생지

모란은 미나리아재비과에 속하는 낙엽관목으로 학명은 *Paeonia suffru-ticosa*이다. 속명 *Paeonia*는 그리스 신화에 나오는 의사 Paeon에게서 유래된 것이다. 종명 *suffruticosa*는 아관목이란 뜻이다. 높이 2m까지 자라며 잎은 크고 2회 우상복엽이다. 뿌리는 굵고 다육질이며 향긋한 한약 냄새가 난다. 꽃은 새가지 끝에 한 송이씩 피는데 꽃의 직경이 대개 15cm 이상 될 정도로 아주 크다. 꽃색은 화려한 자홍색이 일반적이지만 흰색, 분홍, 황색 등 다양한 꽃색의 품종이 개발되어 있다. 중국 원산으로 우리나라에는 삼국시대에 전래되어 궁궐이나 사대부가 등에서 귀하게 재배되어왔다. 어떤 경우에도 야생하는 경우는 없고 재배종으로만 존재한다.

관상 포인트

모란은 무엇보다 꽃이 아름다운 화목이다. 4월 말부터 5월 초에 피는 꽃은 꽃송이가 아주 크며 색 또한 화려하고 은은한 향기를 지녀 꽃 중의 왕으로 칭송된다. 그러나 화려한 꽃도 수명은 비교적 짧아 아쉬움이 있다. 봄 일찍 아직 얼음이 어는 시기에 돋는 새싹과 부드러운 질감의 잎도 아름답다.

성질과 재배

전국적으로 재배 가능하며 재배지는 배수가 잘 되는 양지 쪽이 좋으며 큰 꽃을 피우는 데 많은 양의 양분이 필요하므로 비옥한 토양이 좋다. 번식은 실생, 접목, 분주로 한다. 접목은 모란이나 작약 뿌리를 대목으로 사용하여 10월경에 깎아접이나 짜개접으로 한다. 모란 대목에 접할 경우 가지에 해도 되지만 모란 뿌리를 대목으로 하는 근접이 편하고 또 대목 구하기도 용이하다. 작약을 대목으로 하면 큰 나무로 자라지 않고 분지가 많은 반면 모란 대목에 접한 나무는 보다 크게 자라므로 정원수로는 모란 대목에 붙인 것이 좋다. 실생법의 경우 가을에 익는 종자를 채취하여 젖은 모래 속에 저장했다가 이듬해 봄에 파종한다. 모란 종자는 파종 그해에 발아하는 것도 있으나 1년이 지나서 발아하는 비율이 높다.

조경수로서의 특성과 배식

키가 작으면서 꽃이 좋은 대표적인 화목으로 모란원을 만들어 집단으로 재식하기도 한다. 모란원은 양지바르고 물 빠짐이 좋으며 땅이 기름진 곳이 적당하다. 우리 전통 정서에 어울리는 나무이므로 고궁, 고가, 사찰, 역사적인 사적지 등의 조경에 아주 적합하며 축대 위 화계 등에 심기에도 좋은 꽃나무이다. 이식은 비교적 쉬운 편인데 이식 적기는 가을 10월경으로 다른 낙엽수보다 약간 이른 시기에 옮기는 것이 좋다.

꽃, 잎, 열매가 특이한 작은 관목
박쥐나무
Alangium platanifolium

성상, 음양	낙엽관목, 음수	수형	부정형
번식법	실생, 삽목	개화기, 꽃색	5~6월, 흰색
식재 가능 지역	전국	결실기, 열매색	6~7월, 푸른색
식재 시기	봄, 가을 낙엽 후	단풍	황갈색

분류학적 위치와 형태적 특징 및 자생지

박쥐나무는 박쥐나무과에 속하는 낙엽관목으로 학명은 *Alangium pla-tanifolium*이다. 속명 *Alangium*은 말라얄람어로 이 속의 식물을 일컫는 토속어인 alangi에서 온 말이다. 종명 *platanifolium*은 플라타너스 잎을 닮았다는 뜻이다. 높이 2~3m 정도까지 자라며 뿌리목에서 여러 개의 줄기가 생긴다. 톱니가 없는 잎은 길이와 너비가 8~18cm로 윗부분이 갈라지며 갈라진 잎은 삼각형 모양이며 끝이 뾰족하다. 꽃은 5~6월에 피는데 잎겨드랑이에서 나는 취산화서에 1~4개씩 달리며 꽃잎은 선형이고 뒤로 말린다. 열매는 핵과로 난상 원형이고 길이 6~8mm이며 6~7월에 벽색으로 익는다. 전국의 산지에 자라는데 대개 숲 가장자리의 바위 아래, 전석지 등에 자생한다. 우리나라 외에 일본, 중국에도 분포한다.

관상 포인트

꽃은 5~6월에 잎겨드랑이에서 취산화서로 몇 개가 모여 핀다. 꽃잎은 흰색으로 길이 25mm 정도인데 꽃이 피면 뒤로 도르르 말리며 길게 돌출하는 황색의 수술과 대비되어 독특한 모양을 이루며 아름답다. 열매는 둥글고 직경 6~8mm로 콩알만 하며 6~7월에 벽색으로 익는다. 잎은 크고 넓은데 몇 갈래로 갈라져 특색이 있다.

성질과 재배

우리나라 전역에서 재배 가능하며 중용수로 음지에서도 잘 견딘다. 수분이 유지되는 토양에서 잘 자라며 건조한 곳에서는 성장이 나쁘다. 번식은 실생과 삽목으로 한다. 종자는 6~7월에 익는 대로 채취하여 젖은 모래 속에 저장했다가 이듬해 봄에 파종한다. 삽목의 경우 봄 싹 트기 전에 지난해 자란 가지를 잘라 꽂는다. 박쥐나무의 병해충은 별로 알려진 게 없으며 심각한 피해를 입히는 병해충은 없는 것으로 보인다.

조경수로서의 특성과 배식

키가 2~3m 정도까지 자라는 낙엽관목으로 꽃과 열매가 아름답지만 수격이 높은 나무는 아니다. 따라서 건물 정면이나 정원의 핵심부에 심는 것보다는 건물의 뒤편이나 큰 나무의 아래 등에 심는 것이 좋다. 수수하지만 특이한 관상 가치를 지닌 식물이므로 잘 정돈된 정원의 구성 요소로보다는 생태 정원이나 생태 공원, 자연 학습원 등의 구성 요소로 심을 만한 식물이다. 이식은 아주 쉬우며 이식 적기는 가을에 낙엽이 진 후부터 봄 싹 트기 전까지이다.

이른 봄에 피는 봄맞이 꽃
납매
Chimonanthus praecox

성상, 음양	낙엽관목, 양수	수형	덤불형
번식법	실생	개화기, 꽃색	3~4월, 황색
식재 가능 지역	전국	결실기, 열매색	10월, 황갈색
식재 시기	봄, 가을 낙엽 후	단풍	갈색

분류학적 위치와 형태적 특징 및 자생지

납매는 받침꽃과의 낙엽관목으로 학명은 *Chimonanthus praecox*이다. 속명 *Chimonanthus*는 그리스어로 '겨울 꽃'이란 뜻이다. 종명 *praecox*는 라틴어로 '아주 이른, 일찍 꽃이 피는'이란 뜻이다. 높이 3~4m까지 자라며 원대에서 여러 개의 줄기가 뭉쳐난다. 잎은 마주나고 긴 피침형으로 길이 7~10cm이다. 잎의 표면은 꺼칠꺼칠하고 잎자루가 짧으며, 잎 가장자리에는 톱니가 없고 매끈하다. 꽃은 3~4월에 잎이 피기 전에 아래를 향하여 피는데 강한 향기가 난다. 꽃의 지름은 2cm 내외로 꽃받침과 꽃잎은 다수이며, 가운데 잎은 노란색으로 대형이고 속잎은 암자색으로 소형이다. 수술은 5~6개, 암술은 다수이며 항아리 모양으로 움푹 들어간 꽃받침 속에 있다. 꽃이 진 후 꽃받침은 생장해서 긴 달걀 모양의 위과(僞果)가 되고 그 속에 콩알만 한 종자가 5~20개 들어 있다. 중국 원산으로 전국 각지에 관상용으로 식재한다.

관상 포인트

납매는 겨울 끝자락에서 봄으로 넘어가는 이른 시기에 피는 향기로운 꽃을 감상하기 위해 심는다. 납매는 풍년화 및 길마가지나무와 함께 가장 먼저 봄을 알리는 꽃나무로 가치가 크다.

성질과 재배

추위에 강하여 전국적으로 재배 빛 식재 가능하다. 번식은 실생과 휘묻이로 하는데 휘묻이에 의한 발근은 기간이 오래 걸리고 성공률이 낮아 그리 실용적이진 않다. 실생 번식의 경우 가을에 익은 열매에서 종자를 채취하여 모래와 함께 섞어 저장했다가 이듬해 봄에 파종한다.

조경수로서의 특성과 배식

양수로 볕바른 곳을 좋아한다. 크게 자라지 않는 낙엽관목으로 이른 봄에 피는 꽃을 감상하기 위해 심는 봄 꽃나무이다. 꽃은 그리 크지 않고 또 화려하지도 않지만 이른 봄에 피는 꽃이라는 점에서 가치가 있다. 따라서 가정 정원에 심으면 좋으며 건물 앞 양지쪽에 심으면 개화 시기를 좀 더 앞당길 수 있게 된다.

범의귀과

숲속의 하얀 꽃나무
고광나무
Philadelphus schrenckii

성상, 음양	낙엽관목, 양수~중용수	수형	덤불형
번식법	실생, 삽목, 휘묻이	개화기, 꽃색	5~6월, 흰색
식재 가능 지역	전국	결실기, 열매색	9월, 갈색
식재 시기	봄, 가을 낙엽 후	단풍	갈색

분류학적 위치와 형태적 특징 및 자생지
고광나무는 범의귀과에 속하는 낙엽관목으로 학명은 *Philadelphus schrenckii*이다. 속명 *Philadelphus*는 3세기 이집트의 왕 Ptolemy Philadelphus의 이름에서 기인된 것이다. 종명 *schrenckii*는 슈렝크 Alexander Schrenck라는 사람의 이름에서 비롯된 것이다. 높이 2m 정도까지 자라는데 잎은 마주나며 계란형 또는 타원형에 길이는 5~8cm이다. 꽃은 가지 끝 또는 잎겨드랑이에 총상꽃차례로 달리는데 흰색이다. 열매는 삭과로 9월에 성숙한다. 충북을 제외한 우리나라 전역의 산골짜기에 자생하며 일본, 만주, 아무르에도 분포한다.

관상 포인트
늦봄에서 초여름에 피는 하얀 꽃이 깔끔하고 아름답다. 꽃은 향기도 강하다. 열매나 잎 등은 수수하고 평범하여 별다른 관상 가치는 없다.

성질과 재배
우리나라 전역에서 재배 가능하며 햇볕이 잘 드는 곳을 좋아한다. 번식은 주로 삽목과 실생법으로 하지만 분주와 휘묻이도 가능하다. 삽목의 경우 봄 3~4월에 작년에 자란 가지를 10~15cm 정도로 잘라 꽂으며, 여름에 하는 녹지삽은 6~7월경에 그해에 자란 새 가지를 잘라 아래 잎을 따 버리고 맨 위 잎 1~2장만 남기고 꽂는다. 분주법은 뿌리목에서 계속 새 가지가 발생하여 덤불을 이루므로 크게 자란 포기를 캐어 나누어 심는 방법으로, 단번에 크게 자란 묘목을 얻을 수 있다. 휘묻이는 늘어진 가지를 구부려 줄기 중간을 흙으로 덮어 뿌리가 내리면 떼어 심는 방법으로 꺾꽂이보다 큰 묘목을 얻을 수 있고 초보자의 경우도 실패가 없으므로 취미 재배에서 편리하다.

조경수로서의 특성과 배식
공원이나 생태공원의 큰 나무 아래에 심거나 별도로 화단을 만들어 집단 식재하면 좋으며 생울타리용으로도 이용할 수 있다. 고가나 사찰, 사적지 등의 화단용으로도 좋다. 키가 작고 꽃이 아름다운 관목으로 척박한 땅에서 견디는 힘도 강하므로 여러 분야의 조경에 이용가치가 높은 소재다. 이식은 아주 쉬운 편으로 쉽게 새 뿌리가 내리는데 이식 적기는 가을에 낙엽이 진 후와 봄 싹 트기 전이다.

유사종
동속식물로 털고광나무, 애기고광나무, 얇은잎고광나무 그리고 중국 원산의 중국고광나무가 있는데 모두 고광나무와 흡사하다.

낙엽활엽관목

붉은 열매가 아름다운 관목
까마귀밥나무
Ribes fasciculatum var. *chinense*

성상, 음양	낙엽관목, 중용수	수형	부정형
번식법	실생, 삽목, 분주, 휘묻이	개화기, 꽃색	4월, 연황색
식재 가능 지역	전국	결실기, 열매색	10월, 홍색
식재 시기	봄, 가을 낙엽 후	단풍	황색

분류학적 위치와 형태적 특징 및 자생지

까마귀밥나무는 범의귀과에 속하는 낙엽관목으로 학명은 *Ribes fascic-ulatum* var. *chinense*이다. 속명 *Ribes*는 이 속의 아라비아 이름인 ribas에서 유래된 것이다. 종명 *fasciculatum*은 '다발로 난다'는 뜻으로 잎겨드랑이에서 다수의 꽃이 함께 피는 것을 표현했으며 변종명 *chinense*는 '중국산'이란 뜻이다. 높이 1.5m 정도로 자라고 잎은 어긋나며 난원형에 길이 5~15cm로 끝이 3~5갈래로 갈라진다. 꽃은 4월에 황색의 작은 꽃이 잎겨드랑이에 핀다. 열매는 구형에 지름 4~5mm이며 10월경에 붉은색으로 익는다. 자생지는 평남 및 강원도 이남의 산기슭이며, 우리나라 외에 일본과 중국에도 분포한다.

관상 포인트 및 이용

가을에 붉게 익는 열매가 무척 아름다운 열매나무이다. 꽃은 4월에 잎겨드랑이에서 황색의 꽃이 3~4개씩 모여 피는데 작지만 아름답다. 난원형이면서 세 갈래로 갈라지는 잎도 관상 가치가 있는데 단풍은 홍갈색으로 물든다. 민간에서 옻이 올랐을 때 나뭇가지를 삶아 치료제로 이용하므로 칠해목이라고도 부른다.

성질과 재배

우리나라 전역에서 재배 가능하며 척박한 곳에서도 잘 견딘다. 반음지식물로 양지와 음지에서 모두 잘 적응하지만 볕바른 곳에서 수형이 좋고 개화와 결실이 잘 된다. 번식은 주로 실생법과 삽목으로 하지만 분주나 휘묻이도 가능하다. 실생법의 경우 가을에 익은 열매를 따서 종자를 채취하여 젖은 모래 속에 저장해두었다가 이듬해 봄에 파종하면 된다. 삽목의 경우 봄 싹 트기 전에 지난해 자란 웃자란 가지를 잘라 꽂거나 여름 6~7월에 녹지삽을 한다.

조경수로서의 특성과 배식

작은 관목으로 가정 정원의 잔디밭 가장자리나 꽃밭의 가장자리 등의 열매 나무로 심기 좋다. 그늘에서도 잘 견디므로 큰 나무 아래에 심는 하목으로도 심을 수 있으며 건물의 북쪽 그늘진 곳에도 심을 수 있다. 현재 조경수로의 이용과 공급은 많지 않지만 야취가 풍기면서 열매가 매우 아름다운 나무이므로 앞으로 더 많은 이용이 기대되는 수종이다. 이식은 아주 쉬우며, 이식 적기는 가을에 낙엽이 진 후부터 봄 싹 트기 전까지이다.

유사종

동속식물로 까치밥나무, 눈까치밥나무, 명자순, 꼬리까치밥나무 등이 있는데 모두 열매가 아름답다. 유럽 원산의 서양까치밥나무도 식재되고 있다.

작지만 아름다운 열매나무
꼬리까치밥나무
Ribes komarovii

성상, 음양	낙엽관목, 양수	수형	원추형
번식법	실생, 삽목, 분주, 휘묻이	개화기, 꽃색	4월, 연황색
식재 가능 지역	전국	결실기, 열매색	8월, 홍색
식재 시기	봄, 가을 낙엽 후	단풍	황갈색

분류학적 위치와 형태적 특징 및 자생지

꼬리까치밥나무는 범의귀과에 속하는 낙엽관목으로 학명은 *Ribes ko-marovii*이다. 속명 *Ribes*는 이 속의 아라비아 이름인 ribas에서 유래된 것이다. 종명 *komarovii*는 식물학자의 이름에서 온 것이다. 높이 2.5m 정도로 자라는 낙엽관목으로 잎은 어긋나며 난상 원형이고 3~5개로 갈라진다. 자웅이주로 꽃은 4월에 연황색의 작은 꽃이 총상꽃차례로 핀다. 열매는 공 모양이며 8월경에 붉은색으로 익는다. 우리나라 중부 이북의 산지 능선부에 자생하며 남부지방의 높은 산에서도 발견된다.

관상 포인트

꼬리까치밥나무는 여름에 이삭처럼 달려 붉게 익는 열매가 무척 아름다운 열매나무이다. 꽃은 3~4월에 연황색의 작은 꽃이 총상꽃차례로 피는데 향기가 난다. 난원형이면서 세 갈래로 갈라지는 잎도 관상 가치가 있으며 단풍은 황갈색으로 물든다.

성질과 재배

추위에 강하며 우리나라 전역에서 재배 가능하다. 토질은 크게 가리지 않으며 척박한 곳에서도 잘 견딘다. 볕바른 곳을 좋아하며 자생지에서는 대개 산의 능선부에서 발견된다. 번식은 실생, 삽목, 분주 및 휘묻이로 하는데 실생법과 삽목이 편하고 일반적이다. 실생법의 경우 여름에 익은 열매를 따서 종자를 채취하여 직파하거나 젖은 모래 속에 저장해두었다가 이듬해 봄에 파종한다. 삽목으로 번식시킬 때는 봄 싹 트기 전에 지난해 웃자란 가지를 잘라 꽂거나 여름 6~7월에 녹지삽을 한다.

조경수로서의 특성과 배식

크게 자라지 않는 낙엽관목으로 아름다운 열매에 잎 모양과 단풍도 고운 편으로 가정 정원의 잔디밭 가장자리나 꽃밭의 가장자리 등의 열매 나무로 심기 좋다. 양수지만 어느 정도 그늘에서도 견디므로 건물의 북쪽 그늘진 곳에도 심을 수 있다. 야생 수목으로 조경 관계자들에게도 거의 알려지지 않은 나무라 현재 조경수로의 이용은 전무한 실정이지만 열매나무로 가치가 크므로 앞으로 더 많은 이용이 기대되는 수종이다. 자웅이주이므로 열매를 감상하려면 암수 그루를 모두 심어야 한다. 이식은 쉬우며, 적기는 가을에 낙엽이 진 후부터 봄 싹 트기 전까지이다.

유사종

동속식물로 까마귀밥나무, 눈까치밥나무, 명자순, 꼬리까치밥나무와 유럽 원산의 서양까치밥나무가 있다.

바위 틈새에서 자라는 암상식물

매화말발도리

Deutzia coreana

성상, 음양	낙엽관목, 양수	수형	덤불형
번식법	삽목, 휘묻이, 실생	개화기, 꽃색	4월, 흰색
식재 가능 지역	전국	결실기, 열매색	9월, 갈색
식재 시기	봄, 가을 낙엽 후	단풍	갈색

분류학적 위치와 형태적 특징 및 자생지

매화말발도리는 범의귀과에 속하는 낙엽관목으로 학명은 *Deutzia core-ana*이다. 속명 *Deutzia*는 네덜란드의 식물학자인 도이츠Johan van der Deutz의 이름에서 기인된 것이다. 종명 *coreana*는 한국산이란 뜻이다. 주로 바위 틈새에 뿌리를 내리고 자라는 열악한 환경 때문에 자생지에서는 크게 자란다고 해도 60~70cm 수준에 불과하다. 잎은 마주나며 긴 타원형 또는 넓은 피침형이며 끝은 뾰족하다. 꽃은 지난해 자란 가지에서 1~3개씩 모여서 피는데 흰색이다. 열매는 삭과로 종형이며 3개의 홈이 있고 암술대가 남아 있다. 한국 특산종으로 중부 이남의 산지 바위틈에 자생한다.

관상 포인트

4월에 피는 하얀 꽃이 깔끔하고 아름답다. 열매나 잎 등은 수수한 편으로 별다른 관상 가치는 없다.

성질과 재배

우리나라 전역에서 재배 가능하며 햇볕이 잘 드는 곳을 좋아한다. 번식은 주로 삽목에 의하지만 분주와 휘묻이 및 실생도 가능하다. 삽목은 봄 3~4월 또는 여름에 하는데, 봄에 하는 경우 작년에 자란 가지를 10cm 정도로 잘라 꽂으며, 여름에 하는 녹지삽은 6~7월경에 그해에 자란 새 가지를 잘라 아래 잎을 따 버리고 맨 위 잎 1~2장만 남기고 꽂는다. 분주는 줄기가 여럿 자란 큰 포기를 캐어 나누어 심는 방법으로 취미 재배에서 편리하다. 휘묻이는 늘어진 가지를 구부려 줄기 중간을 흙으로 덮어 뿌리가 내리길 기다려 이듬해 봄에 떼어 심으면 된다.

조경수로서의 특성과 배식

자생지에서는 대개 바위 틈새에 뿌리를 내려 자라는 암생식물의 생태를 보이지만 땅에 심었을 때는 더 잘 자란다. 그런데 왜 자생지에선 바위 틈새에서만 자랄까? 이는 양수지만 성장이 느려 다른 식물과의 경쟁에서 이길 수 없어 다른 식물이 자라지 못하는 바위 틈새에 적응하였기 때문이다. 따라서 볕바른 곳이라면 땅에 심어도 잘 자라는 것이다. 척박한 환경에 잘 적응하므로 잔디밭 가장자리 등에 심기 좋은 꽃나무이다. 이식은 아주 쉬운 편으로 쉽게 새 뿌리가 내리는데 이식 적기는 가을에 낙엽이 진 후와 봄 싹 트기 전이다.

유사종

동속식물로 말발도리, 바위말발도리, 꼬리말발도리, 물참대 등이 있다.

꽃이 화려한 덤불식물
빈도리
Deutzia crenata

성상, 음양	낙엽관목, 양수	**수형**	덤불형
번식법	삽목, 분주, 실생	**개화기, 꽃색**	5~6월, 흰색
식재 가능 지역	전국	**결실기, 열매색**	10월, 녹갈색
식재 시기	봄, 가을 낙엽 후	**단풍**	황갈색

분류학적 위치와 형태적 특징 및 자생지
빈도리는 범의귀과에 속하는 낙엽관목으로 학명은 *Deutzia crenata*이다. 속명 *Deutzia*는 18세기 네덜란드의 식물 애호가인 도이츠의 이름에서 딴 것이다. 종명 *crenata*는 '톱니가 있다'는 뜻으로 잎의 거치를 표현하고 있다. 높이 3~4m까지 자라며 줄기의 속이 비었고 꽃이 말발도리와 비슷하기 때문에 빈도리라고 이름 붙었다. 일년생 가지는 적갈색이고 오래된 가지는 회갈색에 나무껍질이 벗겨진다. 잎은 넓은 피침형으로 가장자리에 잔 톱니가 있고 길이 3~6cm, 너비 1.5~3cm이다. 꽃은 6월에 총상꽃차례에 달리는데 꽃받침과 꽃잎은 각 5개로 갈라지고 꽃잎은 길이 15mm 정도로 흰색으로 핀다. 열매는 삭과로 지름 3.5~6mm로서 둥글며 끝에 암술대가 남아 있다. 일본 원산으로 관상용으로 전국 각지에 심고 있다.

관상 포인트
5~6월에 나무를 뒤덮을 듯 하얗게 피는 꽃이 매우 탐스럽고 아름답다. 잎, 단풍, 열매의 관상 가치는 높지 않다.

성질과 재배
내한력과 내건성이 좋아 전국 각지에서 재배 및 식재 가능하다. 번식은 삽목, 분주, 휘묻이, 실생이 가능한데 삽목으로 뿌리가 잘 내리므로 대개 삽목으로 한다. 봄 싹 트기 전에 지난해 자란 가지를 15cm 내외로 잘라 꽂거나 여름 장마철에 그해에 자란 가지를 10cm 내외로 잘라 꽂는데 어느 경우에나 뿌리가 잘 내린다. 분주는 봄에 포기를 캐내어 2~3줄기씩 나누어 심으면 된다. 휘묻이의 경우 늘어지는 가지를 구부려 흙을 덮어두면 뿌리가 내리므로 이듬해 봄에 떼어 심는다. 실생은 가을에 익는 열매에서 종자를 채취하여 기건 저장했다가 이듬해 봄에 파종한다.

조경수로서의 특성과 배식
높이가 꽤 높게 자라는 덤불형 관목 꽃나무이다. 적응성이 강해 어떤 곳에 심어도 잘 적응하며 꽃이 아름답긴 하지만 고급스러운 조경수는 아니다. 정원이나 공원의 뒤쪽이나 척박한 땅에 심어 늦봄에 피는 꽃을 즐기면 좋다. 한 그루 심어두면 계속 줄기가 돋아서 덤불을 이루게 된다. 이식은 아주 쉬우며 이식 적기는 가을에 낙엽이 진 후부터 봄 싹 트기 전까지이다.

유사종
동속식물로 말발도리, 매화말발도리, 물참대, 바위말발도리 등이 있으며 모두 키 작은 낙엽관목으로 꽃이 아름답다.

가짜 꽃이 진짜 꽃보다 더 아름다운
산수국
Hydrangea serrata

성상, 음양	낙엽관목, 중용수	수형	덤불형
번식법	삽목, 분주, 실생	개화기, 꽃색	6~7월, 흰색
식재 가능 지역	중부 이남	결실기, 열매색	10월
식재 시기	봄, 가을 낙엽 후	단풍	황갈색

분류학적 위치와 형태적 특징 및 자생지
산수국은 범의귀과에 속하는 낙엽관목으로 학명은 *Hydrangea serrata*이다. 속명 *Hydrangea*는 그리스어로 '물'이라는 뜻의 hydro와 '그릇'이라는 뜻의 angeion의 합성어로 물기가 많은 땅에서 잘 자란다는 의미를 담고 있다. 종명 *serrata*는 라틴어로 '톱니 모양' 이란 뜻인데 잎의 톱니를 표현한 것이다. 높이 1m 정도로 자라며 뿌리목에서 계속 가지가 나서 덤불 모양이 된다. 잎은 길이 15cm 내외로 난상 피침형으로 마주 붙어 난다. 꽃은 6~7월에 새 가지 끝에 산방화서로 달리는데 화서의 가장자리에는 무성화가 피며 중앙부에는 작은 유성화가 핀다. 우리나라 중부 이남 지방의 산지, 밭둑 또는 냇가의 성긴 숲속이나 풀밭 등에 자생한다.

관상 포인트
꽃은 6~7월에 피는데 소박하면서 아름다워 한국인의 정서에 잘 들어맞는다. 우리의 시선을 많이 끄는 것은 무성화로 이는 꽃받침만 있어 가짜 꽃이라 할 수 있고 씨앗이 맺는 유성화는 꽃이 너무 작아 오히려 시선을 덜 받는다. 화기는 긴 편으로 수십 일 동안 지속된다.

성질과 재배
우리나라 전역에서 재배 가능하며 반그늘을 좋아하지만 볕바른 곳이라도 너무 건조한 곳이 아니라면 잘 적응하며 오히려 수형도 보기 좋고 꽃도 잘 핀다. 번식은 삽목, 분주, 실생, 휘묻이 등으로 하는데 삽목으로 뿌리가 잘 내리므로 실용적인 재배에서는 거의 삽목으로 번식한다. 삽목은 봄 3~4월 또는 여름에 하는데 어느 시기에 해도 뿌리가 잘 내린다. 분주는 봄 싹 트기 전에 한다.

조경수로서의 특성과 배식
꽃이 귀한 6~7월에 꽃이 피므로 여름 꽃나무로 이용 가치가 높다. 공원이나 생태공원의 큰 나무 아래나 화단 가장자리 등에 심으면 잘 어울린다. 또한 공원이나 학교원에서 집단으로 식재하여 관목 화단을 만들어도 좋다. 잎과 꽃이 모두 소박하여 고가나 사찰, 사적지 등에 심어도 좋다. 이식은 아주 쉬운 편으로 쉽게 새 뿌리가 내리는데 이식 적기는 가을에 낙엽이 진 후와 봄 싹 트기 전이다.

유사종
동속식물로 수국, 등수국, 바위수국과 일본에서 도입된 나무수국 등이 있다.

토양 산도에 따라 꽃색이 변하는
수국
Hydrangea macrophylla

성상, 음양	낙엽관목, 중용수	수형	덤불형
번식법	삽목, 분주	개화기, 꽃색	6~7월, 보라,
식재 가능 지역	중부 이남		분홍, 자주색
식재 시기	봄, 가을 낙엽 후	단풍	황갈색

분류학적 위치와 형태적 특징 및 자생지

수국은 범의귀과에 속하는 낙엽관목으로 학명은 *Hydrangea macrophylla*이다. 속명 *Hydrangea*는 그리스어로 '물'이라는 의미의 hydro와 '그릇'이라는 뜻의 angeion의 합성어이다. 종명 *macrophylla*는 '큰 잎'이라는 뜻이다. 높이 1m 정도까지 자라며 뿌리목에서 계속 가지가 나서 덤불 모양이 된다. 잎은 길이 7~15cm로 계란형으로 마주나고 톱니가 있다. 꽃은 무성화로 6~7월에 새 가지 끝에 산방화서로 달린다. 일본에서 들어온 도입종으로 우리나라 중부 이남 지방에 식재한다.

관상 포인트

꽃은 6~7월에 피는데 처음 필 때는 흰색 내지 연두색이었다가 차츰 짙은 색으로 변한다. 수국은 토양 산도(pH)에 따라 꽃색이 변하는데, pH 5.5 이하의 강한 산성 토양에서는 하늘색, pH 6.4 이상의 중성에 가까운 토양에서는 분홍색, 그리고 pH 5.6~6.1의 중간 정도 산성 토양에서는 연분홍색 꽃이 핀다. 꽃은 산방화서로 주먹보다 더 크게 모여 피어 매우 아름답다. 개화 기간도 비교적 길어 수십 일 동안 관상할 수 있는 대표적인 여름 꽃나무이다.

성질과 재배

우리나라 대부분 지역에서 재배가 가능하지만 일부 중부지방에서는 겨울 동안 동해를 입을 수 있다. 반그늘을 좋아하지만 비옥하고 적당히 수분이 유지되는 곳이라면 양지쪽에서도 잘 자란다. 무성화만 피므로 종자 번식이 불가능하여 영양번식에 의하는데, 실용적인 재배에서는 거의 삽목으로 한다. 삽목은 봄 3~4월 또는 여름에 하는데 봄에 하는 경우, 지난해에 자란 가지를 잘라 꽂으며, 녹지삽의 경우 6~7월경에 그해에 자란 새 가지를 잘라 아래 잎을 따 버리고 맨 위 잎 1장만 남기되 가위로 잎을 잘라 절반이나 3분의 1로 줄여 꽂는다. 수국의 병해로는 흰가루병, 탄저병, 검은 점무늬병 등이 발생하는데 만코지수화제 등의 살균제로 방제할 수 있다.

조경수로서의 특성과 배식

꽃이 귀한 여름 6~7월에 아주 크고 아름다운 꽃이 피어 여름 꽃나무로 가치가 높다. 공동 주택, 공원이나 학교원의 큰 나무 아래나 화단 등에 심으면 잘 어울리며 고가나 사찰 등의 화단용으로도 적합하다. 이식은 쉬운 편이며 이식 적기는 가을에 낙엽이 진 후와 봄 싹 트기 전이다.

유사종

동속식물로 산수국, 등수국, 바위수국과 일본에서 도입된 나무수국 등이 있다.

낙엽활엽관목

정원석에 붙여 심기 좋은 작은 꽃나무
애기말발도리
Deutzia gracilis

성상, 음양	낙엽관목, 양수	수형	덤불형
번식법	삽목, 분주, 실생	개화기, 꽃색	4~5월, 흰색
식재 가능 지역	전국	결실기, 열매색	10월, 녹갈색
식재 시기	봄, 가을 낙엽 후	단풍	황갈색

분류학적 위치와 형태적 특징 및 자생지
애기말발도리는 범의귀과에 속하는 낙엽관목으로 학명은 *Deutzia grac-ilis*이다. 속명 *Deutzia*는 18세기 네덜란드의 식물애호가인 도이츠의 이름에서 딴 것이다. 종명 *gracilis*는 '가느다란, 호리호리한'이란 뜻으로 가지가 가느다란 것을 표현하고 있다. 높이 1m 이내의 작은 관목으로 잎은 마주나고 계란형이며 길이가 3.5~10cm이고 끝이 뾰족하며 가장자리에 잔 톱니가 있다. 잎자루는 길이가 3~8mm이다. 꽃은 4~5월에 가지 끝의 원추화서에서 흰색으로 핀다. 꽃잎은 5개로 길이 1cm이며, 수술은 10개이고 암술대는 3~4개이다. 열매는 삭과로 둥글며 성모가 있고 끝에 암술대가 남아 있다. 일본 원산 식물로 전국에 관상용으로 심는다.

관상 포인트
4~5월에 가지 끝에서 하얗게 피는 꽃이 아름답다.

성질과 재배
양수로 내한력이 강해 전국적으로 재배 및 식재 가능하다. 번식은 삽목, 분주, 실생으로 하는데 삽목도 쉽고, 포기가 잘 번지므로 분주도 용이한 방법이다. 삽목의 경우 봄 싹 트기 전이나 6~7월 장마기에 줄기를 10cm 내외로 잘라 꽂는데 뿌리가 쉽게 내린다. 분주는 포기를 파내어 2~3가지씩 붙여 나누어 심는데 봄 싹 트기 전이 적당하다. 실생은 가을에 종자를 채취하여 기건 저장했다가 이듬해 봄에 파종한다.

조경수로서의 특성과 배식
높이 자라지 않고 옆으로 번지는 성질이 있어 덤불을 이루게 된다. 따라서 잔디밭 가장자리, 정원석 옆에 붙여 심기, 건물의 기초 식재 등에 어울린다. 도로변의 장식, 작은 화단의 장식용 식물로도 심을 수 있다.

유사종
동속식물로 말발도리, 매화말발도리, 물참대, 바위말발도리 등이 있으며 모두 키 작은 낙엽관목으로 꽃이 아름답다.

고운 열매가 많이도 열리는
뜰보리수나무
Elaeagnus multiflora

성상, 음양	낙엽관목-소교목, 양수	수형	개장형
번식법	실생, 삽목	개화기, 꽃색	4~5월, 황백색
식재 가능 지역	전국	결실기, 열매색	6월, 홍색
식재 시기	봄, 가을 낙엽 후	단풍	갈색

분류학적 위치와 형태적 특징 및 자생지

뜰보리수나무는 보리수나무과의 낙엽활엽관목 또는 소교목으로 학명은 *Elaeagnus multiflora*이다. 속명 *Elaeagnus*는 그리스어로 '올리브 나무'라는 뜻의 elaios와 '서양목형'을 뜻하는 agnus의 합성어이다. 열매는 올리브와 유사하고 잎은 서양목형을 닮았기 때문이다. 종명 *multiflora*는 '많은 꽃이 핀다'는 뜻이다. 높이 4~5m까지 자란다. 잎은 어긋매껴 나며 긴 타원형이고 길이와 폭이 각 3~10cm, 2~5cm로, 표면에 비늘털이 있으나 점차 없어지고, 뒷면은 흰색 비늘털과 갈색 비늘털이 섞여 있으며 가장자리는 밋밋하다. 꽃은 4~5월에 피는데 황백색으로 향기가 있으며, 잎겨드랑이에 1~2개씩 달린다. 열매는 핵과로 긴 타원 모양이고 길이 1.5cm로 밑으로 처지며 6월에 붉은색으로 익는다. 일본과 중국 원산으로 우리나라에서는 열매를 감상하기 위해 전국 각지에 심는다.

관상 포인트

6월에 조롱조롱 붉게 익는 열매가 매우 아름답다. 열매는 약간 광택이 나는데 아주 많이 열린다. 4~5월에 피는 꽃도 관상 가치가 있다. 열매는 떫은맛과 신맛이 나지만 먹을 수 있으며 또 설탕과 함께 재어 과실액을 만들기도 한다.

성질과 재배

양수이며 추위에 강해 전국 각지에서 재배 및 식재 가능하다. 번식은 실생과 삽목으로 한다. 실생의 경우 6월에 익는 열매에서 과육을 제거하고 종자를 채취하여 직파하거나 젖은 모래 속에 묻어두었다가 이듬해 봄에 파종한다. 삽목도 잘 되는데 시기는 3~4월 및 6~7월이 적기이며 9월에 해도 된다. 봄에 할 때는 전년도에 자란 가지를 꽂으며 여름과 가을꽂이 시에는 그해에 자란 가지를 꽂는다.

조경수로서의 특성과 배식

소교목으로 자라기도 하지만 대개 관목으로 좁은 공간의 장식용으로 적합한 나무이다. 여름 열매나무로 가치가 높으며 열매는 새들이 즐겨 먹으므로 조류 유인목으로도 좋다. 가정 정원의 과수 겸용 여름 열매 나무로 좋고 자연 생태공원에 심어도 좋다. 도시의 자투리 공간에 심어도 좋은 나무이다. 뿌리혹박테리아가 공생하므로 메마르고 척박한 땅에서도 잘 견딘다.

유사종

동속식물로 우리나라 자생 보리수나무와 보리장나무, 보리밥나무가 있다.

수피로 종이를 만드는 나무
닥나무
Broussonetia kazinoki

성상, 음양	낙엽관목, 양수	수형	부정형
번식법	분주, 실생	개화기, 꽃색	4~5월, 황색(수꽃),
식재 가능 지역	전국		자주색(암꽃)
식재 시기	봄, 가을 낙엽 후	결실기, 열매색	6~7월, 홍색
		단풍	황색

분류학적 위치와 형태적 특징 및 자생지

닥나무는 뽕나무과의 낙엽관목으로 학명은 *Broussonetia kazinoki*이다. 높이 2~5m까지 자란다. 잎은 어긋매껴 나며 계란형에 길이 5~20cm이고 가장자리가 2~3갈래로 깊게 갈라진다. 자웅동주로 꽃은 4~5월에 핀다. 수꽃이삭은 어린 가지 밑부분에 달리며 타원 모양으로 길이 1.5cm다. 암꽃이삭은 윗부분의 잎겨드랑이에 달리며 둥근 모양이고, 화피는 통 모양이다. 열매는 핵과로 둥글며 6~7월에 붉은빛으로 익는다. 전국의 양지바른 산기슭의 숲 가장자리 밭둑 등에 자라며 수피를 제지 원료로 이용하기 위해 재배하기도 한다.

관상 포인트 및 이용

자웅동주로 암꽃과 수꽃이 크게 다르며 독특한 모양이다. 초여름에 익는 열매는 홍색으로 매우 아름다우며 먹을 수 있고 맛이 달다. 줄기의 껍질을 벗겨 한지를 만드는 원료로 쓰므로 흔히 재배해왔다. 어린잎은 나물로 이용하기도 한다.

성질과 재배

양수로 전국 어디나 재배 가능하다. 번식은 종자로도 되지만 대개 원줄기 주위에서 돋아나는 줄기를 떼어 심는 분주로 한다. 분주 시기는 봄 싹 트기 전이다. 포기 전체를 캐어 떼어내거나, 한두 그루 번식하고자 할 때는 캐지 않고 끊어내면 된다. 실생도 가능한데 여름에 채취한 종자를 마르지 않게 비닐봉지에 담아 냉장고에 저장했다가 이듬해 봄에 파종한다.

조경수로서의 특성과 배식

조경수로 특출한 나무는 아니지만 여름에 익는 열매가 매우 아름답고 독특하다. 따라서 학교원이나 자연 생태원, 공원 등에 몇 그루씩 다른 나무와 섞어 심어 변화를 주면 좋다. 크게 자라는 나무가 아니므로 정원이나 공원의 중앙에 심기보다는 큰 나무 인근에 모아 심어 조화를 이루게 하면 좋다.

유사종

동속식물로 꾸지나무가 있으며 성질도 비슷하다.

암꽃

수꽃

신선이 먹는다는 열매나무
천선과나무
Ficus erecta

성상, 음양	낙엽관목, 양수	수형	부정형
번식법	실생, 삽목	개화기, 꽃색	5~6월, 녹색 은화과
식재 가능 지역	남부 해안지방	결실기, 열매색	6~7월, 흑자색
식재 시기	봄	단풍	황갈색

분류학적 위치와 형태적 특징 및 자생지
천선과나무는 뽕나무과의 낙엽관목으로 학명은 *Ficus erecta*이다. 속명 *Ficus*는 무화과를 뜻하는 라틴어이다. 종명 *erecta*는 '곧게 선다'는 뜻이다. 높이 2~4m까지 자라며 줄기는 굵으며 수피는 회백색이다. 잎은 어긋맺겨 나고 도란상 타원형으로 길이 10~20cm 정도로 크다. 꽃은 5~6월에 새 가지의 잎겨드랑이에 달리는데, 암꽃은 공 모양의 꽃받침 속에 수많은 작은 꽃이 핀다. 과실은 은화과로 크기는 직경 2cm 정도이며 흑자색으로 익는다. 열매의 모양이 젖꼭지를 닮았다고 하여 젖꼭지나무라고도 부른다. 제주도와 전남 및 경남의 섬과 해안지방에 자생하며 분포 북한계는 전북 백양산이다.

관상 포인트
꽃은 꽃받침 속에 숨어 피므로 눈에 띄지 않아 관상 가치가 없다. 무화과를 닮은 작은 열매가 특징인데 하늘의 신선이 먹는다는 뜻에서 천선과란 이름이 붙었지만 실제 먹어보면 맛이라고는 없어 먹을 만한 과일은 못된다.

성질과 재배
추위에 약한 난대성 낙엽관목으로 남부지방에서 재배 및 식재할 수 있다. 양수로 햇볕이 잘 쬐는 기름진 땅이 재배 적지이다. 번식은 삽목, 휘묻이,

실생이 가능하지만 삽목이 일반적이다. 삽목의 경우 봄에 새싹이 나기 전이나 여름 6~7월에 줄기를 15cm 내외로 잘라 꽂는데 어느 경우에나 뿌리가 잘 내린다. 여름꽃이를 할 때는 아래 잎을 따 버리고 위의 잎은 적당히 남기고 꽂는데 해가림을 해주어야 하며 새순이 자라는 것으로 발근을 확인할 수 있다. 가지를 구부려 묻는 휘묻이도 가능하며, 가을에 익은 열매를 따서 으깨어 종자를 분리하여 직파하는 실생법으로도 번식이 가능하다.

조경수로서의 특성과 배식
추위에 약하여 해안지방에서 주로 자라는 나무로 일반인뿐 아니라 조경 종사자에게도 비교적 생소한 수종으로 조경수로서의 이용은 거의 없는 실정이다. 넓고 큰 잎과 젖꼭지를 닮은 독특한 열매가 특징으로 남부지방의 조경수로 이용할 수 있다. 적당히 습기가 유지되고 기름진 땅을 좋아하며 볕바른 곳에 심는 것이 좋다. 이식은 쉬운 편이며 이식 적기는 봄 싹 트기 전이다.

유사종
동속식물로 모람, 왕모람, 무화과 등이 있으며 무화과와 비슷하다.

나비를 부르는 향기로운 꽃

부들레야

Buddleja davidii

성상, 음양	상록관목, 양수	수형	덤불형
번식법	삽목, 실생	개화기, 꽃색	7~9월, 분홍색, 흰색
식재 가능 지역	경기도 이남	결실기, 열매색	9~10월, 갈색
식재 시기	봄	단풍	황갈색

분류학적 위치와 형태적 특징 및 자생지

부들레야는 부들레야과의 상록관목으로 학명은 *Buddleja davidii*이다. 속명 *Buddleja*는 영국의 식물학자인 애덤 부들Adam Buddle의 이름을 딴 것이며 종명 *davidii*는 이 종을 중국에서 발견하여 유럽에 처음 소개한 프랑스의 선교사 겸 식물학자인 아르망 다비드Armand David의 이름을 딴 것이다. 높이 1~3m 내외의 낙엽관목으로 어린 가지, 잎의 뒷면에 흰 별 모양의 솜털이 빽빽하다. 작은 가지는 사각형이고 잎은 마주나며 가장자리에 톱니가 있다. 꽃은 7~9월에 피고 연한 자줏빛이며 총상꽃차례에 밀생하여 핀다. 꽃받침은 4개로 갈라진다. 열매는 삭과이며 길이 6~8mm로 털이 없거나 비늘털이 있으며 많은 종자가 들어 있다. 내한성이 있어서 재배는 쉽지만 그늘을 싫어하기 때문에 일조의 확보가 중요하다. 중국 쓰촨성, 후베이성 원산으로 세계 각지에 도입되었고 영국, 뉴질랜드 등에서는 침입종으로 간주되고 있고 호주에도 야생화되었다. 우리나라에서는 전국 각지에서 꽃나무로 재배하고 있다.

관상 포인트

꽃은 여름부터 가을에 걸쳐서 지속적으로 피는데 아름답고 또 향기도 좋다. 꽃에는 여러 종류의 나비가 많이 모이므로 영어로는 버터플라이 부시butterfly-bush라고 부르며 여름에 피는, 향기 좋은 라일락을 닮은 꽃이라고 서머 라일락summer lilac이라 부르기도 한다.

성질과 재배

상록관목이지만 내한력이 매우 강하여 전국 각지에서 재배 및 식재된다. 강한 양수로 볕바르고 기름진 땅에서 잘 자란다. 번식은 삽목 및 실생으로 하는데 삽목이 일반적인 번식 방법이다. 봄에 지난해 자란 가지를 잘라 꽂아도 뿌리가 잘 내리지만 여름 생육기에 그해 자란 가지를 아래 잎을 따 버리고 꽂으면 쉽게 발근한다. 실생법의 경우 가을에 종자를 채취하여 기건 저장하였다가 이듬해 봄에 파종한다.

조경수로서의 특성과 배식

상록관목이지만 얼핏 느껴지는 나무의 성상은 낙엽수처럼 보인다. 꽃은 좋지만 잎은 광택이 없이 거친 느낌이며 가지는 매우 엉성하고 제멋대로 자란다. 꽃이 오래 피고 아름다운 장점이 있으나 고급 꽃나무는 아니다. 자연 생태공원이나 도시 공원에 심어 나비를 부르고 꽃을 즐기는 용도로 적합하며 가정 정원에도 심기 좋은 나무이다.

아름다운 꽃의 나라꽃
무궁화
Hibiscus syriacus

성상, 음양	낙엽관목~소교목, 양수	수형	덤불형, 배상형
번식법	실생, 삽목	개화기, 꽃색	7~9월, 흰색, 분홍색
식재 가능 지역	전국	결실기, 열매색	10월, 갈색
식재 시기	봄, 가을 낙엽 후	단풍	황갈색

분류학적 위치와 형태적 특징 및 자생지

무궁화는 아욱과의 낙엽활엽관목 또는 소교목으로 학명은 *Hibiscus syriacus*이다. 속명 *Hibiscus*는 이집트의 히비스 신(神)을 닮았다는 뜻으로, 곧 히비스 신처럼 아름답다는 뜻이다. 종명 *syriacus*는 시리아 원산이란 뜻이지만 실제는 시리아 원산은 아니고 중국과 인도 원산으로 보고 있다. 높이 4m까지 자라며 줄기는 회색이다. 잎은 어긋매껴 나며 계란형이고, 3개로 갈라지고 아랫부분에 3개의 큰 맥이 있다. 꽃은 7~9월에 피며 1개씩 달리고, 지름 6~10cm로 크며 꽃색은 품종에 따라 다양하다. 열매는 삭과로 긴 타원형이며 5실이고 10월에 성숙한다. 중국과 인도 원산으로 우리나라도 원산지인지는 이론이 있으며 평안도와 강원도 이남에 식재되고 있다.

관상 포인트 및 이용

꽃은 크고 아름다운 데다 여름 내내 지속적으로 피어 감상 기간도 매우 길다. 여름철에 꽃이 피는 나무는 봄에 비해 현저히 적으므로 여름 꽃나무로 아주 중요하며 또 우리나라 국화이므로 전국에서 많이 심기고 또 사랑받고 있다. 무궁화의 잎, 뿌리, 근피, 꽃, 종자 등은 각기 약재로 이용하기도 한다.

성질과 재배

양수로 토양에 대한 적응력이 크며 배수가 잘 되는 비옥한 점질 양토가 이상적이다. 번식은 실생 및 삽목으로 한다. 실생법의 경우 가을에 성숙한 종자를 채취하여 젖은 모래와 섞어 노천매장하였다가 이듬해 봄에 파종한다. 삽목의 경우 봄 싹 트기 전에 지난해 자란 가지를 꽂거나 초여름 장마기에 그해 자란 가지를 잘라 아래 잎을 따 버리고 위의 잎 1장만 남기고 꽂는데 어느 경우에나 뿌리가 잘 내린다. 병해충으로는 진딧물과 잎말이 벌레의 피해가 발생하므로 적당한 살충제를 뿌려 구제한다.

조경수로서의 특성과 배식

전국적으로 재배 및 식재 가능하며 추위에는 어느 정도 강하나 너무 추운 곳에서는 동해를 받을 수 있다. 가정 정원, 학교원, 공원, 도로변 등 어떤 곳에 심어도 잘 어울리지만 고급스러운 이미지의 나무는 아니다. 따라서 가정 정원의 경우 정원 중앙에 심기보다는 볕이 잘 드는 가장자리 등에 심는 게 좋다. 크게 자라지 않으므로 공원이나 학교원에서는 독립수로 심기보다는 집단으로 동일 품종 또는 다양한 품종의 무궁화를 함께 심어 무궁화 밭을 만들면 좋다. 전정에 잘 견디고 가지가 잘 벋으므로 생울타리용으로 심어도 좋다. 이식은 쉬운 편이며 이식 적기는 봄 싹 트기 전과 가을 낙엽이 진 후이다.

제주도 원산의 우리 토종 무궁화
황근
Hibiscus hamabo

성상, 음양	낙엽관목, 양수	수형	구형, 덤불형
번식법	삽목, 실생	개화기, 꽃색	6~8월, 황색
식재 가능 지역	제주도	결실기, 열매색	10~11월, 회색
식재 시기	봄	단풍	홍색

분류학적 위치와 형태적 특징 및 자생지
황근은 아욱과의 낙엽관목으로 학명은 *Hibiscus hamabo*이다. 속명 *Hibiscus*는 이집트어로 '신(神)'이라는 의미의 hibis와 그리스어로 '같다'는 뜻인 isco의 합성어로 '히비스 신처럼 아름답다'는 뜻이다. 종명 *hamabo*는 황근의 일본 이름에서 온 것이다. 높이 2~3m까지 자라며 뿌리목으로부터 많은 줄기가 올라와 포기를 형성한다. 나무껍질은 회녹색이고 어린 가지는 황색이다. 잎은 어긋매껴 나며 둥글고 길이와 폭이 각기 3~6cm로 가장자리에 둔한 톱니가 있다. 꽃은 6~8월에 피고 지름 5cm로 연한 황색이며, 중심부는 암적색이다. 열매는 삭과로 달걀 모양이며 길이 2cm로 황갈색 별 모양 털이 밀생한다. 제주도에 자생하며 주로 해안가에 분포한다. 우리나라 외에 일본에도 분포한다.

관상 포인트
무궁화와 비슷한 모양의 선명한 황색 꽃이 매우 아름답다. 꽃은 차례차례 피어 개화기도 긴 편이다. 가을에 붉게 물드는 단풍도 아름답다.

성질과 재배
내건성은 약하며 물이 잘 빠지고 비옥 적윤한 모래 진흙에서 양호한 생장을 한다. 양수로 볕바른 곳에서 잘 자라며 음지에서는 꽃이 잘 피지 않고 대기오염에 약하다. 내한성이 약해서 내륙지방에서는 월동할 수 없으며 내조성은 강하여 해변에서도 피해를 입지 않는다. 번식은 실생 또는 삽목으로 한다. 종자는 삭과가 열개하기 전인 10월에 채취하여 노천매장하였다가 이듬해 봄에 파종한다. 삭과가 말라 완전히 열린 후 채취한 종자는

발아하는 데 2~3년이 걸리기도 한다. 삽목의 경우 봄에 지난해 자란 가지를 꽂거나 6~7월에 그해 자란 가지를 잘라 꽂는데 어느 경우에나 뿌리가 잘 내린다. 묘목의 생장은 빠른 편이다.

조경수로서의 특성과 배식
추위에 약하므로 제주도에 한해 노지 식재가 가능하다. 나무가 크게 자라지 않으므로 가정 정원이나 좁은 곳의 여름 꽃나무로 심기 좋다. 화분에 재배해도 잘 자라므로 추운 지역에서는 화분에 심어 재배하여 꽃을 즐길 수 있다.

유사종
동속식물로 낙엽소교목인 무궁화가 있다. 나무의 높이는 3m에, 7~9월에 개화하는데, 다양한 품종이 개발 공급되고 있다.

운향과

실용수로 좋은
산초나무
Zanthoxylum schinifolium

성상, 음양	낙엽관목, 양수	수형	계란형
번식법	실생	개화기, 꽃색	8~9월, 연녹색
식재 가능 지역	전국	결실기, 열매색	9~10월, 녹갈색
식재 시기	봄, 가을 낙엽 후	단풍	황갈색

분류학적 위치와 형태적 특징 및 자생지
산초나무는 운향과에 속하는 낙엽관목으로 학명은 *Zanthoxylum schinifolium*이다. 속명 *Zanthoxylum*은 그리스어로 '황색'을 뜻하는 xanthos와 '나무'를 뜻하는 xylon의 합성어로 이 속의 식물 뿌리에서 황색 염료를 얻었던 데서 유래되었다. 종명 *schinifolium*은 '잎자루가 없는 잎'을 가진다는 뜻이다. 높이 3m까지 자란다. 줄기에는 3~5mm의 가시가 엇갈려서 난다. 잎은 1회 우상복엽이며 소엽은 13~21개로 피침형 또는 타원 모양 피침형이고 길이는 1.5~5cm로 가장자리에 물결 모양의 잔 톱니가 있다. 잎을 만지면 특유의 향기가 난다. 자웅이주로 꽃은 8~9월에 가지 끝에 편평화서로 피는데 꽃색은 연한 녹색이고 지름 3mm로 향기는 없다. 열매는 삭과로 길이 약 4mm이며 9~10월에 익으면 검은색의 종자가 노출된다. 함경북도를 제외한 우리나라 전역에 자생하며, 중국, 대만, 일본에도 분포한다.

관상 포인트 및 이용
가을에 피는 꽃과 검은색으로 익는 열매가 아름답지만 관상 가치가 높은 편은 아니고 종자에서 짠 기름을 약용, 식용하며 또 어린 열매와 어린잎을 장아찌로 만들어 먹기도 하는 실용수 겸 관상용으로 식재할 수 있다. 농촌의 주택 주변에 심어놓으면 모기가 모여들지 않는다고 하여 모기향 대용으로 사용하기도 한다.

성질과 재배
양수로 산야에 흔히 자라며 내한성도 강하다. 번식은 가을에 익는 종자를 채취하여 모래와 섞어 노천매장하였다가 이듬해 봄에 파종하는 방식으로 한다. 일부 종자는 파종한 그해에 발아하지만 일부는 이듬해에 발아하므로 함부로 파헤치지 않으며 풀을 뽑을 때도 유의해야 한다.

조경수로서의 특성과 배식
크게 자라지 않는 작은 관목으로 가지에 가시가 있어 다루기 불편하다. 가을에 하얗게 피는 꽃과 검게 익는 열매를 보기 위해 조경수로 심을 수 있으나 현재 조경수로 식재하는 경우는 드문 실정이고 열매로부터 기름을 얻기 위한 실용수로 흔히 재배한다. 시골 전원주택의 경우 정원에 몇 주씩 심어 야취 넘치는 꽃과 열매를 즐기고 또 어린 열매를 송이째 따서 장아찌를 만들어 먹을 수 있으므로 실용수로 심을 만하다.

유사종
동속식물로 왕초피나무, 초피나무, 개산초 등이 있으며 특히 초피나무와 흡사하다.

실용수로 좋은 산초나무

어린순과 열매를 향신료로 이용하는
초피나무
Zanthoxylum piperitum

성상, 음양	낙엽관목, 중용수	수형	개장형
번식법	실생	개화기, 꽃색	5~6월, 황록색
식재 가능 지역	전국	결실기, 열매색	9~10월, 홍갈색
식재 시기	봄, 가을 낙엽 후	단풍	황색

분류학적 위치와 형태적 특징 및 자생지

초피나무는 운향과에 속하는 낙엽관목으로 학명은 *Zanthoxylum piperitum*이다. 속명 *Zanthoxylum*은 그리스어로 '황색'을 뜻하는 xanthos와 나무를 뜻하는 xylon의 합성어로 이 속의 식물 뿌리에서 황색 염료를 얻었던 데서 유래되었다. 종명 *piperitum*은 '후추'라는 의미의 그리스어 peperi에서 나온 말이다. 키는 2~3m까지 자라며 줄기에는 가시가 2개씩 마주난다. 잎은 9~10개의 소엽으로 된 기수우상복엽으로 만지면 특유의 자극적인 냄새가 난다. 자웅이주로 5~6월에 연한 황록색의 작은 꽃들이 원추화서로 핀다. 열매는 9~10월에 갈색 또는 홍갈색으로 익는다. 강원도를 포함한 중부 이남에 자생하는데 서해안을 따라서는 황해도까지 분포한다.

관상 포인트 및 이용

우상복엽의 작은 잎과 열매가 아름답긴 하지만 초피나무는 관상수로서보다는 실용수로서의 가치가 높다. 가을의 단풍은 황색으로 물든다. 5~6월에 피는 꽃은 작지만 밀집하여 피므로 나름대로 아름다우며 향기가 난다. 봄철에 자라는 어린잎은 양념에 버무려 먹거나 장아찌를 담가 먹는데 맛이 아주 강하고 향미가 독특하다. 열매껍질을 말려 빻은 것을 제피가루라 부르며 보신탕, 매운탕, 추어탕 등에 향신료로 이용한다.

성질과 재배

중용수로 우리나라 전역에서 재배와 식재 가능하다. 번식은 전적으로 실생법으로 하는데, 가을에 익는 종자를 채취하여 건조 저장하거나 젖은 모래 속에 저장했다가 이듬해 봄에 파종한다. 성장은 느리며 개화 결실하려면 6~7년 이상 자라야 한다. 초피나무의 해충으로는 제비나비 종류의 유충이 피해를 입히지만 크게 문제될 정도는 아니다.

조경수로서의 특성과 배식

초피나무는 향신료와 약재를 생산하기 위한 특용수로 간주되고 있으며 조경수로서의 이용은 거의 없이 식물원이나 수목원 등에서 전시목 정도로 이용하는 실정이다. 열매와 단풍이 아름답긴 하지만 조경수로서의 가치가 크지는 않으므로 가정 정원에서 산나물과 향신료를 이용하기 위한 실용수 겸 조경수로 심을 만하다. 이식은 비교적 쉬운 편이며 이식 적기는 가을에 낙엽이 진 후와 봄 싹 트기 전이다.

유사종

동속식물로 산초나무, 왕초피, 개산초, 머귀나무 등이 있는데 특히 산초와 흡사하다.

운향과

생울타리 나무로 많이 이용되는
탱자나무
Poncirus trifoliata

성상, 음양	낙엽관목, 양수	수형	덤불형
번식법	실생	개화기, 꽃색	5월, 흰색
식재 가능 지역	경기도 이남	결실기, 열매색	10월, 황색
식재 시기	봄, 가을 낙엽 후	단풍	황색

분류학적 위치와 형태적 특징 및 자생지

탱자나무는 운향과의 낙엽관목으로 학명은 *Poncirus trifoliata*이다. 속명 *Poncirus*는 이 속과 유사한 프랑스산 귤나무 종류인 poncire에서 유래되었다. 종명 *trifoliata*는 '3엽'이란 뜻으로 3개의 소엽으로 된 복엽을 나타낸다. 높이 3m까지 자라며 가지는 약간 편평하며 녹색이고 길이 3~5cm 정도의 굳센 가시가 난다. 잎은 어긋매껴 나고 3출엽이며, 소엽은 두껍고 타원형으로 길이 3~6cm이고, 가장자리에 둔한 톱니가 있다. 꽃은 5~6월에 흰색으로 피고 가지 끝 또는 잎겨드랑이에 1개 또는 2개씩 달린다. 꽃받침 조각과 꽃잎은 각 5개가 떨어져 있다. 열매는 장과로 둥글고 지름 3cm로 표면에 부드러운 털이 많이 나 있고, 향기가 좋으며 10월에 황색으로 성숙한다. 경기도 이남에 자생하며 중국에도 분포한다.

관상 포인트 및 이용

꽃은 5~6월에 피는데 향기가 좋으나 꽃이 작아 관상 가치가 높지는 않다. 둥글고 큰 열매는 가을에 황색으로 익는데 아름답다. 한방에서는 미성숙 열매를 말린 것을 지실(枳實)이라 하여 약재로 이용한다.

성질과 재배

양수로 내한성이 상당히 강한 편으로 강원도와 중부 내륙지방을 제외한 전국 대부분 지역에서 재배 가능하다. 재배지는 비옥하고 물이 잘 빠지는 곳이 좋다. 번식은 실생법으로 한다. 종자는 가을에 채취하여 젖은 모래와 섞어 노천매장했다가 이듬해 봄에 파종한다. 종자 저장 때 너무 건조하여 씨앗이 마르면 발아하지 않으므로 주의한다.

조경수로서의 특성과 배식

탱자나무는 강한 가시가 있어 다루기 불편하므로 조경용으로는 거의 이용하지 않으며 과수원이나 경작지 및 주택의 생울타리용으로 많이 이용한다. 생울타리로 심을 때는 나무 사이 간격을 30cm 정도로 하여 적당히 주간을 잘라 3~4년 기르면 가지를 많이 치면서 점차 울밀한 울타리가 된다. 전정에 강하므로 줄기를 자를수록 더 치밀한 울타리로 만들 수 있다. 어릴 때는 이식이 쉬우나 가시가 강하고 많은 특성상 크게 자란 나무의 이식은 다루기 매우 어려우므로 가급적 작은 나무를 심어 가꾸는 게 좋다.

낙엽활엽관목

꽃과 열매가 아름다운 나무
가막살나무
Viburnum dilatatum

성상, 음양	낙엽관목, 중용수	수형	부정형
번식법	실생, 삽목, 휘묻이	개화기, 꽃색	5~6월, 흰색
식재 가능 지역	전국	결실기, 열매색	10월, 홍색
식재 시기	봄, 가을 낙엽 후	단풍	황갈색, 보라색

분류학적 위치, 형태적 특징 및 자생지

가막살나무는 인동과에 속하며 학명은 *Viburnum dilatatum*이다. 속명 *Viburnum*은 이 속의 한 종 *V. lantana*의 라틴명에서 온 것이며 종명 *dilatatum*은 '확장된'이란 뜻으로 꽃이 복산형화서로 넓게 퍼져 피는 것을 표현하였다. 높이 2~3m까지 자라며 잎은 마주나며 넓은 계란형 또는 도란형으로 길이는 6~12cm 정도이다. 꽃은 5~6월에 짧은 가지 끝에 복산형화서로 피며 흰색이다. 열매는 계란형으로 10월경에 붉게 익는다. 강원도와 황해도 이남의 숲속, 산기슭 등에 자생하며 한국 외에 일본과 중국에도 분포한다.

관상 포인트

꽃은 5~6월에 짧은 가지 끝에 흰색의 작은 꽃들이 모여 피어 아름답다. 가을에 붉게 익는 열매도 무척 아름다운데 겨우내 달려 있어 관상 기간이 길다. 단풍은 황갈색 또는 보라색으로 들며 그런대로 좋은 편이다.

성질과 재배

추위에 강하며 적응성이 좋아 우리나라 전역에서 재배 가능하며 척박한 곳에서도 잘 견딘다. 반음지 식물로 양지와 음지에서 모두 잘 적응한다. 번식은 실생과 삽목으로 하는데, 실생법의 경우, 가을에 잘 익은 열매에서 종자를 채취하여 젖은 모래 속에 저장하였다가 이듬해 봄에 파종한다. 삽목의 경우 봄 싹 트기 전에 지난해 자란 가지를 10~15cm 정도로 잘라 꽂거나, 6~7월에 새로 자란 가지를 꽂는 녹지삽도 가능한데 어느 방법으로 하든지 뿌리가 잘 내린다. 병충해는 진딧물과 깍지벌레가 발생하며 또한 이들 해충이 발생하면 그을음병도 함께 발생하게 된다. 따라서 적당한 살충제로 진딧물과 깍지벌레를 제때 구제하도록 한다.

조경수로서의 특성과 배식

야생 수목으로 꽃과 열매가 아름다우므로 공원이나 생태공원의 구성 요소로 활용하면 좋다. 수형이 정연하지 못하고 부정형으로 자라며 수격이 높은 나무는 아니므로 정원이나 공원의 주목으로보다는 큰 나무 아래 하목으로 심는 게 일반적이다. 야취가 풍기면서 꽃과 열매를 감상할 수 있는 데다 적응성이 강한 나무이므로 앞으로 더 많은 이용이 기대되는 수종이다. 이식은 쉬우며, 이식 적기는 가을에 낙엽이 진 후부터 봄 싹 트기 전이다.

유사종

동속식물로 덜꿩나무, 산가막살나무, 분꽃나무, 분단나무, 백당나무 등이 있는데 특히 성질과 조경적 이용 면에서 덜꿩나무와 흡사하다.

봄에는 향기로운 꽃 가을에는 영롱한 열매

괴불나무
Lonicera maackii

성상, 음양	낙엽관목, 중용수	수형	덤불형
번식법	실생	개화기, 꽃색	5~6월, 흰색~연황색
식재 가능 지역	전국	결실기, 열매색	9~10월, 홍색
식재 시기	봄, 가을 낙엽 후	단풍	갈색

분류학적 위치, 형태적 특징 및 자생지
괴불나무는 인동과에 속하는 낙엽관목으로 학명은 *Lonicera maackii*
이다. 속명 *Lonicera*는 독일의 의사로서 식물학자인 아담 로니서Adam
Lonicer의 이름에서 유래되었다. 종명 *maackii*는 러시아의 식물학자인
매크R. Maack의 이름에서 유래된 것이다. 높이 3~4m 정도로 자라는데
가지의 속은 비었고 어린 가지에는 털이 있다. 잎은 마주나며 긴 타원형
이고 길이 5~10cm, 너비 2~4cm이다. 꽃은 5~6월에 잎겨드랑이에서 나
는 짧은 꽃자루에 2개씩 달리고 화관은 지름 2cm인데 흰색에서 연한 황
색으로 변한다. 열매는 지름 7mm 정도로 둥글며 9~10월경에 붉은색으
로 익는다. 전라도를 제외한 전국의 산지 숲속에 자생하며 우리나라 외에
일본과 중국에도 분포한다.

관상 포인트
5~6월에 잎겨드랑이에서 피는 흰색 꽃이 아름답고 향기도 좋다. 가을에
영롱하게 붉게 익는 열매도 무척 아름다운데 겨우내 달려 있어 관상 기간
도 길다.

성질과 재배
우리나라 전역에서 재배 가능하며 척박한 곳에서도 잘 견딘다. 양지와 음
지에서 모두 잘 적응하지만 볕바른 곳에서는 수형이 좋고 개화와 결실이
잘 된다. 번식은 실생법으로 하는데, 가을에 잘 익은 열매를 따서 종자를
채취하여 젖은 모래 속에 저장해두었다가 이듬해 봄에 파종한다.

조경수로서의 특성과 배식
야생 수목으로 꽃과 열매가 아름다우며 가정 정원, 학교원, 공원이나 생
태공원 등에 심기 좋다. 관목으로 뿌리목에서 지속적으로 새 가지가 자라
나와 덤불로 자라면서 긴 가지는 약간 늘어져 자연 수형은 우산 모양의
덤불에 가깝게 된다. 현재 조경수로의 이용은 미미한 수준이지만 야취가
풍기면서 꽃과 열매가 매우 매력적인 나무이므로 앞으로 더 많은 이용이
기대되는 수종이다. 이식은 쉬우며, 이식 적기는 가을에 낙엽이 진 후부터
봄 싹 트기 전까지이다.

유사종
동속식물로 인동, 물앵도나무, 댕댕이나무, 구슬댕댕이, 올괴불나무, 길마
가지나무, 흰괴불나무, 홍괴불나무 등이 있으며 대체로 꽃이 향기롭고 열
매가 아름다운 낙엽관목으로 원예 및 조경 가치가 높다.

꽃과 열매가 아름다운 나무
구슬댕댕이
Lonicera vesicaria

성상, 음양	낙엽관목, 중용수	수형	덤불형
번식법	실생, 삽목	개화기, 꽃색	5~6월, 연황색
식재 가능 지역	전국	결실기, 열매색	8~9월, 홍색
식재 시기	봄, 가을 낙엽 후	단풍	황갈색

분류학적 위치, 형태적 특징 및 자생지

구슬댕댕이는 인동과에 속하는 낙엽관목으로 학명은 *Lonicera vesicaria*
이다. 속명 *Lonicera*는 독일의 의사이자 식물학자인 아담 로니서의 이름
에서 유래되었다. 종명 *vesicaria*는 주머니 모양의 열매란 뜻으로 소포에
싸인 열매를 묘사한다. 줄기는 바로 서며 높이 1.5~2m 정도로 자란다. 잎
은 마주나며 계란형으로 길이 5~10cm이며 양면에 억센 털이 밀생한다.
꽃은 5~6월에 잎겨드랑이에서 나는 짧은 꽃자루에 달리는데 억센 털이
밀생하는 길이 1~2cm의 엽상 포에 싸여 있다. 화관은 연한 황색이다. 열
매는 장과로 구형에 지름 1cm이며 몇 개씩 모여 달리는데 8~9월경에 붉
은색으로 익는다. 자생지는 중부 이북으로 석회암 지대에 주로 분포한다.
우리나라 외에 중국 동북 지방에도 분포한다.

관상 포인트

꽃은 연한 황색으로 5~6월에 잎겨드랑이에서 피는데 3~4mm의 짧은 꽃
자루에 달린다. 가을에 영롱하게 붉게 익는 열매가 무척 아름답다.

성질과 재배

추위에 강하며 우리나라 전역에서 재배 가능하다. 토질을 크게 가리지 않
으며 양지쪽이나 반음지에서 잘 자란다. 번식은 실생과 삽목으로 하는데,
실생법의 경우 가을에 잘 익은 열매로부터 종자를 채취하여 젖은 모래 속
에 저장해두었다가 이듬해 봄에 파종한다. 삽목의 경우 봄에 지난해 자란
가지를 꽂거나 여름에 그해 새로 자란 가지를 꽂는데 발근율이 그리 높은
편은 아니다.

조경수로서의 특성과 배식

산지에 자생하는 야생 수목으로 꽃과 열매가 아름다우며 열매는 새들이
즐겨 먹으므로 생태공원이나 자연학습원 등의 조경수로 좋다. 정원의 주
목으로 심을 만한 나무는 아니며 키가 크게 자라지 않고 음지에서도 잘
견디므로 큰 나무의 아래나 건물의 북쪽 그늘진 곳 등에 심기에 적합한
나무이다. 현재 조경수로의 이용은 거의 없는 실정이지만 꽃과 열매가 매
력적인 나무이므로 앞으로 더 많은 이용이 기대되는 수종이다. 이식은 쉬
우며, 이식 적기는 가을에 낙엽이 진 후부터 봄 싹 트기 전까지이다.

유사종

동속식물로 인동, 물앵도나무, 댕댕이나무, 괴불나무, 올괴불나무, 길마가
지나무, 흰괴불나무, 홍괴불나무 등이 있다.

봄맞이 꽃 중의 선두 주자
길마가지나무
Lonicera harai

성상, 음양	낙엽관목, 중용수	수형	덤불형
번식법	실생, 삽목, 분주, 휘묻이	개화기, 꽃색	3월, 흰색~연황색
식재 가능 지역	전국	결실기, 열매색	4~5월, 홍색
식재 시기	봄, 가을 낙엽 후	단풍	황갈색

분류학적 위치, 형태적 특징 및 자생지
길마가지나무는 인동과에 속하는 낙엽관목으로 학명은 *Lonicera harai*
이다. 속명 *Lonicera*는 독일의 식물학자인 아담 로니서의 이름에서 유래
된 것이며 종명 *harai*는 일본인 식물학자 하라Hara의 이름에서 온 것이
다. 높이 3m까지 자란다. 잎은 마주나며 타원형 또는 난상 타원형으로 길
이 3~7cm 정도이며 양면 털이 많이 난다. 꽃은 흰색 또는 연한 황색으로
2~3월경에 2송이씩 밑을 향해 달리며 향기가 좋다. 열매는 장과로 2개가
합쳐져 거꾸로 된 하트 모양을 하며 4~5월에 붉게 익는다. 전국 산야의
숲 가장자리, 산록의 양지바른 곳에 자생하며 중국 동북 지방, 일본 쓰시
마에도 분포한다.

관상 포인트
겨울 끝자락부터 피기 시작하는 향기 좋은 꽃과 봄에 아름답게 익는 독특
한 모양의 열매가 매력적이다. 연한 황색과 분홍색이 도는 흰색 꽃은 2월
초중순부터 피기 시작하여 4월까지 계속된다. 4~5월에 익는 열매는 2개
가 합쳐져 하트형의 특이한 모양을 이루며, 익어감에 따라 연두색에서 황
색, 오렌지색을 거쳐 선명한 홍색으로 변하므로 매우 독특하고 아름답다.

성질과 재배
우리나라 전역에서 재배와 식재 가능하며 적응성이 뛰어나 토질을 가리
지 않는다. 번식은 삽목. 실생, 분주, 휘묻이로 할 수 있다. 삽목의 경우 봄
싹 트기 전에 지난해에 자란 줄기를 10cm 내외로 잘라 모래나 마사에 꽂
는다. 실생법의 경우 봄에 열매가 익는 대로 종자를 채취하여 직파한다.
종자는 매우 작으며 파종한 그해 여름쯤이면 발아한다. 휘묻이는 늘어지
는 가지를 구부려 흙을 덮어두었다 뿌리가 내린 후 잘라내면 된다.

조경수로서의 특성과 배식
길마가지나무는 그 존재마저 잘 알려져 있지 않을 정도로 조경에 이용되
는 경우는 거의 없지만 봄맞이 꽃나무 중에서도 가장 먼저 꽃이 피는 나
무 중의 하나로 가치가 매우 크다. 아주 이른 봄에 피는 꽃나무로 풍년화
와 납매가 있지만 이들은 모두 외래종이며 우리 자생수 중에서는 길마가
지나무가 단연 으뜸이다. 이식은 아주 쉬우며 가을에 낙엽이 진 후부터
봄 싹 트기 전까지가 이식 적기이다.

유사종
동속식물로 인동, 댕댕이나무, 구슬댕댕이, 올괴불나무, 괴불나무, 홍괴불
나무 등이 있다.

인동과

향기롭고 아름다운 꽃나무
댕강나무
Abelia mosanensis

성상, 음양	낙엽관목, 양수	수형	덤불형
번식법	실생, 삽목, 포기나누기	개화기, 꽃색	5월, 흰색
식재 가능 지역	전국	결실기, 열매색	9월, 녹갈색
식재 시기	봄, 가을 낙엽 후	단풍	황갈색

분류학적 위치와 형태적 특징 및 자생지
댕강나무는 인동과에 속하는 낙엽관목으로 학명은 *Abelia mosanensis*
이다. 속명 *Abelia*는 영국의 의사인 클라크 에이블Clark Abel의 이름에서
비롯되었다. 종명 *mosanensis*는 원산지가 맹산이란 뜻이다. 댕강나무
를 처음 발견한 정태현 박사가 이 종을 기재할 때는 일제 강점기로 안타
깝게도 평남 맹산의 일본식 이름을 종명으로 하였던 것이다. 높이 2m 정
도까지 자라며, 잎은 마주나고 피침형이며 길이는 3~7cm이다. 꽃은 5월
에 가지 끝과 잎겨드랑이에서 두상화서로 피며 하나의 화경에 3개의 꽃
이 달리고 화관은 흰색으로 길이 2~2.2cm, 통부는 길이 1.5cm이다. 열매
는 9월경에 익는다. 평안남도 맹산과 성천 지역이 자생지로 석회암 지대
의 대표적인 식생이다.

관상 포인트
꽃은 5월에 피는데 약간 붉은빛이 도는 흰색의 작은 꽃들이 많이 모여 피
어 아름다우며 또한 무척 향기롭다. 잎이나 열매 등의 관상 가치는 높지
않다.

성질과 재배
양수로 토질을 가리지 않고 잘 자라며 척박한 곳에서도 잘 견딘다. 번식

은 실생, 삽목, 휘묻이, 포기나누기가 가능한데, 삽목이 쉽고 편하다. 봄 싹
트기 전에 웃자란 가지를 10~15cm 정도로 잘라 꽂거나, 6~7월에 새로 자
란 가지를 꽂는데 녹지삽의 발근율이 더 좋다. 실생의 경우 가을에 잘 익
은 열매로부터 종자를 채취하여 직파하거나 냉장고 속에 저장해두었다가
이듬해 봄에 파종한다. 병충해는 진딧물과 깍지벌레가 발생할 수 있으며
이들 해충이 발생하면 그을음병도 함께 발생하게 된다. 따라서 수시로 적
당한 살충제를 살포하는 게 좋다.

조경수로서의 특성과 배식
낙엽관목으로 꽃이 무척 아름답고 향기로우므로 가정 정원, 학교원, 공원
이나 생태공원 등에 심기 좋다. 덤불 형태로 자라며 수격이 높은 나무는
아니므로 생울타리, 산책로나 보도 주위, 큰 나무 아래에 심는 하목으로
이용하면 좋다. 관목으로 잔뿌리가 많은 편이라 이식은 쉬우며, 이식 적기
는 가을에 낙엽이 진 후부터 봄 싹 트기 전까지이다.

유사종
동속식물로 줄댕강나무, 털댕강나무, 섬댕강나무, 바위댕강나무, 좀댕강
나무 등이 있으며 그 외 조경용으로 중국 원산의 꽃댕강나무가 많이 이용
되고 있다.

봄에는 꽃, 가을에는 열매
백당나무
Viburnum sargentii

성상, 음양	낙엽관목, 양수	수형	덤불형
번식법	실생, 삽목	개화기, 꽃색	5~6월, 흰색
식재 가능 지역	전국	결실기, 열매색	9월, 홍색
식재 시기	봄, 가을 낙엽 후	단풍	홍갈색

분류학적 위치와 형태적 특징 및 자생지

백당나무는 인동과에 속하는 낙엽관목으로 학명은 *Viburnum sargentii* 이다. 속명 *Viburnum*은 이 속의 어떤 식물의 라틴 이름이다. 종명 *sargentii*는 사람 이름에서 온 것이다. 높이 2~3m까지 자란다. 잎은 넓고 끝은 대개 3개로 갈라진다. 꽃은 짧은 가지 끝에 취산화서로 달리는데, 화서의 가장자리에는 지름 1cm 정도의 흰색 무성화가 달리고 중앙부에는 지름 5~6mm의 유성화가 핀다. 열매는 둥글며 지름 8~10mm 정도로 9월에 붉게 익는다. 우리나라 전역의 산록, 골짜기 등에 자생하며, 일본, 중국, 아무르, 우수리, 사할린, 쿠릴 열도 등에도 분포한다.

관상 포인트

꽃은 5~6월에 짧은 가지 끝에 취산화서로 피는데, 흰색의 작은 꽃들이 많이 모여 피어 아름답다. 가을에 붉게 익는 열매도 무척 아름다운데 겨우내 달려 있어 관상 기간도 길다. 홍갈색으로 물드는 단풍도 고운 편이다.

성질과 재배

우리나라 전역에서 재배가 가능하며 볕바른 곳에서 개화와 결실이 좋다. 번식은 삽목, 실생, 휘묻이, 포기나누기로 하는데 삽목이 가장 일반적이다. 봄 싹 트기 전에 웃자란 가지를 10~15cm 정도로 잘라 꽂거나, 6~7월에 새로 자란 가지를 꽂는다. 잎이 크므로 녹지삽의 경우 잎을 1~2장 남기되 잎의 일부를 잘라버리고 꽂는다. 실생법의 경우 가을에 잘 익은 열매로부터 종자를 채취하여 젖은 모래 속에 2년간 저장해두었다가 3년째 봄에 파종한다.

조경수로서의 특성과 배식

야생 수목으로 꽃과 열매가 아름다우므로 공원이나 생태공원의 구성 요소로 활용하면 좋다. 수형과 꽃이 수수하고 우리 정서에 맞아 고택이나 사찰 등의 조경에도 무난하다. 다만 덤불 형태로 자라 수격이 높은 나무는 아니므로 큰 나무 아래에 심는 하목으로의 이용이 일반적이다. 관목상으로 자라며 잔뿌리가 많은 편이라 이식은 쉬우며, 이식 적기는 가을에 낙엽이 진 후부터 봄 싹 트기 전까지이다.

유사종

불두화는 백당나무의 변이종으로 사찰에 많이 식재하는데 무성화만 피므로 열매를 맺지 않는 대신 꽃은 백당나무보다 더 탐스럽다. 그 외 동속식물로 가막살나무, 덜꿩나무, 산가막살나무, 분꽃나무, 분단나무 등이 있으며 성질도 비슷하다.

꽃과 열매가 아름다운
분홍괴불나무 (타타리카괴불나무)
Lonicera tatarica

성상, 음양	낙엽관목, 양수	수형	덤불형
번식법	삽목, 분주, 실생	개화기, 꽃색	4~5월, 홍색, 흰색
식재 가능 지역	전국	결실기, 열매색	5~6월, 홍색
식재 시기	봄, 가을 낙엽 후	단풍	황색

분류학적 위치와 형태적 특징 및 자생지

분홍괴불나무는 인동과에 속하는 낙엽 관목으로 학명은 *Lonicera tatarica*이다. 속명 *Lonicera*는 독일의 의사이자 식물학자인 로니서의 이름에서 유래되었다. 종명 *tatarica*는 중앙아시아 타타르 지역 원산이란 뜻이다. 높이 3~4m까지 자라며 잎은 마주나고 길이 4~6cm, 너비 2~3cm 정도이다. 꽃은 4~5월에 잎겨드랑이에서 난 꽃대 위에 2개씩 쌍으로 피는데 꽃색은 홍색 또는 흰색이며 수술은 황색이다. 열매는 장과로 둥글며 꽃이 진 후 1개월 남짓 지나면 붉은색으로 익는다. 러시아 남동부, 시베리아, 캄차카, 중앙아시아 원산으로 우리나라에는 1950년대에 도입되어 조경수로 식재되고 있다.

관상 포인트

4~5월에 잎겨드랑이마다 피는 꽃은 작지만 홍색으로 매우 아름답다. 붉게 익는 열매 역시 무척 아름다워 관상 가치가 높다.

성질과 재배

추위에 강하여 우리나라 전역에서 재배 가능하다. 번식은 삽목, 실생 및 분주로 하는데 삽목으로 뿌리가 잘 내린다. 삽목은 봄 싹 트기 전이나 여름 장마철에 하는데 봄꽃이의 경우 지난해 자란 가지를 10cm 내외로 잘라 꽂는 방식이다. 여름꽂이 시에는 그해에 자란 가지를 10cm 정도로 잘라 아래 잎을 따 버리고 위쪽 잎 1~2장만 남기고 꽂는다. 여름꽂이는 나무 그늘에서 하거나 해가림을 해주어야 한다. 실생법의 경우 5~6월에 익는 열매를 직파하면 된다. 포기나누기는 크게 자란 포기를 캐어 2~3줄기씩 나누어 심는 것으로 봄 싹 트기 전에 실시한다.

조경수로서의 특성과 배식

양수지만 반그늘 정도에서도 잘 자란다. 따라서 큰 나무 아래 등에 심어 허전함을 메꾸어주는 용도로 이용하면 좋다. 크게 자라지 않는 낙엽관목으로 봄에 피는 꽃과 초여름의 열매가 매우 아름다우므로 좁은 뜰의 꽃나무 겸 여름 열매나무로 심어도 좋다. 공원 등에 몰아 심어도 좋다.

유사종

동속식물로 인동, 괴불나무, 섬괴불나무, 길마가지나무 등이 있으며 섬괴불나무와 수성과 열매 등이 흡사하지만 꽃이 홍색이라 더 선명하고 눈길을 끈다.

인동과

꽃과 열매가 아름다운 울릉도산 괴불나무
섬괴불나무
Lonicera insularis

성상, 음양	낙엽관목, 중용수	수형	덤불형
번식법	실생, 삽목	개화기, 꽃색	4~5월, 흰색
식재 가능 지역	전국	결실기, 열매색	6월, 홍색
식재 시기	봄, 가을 낙엽 후	단풍	황갈색

분류학적 위치와 형태적 특징 및 자생지
섬괴불나무는 인동과에 속하는 낙엽활엽관목으로 학명은 *Lonicera insularis*이다. 속명 *Lonicera*는 독일의 의사이며 식물학자인 로니서의 이름에서 유래된 것이다. 종명 *insularis*는 '섬에서 난다'라는 뜻이다. 높이 4m까지 자란다. 잎은 마주나며 계란형이고 길이 4~8cm로, 가장자리는 톱니가 없이 밋밋하며, 잎자루는 길이 3~5mm로 뒷면에 융털이 존재한다. 꽃은 4~5월에 잎겨드랑이에서 2개씩 달리고, 꽃부리는 처음 필 때는 흰색이지만 나중에는 노란색으로 변한다. 열매는 장과로 서로 떨어져 있으며 둥글고 지름 8mm로 붉은색이며 6월에 성숙한다. 자생지는 우리나라 울릉도이며, 우리나라 외에 일본 규슈에도 분포한다.

관상 포인트
잎 사이에서 피는 흰색의 꽃이 아름답다. 괴불나무속의 꽃은 대개 향기가 좋지만 섬괴불나무 꽃은 향기는 거의 없다. 6월에 붉게 익는 열매는 꽃보다 더 아름답다.

성질과 재배
내한성이 강하여 우리나라 전역에서 재배 가능하며 보습성과 배수성이 양호한 사질 양토에서 잘 자란다. 햇볕이 잘 드는 곳이 적지이지만 약간 그늘지는 환경에서도 잘 적응한다. 내건성은 약한 편이나 내조성, 내공해성이 강하다. 번식은 실생, 삽목 및 휘묻이로 하는데 실생법의 경우 여름에 성숙한 열매를 채취하여 과육을 제거하여 직파하면 그해에 발아한다. 삽목은 봄 싹 트기 전에 지난해 자란 가지를 10cm 내외로 잘라 꽂으면 된

다. 여름에 하는 녹지삽도 가능한데 6~7월에 그해에 자란 가지를 잘라 꽂으면 곧 뿌리가 내린다. 휘묻이는 가지를 구부려 흙을 덮어두면 뿌리가 내리는데 이듬해 봄에 분리하여 심는다.

조경수로서의 특성과 배식
조경용수로 좋으며, 정원에 식재하거나 공원 등에 여러 그루를 모아 심어 꽃과 열매를 감상하면 좋다. 꽃도 좋지만 열매가 특히 아름다우며 열매는 새들이 아주 좋아한다. 꽃에는 꿀이 많아 밀원식물로서의 역할도 한다.

유사종
동속식물로 인동덩굴, 괴불나무, 홍괴불나무, 올괴불나무, 길마가지나무, 댕댕이나무 등이 있으며 모두 꽃과 열매가 아름다운 나무다.

산야에 피는 수줍은 색시 같은 꽃
병꽃나무
Weigela subsessilis

성상, 음양	낙엽관목, 중용수	수형	부정형
번식법	삽목, 실생	개화기, 꽃색	4~5월, 황록색
식재 가능 지역	전국	결실기, 열매색	9월, 갈색
식재 시기	봄, 가을 낙엽 후	단풍	갈색

분류학적 위치와 형태적 특징 및 자생지

병꽃나무는 인동과에 속하는 낙엽관목으로 학명은 *Weigela subsessilis*
이다. 속명 *Weigela*는 독일의 바이겔C. E. von Weigel의 이름에서 따온
것이다. 종명 *subsessilis*는 꼭지가 거의 없다는 뜻으로 꽃에 꽃대가 거
의 없음을 의미한다. 높이 1~3m 정도로 자라며 잎은 마주나고 도란형 또
는 도란상 타원형이다. 꽃은 4~5월에 1~2송이가 잎겨드랑이에 나는데
처음에는 황록색이다가 나중에는 홍색으로 변한다. 열매는 삭과로 길이
1~1.5cm에 가는 털이 있으며 9월에 익는다. 우리나라 특산종으로 평남,
함남을 제외한 각지의 산기슭에 자생한다.

관상 포인트

꽃은 4~5월에 피는데 수수하고 청초한 색이지만 무리지어 많이 피므로
꽤 아름답다. 병꽃나무는 꽃이 아름다워 야생 수목 외에도 많은 원예용
품종들이 개발되어 관상용으로 식재되고 있기도 하다. 원예용 품종은 대
개 꽃이 더욱 화려하며 크기 또한 크다.

성질과 재배

우리나라 전역에서 재배 가능하며, 중용수로 양지와 음지에서 모두 잘 자
란다. 번식은 주로 삽목에 의하며, 휘묻이와 실생도 가능하다. 삽목은 봄

싹 트기 전에 지난해에 자란 가지를 10~15cm 정도로 잘라 꽂거나, 6~7월
에 새로 자란 가지를 꽂는 녹지삽도 가능한데 녹지삽의 뿌리 내림이 더욱
좋다. 종자 번식도 가능하지만 꺾꽂이가 아주 쉬우므로 새로운 품종 개량
등의 목적 외에는 거의 사용하지 않는다. 성장 속도는 빠른 편이다.

조경수로서의 특성과 배식

야생 수목으로 꽃이 아름답지만 고급스러운 느낌이 나는 나무는 아니다.
따라서 가정 정원보다는 학교원, 공원, 생태공원 등에서 큰 나무 아래에
허전함을 메꾸어 심는 하목으로 좋다. 그늘에서도 잘 적응하는 점이 이런
용도로서의 가치를 높여준다. 꽃이 좋아 다양한 품종의 원예종이 보급되
고 있어 실제 조경용으로는 이런 원예종이 더 많이 이용되고 있는 실정이
지만 자생 병꽃나무도 적응성이 강하고 매력적인 나무이므로 앞으로 더
많은 이용이 기대된다. 이식은 쉬우며, 이식 적기는 가을에 낙엽이 진 후
부터 봄 싹 트기 전이다.

유사종

동속식물로 붉은병꽃나무, 골병꽃, 통영병꽃나무 등이 있는데 모두 병꽃
나무와 성질이 비슷하다.

꽃과 열매가 아름다운 낙엽관목
분꽃나무
Viburnum carlesii

성상, 음양	낙엽관목, 양수	수형	부정형
번식법	실생, 삽목	개화기, 꽃색	4~5월, 흰색
식재 가능 지역	전국	결실기, 열매색	10월, 검은색
식재 시기	봄, 가을 낙엽 후	단풍	황갈색

분류학적 위치와 형태적 특징 및 자생지
분꽃나무는 인동과에 속하는 낙엽관목으로 학명은 *Viburnum carlesii*이다. 속명 *Viburnum*은 이 속의 구 라틴명이며 종명 *carlesii*는 식물 애호가인 칼스William Richard Carles의 이름에서 온 것이다. 높이 2~3m, 잎은 마주나고 넓은 계란형으로 길이 4~10cm이며 가장자리에는 불규칙한 톱니가 있다. 꽃은 4~5월에 짧은 가지 끝에 취산화서로 달리는데 피기 직전에는 도홍색이고 피면 흰색이며 짙은 향기가 난다. 열매는 핵과로 원형으로 길이 8~10mm 정도로 어릴 때는 녹색이다가 익으면서 점차 홍색으로 변하며 완전히 익으면 다시 검은색으로 변한다. 전국의 산기슭이나 해안의 산지에 자생하며, 우리나라 외에 대마도에도 분포한다.

관상 포인트
꽃은 4~5월에 짧은 가지 끝에 취산화서로 피는데, 통부와 화판의 이면은 홍색이고 표면은 흰색으로 매우 아름다우며 향기 또한 좋다. 가을에 점차 붉어지다가 검게 익는 열매도 관상 가치가 높다.

성질과 재배
우리나라 전역에서 재배 및 식재 가능하다. 토질은 크게 가리지 않으며 볕바른 곳에서 잘 자란다. 번식은 삽목, 실생, 휘묻이, 포기나누기로 하는데 꺾꽂이와 실생법이 실용적이다. 삽목은 봄 싹 트기 전에 하는 숙지삽이나, 6~7월에 하는 녹지삽 모두 잘 된다. 실생의 경우, 가을에 잘 익은 열매로부터 종자를 채취하여 젖은 모래 속에 저장해두었다가 3년째 봄에 파종한다. 분꽃나무 종자는 1년간 휴면하므로 이듬해 파종해도 발아하지 않고 3년째 발아하게 된다. 휘묻이는 늘어지는 가지를 구부려 흙을 덮어두었다 뿌리가 내리면 떼어 심는 방법으로 떼어 심는 시기는 이른 봄이 좋다.

조경수로서의 특성과 배식
야생 수목으로 꽃과 열매가 아름다우므로 공원이나 생태공원의 구성 요소로 활용하면 좋다. 잎과 수형에서 풍기는 느낌은 수수하지만 꽃이 피면 매우 화려하다. 전원주택, 사찰, 고택이나 고궁 등에도 잘 어울리는 나무이다. 볕바른 곳을 좋아하지만 반그늘에서도 잘 적응하므로 정원이나 공원의 큰 나무 아래에 심는 하목으로 이용해도 좋다. 이식은 쉬우며, 이식 적기는 가을에 낙엽이 진 후부터 봄 싹 트기 전이다.

유사종
동속식물로 가막살나무, 덜꿩나무, 산가막살나무, 백당나무, 분단나무 등이 있다.

인동과

꽃과 열매가 아름다운 숲속의 관목
올괴불나무
Lonicera praeflorens

성상, 음양	낙엽관목, 중용수	수형	덤불형
번식법	실생, 삽목	개화기, 꽃색	3~4월, 흰색
식재 가능 지역	전국	결실기, 열매색	5월, 홍색
식재 시기	봄, 가을 낙엽 후	단풍	황갈색

분류학적 위치와 형태적 특징 및 자생지
올괴불나무는 인동과에 속하는 낙엽관목으로 올괴불나무라는 이름 그대로 인동과 식물 중 길마가지나무와 함께 가장 먼저 꽃이 피는 나무로 꼽힌다. 학명은 *Lonicera praeflorens*이다. 속명 *Lonicera*는 독일의 의사이자 식물학자인 로니서의 이름에서 유래된 것이다. 종명 *praeflorens*는 '꽃이 먼저 핀다'는 뜻이다. 잎은 마주나며 타원형으로 길이 3~6cm로 잎의 양면에는 융모가 있고 가장자리에는 톱니가 없다. 꽃은 잎겨드랑이에서 나오는데 화관은 흰색이고 꽃밥은 자주색 또는 홍색으로 3월경에 잎보다 먼저 핀다. 열매는 장과로 둥글며 2개가 서로 떨어져 있고 지름 8mm 정도에 5월에 붉은색으로 익는다. 전국 산지 숲속에서 자란다. 일본, 중국 동북 지방, 우수리 등에도 분포한다.

관상 포인트
올괴불나무의 가장 큰 매력은 이른 봄에 피는 연분홍의 아름다운 꽃이다. 꽃은 아직 잔설이 채 가기 전인 3월초부터 피기 시작하는데 지난해에 자란 가지의 잎겨드랑이에서 2개씩 피며 꽃잎의 끝부분이 연한 홍색이며 꽃밥은 홍색 또는 자주색이다. 5월에 붉게 익는 열매도 매우 아름답다.

성질과 재배
추위에 강하며 우리나라 전역에서 재배와 식재가 가능하며 습기가 유지되는 양토에서 잘 자란다. 번식은 삽목, 실생, 분주, 휘묻이로 할 수 있다. 삽목의 경우 봄 싹 트기 전에 지난해에 자란 줄기를 10cm 내외로 잘라 모래나 마사에 꽂는데 발근율이 좋지 않으므로 발근 촉진제를 처리하는 것이 효과적이다. 실생법의 경우 5월에 붉게 익은 열매를 채취하여 직파한다. 종자는 매우 작으며 파종한 그해에 발아한다.

조경수로서의 특성과 배식
올괴불나무는 그 존재마저 잘 알려져 있지 않을 정도의 생소한 나무로 조경에 이용되는 경우는 거의 없는 형편이다. 그러나 봄 일찍 피는 특이한 형태의 꽃이 아름다운 데다 열매 또한 아름다워 조경적 가치가 높다. 양지와 음지를 가리지 않고 잘 자라는 것도 큰 장점이다. 잔뿌리가 많아 이식은 쉬우며 가을에 낙엽이 진 후부터 봄 싹 트기 전까지가 이식 적기이다.

유사종
동속식물로 인동, 물앵도나무, 댕댕이나무, 구슬댕댕이, 길마가지나무, 괴불나무, 흰등괴불나무, 홍괴불나무 등이 있다.

꽃과 열매가 깜찍한
흰등괴불나무
Lonicera maximowiczii var. *latifolia*

성상, 음양	낙엽관목, 음수	수형	덤불형
번식법	실생, 삽목, 휘묻이	개화기, 꽃색	5월, 자주색
식재 가능 지역	전국	결실기, 열매색	7월, 홍색
식재 시기	봄, 가을 낙엽 후	단풍	갈색

분류학적 위치와 형태적 특징 및 자생지

흰등괴불나무는 인동과에 속하는 낙엽활엽관목으로 학명은 *Lonicera maximowiczii* var. *latifolia*이다. 속명 *Lonicera*는 독일의 의사이며 식물학자인 로니서의 이름에서 유래된 것이다. 종명 *maximowiczii*는 러시아의 식물학자인 막시모비치K. I. Maximovich의 이름에서 온 것이다. 높이 1m까지 자란다. 잎은 마주나고 타원형 또는 넓은 피침형으로 길이 3~8cm, 너비 2~3.5cm이며 양끝이 뾰족하다. 꽃은 5월에 새 가지의 잎겨드랑이에서 자주색으로 피는데 꽃자루의 길이가 1~2cm로 긴 편이다. 열매는 장과로 둥글고 7월에 붉게 익는다. 전국의 높은 산에 자생한다.

관상 포인트

꽃은 5월에 피는데 작지만 짙은 자주색으로 피어 눈길을 끈다. 열매는 둥글고 붉게 익어 아름답다. 관상 가치가 높은 수종이라기보다는 꽃과 열매가 특이한 자생 수목이라는 데 의미가 있다.

성질과 재배

높은 산 숲속에 자생하는 낙엽관목으로 중부지방의 기후에 더 적합한 나무다. 번식은 실생, 삽목, 휘묻이로 한다. 실생법의 경우 6월에 익는 열매에서 종자를 채취하여 직파하거나 냉장고에 저장했다가 이듬해 봄에 파종한다. 삽목의 경우 봄 싹 트기 전에 지난해 자란 가지를 10cm 길이로 잘라 꽂는다. 가지를 구부려 흙을 덮어두었다가 뿌리가 내리면 이듬해 봄에 잘라 심는 휘묻이로도 번식 가능하다.

조경수로서의 특성과 배식

키 작은 낙엽관목으로 암석원이나 정원석 주변에 심거나 중간 크기 소교목 아래 등에 모아 심으면 어울린다. 정원의 식물 다양성을 증가시키면서 새로운 식물을 도입하고자 하는 마니아들에게 좋은 식물 소재라 할 수 있다.

유사종

성질이 비슷한 동속식물로 홍괴불나무, 청괴불나무, 올괴불나무, 흰괴불나무 등이 있다. 길마가지나무, 섬괴불나무 등도 같은 속이지만 이들은 훨씬 크게 자란다.

전래 동화 속의 열매나무
개암나무
Corylus heterophylla var. *thunbergii*

성상, 음양	낙엽관목, 양수	수형	덤불형
번식법	실생	개화기, 꽃색	3월, 황색
식재 가능 지역	전국	결실기, 열매색	9월, 갈색
식재 시기	봄, 가을 낙엽 후	단풍	갈색

분류학적 위치, 형태적 특징 및 자생지

개암나무는 자작나무과에 속하는 낙엽관목으로 학명은 *Corylus hetero-phylla* var. *thunbergii*이다. 속명 *Corylus*는 그리스어로 투구라는 의미인 corys에서 온 말로 종자를 둘러싸고 있는 총포가 투구를 닮았음을 나타낸다. 종명 *heterophylla*는 잎의 모양이 서로 다르다는 의미이며 변종명 *thunbergii*는 식물학자 툰베르그의 이름에서 딴 것이다. 키 2~3m까지 자라며 잎은 길이 5~12cm 정도로 넓은 도란형이다. 자웅동주로 수꽃은 지난해 자란 가지에 늘어져 달리며 암꽃은 작고 붉은 암술대가 노출된다. 열매는 견과로 둥글며 9월경에 갈색으로 익는데, 두 개의 포가 잎처럼 발달하여 열매를 감싸고 있다. 우리나라 전역의 양지 바른 산기슭에 자생하며 우리나라 외에 일본과 중국에도 분포한다.

관상 포인트 및 이용

이른 봄 3월, 산수유 및 매화가 필 무렵에 노랗게 늘어지며 피는 꽃이 특이하다. 늘어지면서 피는 꽃은 수꽃이며 암꽃은 붉은색인데 아주 작아 눈에 쉬 뜨이지 않을 정도이다. 열매는 견과로 관상 가치가 크지는 않으나 종자엔 지방이 많이 함유되어 맛이 좋고 영양이 풍부하다. 전래 민속 동화에서 도깨비 집의 대들보 위에 숨어 있던 나무꾼이 따악 하고 깨물어 도깨비가 놀라 도망가게 만들었던 열매가 바로 이 개암이다.

성질과 재배

우리나라 전역에서 재배 및 식재가 가능하다. 양수로 햇빛이 강한 곳에서 잘 자라며 꽃도 잘 피고 열매도 잘 맺는다. 번식은 주로 종자로 하지만 분주도 가능하다. 종자 번식의 경우 9~10월경에 열매를 따서 포를 제거한 다음 젖은 모래와 섞어 저온 저장했다가 이듬해 봄에 파종한다. 개암나무는 병해충이 비교적 많이 발생하는데 특히 열매를 먹는 해충의 피해가 심하므로 적기에 방제할 필요가 있다.

조경수로서의 특성과 배식

낙엽 활엽수로 뿌리목에서 가지를 쳐서 여러 대가 함께 자라 덤불을 이룬다. 이른 봄에 피는 특이한 꽃을 관상하기 위해 정원이나 공원의 봄 꽃나무로 심을 만하다. 그러나 비슷한 시기에 피는 매화나 산수유, 히어리, 생강나무 등에 비해 꽃의 화려함은 떨어진다. 이식은 다소 어려운 편이며 이식 적기는 가을에 낙엽이 진 후와 이른 봄이다.

유사종

동속식물로 난티잎개암나무, 참개암나무, 물개암나무, 병개암나무 등이 있으며 성질도 서로 비슷하다.

수꽃

암꽃

열매

꽃이 고운 장미과 관목
가침박달
Exochorda serratifolia

성상, 음양	낙엽관목, 양수	수형	부정형
번식법	실생, 삽목, 휘묻이,	개화기, 꽃색	4~5월, 흰색
식재 가능 지역	전국	결실기, 열매색	9월, 황갈색
식재 시기	봄, 가을 낙엽 후	단풍	갈색

분류학적 위치, 형태적 특징 및 자생지
박달나무는 자작나무과에 속하지만 가침박달은 이름만 박달이지 장미과에 속하며, 이름과는 달리 박달나무와는 거리가 멀다. 학명은 *Exochorda serratifolia*이다. 속명 *Exochorda*는 밖으로 줄이 나 있다는 뜻으로 삭과에 굵은 융기선이 있음을 나타낸다. 종명 *serratifolia*는 잎에 톱니가 있다는 뜻이다. 잎은 타원형으로 길이 5~9cm에 너비 3~5cm이고 상반부에 톱니가 있다. 꽃은 4~5월경 총상꽃차례를 이루고 피는데 흰색으로 아름답다. 열매는 삭과로 도원추형이고 5개씩의 골과 융기가 있는데 9월에 성숙한다. 주로 강원도 이북 지방에 자생하며 중부 이남의 자생지로는 전남 우이도, 경북 문암산, 충북 청주 등이 알려져 있다. 우리나라 외에 중국 동북 지방에도 자생한다.

관상 포인트
늦봄에 총상꽃차례로 모여 피는 흰 꽃이 무척 아름다우며, 가을에 익는 열매도 나름대로 관상 가치가 있다.

성질과 재배
추위에 강하며 우리나라 전역에서 재배 가능하다. 양수 내지 중용수로 햇볕이 잘 쬐는 곳이나 반그늘에서 재배하는 것이 좋으며 관목 내지 소교목으로 성장 속도는 빠른 편이다. 산성 토양을 좋아하며 다소 비옥한 토양에서 잘 자란다. 번식은 실생과 삽목으로 하는데 열매가 잘 맺고 발아력이 좋으므로 실생법이 편리하다. 실생법의 경우 가을에 종자가 흩어지기 전에 열매를 따 그늘에서 말려 종자를 채취하여 모래 속에 묻어 저장하거나 마르지 않게 냉장고에 저장했다 이듬해 봄에 파종한다. 삽목은 숙지삽과 녹지삽 모두 가능한데, 숙지삽은 4월 상순경 싹 트기 전에 어린 가지를 10cm 정도의 길이로 잘라 꽂으며 녹지삽은 6월 중순~7월 중순경에 새로 자란 가지를 잘라 아래 잎을 따 버리고 꽂아 해가림을 하고 마르지 않게 관리한다. 병충해로는 통기가 나쁘고 질소 성분이 많은 환경에서 재배할 때 진딧물이 생기는 것 외에는 크게 걱정할 것이 없다.

조경수로서의 특성과 배식
낙엽관목 내지 소교목으로 늦봄에 피는 꽃이 매력적으로 가정 정원이나 적은 규모의 면적에 심기 좋은 꽃나무이다. 공원이나 정원에 한두 그루 심어도 좋고 여러 그루를 집단으로 심어도 좋을 만한 나무이다. 이식은 쉬운 편으로 이식 적기는 가을에 낙엽이 진 후부터 봄 싹 트기 전까지이다.

여름에 피는 조팝나무
꼬리조팝나무
Spiraea salicifolia

성상, 음양	낙엽관목, 양수	수형	덤불형
번식법	삽목, 분주, 휘묻이, 실생	개화기, 꽃색	6~8월, 담홍색
식재 가능 지역	전국	결실기, 열매색	10월, 갈색
식재 시기	봄, 가을 낙엽 후	단풍	황색

분류학적 위치, 형태적 특징 및 자생지
꼬리조팝나무는 장미과에 속하는 낙엽관목으로 학명은 *Spiraea salicifo-lia*이다. 속명 *Spiraea*는 화환, 나선의 의미를 가지는 그리스어 speira에서 나온 말이다. 종명 *salicifolia*는 버드나무속을 의미하는 salix와 잎을 의미하는 folia의 합성어로 버드나무속의 잎을 닮았다는 뜻이다. 낙엽관목으로 높이 1~2m 정도로 자라며 잎은 어긋나며 피침형으로 길이 4~8cm에 가장자리에는 잔거치가 있다. 꽃은 새가지 끝에 커다란 원추화서로 피는데 담홍색으로 매우 아름답고 향기도 좋다. 자생지는 중부 이북의 산지, 강가, 산골짜기의 개울가, 숲 가장자리 및 초원지대 등이다.

관상 포인트
우리나라의 조팝나무속 식물은 모두 봄 4~5월에 꽃이 피는데 오직 꼬리조팝나무 1종만 새 가지가 자란 후 여름 6~8월에 꽃이 핀다. 새 가지 끝에 큰 원추화서로 피는 꽃은 담홍색으로 매우 아름답다. 하나의 꽃송이는 지름이 5~8mm 정도로 작지만 많은 꽃이 모여 피므로 매우 탐스럽고 향기가 있으며 또 꽃에는 꿀이 많아 여름철 밀원식물이 된다.

성질과 재배
우리나라 전역에서 재배 가능하다. 햇볕이 잘 쬐는 곳에서 재배하며 번식은 삽목, 휘묻이, 분주, 실생으로 가능하지만 삽목이 가장 쉽고 편리하다. 숙지삽과 녹지삽 모두 가능한데, 숙지삽의 경우 4월 상순경 지난해 자란 가지를 10cm 정도의 길이로 잘라 꽂으며 녹지삽으로 할 때는 6월 하순 ~7월 중순경에 그해 자란 가지를 잘라 아래 잎을 따 버리고 꽂는다. 분주법의 경우 포기 전체를 파내어 줄기를 나누어 심으며, 휘묻이의 경우 길게 자란 가지를 휘어 흙을 덮어두었다가 이듬해 봄에 떼어 심는다.

조경수로서의 특성과 배식
가는 줄기가 여럿 자라 올라 덤불 모양으로 자라며 여름철 꽃나무로 이용 가치가 높다. 공원이나 정원의 가벼운 생울타리용으로 식재하면 아주 좋고, 잔디밭 가장자리, 산책로나 원로의 가장자리 등에 심어도 좋다. 또한 꽃이 향기롭고 꿀이 많으므로 생태정원이나 생태공원에서 벌과 나비를 모으는 곤충 유인용 나무로도 적합하다. 이식은 아주 잘 되며 적기는 가을에 낙엽이 진 후부터 봄 싹 트기 전까지이다.

유사종
동속식물로는 조팝나무, 갈기조팝나무, 인가목조팝나무, 산조팝나무, 참조팝나무, 당조팝나무, 좀조팝나무, 덤불조팝나무, 아구장나무 등이 있으며 외국산인 공조팝나무, 일본조팝나무 등도 식재되고 있는데 모두 꽃이 아름다운 낙엽관목이다.

장미과

탐스런 봉오리와 아름다운 꽃
명자나무(산당화)
Chaenomeles lagenaria

성상, 음양	낙엽관목, 양수	수형	덤불형
번식법	실생, 삽목	개화기, 꽃색	4월, 홍색, 분홍, 흰색
식재 가능 지역	전국	결실기, 열매색	10월, 황색
식재 시기	봄, 가을 낙엽 후	단풍	황갈색

분류학적 위치와 형태적 특징 및 자생지
명자나무는 장미과의 낙엽관목으로 학명은 *Chaenomeles lagenaria*이다. 속명 *Chanenomeles*는 그리스어 chainein과 melea의 합성어인데 chainein은 '벌어진다, 열린다'는 의미이고 melea는 '능금'이란 뜻으로 열매의 끝이 다섯 갈래로 나누어짐을 나타낸 말이다. 종명 *lagenaria*는 '병'이라는 뜻의 라틴어 lagenos에서 온 말로 열매 모양을 표현하고 있다. 높이 2m 정도 자란다. 잎은 타원형으로 길이 3~9cm이고 꽃은 짧은 가지에 몇 개가 모여 달리는데 품종에 따라 홍색, 분홍색, 흰색 등 다양하며 4월에 핀다. 열매는 길이 10cm, 지름 4~6cm이고 10월에 황색으로 익고 향기가 난다. 중국 원산으로 우리나라에 도입된 지는 무척 오래됐으며 전국 각지에 식재한다.

관상 포인트
봄에 피는 꽃이 무척 아름다워 꽃나무로 인기가 좋다. 꽃이 피기 직전의 봉오리도 무척 탐스럽다. 명자나무를 처녀꽃, 아기씨꽃나무, 연지꽃, 산당화 등의 여러 다른 이름으로도 부르는데 거의 명자꽃나무의 발랄하고 아름다움을 묘사하는 이름들이다. 가을에 황색으로 익는 열매는 모양이 모과와 흡사하며 향기가 좋다.

성질과 재배
양수로 전국적으로 재배 및 식재 가능하다. 번식은 실생과 삽목으로 하는데 둘 모두 용이하다. 실생 번식법의 경우 가을에 잘 익은 열매를 칼로 쪼개어 종자를 채취하여 젖은 모래 속에 묻어두었다가 봄 일찍 파종하면 된다. 실생묘는 대개 5년생 이상 되어야 꽃이 피기 시작하는데 흔히 모주와는 다른 색의 다양한 꽃을 피우는 개체가 발생하므로 흥미롭다. 삽목 시에는 잎이 피기 전인 3월경 작년에 웃자란 가지를 15cm 내외로 잘라 꽂는다. 삽목묘는 모주의 형질을 그대로 물려받으므로 우량 품종이나 우량 형질의 개체를 증식하는 방법으로 좋다.

조경수로서의 특성과 배식
키 작은 관목이므로 정원의 주목으로보다는 현관 앞, 거실 부근, 잔디밭 가에 심는 꽃나무로 좋다. 단식하여 크고 둥글게 가꾸어도 좋으며 몇 그루씩 모아 심어도 좋다. 공원이나 넓은 정원에서는 소나무나 벚나무처럼 크게 자라면서 가지가 울밀하지 않은 나무의 하목으로 식재해도 좋다. 공원, 학교원 등에서는 화단 가장자리 등의 생울타리용으로도 심을 수 있다. 생울타리의 경우에는 매년 적당히 다듬어 높이를 일정하게 유지하는 게 보기에 좋다. 뿌리가 직근성으로 관목 중에서는 깊게 뻗는 편이지만 이식에는 잘 견디는 편이다. 이식 적기는 가을에 낙엽이 진 직후와 이른 봄이다.

장미과

병아리처럼 귀여운 꽃나무
병아리꽃나무
Rhodotypos scandens

성상, 음양	낙엽관목, 양수	수형	덤불형
번식법	실생, 삽목	개화기, 꽃색	4월, 흰색
식재 가능 지역	전국	결실기, 열매색	8월, 검은색
식재 시기	봄, 가을 낙엽 후	단풍	황색

분류학적 위치와 형태적 특징 및 자생지

병아리꽃나무는 장미과에 속하는 낙엽관목으로 학명은 *Rhodotypos scandens*이다. 속명 *Rhodotypos*는 '장미'를 의미하는 그리스어의 rhodon과 '모양'이란 의미의 typos의 합성어로 꽃이 장미와 비슷한 것에서 유래되었다. 종명 *scandens*는 라틴어로 '타고 오른다'는 뜻이다. 실제 병아리꽃나무는 덩굴식물이 아니므로 종명이 특징을 잘 나타낸다고 보기는 어렵다. 높이는 2m 정도 자라며 잎은 마주나며 길이는 4~8cm이다. 꽃은 새 가지 끝에 하나씩 달리는데 순백색이고 꽃잎은 넉 장으로 직경 3~4cm 크기이다. 열매는 8월이면 익는데 어릴 때는 녹색에서 점차 붉어지다가 완전히 익으면 검정색을 띤다. 우리나라 평안북도 이남 해발 700m 이하의 바닷가, 산기슭 등에서 자란다. 우리나라 외에 중국, 일본에도 분포한다.

관상 포인트

잎이 핀 후 4월경에 새 가지 끝에 하나씩 피는 하얀 꽃이 아름답다. 열매는 3~4개가 모여 달리며 녹색에서 자홍색으로 점차 변하여 완전히 익으면 검어지는데 광택이 나며 아름답다. 주름이 진 잎도 아름다운데 가을에 노랗게 물드는 단풍도 곱다.

성질과 재배

양수로 우리나라 전역에서 재배 가능하다. 토질은 거의 가리지 않지만 비옥한 토양에서 성장이 빠르다. 번식은 실생, 삽목, 휘묻이, 분주 등이 가능하며 대량 재배는 주로 실생법으로 한다. 실생법의 경우, 여름에 익는 종자를 채취하여 직파하거나 또는 종자를 젖은 모래 속에 저장했다가 이듬해 봄에 파종한다. 직파하더라도 이듬해 봄이 되어야 발아한다. 삽목은 숙지삽과 녹지삽 모두 가능한데, 숙지삽의 경우 4월 상순경 싹 트기 전에 어린 가지를 15cm 정도의 길이로 잘라 꽂으며 녹지삽은 6월 하순~7월 중순경에 새로 자란 가지를 잘라 아래 잎을 따 버리고 꽂아 해가림을 하고 마르지 않게 관리한다.

조경수로서의 특성과 배식

관목이므로 정원의 주목으로 이용하기는 어렵지만 가지 끝에 한 송이씩 하얗게 달리는 흰 꽃이 매력적이므로 봄의 꽃나무, 또 여름의 열매 나무로 이용가치가 높다. 정원과 공원의 가장자리나 잔디밭의 경계 등에 심어도 좋다. 이식은 아주 쉬운 편으로 쉬 활착하며 이식 적기는 가을에 낙엽이 진 후와 봄 싹 트기 전이다.

은행을 닮은 잎에 아름다운 꽃
산조팝나무
Spiraea blumei

성상, 음양	낙엽관목, 양수	수형	덤불형
번식법	삽목, 실생, 분주	개화기, 꽃색	4~5월, 흰색
식재 가능 지역	전국	결실기, 열매색	9~10월, 녹갈색
식재 시기	봄, 가을 낙엽 후	단풍	황갈색

분류학적 위치와 형태적 특징 및 자생지
산조팝나무는 장미과의 낙엽관목으로 학명은 *Spiraea blumei*이다. 속명 *Spiraea*는 '화환, 나선'의 의미를 가지는 그리스어 speira에서 나온 말이다. 종명 *blumei*는 독일의 식물학자 블루메C. L. Blume의 이름에서 딴 것이다. 높이 2m까지 자라는 낙엽관목으로 잎은 어긋매껴 나며, 계란형 또는 원형이고 길이 2.0~3.5cm, 폭 1.5~3.0cm이며 위쪽 가장자리는 3~5갈래로 얕게 갈라진다. 잎 앞면은 진한 녹색에 뒷면은 연한 녹색이고 양면에 털이 없다. 꽃은 4~5월에 가지 끝의 산형화서에 15~20개씩 달리며, 흰색이고 지름은 5~8mm이다. 열매는 골돌과로 털이 거의 없다. 제주도를 제외한 전국의 산지 바위지대에 자생하며 중국과 일본에도 분포한다.

관상 포인트
봄에 무리지어 피는 흰 꽃이 아름다우며 은행잎을 닮은 둥근 잎도 특징이 있다.

성질과 재배
양수로 볕바른 곳에서 재배하며 반음지에서도 잘 적응한다. 내한력과 적응력이 강하여 우리나라 전역에서 재배 가능하다. 번식은 실생, 삽목 및 포기나누기, 휘묻이로 한다. 실생법의 경우 가을에 종자를 채취하여 직파하거나 건조 저장했다가 이듬해 봄에 파종한다. 삽목은 이른 봄에 지난해 자란 가지를 잘라 꽂거나 여름 장마철에 그해에 자란 가지를 잘라 꽂는 방법으로 하는데, 삽목이 잘 되므로 삽목으로 번식하는 게 편리하다. 포기나누기의 경우 봄에 포기를 캐어 2~3줄기씩 나누어 심으며, 늘어진 가지를 구부려 흙을 덮어두었다가 이듬해 봄에 떼어 심는 휘묻이로는 단번에 큰 묘목을 얻을 수 있다.

조경수로서의 특성과 배식
낙엽관목으로 땅에서 지속적으로 줄기가 자라나 덤불을 이루며 자라는데 봄 꽃나무로 가치가 높다. 키가 크게 자라지 않아 좁은 정원의 꽃나무로 심기 좋다. 적응성이 높아 척박한 곳이나 건조한 환경에서도 잘 적응하므로 도로변이나 공원 잔디밭 가장자리, 산책로나 원로의 가장자리 등에 심어도 좋다. 이식이 아주 쉬운 나무로 이식 적기는 가을에 낙엽이 진 후와 봄 싹 트기 전이다.

유사종
동속식물로는 조팝나무, 갈기조팝나무, 인가목조팝나무, 아구장나무, 당조팝나무, 좀조팝나무, 덤불조팝나무, 꼬리조팝나무 등이 있다. 외국산인 공조팝나무, 일본조팝나무 등도 식재되고 있는데 모두 꽃이 아름다운 낙엽관목으로 조경 가치가 높다.

울릉도 특산의 희귀수목
섬개야광나무
Cotoneaster wilsonii

성상, 음양	낙엽관목, 양수	수형	부정형
번식법	실생, 삽목, 휘묻이	개화기, 꽃색	5~6월, 흰색
식재 가능 지역	전국	결실기, 열매색	8~9월, 자홍색
식재 시기	봄, 가을 낙엽 후	단풍	홍갈색

분류학적 위치와 형태적 특징 및 자생지

섬개야광나무는 장미과의 낙엽관목으로 학명은 *Cotoneaster wilsonii*이다. 속명 *Cotoneaster*는 마르멜로의 라틴어 이름인 cotoneum과 '닮았다'는 의미의 접미사인 -aster를 합성한 이름이다. 종명 wilsonii는 영국의 식물학자인 윌슨W. M. Wilson의 이름에서 온 것이다. 높이 1.5m까지 자라며 윗가지는 밑으로 처진다. 잎은 어긋매껴 나고 달걀 모양 또는 타원형이며 길이 3.5~5cm에 폭은 1.5~2.5cm이다. 꽃은 5~6월에 피며 산방상 원추화서에 3~5개의 꽃이 달리는데 흰색이다. 열매는 계란형이고, 길이 6~8mm 정도로, 8~9월에 자홍색으로 익는다. 자생지는 우리나라 울릉도로 개체수가 매우 적은 희귀수종으로 멸종 위기 식물 2급으로 지정되었다. 또한 울릉도 도동의 섬개야광나무와 섬댕강나무 군락은 천연기념물 제51호로 지정하여 보호하고 있다. 두 수종은 모두 울릉도 특산종으로 울릉도는 소위 진희(珍稀)한 식물의 자생지로서 그 가치가 인정되고 있다.

관상 포인트

작은 잎과 앙증맞은 꽃 그리고 붉은 열매가 관상 대상이다.

성질과 재배

양수로 햇볕이 잘 드는 곳을 좋아하며 배수가 잘 되는 모래 진흙 또는 양토가 적합하다. 건조에 강하고 추위에도 강하여 우리나라 전역에서 재배 및 식재 가능하다. 번식은 실생, 삽목 및 휘묻이로 하는데 실생법이 가장 실용적이다. 가을에 열매를 따서 종자를 발라내어 모래와 섞어 노천매장하였다가 이듬해 봄에 파종한다. 삽목은 발근율이 높지 않아 실용적인 방법이 못 되며 발근 촉진제를 이용하는 것이 좋다. 늘어지는 가지를 구부려 흙을 덮어두었다가 이듬해 봄에 잘라내어 심는 휘묻이도 되지만 뿌리가 잘 내리는 편은 아니다. 병충해로는 응애와 진딧물이 발생할 수 있으므로 적당한 살충제로 방제한다.

조경수로서의 특성과 배식

포기가 작은 관목이라 독립수로 심기는 어려우며 정원의 조경석 옆 등에 붙여 심거나 건물의 기초 식재 등에 이용하면 좋다. 군식하여 집단으로 피는 꽃과 열매를 관상하는 것도 좋을 것이다. 관상 가치가 뛰어난 수종은 아니지만 우리나라 특산식물로 희귀식물이면서 관상 가치가 있으므로 인공 증식 등의 방법으로 시장에 공급하여 조경수 및 원예수종으로 활용을 높일 필요가 있다.

유사종

동속식물로 개야광나무가 있으며 성질과 조경 용도도 흡사하다.

한여름에 흰 눈처럼 피는 꽃나무
쉬땅나무
Sorbaria sorbifolia

성상, 음양	낙엽관목, 양수	수형	덤불형
번식법	삽목, 분주, 실생	개화기, 꽃색	6~7월, 흰색
식재 가능 지역	전국	결실기, 열매색	9월, 갈색
식재 시기	봄, 가을 낙엽 후	단풍	황색

분류학적 위치와 형태적 특징 및 자생지

쉬땅나무는 장미과에 속하는 낙엽관목으로 학명은 *Sorbaria sorbifolia* 이다. 속명 *Sorbaria*는 Sorbus속을 닮았다는 의미로 쉬땅나무의 꽃이 마가목의 꽃을 닮은 데서 유래되었는데 전 세계적으로 9종이 알려져 있다. 종명 *sorbifolia*는 마가목의 잎을 닮았다는 의미이다. 높이 2m 정도까지 자라며 뿌리목에서 많은 줄기가 총생한다. 잎은 13~23개의 소엽으로 된 우상복엽이고 소엽은 피침형으로 길이 6~10cm, 너비 1.8~2.5cm이다. 꽃은 6~7월에 가지 끝에서 큰 복총상꽃차례로 피는데 화관은 흰색이다. 열매는 골돌과로 긴 원형이며 길이 6mm이고 털이 밀생하며 9월에 익는다. 우리나라 중부 이북의 산골짜기와 냇가에 자생하며 일본, 중국 및 시베리아에도 분포한다.

관상 포인트

초여름에 큰 복총상꽃차례로 피는 하얀 꽃이 아름답다. 원래 6~7월이 개화기이지만 여름 이후에 새로 자란 줄기 끝에서 늦여름과 가을에 다시 꽃이 피기도 한다. '쉬땅'이란 이름은 평안도 지방의 방언으로 수수대를 의미하는데, 쉬땅나무의 꽃 모양이 마치 수수를 닮았으므로 쉬땅나무라 불리게 된 것이다. 복엽의 잎도 아름답지만 열매는 회갈색으로 수수하여 별다른 관상 가치가 없다.

성질과 재배

우리나라 전역에서 재배 가능하며 햇볕이 잘 드는 곳을 좋아한다. 번식은 주로 삽목으로 하지만 실생, 분주 및 휘묻이도 가능하다. 삽목은 봄 3~4월 또는 여름에 하는데, 봄에 하는 경우 작년에 자란 가지를 10~15cm 정도로 잘라 꽂으며, 여름에 하는 녹지삽은 6~7월경에 그해에 자란 새 가지를 잘라 아래 잎을 따 버리고 맨 위 잎 1장만 남기고 꽂는다. 분주법은 뿌리목에서 계속 새 가지가 발생하여 덤불을 이루므로 크게 자란 포기를 캐어 나누어 심거나 작은 묘목을 떼어 심는 방법이다. 실생법은 가을에 종자를 채취하여 건조 저장했다가 이듬해 봄에 파종하면 된다.

조경수로서의 특성과 배식

공원이나 가정 정원의 여름용 꽃나무로 좋으며 별도로 화단을 만들어 집단 식재하면 좋다. 꽃에는 벌과 풍뎅이 등의 곤충이 많이 모이므로 학교의 관찰학습원이나 생태공원용으로도 좋은 수종이라 할 수 있다. 척박한 곳에서도 잘 견디므로 절개지나 매립지 조경용으로도 이용할 수 있으며 키가 작고 꽃이 아름다운 관목으로 여러 분야의 조경에 이용가치가 높은 소재다. 이식은 쉬운 편으로 이식 적기는 가을에 낙엽이 진 후부터 봄 싹 트기 전까지이다.

산지 바위 지대에서 자라는 암상식물
아구장나무
Spiraea pubescens

성상, 음양	낙엽관목, 양수	수형	덤불형
번식법	삽목, 실생, 휘묻이	개화기, 꽃색	5월, 흰색
식재 가능 지역	전국	결실기, 열매색	9~10월, 녹갈색
식재 시기	봄, 가을 낙엽 후	단풍	황갈색

분류학적 위치와 형태적 특징 및 자생지

아구장나무는 장미과의 낙엽관목으로 학명은 *Spiraea pubescens*이다. 속명 *Spiraea*는 '화환, 나선'의 의미를 가지는 그리스어 speira에서 나온 말이다. 종명 *pubescens*는 라틴어로 '털이 있다'는 뜻이다. 낙엽관목으로 높이 2m까지 자라며 가지는 회갈색 또는 황갈색이고 일년생 가지에는 털이 있다. 잎은 어긋매껴 나며 타원형에 길이는 3cm로, 상반부에 톱니가 있고 간혹 3개로 갈라지는 것도 있으며 잎자루 길이는 2~3mm이다. 꽃은 5월에 새 가지 끝에 15~20개가 산형화서로 피며 흰색이다. 열매는 4~5개의 씨방으로 되어 있는 골돌로 9~10월에 성숙한다. 전국의 산지 능선이나 산비탈의 메마른 암석지에 자생하는 암상 식생이다. 우리나라 외에 중국, 극동 러시아에도 분포한다.

관상 포인트

5월에 잎이 피기 전에 나무 전체를 뒤덮으며 하얗게 피는 꽃이 아름답다. 가을 단풍은 황갈색으로 물든다.

성질과 재배

산지 볕바르고 메마른 곳에서 자라는 나무라 척박한 곳에서도 잘 자란다. 내한력과 적응력이 강하여 우리나라 전역에서 재배 가능하다. 양수로 볕

바른 곳에서 재배하며 번식은 실생과 삽목으로 한다. 실생법의 경우 9월에 종자를 채취하여 직파하는데 시설 온실에서 이끼 위에 파종한다. 삽목 시에는 이른 봄에 지난해 자란 가지를 잘라 꽂거나 여름 장마철에 그해에 새로 자란 가지를 꽂으면 쉽게 발근한다.

조경수로서의 특성과 배식

낙엽관목으로 덤불을 이루며 자라는데 봄 꽃나무로 가치가 높다. 황폐하고 척박한 도로변이나 절사면 등에서 잘 적응하여 군집을 형성하므로 식재가 용이하고 관상용으로 많이 이용한다. 내한성, 내조성, 내건성과 공해에 대한 저항성도 강해 바위나 암벽에 붙어서 잘 자라고 도심지나 해안지방에도 식재할 수 있다. 키가 작고 지엽이 무성하여 잔디밭 가장자리, 산책로나 원로의 가장자리 등 가벼운 생울타리용으로 식재해도 좋다. 이식은 아주 쉬운 편이며 이식 적기는 가을에 낙엽이 진 후와 봄 싹 트기 전이다.

유사종

동속식물로 조팝나무, 갈기조팝나무, 인가목조팝나무, 산조팝나무, 당조팝나무, 좀조팝나무, 덤불조팝나무, 꼬리조팝나무 등이 있는데 모두 꽃이 아름다운 낙엽관목이다.

장미과

건강식품으로 인기 좋은
아로니아 (블랙 초크베리)
Aronia melanocarpa

성상, 음양	낙엽관목, 양수	수형	덤불형
번식법	삽목, 실생, 분주	개화기, 꽃색	4~5월, 흰색
식재 가능 지역	전국	결실기, 열매색	8~9월, 흑자색
식재 시기	봄, 가을 낙엽 후	단풍	황갈색

분류학적 위치와 형태적 특징 및 자생지
아로니아는 장미과의 낙엽관목으로 학명은 *Aronia melanocarpa*이다. 흔히 블랙 초크베리black chokeberry라고도 부른다. 이때 초크베리는 '숨이 막히다'라는 뜻을 가진 영어 'choke'에서 온 것으로, 열매를 날것으로 먹었을 때 느낄 수 있는 쓰고 시큼한 맛으로 인해 숨이 막히는 느낌을 준다 하여 생긴 이름이다. 높이 1~2.5m 정도까지 자라며 뿌리목에서 새 줄기가 계속 자라 덤불을 이룬다. 꽃은 4~5월에 피는데 흰색이다. 열매는 둥글고 8~9월에 자줏빛이 도는 검은색으로 익는데 직경은 6~9mm에 이른다. 북미 원산으로 세계 각국에 도입되어 관상용 및 과일 생산용으로 재배되고 있다. 우리나라에도 근년에 도입되어 전국 각지에서 열매를 생산하기 위한 목적으로 재배되고 있다.

관상 포인트 및 이용
대개 과일을 생산하기 위해 재배하지만 봄에 피는 꽃과 여름에 흑자색으로 익는 열매가 탐스럽고 아름다워 조경수로도 가치가 높다. 가을에 황갈색 또는 홍갈색으로 물드는 단풍도 좋은 편이다. 열매는 타닌 성분으로 인해 떫은맛이 강하여 생식하기에는 좋지 않다. 대개 가공하여 농축액, 분말 등의 형태로 이용하게 되는데 특히 안토시아닌 함량이 높고 항산화 작용이 뛰어나 건강식품으로 인기가 높다.

성질과 재배
우리나라 전역에서 재배 및 식재 가능하며 볕바른 곳에서 잘 자란다. 번식은 삽목, 포기나누기, 실생으로 한다. 삽목의 경우 봄 싹 트기 전에 지난

해 자란 가지를 15cm 길이로 잘라 꽂는데 뿌리가 잘 내린다. 실생법의 경우 여름에 익는 열매에서 종자를 채취하여 젖은 모래에 묻어 저장했다가 이듬해 봄에 파종한다. 포기나누기는 크게 자라 덤불이 된 포기를 캐어 2~3줄기씩 나누어 심는 방법으로 작업이 힘든 대신 단번에 크게 자란 묘목을 얻을 수 있다.

조경수로서의 특성과 배식
크게 자라지 않고 키가 낮은 관목으로 꽃과 열매가 좋으므로 가정 정원에서 과일을 이용하는 과수 겸 조경수로 심으면 좋다. 공원 등에 집단 식재하면 꽃과 열매를 모두 즐길 수 있게 된다. 열매는 직박구리 등이 따 먹기도 하지만 다른 장과류에 비해 새가 많이 좋아하지 않으므로 관상 기간이 길어지는 효과가 있다.

유사종
동속식물로 같은 아메리카 원산의 레드 초크베리*Aronia arbutifolia*가 있는데 키가 조금 더 크게 자라며 열매가 붉은 것을 제외하고는 성질 등이 흡사하다.

낙엽활엽관목

입 안에서 굴리며 먹는 작은 과일
앵두나무
Prunus tomentosa

성상, 음양	낙엽관목, 양수	수형	원형
번식법	실생, 분주	개화기, 꽃색	4월, 흰색
식재 가능 지역	전국	결실기, 열매색	6월, 홍색
식재 시기	봄, 가을 낙엽 후	단풍	황갈색

분류학적 위치와 형태적 특징 및 자생지
앵두나무는 장미과에 속하는 낙엽관목으로 학명은 *Prunus tomentosa*이다. 속명 *Prunus*는 앵두, 매실, 자두, 복숭아 등의 열매를 통칭하는 plum이라는 라틴어에서 유래되었다. 종명 *tomentosa*는 솜털이 밀생한다는 뜻이다. 높이 3m 정도로 자라며 수피는 흑갈색이다. 잎은 어긋매껴나며 타원형으로 길이 5~7cm에 양면에는 잔털이 밀생한다. 꽃은 4월에 잎보다 먼저 피며 흰색 또는 연한 홍색이다. 열매는 핵과로 둥글며 잔털이 빽빽이 나며 지름 1cm 정도로 6월에 붉은색으로 익는다. 중국 원산으로 우리나라에는 1600년대에 도입되어 시골 농가에 흔히 심겨온 과수 겸 꽃나무이다.

관상 포인트
4월에 매화보다 약간 늦게 피는 꽃과 6월에 빨갛게 익는 열매가 무척 아름답다. 열매는 술을 담그거나 생식하는데 신맛이 강하다.

성질과 재배
강한 양수로 추위에 강하여 우리나라 전역에서 재배 및 식재가 가능하다. 번식은 실생과 분주로 한다. 실생의 경우, 6월에 채취한 열매에서 종자를 채취하여 직파하거나 젖은 모래 속에 묻어두었다가 이듬해 봄 일찍 파종한다. 뿌리목에서 새 줄기가 돋는 성질이 있으므로 이를 떼어 심는 분주로도 번식이 가능하다. 병충해로는 연한 새잎과 가지에서 진딧물이 즙액을 빨아 먹으며 또 잎벌레가 잎을 갉아먹기도 하지만 피해가 심하지는 않다.

조경수로서의 특성과 배식
유행가 구절에도 흔히 등장할 만큼 예부터 마을이나 집 안에 흔히 심겨왔다. 앵두는 맛이 좋은 편은 아니지만 아이들이 따서 먹기 편한 친근한 과일나무로 다른 과수와 달리 병충해의 피해가 심하지 않아 방임해도 열매가 많이 열리므로 가정 정원의 꽃나무 겸 과일나무로 제격이다. 그러나 조경수로의 이용은 그리 많지 않다. 작은 관목으로 우리 정서에도 잘 맞는 나무이므로 가정 정원, 학교원, 사찰, 고가 등에 심으면 잘 어울린다. 이식은 비교적 쉬운 편이며 큰 나무가 아닌 한 별 어려움 없이 옮겨 심을 수 있는데 이식 적기는 가을에 낙엽이 진 후부터 봄에 새싹이 피기 전까지이다.

유사종
동속식물로 매실나무, 살구, 자두, 복숭아, 벚나무 등이 있다.

산기슭에 자라는 작은 열매나무
이스라지
Prunus japonica

성상, 음양	낙엽관목, 양수	수형	덤불형
번식법	실생, 분주, 휘묻이	개화기, 꽃색	4~5월, 흰색, 연분홍
식재 가능 지역	전국	결실기, 열매색	7~8월, 홍색
식재 시기	봄, 가을 낙엽 후	단풍	황갈색

분류학적 위치와 형태적 특징 및 자생지

이스라지는 장미과에 속하는 낙엽관목으로 학명은 *Prunus japonica*이다. 속명 *Prunus*는 앵두, 매실 등의 열매를 통칭하는 plum이라는 라틴어에서 유래되었다. 종명 *japonica*는 일본산이란 뜻이지만 실제 이 나무는 일본산은 아니다. 높이 1m 정도 자라는 낙엽관목으로 가지는 회갈색이다. 잎은 어긋나며 난상 원형으로 길이 3~7cm, 너비 2~2.5cm이다. 꽃은 4~5월에 잎보다 먼저 2~4개가 산형화서로 피는데 연한 홍색에서 흰색과 연한 분홍색 등 개체에 따라 색의 농염이 다양하게 나타난다. 꽃의 지름은 1.2cm 내외이다. 열매는 핵과로 털이 없고 지름 1.3~1.7cm 정도로 7~8월에 붉게 익는다. 종명과 달리 일본에는 자생하지 않으며 우리나라 전국의 산야에 자생하는데 내음성이 약하여 주로 돌무더기가 있는 곳이나 키 작은 잡초지대 등에 자란다.

관상 포인트

4~5월에 피는 꽃과 7~8월에 빨갛게 익는 열매가 무척 아름답다. 열매는 먹을 수 있지만 떫은맛과 신맛이 강하며 맛이 좋은 편은 아니다.

성질과 재배

추위에 강하여 우리나라 전역에서 재배 및 식재 가능하며 양수로 볕바른 곳에 심어야 하며 토질에 대한 적응력은 강한 편이다. 번식은 실생, 분주 및 휘묻이로 한다. 실생 번식의 경우, 7~8월에 채취한 열매에서 종자를 채취하여 직파하거나 습기 있는 모래 속에 묻어두었다가 이듬해 봄 일찍 파종한다. 뿌리목에서 새 줄기가 계속 돋아 덤불이 되므로 포기를 캐내어 나누어 심는 분주로도 번식이 가능하며 또 가지를 구부려 흙을 덮어두었다 뿌리가 내리면 떼어 심는 휘묻이도 가능하다. 병충해로는 연한 새잎과 가지에서 진딧물이 즙액을 빨아 먹는 정도이며 다른 병해충은 알려지지 않았다.

조경수로서의 특성과 배식

산야에 자생하는 작은 관목으로 앵두나 옥매와 비슷한 성질을 가졌다. 키 작은 관목으로 볕바른 곳을 좋아하므로 잔디밭 가장자리 등에 가장 잘 어울릴 수 있는 나무이다. 이식은 쉬우며 이식 적기는 가을에 낙엽이 진 후부터 봄에 새싹이 피기 전까지이다.

유사종

동속식물로 산옥매, 앵두나무, 매실나무, 살구나무 등이 있는데 산옥매와 여러모로 비슷하다.

산야에 자생하는 장미 원종
인가목
Rosa acicularis

성상, 음양	낙엽관목, 양수	수형	덤불형
번식법	실생, 분주, 삽목	개화기, 꽃색	5~6월, 분홍색
식재 가능 지역	전국	결실기, 열매색	8~9월, 홍색
식재 시기	봄, 가을 낙엽 후	단풍	황갈색

분류학적 위치와 형태적 특징 및 자생지

인가목은 장미과의 낙엽관목으로 학명은 *Rosa acicularis*이다. 속명 *Rosa*는 그리스어 rhodon에서 유래된 라틴어로 본래 의미는 '붉다'는 뜻이다. 종명 *acicularis*는 '가시가 있다'는 뜻으로 줄기에 무수히 나는 가시를 표현하였다. 높이 2m까지 자라며, 줄기는 갈색이고 바늘 모양의 날카로운 가시가 빽빽하게 덮인다. 잎은 어긋매껴 나고 우상복엽으로 소엽의 길이는 3~5cm이다. 꽃은 5~6월에 가지 끝에 1~3개가 분홍색 또는 연한 홍색으로 피며 드물게 흰색으로 피는 것도 있다. 꽃의 지름은 3.5~5cm이다. 열매는 장미과(薔薇果)이고 8~9월에 붉은색으로 익는다. 전국의 높은 산 볕바른 능선 등지에서 자란다. 유라시아, 북아메리카에도 분포한다.

관상 포인트

5월에 홍자색으로 피는 꽃이 매우 아름답다. 꽃은 장미와 비슷한 아주 좋은 향기가 난다. 가을에 붉게 익는 열매도 관상 가치가 높다. 조경수로 많이 이용되고 있지 않지만 장미의 원종 중 하나로 장미 육종가에게는 매우 중요한 유전자원 식물이 된다.

성질과 재배

높은 산이 자생지이지만 저지에서도 잘 적응하며 자란다. 양수로 볕바른 곳을 좋아하며 기름진 땅에서 잘 자란다. 번식은 실생, 분주, 삽목으로 한다. 실생법의 경우 가을에 열매에서 종자를 채취하여 젖은 모래 속에 묻어 보관했다가 이듬해 봄에 파종하면 된다. 분주는 뿌리로부터 맹아가 발생하여 줄기가 번지는 성질을 이용하는 것으로 이른 봄에 곁줄기를 떼어 심으면 된다. 삽목의 경우 봄 싹 트기 전에 지난해 자란 가지를 10cm 내외 길이로 잘라 꽂는데 발근율이 높지는 않다. 병충해로는 기름진 땅에서 재배할 경우 진딧물이 발생하기도 하는데 메타시스톡스 등의 살충제로 구제한다.

조경수로서의 특성과 배식

꽃과 잎이 장미와 비슷하여 장미 대신 야취 넘치는 정원을 꾸미면 좋다. 장미만큼 세력이 강하지 않고 나무도 작으므로 한두 그루 심기보다는 작은 구역에 모아 심는 것이 더 어울린다. 장미는 포기가 불어나지 않으나 인가목은 심어두면 지속적으로 포기가 불어나서 옆으로 번지므로 이를 감안하여 여유 있게 식재하는 것이 좋다.

유사종

동속식물로 해당화, 찔레, 흰인가목, 생열귀나무 등이 있다.

아름답고 향기로운 꽃의 상징
장미
Rosa hybrida

성상, 음양	낙엽관목, 양수	수형	덤불형
번식법	접목, 삽목, 실생	개화기, 꽃색	5월, 홍색, 황색, 흰색
식재 가능 지역	전국	결실기, 열매색	10월, 황색
식재 시기	봄, 가을 낙엽 후	단풍	황갈색

분류학적 위치와 형태적 특징 및 자생지

장미는 장미과의 낙엽관목으로 학명은 *Rosa hybrida*이다. 속명 *Rosa*는 장미란 뜻이며 종명 *hybrida*는 '잡종'이란 뜻이다. 지금의 재배 장미는 장미속의 여러 종을 교배하여 작출해낸 인공적인 원예종이다. 지금까지 2만 5,000가지 이상의 품종이 개발되었으며 현존하는 품종은 약 6,000~7,000종이며, 해마다 200종류 이상의 새 품종이 개발되고 있다. 장미의 형태적 특징은 품종에 따라 상당히 다르며 자라는 크기도 7~8m까지 자라는 덩굴성 장미에서부터 20~30cm밖에 자라지 않는 미니 장미까지 다양하다. 꽃색 또한 선홍색에서 분홍, 황색, 흰색, 복색계 등 아주 다양하다. 대개 5월이 주개화기이며 봄에만 피는 품종도 있지만 봄부터 가을까지 지속적으로 피는 품종도 많다. 장미의 원종은 대부분이 북반구의 온대지방이 원산지이다.

관상 포인트 및 이용

흰색, 붉은색, 노란색, 분홍색 등의 밝고 화려한 꽃은 장미의 가장 큰 특징이다. 품종에 따라 꽃의 색과 크기는 다르지만 향기롭고 아름다운 꽃이 피는 것은 공통적인 특징이다. 꽃으로부터 향료를 추출하여 화장품 원료 등으로 이용하기도 한다.

성질과 재배

품종에 따라 그 특성이 다소 다르지만 대체로 내한력이 있고 햇볕을 좋아하는 양수이다. 대부분의 품종은 우리나라 전역에서 재배 가능하지만 일부 품종은 혹한지에서는 동해를 입거나 노지 재배가 어려울 수 있다. 커다란 꽃을 많이 피우므로 기름진 양토에서 잘 자라며 꽃도 잘 핀다. 번식은 접목, 삽목 및 실생으로 하는데 실생 번식은 모주와 형질이 달라지므로 육종 등의 목적으로 이용하며 대개 접목으로 한다. 접목용 대목은 찔레나무의 실생묘를 이용하며 봄에 깎아접이나 짜개접으로 하거나 6~9월의 생육기에 눈접으로 한다. 눈접은 시기도 길고 또 접수를 저장할 필요가 없는 장점이 있다. 눈접의 경우 그대로 두었다 이듬해 봄 싹 트기 전에 접붙인 부위 바로 위를 절단하고 묶은 끈을 풀어주면 접아가 자라게 된다.

조경수로서의 특성과 배식

장미는 꽃이 화려하지만 정원이나 공원에 다른 조경수와 혼합하여 심으면 이질감이 도드라져 그리 조화롭지 못하다. 따라서 대개 별도의 공간에 장미원을 만들어 관상한다. 장미원을 따로 만드는 게 좋은 또 다른 이유는 볕바른 곳을 좋아하므로 큰 나무 아래 심거나 할 경우 잘 자라지 못하고 꽃 피기도 나빠지기 때문이다.

유사종

자생 동속식물로는 해당화, 인가목, 생열귀나무, 흰인가목, 찔레나무 등이 있다. 이 중 가장 흡사한 나무는 해당화이다.

산에 들에 고운 흰 꽃
조팝나무
Spiraea prunifolia

성상, 음양	낙엽관목, 중용수	수형	덤불형
번식법	삽목, 실생, 분주	개화기, 꽃색	4월, 흰색
식재 가능 지역	전국	결실기, 열매색	9월, 갈색
식재 시기	봄, 가을 낙엽 후	단풍	적갈색

분류학적 위치와 형태적 특징 및 자생지

조팝나무는 장미과에 속하는 낙엽관목으로 학명은 *Spiraea prunifolia*이다. 속명 *Spiraea*는 그리스어의 speira에서 나온 말로 '화환, 나선'이란 의미이다. 종명 *prunifolia*는 벚나무속*Prunus*의 잎을 닮았다는 뜻이다. 높이 2~3m까지 자라고 줄기는 다갈색이다. 잎은 타원형으로 길이 1.5~3cm이고 가장자리에는 잔 톱니가 있다. 꽃은 흰색이며 가지 윗부분에 산형화서로 달린다. 전국적으로 분포하며 주로 야산의 기슭, 산지에 인접한 밭둑, 산지 도로변 등에 자생한다.

관상 포인트

4월에 잎이 피기 전에 온 가지를 뒤덮으며 하얗게 피는 꽃이 아름다우며 가을에 적색에서 적갈색으로 물드는 단풍도 매우 아름답다.

성질과 재배

양지, 음지를 가리지 않으며 내한성이 강하고 환경에 대한 적응력도 높다. 번식은 삽목, 실생, 분주, 휘묻이 등으로 할 수 있는데 삽목과 실생법이 가장 일반적으로 사용된다. 삽목의 경우 3월경 잎이 피기 전에 전년생 가지를 15cm 내외로 잘라 3분의 2 정도를 꽂는다. 삽수는 꽃눈이 맺힌 가지보다는 도장하여 꽃눈이 맺히지 않은 가지가 좋다. 여름 장마철에 그해에 자란 가지를 잘라 아래 잎을 따 버리고 꽂는 녹지삽도 가능하다. 실생법의 경우 초여름에 익는 종자를 채취하여 직파하거나 용기에 담아 냉장고에 저장했다가 이듬해 봄에 파종한다.

조경수로서의 특성과 배식

산야에 비교적 흔하게 자생하는 수목이면서 자연스러운 멋이 좋은 수목이므로 공원 등에 식재하면 좋다. 단식보다는 몇 그루씩 점식하거나 군식하는 것이 좋으며 강변, 연못가, 도로변 등에 열을 지어 심는 것도 좋다. 건조에도 상당히 견디고 척박한 곳에서도 잘 자라므로 황폐지나 절개지 등의 사방공사용으로도 이용할 수 있다. 뿌리가 천근성이고 잔뿌리가 많은 편이라 이식은 아주 쉬우며 이식의 적기는 가을 낙엽이 진 후와 봄 싹 트기 전이다.

유사종

동속식물로는 갈기조팝나무, 인가목조팝나무, 산조팝나무, 참조팝나무, 당조팝나무, 좀조팝나무, 덤불조팝나무, 아구장나무, 꼬리조팝나무 등이 있으며 모두 꽃이 아름답다.

장미과

들에서 자라는 장미 원종
찔레나무
Rosa multiflora

성상, 음양	낙엽관목, 양수	**수형**	덤불형
번식법	실생, 삽목	**개화기, 꽃색**	5~6월, 흰색, 분홍색
식재 가능 지역	전국	**결실기, 열매색**	10월, 홍색
식재 시기	봄, 가을 낙엽 후	**단풍**	황갈색

분류학적 위치와 형태적 특징 및 자생지

찔레나무는 장미과의 낙엽관목으로 학명은 *Rosa multiflora*이다. 속명 *Rosa*는 라틴어로 고대 그리스어의 rhodon에서 유래되었는데 장미란 의미로 쓰이지만 원래의 의미는 '붉다'라는 뜻이다. 종명 *multiflora*는 '꽃이 많이 핀다'는 뜻이다. 높이 2m 정도까지 자라며 줄기에는 잎이 변한 갈고리 모양의 가시가 있다. 잎은 어긋매껴 나며 5~9장의 소엽으로 된 우상복엽이다. 소엽은 계란형이고 길이 2~3cm, 너비 1~2cm 정도 되고 가장자리에 톱니가 있다. 턱잎은 빗살 같은 톱니가 있고 밑부분은 잎자루와 합해진다. 꽃은 흰색 또는 연분홍색이고 햇가지 끝에 여러 개가 달리며, 지름은 2~3cm 정도에 꽃잎은 5장이다. 열매는 수과(하나의 열매에 한 개의 씨가 들어 있으며, 얇은 과피로 싸여 있고 익어도 벌어지지 않는 열매)로, 타원형이며 10월에 붉게 익는다. 전국의 산기슭, 냇가, 들에 흔히 자생한다.

관상 포인트 및 이용

5~6월에 피는 꽃은 대개 흰색이지만 간혹 연한 분홍색도 있다. 꽃이 많이 피어 나무를 뒤덮을 듯하여 매우 아름다우며 달콤한 장미 향기가 강하게 난다. 가을에 붉게 익는 열매도 아름다우며 새들과 들짐승의 먹이가 된다. 찔레나무는 장미의 원종 중 하나로 장미의 육종과 증식에 중요한 역할을 한다. 장미를 번식할 때는 대개 이 찔레나무의 실생묘에 접붙이기로 한다. 나무줄기와 열매는 한방에서 약재로 이용한다.

성질과 재배

양수로 볕바른 곳에서 잘 자라지만 나무 그늘에서도 어느 정도 견딘다.

전국에서 재배 가능하며 번식은 실생과 삽목으로 한다. 실생법의 경우 가을에 잘 익은 열매에서 종자를 채취하여 젖은 모래 속에 묻어 저장했다가 이듬해 봄에 파종한다. 삽목은 봄 싹 트기 전이나 여름 장마철에 하는데 어느 때 해도 뿌리가 잘 내린다.

조경수로서의 특성과 배식

5~6월에 피는 꽃은 대개 흰색이지만 때로 분홍색 꽃이 피는 것도 있다. 꽃을 보기 위해 심는 경우는 드물지만 공원이나 버려진 땅 등에 심으면 야취와 아름다운 야생 장미향을 느낄 수 있다. 줄기에 강한 가시가 있어 취급하기 불편하며 어린이들이 많이 찾는 곳에는 다칠 우려가 있으므로 심는 장소 선택에 유의할 필요가 있다.

유사종

장미과의 동속식물로 해당화, 인가목, 흰인가목, 용가시나무, 돌가시나무 등이 있다.

낙엽활엽관목

초여름에 피는 아름다운 조팝나무
참조팝나무
Spiraea fritschiana

성상, 음양	낙엽관목, 중용수	수형	덤불형
번식법	삽목, 분주, 실생	개화기, 꽃색	5~6월, 연한 홍색
식재 가능 지역	전국	결실기, 열매색	9월, 갈색
식재 시기	봄, 가을 낙엽 후	단풍	황갈색

분류학적 위치와 형태적 특징 및 자생지
참조팝나무는 장미과에 속하는 낙엽관목으로 학명은 *Spiraea fritschi-ana*이다. 속명 *Spiraea*는 '화환', '나선'이라는 의미의 그리스어 speira에서 나온 말이다. 종명 *fritschiana*는 오스트리아의 식물학자인 카를 피치 Karl Fritsch의 이름에서 온 것이다. 높이 1~2m까지 자라며 잎은 타원형으로 양끝이 뾰족하며 길이는 3~8cm 정도이다. 꽃은 새 가지 끝에 복산방화서로 피는데 꽃의 직경은 5~9mm이고 흰색에 중심부가 홍색 또는 연한 홍색이다. 열매는 직경 3mm 정도로 9월에 익는다. 전국 산지의 산기슭, 산록의 풀밭, 산림 가장자리 등에 자란다. 우리나라 외에 중국에도 분포한다.

관상 포인트
잎이 핀 후 5~6월에 새 가지 끝에 꽃이 피는데 화서가 아주 크고 무척 아름답다. 우리나라의 조팝나무 속 식물은 꽃색이 대체로 흰색인데 참조팝나무는 홍색에 가까워 화려한 느낌이 더하다. 다만 홍색의 정도는 개체에 따라 변이가 있다. 다른 조팝나무 종류에 비해 잎도 크고 아름다운 편이다.

성질과 재배
중용수로 내한력과 적응력이 강하여 우리나라 전역에서 재배 가능하다. 햇볕이 잘 쬐는 곳이나 큰 나무 아래 약간 그늘이 지는 정도의 환경에서 잘 자란다. 번식은 삽목, 휘묻이, 분주, 실생이 가능하지만 삽목으로 뿌리가 잘 내리므로 거의 삽목으로 한다. 숙지삽과 녹지삽 모두 가능한데, 숙지삽은 4월 상순경 싹 트기 전에 지난해 자란 가지를 10cm 정도의 길이

로 잘라 꽂으며 녹지삽은 6월 하순부터 7월 중순경에 새로 자란 가지를 잘라 꽂는다. 실생법의 경우 가을에 익는 종자를 채취하여 직파하거나 또는 이듬해 봄에 파종한다.

조경수로서의 특성과 배식
낙엽관목으로 덤불을 이루며 자라는데 늦봄에서 초여름의 꽃나무로 가치가 높다. 공원이나 정원에 집단으로 식재하여 꽃나무 화단을 조성하면 좋다. 꽃에는 벌과 나비 외에 딱정벌레목의 풍뎅이 종류가 많이 찾으므로 생태공원이나 생태정원에서 곤충 유인용 나무로도 아주 좋다. 잔디밭 가장자리, 산책로나 원로의 가장자리 등에 심어도 좋은 나무이다. 이식은 아주 쉬운 편이며 이식 적기는 가을에 낙엽이 진 후부터 봄 싹 트기 전까지이다.

유사종
동속식물로 조팝나무, 갈기조팝나무, 산조팝나무, 당조팝나무, 좀조팝나무, 덤불조팝나무, 아구장나무, 꼬리조팝나무 등이 있으며 모두 꽃이 아름다워 조경가치가 높다.

장미과

화사한 봄꽃과 앙증맞은 작은 열매
콩배나무
Pyrus calleriana

성상, 음양	낙엽소교목, 양수	수형	배상형
번식법	실생, 근삽, 분주	개화기, 꽃색	4월, 흰색
식재 가능 지역	전국	결실기, 열매색	10월, 황갈색
식재 시기	봄, 가을 낙엽 후	단풍	황갈색

분류학적 위치와 형태적 특징 및 자생지
콩배나무는 장미과에 속하는 낙엽소교목으로 학명은 *Pyrus calleriana*이다. 키는 크게 자라지 않으며 짧은 가지는 끝이 뾰족하여 흔히 가시 모양으로 변한다. 잎은 타원형으로 흡사 배나무 잎을 닮았으나 길이 2~5cm로 크기는 훨씬 작다. 꽃은 짧은 가지 끝에 5~9개가 모여 달리며 꽃의 지름은 1.7~2.2cm 정도이고 흰색이다. 열매는 지름이 1~1.5cm 정도의 크기로 아주 작아 콩배란 이름이 붙었다. 열매에는 황색의 피목이 산재한다. 황해도 이남의 낮은 구릉이나 야산 기슭, 들에 자생하며 중국과 일본에도 분포한다.

관상 포인트
4월에 잎이 필 무렵 하얗게 무리지어 피는 꽃이 아름다우며 가을에 익는 콩알만 한 열매가 이채롭다.

성질과 재배
양수로 우리나라 전역에서 재배 가능하다. 번식은 실생, 근삽으로 할 수 있는데 실생법이 가장 일반적으로 사용된다. 실생법의 경우 가을에 익는 종자를 채취하여 젖은 모래 속에 저장했다가 이듬해 봄에 파종한다. 근삽은 봄에 뿌리를 캐어 10cm 내외로 잘라 심는 것으로 1개월쯤 지나면 싹이 나서 자라게 된다. 분주 번식법은, 뿌리가 벋어 나가면서 곳곳에서 맹아가 발생하므로 이를 캐어 나누어 심는 방법으로 봄에 싹 트기 전에 잘라 심으면 된다. 콩배나무의 병해충은 배나무의 병해충과 거의 다르지 않으며 가장 큰 피해를 주는 병은 붉은별무늬병이지만 배나무만큼 심하지는 않다.

조경수로서의 특성과 배식
하얗게 가지를 뒤덮는 흰 꽃이 아름다운 야취 있는 꽃나무로 공원이나 생태공원에 잘 어울린다. 나무가 크게 자라지 않으며 꽃이 없는 시기에는 관상 가치가 높지 않으므로 정원의 주목으로 사용하기에는 수격이 떨어진다. 배경에 가시나무나 동백처럼 짙은 녹색을 띠는 큰 나무를 심으면 흰 꽃이 돋보이게 된다. 붉은별무늬병에 약하므로 향나무와 서로 가까운 곳에 심는 것은 피해야 한다. 현재 조경수로서의 이용은 거의 없으며 식물원이나 수목원 등에 표본수 정도로 이용하는 실정이다. 이식은 비교적 쉬운 편이며 이식 적기는 가을에 낙엽이 진 후와 봄 싹 트기 전이다.

유사종
동속식물로 산돌배, 참배, 돌배나무, 위봉배나무 등이 있다.

바닷가에 붉게 피는 찔레꽃
해당화
Rosa rugosa

성상, 음양	낙엽관목, 양수	수형	덤불형
번식법	실생, 삽목, 분주	개화기, 꽃색	5월, 홍색
식재 가능 지역	전국	결실기, 열매색	8월, 황적색
식재 시기	봄, 가을 낙엽 후	단풍	황색

분류학적 위치와 형태적 특징 및 자생지

해당화는 장미과에 속하는 낙엽관목으로 학명은 *Rosa rugosa*이다. 속명 *Rosa*는 라틴어로 고대 그리스어의 rhodon에서 유래되었는데 장미란 의미로 쓰이지만 원래의 의미는 '붉다'는 뜻이다. 종명 *rugosa*는 '주름이 있다'는 뜻으로 주름진 잎을 나타내고 있다. 1~1.5m 정도로 자라며 줄기에는 가시가 있고 뿌리목에서 많은 줄기가 자라 덤불 모양을 이룬다. 잎은 우상복엽으로 소엽은 5~11개이고 타원형 또는 난상 타원형에 길이 2~3cm이다. 꽃은 새 가지 끝에 달리는데 홍색에 직경 6~8cm이고 향기가 좋다. 열매는 8월경에 황적색으로 익는다. 전국 각지 해안의 모래땅 또는 해변 가까운 산야에 자생한다.

관상 포인트

5월에 붉게 피는 꽃은 향기가 강하며 무척 아름답다. 꽃은 장미와 흡사한데 야취가 강하며 우리 전통 정원에 잘 어울린다. 열매는 가을에 붉게 익는데 윤택이 있으며 크고 아름다워 관상 가치가 높다. 우상복엽의 잎은 가을에 노랗게 단풍이 든다.

성질과 재배

양수로 우리나라 전역에서 재배 가능하다. 번식은 실생, 삽목, 분주, 휘묻이 등으로 하는데 실생법이 가장 일반적이다. 가을에 익는 열매에서 종자를 채취하여 젖은 모래 속에 저장했다 이듬해 봄에 파종한다. 종자는 마른 채 저장하면 발아하지 않는다. 해당화 종자는 파종 그해에도 일부 발아하지만 대부분은 이듬해 봄이 되어야 발아한다. 발아 후에는 햇볕이 잘 쬐게 관리한다. 삽목의 경우 봄 3~4월에 작년에 자란 가지를 15cm 정도로 잘라 꽂는데 뿌리가 잘 내리는 편은 아니다. 해충으로는 진딧물, 응애류, 깍지벌레, 잎벌레 등이 발생하는데 진딧물은 메타시스톡스, 응애류는 켈센, 깍지벌레는 수프라사이드 등을 사용하여 구제한다.

조경수로서의 특성과 배식

향기로운 붉은 꽃이 매우 아름다워 봄의 정원을 장식하는 꽃나무로 좋다. 가정 정원에도 좋으며 공원, 학교원 등에 집단 배식하면 좋은 꽃나무다. 특히 바닷가 햇볕이 강한 곳의 꽃나무로 아주 좋다. 이식은 비교적 쉬운 편이며 이식 적기는 가을에 낙엽이 진 후와 봄 싹 트기 전이다.

유사종

동속식물로 흰인가목, 둥근인가목, 생열귀나무, 찔레, 돌가시나무 등이 있다.

적응력이 좋은 아름다운 꽃나무
황매화
Kerria japonica

성상, 음양	낙엽관목, 중용수	수형	덤불형
번식법	삽목, 분주, 휘묻이	개화기, 꽃색	4~5월, 황색
식재 가능 지역	전국	결실기, 열매색	8월, 흑갈색
식재 시기	봄, 가을 낙엽 후	단풍	황색

분류학적 위치와 형태적 특징 및 자생지

황매화는 장미과에 속하는 낙엽관목으로 학명은 *Kerria japonica*이다. 속명 *Kerria*는 영국의 식물학자인 벨렌든커John Bellenden-Ker의 이름에서 유래되었다. 종명 *japonica*는 일본산이란 뜻이다. 높이 1.5m 정도까지 자라는데 지하에서 새 줄기가 계속 자라 나와 큰 덤불을 이루게 된다. 가지는 가늘고 녹색이며 약간 늘어진다. 잎은 좁은 계란형이며 길이는 6~8cm이다. 꽃은 4~5월에 새 가지 끝에 하나씩 달리는데 매우 많이 피어 무척 아름답다. 홑꽃이 피는 것은 황매화, 겹꽃이 피는 것은 죽단화로 꽃에 따라 서로 다른 이름으로 불리고 있다. 열매는 8월에 흑갈색으로 익는다. 원래 일본과 중국 원산으로 우리나라에는 1600년대 이전에 도입된 것으로 보고 있다. 전국 각지에서 관상용으로 식재해왔는데 적응성이 강하여 귀화식물이 되었다.

관상 포인트

잎이 핀 후 4월경에 새 가지 끝에 하나씩 피는 황금색 꽃이 아름답다. 주름진 잎도 아름다운데 가을에 노랗게 단풍이 든다. 또한 선명한 녹색 줄기도 특색이 있어 겨울철 관상 대상이 된다.

성질과 재배

중용수로 우리나라 전역에서 재배 가능하다. 습기가 유지되는 곳에서 잘 자라며 양지 음지를 가리지 않고 잘 자라며 꽃도 잘 핀다. 번식은 삽목, 휘묻이, 분주, 실생이 가능하다. 삽목은 숙지삽과 녹지삽 모두 가능한데, 숙지삽은 4월 상순경 싹 트기 전에 지난해 자란 가지를 15cm 정도의 길이로 잘라 꽂으며 녹지삽은 6월 하순~7월 중순경에 새로 자란 가지를 잘라 아래 잎을 따 버리고 꽂아 해가림을 하고 마르지 않게 관리한다. 실생법의 경우 가을에 익는 종자를 채취하여 직파하거나 또는 종자를 젖은 모래 속에 저장했다가 이듬해 봄에 파종하는데 결실율이 나빠 종자를 얻기 어려우므로 실용적인 방법이 되지 못한다.

조경수로서의 특성과 배식

시골에 산 적이 있는 사람이라면 봄에 노란색으로 아름다운 꽃을 피우는 황매화나 죽단화를 본 적이 있을 것이다. 그만큼 우리에게 친숙한 식물이다. 키가 작고 꽃이 아름다우며 적응성이 강하므로 공원이나 아파트, 가정 정원의 잔디밭 가장자리, 산책로 변, 차폐용이나 생울타리 등 여러 용도의 꽃나무로 활용 가능하다. 이식은 쉬운 편으로 이식 적기는 가을에 낙엽이 진 후와 봄 싹 트기 전이다.

죽단화

하얀 꽃의 야생 장미

흰인가목

Rosa koreana

성상, 음양	낙엽관목, 양수	수형	덤불형
번식법	실생, 삽목, 분주	개화기, 꽃색	5월, 흰색
식재 가능 지역	전국	결실기, 열매색	7~9월, 홍색
식재 시기	봄, 가을 낙엽 후	단풍	황갈색

분류학적 위치와 형태적 특징 및 자생지

흰인가목은 장미과의 낙엽관목으로 학명은 *Rosa koreana*이다. 속명 *Rosa*는 '붉다'는 의미의 그리스어 rhodon에서 유래된 말로 장미를 뜻한다. 종명 *koreana*는 '한국산'이란 뜻이다. 낙엽관목으로 높이 1m까지 자라며 가지에는 잔가시가 밀생한다. 일년생 가지는 암자색이다. 잎은 어긋매껴 나며 우상복엽이고, 소엽은 7~11개로 타원형이며 길이는 1~2cm이다. 꽃은 5월에 새 가지 끝에 1개씩 달리는데 흰색이고 지름 2.5~4cm에 향기가 아주 좋다. 열매는 7~9월에 성숙하는데 방추형이고 지름 10mm에 길이 15~20mm로 붉은색이며 끝에는 꽃받침이 남아 있다. 강원도의 높은 산 능선에 자생하는데 개체수가 많지 않고 분포지도 제한된 희귀식물이다. 꽃이 좋아 원예적으로 가치가 높은 수종이라 잘 보호해야 할 소중한 식물자원이다. 우리나라 외에 중국, 극동 러시아에도 분포한다.

관상 포인트

꽃은 작지만 매우 아름답고 또 향기도 좋다. 복엽의 잎도 보기 좋다. 장미속의 자생식물로 새로운 품종의 장미 개발 등에도 이용될 수 있는, 육종학적으로도 가치가 높은 식물이다.

성질과 재배

양수로 볕바른 곳에서 재배 및 식재해야 한다. 내한성이 강하여 전국에서 재배할 수 있으며 건조에도 잘 견딘다. 번식은 실생, 분주, 삽목으로 한다. 종자는 잘 익은 열매를 따서 며칠 두어 열매가 물러진 후 채취하면 편하다. 채취한 종자는 젖은 모래와 섞어 노천매장하였다가 이듬해 봄에 파종

한다. 분주는 뿌리목에서 번지는 근맹아를 캐어 나누어 심는 것으로 쉽고 안전하게 큰 묘목을 얻을 수 있는 방법이다. 삽목의 경우, 이른 봄 싹 트기 전에 지난해 자란 가지를 잘라 꽂는데 발근율이 높지는 않다.

조경수로서의 특성과 배식

맹아력이 강하나 식물체가 작고 포기가 크게 자라지 않으므로 넓은 개활지보다는 잔디밭 가장자리 등의 볕이 잘 드는 좁은 공간에 심기 좋다. 또 정원석 주변 등에 심어 자연스러움을 연출해도 좋다. 조경적 가치가 아주 높은 나무라기보다는 우리 자생 장미과 장미속 식물로 원예적, 육종 소재로서 가치가 큰 식물이다.

유사종

동속식물로 둥근인가목, 민둥인가목, 붉은인가목, 생열귀나무, 해당화 등이 있으며 모두 아름답고 향기가 좋은 꽃이 핀다.

농사의 풍흉을 점치는 이른 봄꽃

풍년화
Hamamelis japonica

성상, 음양	낙엽관목, 소교목, 양수	수형	부정형
번식법	실생, 접목	개화기, 꽃색	2~3월, 등황색
식재 가능 지역	전국	결실기, 열매색	10월, 갈색
식재 시기	봄, 가을 낙엽 후	단풍	황색

분류학적 위치와 형태적 특징 및 자생지
풍년화는 조록나무과에 속하는 낙엽관목 또는 소교목으로 학명은 *Hamamelis japonica*이다. 속명 *Hamamelis*는 그리스어로 '비슷하다'는 의미인 hamos와 '사과'라는 뜻의 melis의 합성어로 잎이 장미과의 어떤 종류를 닮았음을 나타낸다. 종명 *japonica*는 일본산이란 뜻이다. 낙엽소교목이라고 하지만 크게 자라는 경우는 드물고 대개 관목상으로 자란다. 잎은 길이 4~12cm 정도로 잎의 상부 가장자리에는 파도 모양의 둔한 톱니가 있다. 꽃은 2~3월에 잎보다 먼저 피며 한 송이 또는 몇 송이가 모여 핀다. 열매는 삭과로 9월에 익는다. 일본 원산으로 우리나라에서는 이른 봄에 피는 꽃을 관상하기 위해 정원에 심으며 산야에 자생하는 나무는 볼 수 없다.

관상 포인트
아직 영하의 날씨가 지속되는 시기인 2월부터 3월의 이른 봄에 꽃을 피우는 점이 가장 큰 매력이다. 꽃은 처음 필 때는 꽃잎이 오글오글하다가 점차 펼쳐진다. 꽃 자체는 작아서 관상 가치가 높지 않지만 꽃이 아름다운 원예종도 보급되고 있다. 화기는 비교적 긴 편으로 약 한 달 이상 지속된다. 꽃은 추위에 강해 핀 상태에서 추위를 맞아도 피해를 입지 않는다. 열매는 삭과로 관상 가치가 없으나 가을에 노랗게 물드는 단풍은 매우 아름답다.

성질과 재배
양수로 우리나라 전역에서 재배 및 식재 가능하다. 번식은 주로 실생법으로 하며 좋은 품종은 접붙이기로 한다. 실생법의 경우 9~10월경에 열매를 따 응달에서 말려 종자를 채취한 후 젖은 모래에 섞어 노천매장했다가 이듬해 봄에 파종한다. 종자는 파종 그해에는 일부만 발아하고 대부분은 이듬해 봄에 발아하므로 김매기 등을 하면서 심하게 파헤치지 않아야 한다. 꽃색이 특히 좋은 원예 품종은 풍년화나 몰리스풍년화의 실생묘를 대목으로 봄에 깎아접으로 증식한다.

조경수로서의 특성과 배식
낙엽 활엽수로 외대로 자라기보다는 뿌리목에서 가지를 쳐서 여러 대가 함께 자라는 성질을 가지며 키는 대개 3~4m 정도에 달한다. 이른 봄에 피는 꽃을 관상하는 나무이므로 정원이나 공원의 봄 꽃나무로 좋다. 대개 관목형으로 자라므로 잔디밭 가 등에 심으면 좋으며 화목 화단의 구성 요소로 심어도 좋다.

유사종
동속식물로 중국풍년화, 몰리스풍년화, 서양풍년화 등이 있으며, 몰리스풍년화의 한 품종인 팔리다풍년화는 특히 꽃이 크고 아름다워 인기가 높다.

팔리다풍년화

한국 특산의 희귀하고 아름다운 봄 꽃나무
히어리
Corylopsis coreana

성상, 음양	낙엽관목, 중용수	수형	덤불형
번식법	실생, 삽목, 휘묻이	개화기, 꽃색	3~4월, 황색
식재 가능 지역	전국	결실기, 열매색	10월, 갈색
식재 시기	봄, 가을 낙엽 후	단풍	황색

분류학적 위치와 형태적 특징 및 자생지
히어리는 조록나무과에 속하는 낙엽관목으로 학명은 *Corylopsis corea-na*이다. 속명 *Corylopsis*는 개암나무속*Corylus*을 닮았다는 뜻이며, 종명 coreana는 한국산이란 뜻이다. 높이 4m 정도 자란다. 잎은 원형으로 길이 5~9cm이며 가장자리에 톱니가 있다. 꽃은 총상꽃차례에 8~12개의 황색 꽃이 달리는데 매우 아름다우며, 열매는 삭과로 가을에 익는다. 히어리는 전 세계적으로 우리나라에만 자생하는 한국 특산종으로 우리나라에서도 지리산, 전남 광양의 백운산 등 일부 지역에만 분포하는 귀한 식물이다.

관상 포인트
이른 봄에 꽃이 피어 봄을 알리는 영춘화로 흔히 매화, 산수유, 생강나무를 꼽는데 히어리도 이들과 비슷한 시기에 꽃이 핀다. 화기는 비교적 긴 편으로 약 20여 일간 지속된다. 꽃만 아름다운 게 아니다. 가늘게 골이 진 잎사귀는 그 자체로 기품이 있지만, 가을에 황색 또는 등황색으로 물드는 단풍도 정말 아름답다.

성질과 재배
낙엽관목으로 뿌리목에서 계속 새 가지가 자라나서 덤불 모양으로 자라며 키는 3~4m에 이른다. 자생지는 우리나라 남부지방이지만 추위에 강하여 전국 어느 곳이든지 재배 및 식재 가능하다. 번식은 실생과 삽목, 휘묻이, 포기나누기로 하는데 실생이 실용적이며 삽목의 발근율은 썩 좋은 편이 아니다. 실생법의 경우 10월경에 열매를 따서 응달에서 말려 종자를 채취하여 젖은 모래 속에 묻어 보관했다가 이듬해 봄에 파종한다. 열매를 너무 늦게 채취하면 종자가 비산하므로 아직 열개되기 전에 채취해야 한다.

조경수로서의 특성과 배식
덤불로 자라는 관목이므로 큰 나무의 하목으로 식재할 수도 있지만 관목치고는 키가 크게 자라며 또 자연히 둥글고 보기 좋은 수형을 유지하므로 정원 중앙에 심어도 좋다. 무엇보다 야생의 멋이 강한 수목이므로 자연 생태정원의 구성요소나 공원, 학교원 등에 어울리는 나무라 할 수 있다. 나무가 크게 자라지 않으며 수형도 정연하므로 가정 정원에도 아주 좋다. 이식은 쉬운 편이며 가을 낙엽이 진 후와 봄 싹 트기 전이 이식 적기이다.

건강식품으로 각광받고 있는
블루베리
Vaccinium spp.

성상, 음양	낙엽관목, 양수	수형	덤불형
번식법	삽목, 분주, 휘묻이	개화기, 꽃색	4월, 흰색
식재 가능 지역	경기도 이남, 전국	결실기, 열매색	6~7월, 흑자색
식재 시기	봄, 가을 낙엽 후	단풍	홍색

분류학적 위치와 형태적 특징 및 자생지
블루베리는 진달래과의 낙엽관목이다 학명을 *Vaccinium* spp.로 쓰는 것은 블루베리엔 여러 종이 있고 또 재배종은 대부분 여러 종을 교배하여 얻은 원예종이기 때문이다. 속명 *Vaccinium*은 이 속의 어떤 종의 라틴어 이름에서 온 것이며 원종은 200여 종이 알려져 있다. 재배하는 종류는 높이가 보다 크게 자라는 하이부시베리high bush berry와 키가 작은 로부시베리low bush berry 계열로 나누기도 한다. 국내에도 다양한 품종이 도입되어 있고 대체로 2~3m까지 자란다. 잎은 어긋매꺼 나며 피침형에 길이 2~7cm 정도이다. 꽃은 4~5월에 새 가지 끝에 모여 피는데 화관은 작은 종 모양으로 길이 4~5mm에 흰색이다. 열매는 암자색으로 6~7월에 익으며 중요한 과수이다. 원산지는 북아메리카이며 전국 각지에서 재배하고 있다.

관상 포인트 및 이용
봄에 피는 꽃은 종형으로 모양이 독특하며 아름답다. 열매는 둥글고 무게 1~1.5g이며 검은색에 가까운 암자색이며 겉에 흰 가루가 묻어 있고 매우 아름답고 탐스럽다. 열매는 달고 신맛이 나는 과일로 맛이 좋아 생과로 먹기도 하고 잼·주스·통조림 등을 만든다. 가을에 붉게 물드는 단풍도 좋은 편이다.

성질과 재배
내한성은 품종에 따라 다르지만 대체로 우리나라 전역에서 재배할 수 있다. 남부 하이부시 블루베리는 내한력이 약하여 남부지방에 식재하며 북부 하이부시 계열과 관목형 하이부시 계열 품종은 전국적으로 재배가 가능하다. 산성 토양을 좋아하며 중성이나 염기성 토양에서는 재배가 어렵다. 따라서 노지 재배할 때는 토양에 유황을 뿌려 섞은 다음에 식재하면 유황이 산화되어 토양 산도를 낮추어 주게 되며 피트모스를 용토로 써도 좋다. 번식은 삽목으로 하며 포기나누기와 휘묻이도 가능하다. 삽목은 봄 싹 트기 전이나 여름 장마철에 한다.

조경수로서의 특성과 배식
조경수로보다는 대부분 과수로 심지만 꽃, 열매, 단풍이 아름다운 나무로 가정 정원에서 과수를 겸한 실용적 조경수로 이용하면 좋다. 양수로 볕바른 곳에 심으며 심기 전 토양에 유황을 뿌려 섞어준 다음 심으면 토양의 산도를 낮추게 되어 좋다. 전문적으로 재배할 때는 흔히 피트모스로 객토를 하여 재배하기도 하는데 이는 통기성이 좋고 또 산성을 띠는 토양이기 때문이다.

유사종
자생 동속식물로 정금나무, 산앵두나무, 들쭉나무 등이 있으며 모두 열매를 먹을 수 있다.

5월 산야를 붉게 물들이는 꽃
산철쭉
Rhododendron yedoense var. *poukhanense*

성상, 음양	낙엽관목, 중용수	수형	덤불형
번식법	삽목, 분주, 휘묻이, 실생	개화기, 꽃색	4~5월, 홍자색
식재 가능 지역	전국	결실기, 열매색	9월, 녹색
식재 시기	봄, 가을 낙엽 후	단풍	황갈색

분류학적 위치와 형태 및 자생지

산철쭉은 진달래과에 속하는 낙엽관목으로 학명은 *Rhododendron ye-doense* var. *poukhanense*이다. 속명 *Rhododendron*은 '붉은 장미'를 뜻하는 그리이스어 rhodon과 '나무'를 뜻하는 dendron의 합성어이다. 종명 *yedoense*는 에도산(江戸産)이란 뜻이며, 변종명 *poukhanense*는 북한산이란 뜻이다. 높이 1~3m 정도로 자라며 잎은 길이 3~8cm에 긴 타원형이다. 꽃은 가지 끝에 2~3개가 모여 달리는데 화관은 지름 5~6cm이고 홍자색이며 짙은 색의 반점이 다수 있다. 우리나라 함경남북도와 평안북도 일부 지역을 제외한 전국 각지의 산지에서 자란다.

관상 포인트

우리나라 산지에서 자생하는 진달래과 식물 중 색이 가장 진하고 큰 꽃을 자랑한다. 꽃은 4월부터 5월 사이에 피는데 대개 진달래가 질 무렵에 피게 되며 철쭉과 개화 시기가 비슷하다. 꽃은 진달래와 흡사하지만 진달래보다 좀 더 크고 색도 더 진한 홍자색이다.

성질과 재배

우리나라 전역에서 재배 가능하며, 유기질이 풍부하고 적당히 수분이 유지되는 산성 토양을 좋아한다. 번식은 삽목, 휘묻이, 실생으로 할 수 있는

데, 일반적인 번식법은 삽목법이다. 삽목의 경우, 봄 싹 트기 전에 지난해 자란 가지를 잘라 꽂는다. 종자는, 10월경에 열매를 채취하여 그늘에서 며칠 말려 채종하는 대로 직파한다. 종자가 아주 작으므로 너무 깊이 덮지 않도록 한다. 충해로는 회양목명나방의 유충이 흔히 발생하므로 적당한 살충제로 구제하도록 한다. 또 하늘소 유충이 수간에 구멍을 뚫는 수가 있는데 살충제를 주입하고 진흙으로 입구를 막아 방제한다.

조경수로서의 특성과 배식

우리나라 산지에 흔히 자생하는 나무이면서 꽃이 아름답지만 조경수로의 이용은 미미한 실정이다. 이는 왜철쭉이 워낙 많이 값싸게 공급되고 있기 때문이다. 앞으로는 왜철쭉 대신 우리 자생 산철쭉의 보급과 식재가 많아졌으면 한다. 정서적으로는 고궁이나 고택, 사찰 등에 잘 어울리는 나무라 할 수 있으며 척박한 곳에서도 잘 견디므로 매립지나 절개지 등에도 식재할 수 있다. 이식은 쉬운 편이며 적기는 가을 낙엽이 진 후와 봄 싹 트기 전이다.

유사종

동속식물 중 철쭉, 참꽃나무, 진달래, 흰참꽃 등이 비슷한 용도로 이용될 수 있다.

특이한 꽃과 아름다운 단풍의 토종 블루베리
정금나무
Vaccinium oldhamii

성상, 음양	낙엽관목, 양수	수형	구형
번식법	실생, 휘묻이, 분주	개화기, 꽃색	5~6월, 자주색
식재 가능 지역	전국	결실기, 열매색	10월, 검은색
식재 시기	봄, 가을 낙엽 후	단풍	홍색

분류학적 위치와 형태 및 자생지

정금나무는 진달래과에 속하는 낙엽관목으로 학명은 *Vaccinium old-hamii*이다. 속명 *Vaccinium*은 이 속의 어떤 종의 라틴어 이름에서 온 것이고 종명 *oldhamii*는 사람 이름에서 온 것이다. 높이 2m 정도까지 자란다. 잎은 어긋매껴 나며 타원형에 길이 3~8cm, 너비 2~4cm 정도이다. 꽃은 5~6월에 새 가지 끝에 총상꽃차례로 피는데 화관은 종형으로 길이 4~5mm에 자주색이다. 열매는 지름 6~8mm로 9~10월에 검게 익으며 먹을 수 있다. 내륙으로는 충남 부여 이남지역에 자생하며 서해안 쪽으로는 황해도까지 자생한다. 주로 산지의 햇볕이 잘 쬐는 능선이나 바위 지대 등에서 자란다.

관상 포인트

꽃은 작으며 잎이 자란 후에 피는데 종 모양의 작은 꽃이 줄지어 달리는 모습이 앙증맞으며 초가을에 검게 익는 열매도 사랑스럽다. 작은 잎들이 불타는 듯 붉게 물드는 단풍은 매우 아름답다.

성질과 재배

우리나라 전역에서 재배 가능하다. 토질은 배수가 잘 되면서 적당히 수분이 유지되는 산성 토양을 좋아한다. 번식은 실생, 휘묻이, 분주로 할 수 있는데, 일반적인 번식법은 실생법이다. 종자는 수명이 짧으므로 9월경에 채종하는 대로 직파한다. 종자가 아주 작으므로 파종상의 용토는 부드럽게 하여 파종하여야 하며 너무 깊이 덮지 않도록 한다. 때로는 물이끼를 파종상으로 하여 뿌려도 좋다. 파종상은 마르지 않게 관리해야 한다. 아래쪽에서 자라나는 새 줄기를 캐어서 나누어 심는 분주법이나, 또 가지를 구부려 흙을 덮어두어 새 뿌리가 내리게 하여 떼어 심는 휘묻이법으로도 번식할 수 있다.

조경수로서의 특성과 배식

꽃과 열매가 특이하며 단풍이 아름다워 관상 가치가 높지만 조경수로의 이용은 거의 전무한 실정이다. 이는 정금나무가 조경 관계자들에게 거의 알려지지 않은 나무이기도 하지만 번식과 양묘가 까다롭기 때문이기도 하다. 양지바른 곳이나 그늘진 곳을 가리지 않고 잘 적응하므로 진달래나 왜철쭉의 대용으로 심을 수 있으며 큰 나무의 아래나 암석원 등에 잘 어울리는 나무이다. 이식은 비교적 쉬운 편으로 적기는 가을에 단풍이 든 후와 봄 싹 트기 전이다.

유사종

동속식물로 월귤, 들쭉나무, 산앵도나무와 도입종으로 최근 인기 높은 블루베리가 있다.

봄 산의 대표적인 꽃
진달래
Rhododendron mucronulatum

성상, 음양	낙엽관목, 중용수	수형	덤불형
번식법	실생, 휘묻이, 분주	개화기, 꽃색	3~4월, 분홍색
식재 가능 지역	전국	결실기, 열매색	10월, 녹갈색
식재 시기	봄, 가을 낙엽 후	단풍	홍색

분류학적 위치와 형태 및 자생지
진달래는 진달래과에 속하는 낙엽관목으로 학명은 *Rhododendron mu-cronulatum*이다. 속명 *Rhododendron*은 '붉은 장미'를 뜻하는 그리스어 rhodon과 '나무'를 뜻하는 dendron의 합성어로 '붉은 장미 같은 꽃이 피는 나무'라는 뜻이다. 종명 *mucronulatum*은 '끝이 볼록하게 나온 모양'이란 뜻이다. 높이 2m 정도까지 자란다. 꽃은 진한 분홍색이며 3~4월에 3~6개가 가지 끝에 모여 핀다. 열매는 길이 2cm 정도이며 9월경에 익는다. 우리나라 전역의 산지에서 자라며 중국과 일본에도 분포한다.

관상 포인트
우리나라 진달래과 나무 중 가장 먼저 꽃을 피우며 개나리와 함께 산야에서 피는 꽃의 대명사로 알려져 있을 정도로 우리에게 친숙하다. 또 전국적으로 분포하는 관계로 우리 민족의 정서상 봄을 상징하는 꽃으로 간주된다. 가을에 붉게 물드는 단풍은 꽤 아름다운데 간혹 노랗게 물들기도 한다.

성질과 재배
우리나라 전역에서 재배 가능하며 척박한 곳에서도 잘 자라고 특히 산성 토양을 좋아한다. 번식은 실생과 휘묻이, 분주로 할 수 있는데, 일반적인 번식법은 실생법이다. 10월경에 열매를 채취하여 그늘에서 며칠 말리면 골돌이 열리는데 이때 가볍게 두드려 종자를 얻을 수 있다. 종자는 수명이 짧아 채종하는 대로 직파하는데 너무 깊이 덮지 않도록 한다. 파종상은 마르지 않게 관리하며 발아 후에는 햇볕이 잘 쬐게 관리한다. 실생 외에 분주와 휘묻이로도 번식할 수 있지만 이런 방법으로 묘목의 대량 생산은 어렵다.

조경수로서의 특성과 배식
우리나라 봄 산의 대표적인 꽃이면서 꽃이 아름다워 관상 가치가 높지만 조경수로의 이용은 극히 미미한 수준이다. 그 이유는 진달래는 번식이 까다로운 반면 조경 수목 중 진달래의 대체 수종이라 할 왜철쭉이 값싸게 대량으로 공급되기 때문이다. 그러나 사적지 등에서도 왜철쭉 일변도로 화단을 조성하는 것은 문제가 아닐 수 없다. 적어도 민족의 자긍심을 일깨우는 그런 곳의 조경에는 우리 자생 수목을 중심으로 한 조경이 필요하다고 본다. 사적지, 사찰, 고궁 등에 잘 어울릴 수 있는 나무로 한두 그루씩 식재하기보다는 집단으로 식재하면 아름답다. 이식은 비교적 쉬운 편으로 적기는 가을에 단풍이 든 후와 봄 싹 트기 전이다.

유사종
동속식물 중 철쭉, 산철쭉, 참꽃나무, 흰참꽃 등이 진달래와 비슷한 용도로 이용될 수 있다.

산중의 귀부인

철쭉나무
Rhododendron schlippenbachii

성상, 음양	낙엽관목, 양수	수형	덤불형
번식법	실생, 휘묻이	개화기, 꽃색	4~5월, 연분홍
식재 가능 지역	전국	결실기, 열매색	10월, 녹갈색
식재 시기	봄, 가을 낙엽 후	단풍	황갈색

분류학적 위치와 형태 및 자생지
철쭉나무는 진달래과에 속하는 낙엽관목으로 학명은 *Rhododendron schlippenbachii*이다. 속명 *Rhododendron*은 '붉은 장미'를 뜻하는 그리스어 rhodon과 '나무'를 뜻하는 dendron의 합성어이다. 종명 *schlippenbachii*는 한국 동해안에서 철쭉을 발견한 러시아 해군 실리펜바흐Baron Schlippenbach의 이름을 딴 것이다. 높이는 1~4m까지 자란다. 잎은 가지 끝에 3~5개가 돌려나는데 넓은 도란형이며 끝은 약간 오목하다. 꽃은 혼아 중에 2~7송이가 달린다. 화관은 직경 5cm 정도이고 분홍색이다. 전국의 산지에 자생하며 중국 동북지방과 우수리 지역에서도 난다.

관상 포인트
꽃은 4월부터 5월 사이에 피는데 모양과 색깔이 무척 우아하여 마치 귀부인을 보는 느낌이다. 꽃의 색은 대개 연분홍색이지만 흰색에 가까울 정도의 연한 분홍에서부터 진한 분홍색까지 다양한 변이를 보인다. 폭이 넓은 도란형의 잎은 진달래과 낙엽수 중 가장 돋보이며 단풍은 황갈색으로 든다.

성질과 재배
햇볕이 잘 쬐는 곳을 좋아하며 우리나라 전역에서 재배 가능하다. 번식은 실생법과 휘묻이로 할 수 있지만 실생법이 일반적이다. 종자는 골돌을 가을 10월경에 채취하여 그늘에서 며칠 말려 채종하는 대로 직파한다. 종자가 아주 작으므로 파종 후 너무 깊이 덮지 않도록 한다. 철쭉 같은 진달래과 식물은 산성 토양을 좋아하므로 재거름이나 고토 같은 알칼리성 비료는 사용을 피해야 한다. 철쭉나무에 피해를 입히는 병은 특기할 만한 게 없으며 충해로는 하늘소의 유충이 수간에 구멍을 뚫는 수가 있다.

조경수로서의 특성과 배식
우리나라에 비교적 흔히 자생하는 나무이면서 꽃과 수형이 기품 있는 나무이지만 조경수로의 이용은 극히 미미하며 애호가들이 한두 그루 정도씩 구해 심는 정도에 불과한 실정이다. 이는 번식과 양묘가 어려운 데다 성장이 느려 묘목의 보급이 많지 않기 때문이다. 성장은 느리지만 나무의 수명이 길고 기품이 있으므로 한 그루씩 심어도 좋고 지금의 산철쭉이나 왜철쭉 또는 진달래 대신 집단 식재하여 가꾸어도 좋을 것이다. 정서적으로는 고궁이나 고택 사찰 등에 잘 어울리는 나무라 할 수 있다. 이식성은 보통이다.

유사종
동속식물로는 진달래, 산철쭉, 참꽃나무, 흰참꽃 등이 있다.

꽃이 좋은 한국 특산 희귀식물

개느삼

Echinosophora koreensis

성상, 음양	낙엽관목, 양수	수형	덤불형
번식법	근삽, 실생, 분주	개화기, 꽃색	5월, 황색
식재 가능 지역	전국	결실기, 열매색	7월, 녹갈색
식재 시기	봄, 가을 낙엽 후	단풍	황갈색

분류학적 위치와 형태적 특징 및 자생지

개느삼은 콩과의 낙엽관목으로 학명은 *Echinosophora koreensis*이다. 속명 *Echinosophora*는 '가시'라는 뜻의 echino와 회화나무속을 뜻하는 sophora의 합성어이다. 종명 *koreensis*는 한국산이란 뜻이다. 높이 1m 정도까지 자라고 가지는 털이 있으며 암갈색이다. 잎은 기수우상복엽이고 어긋매껴 나며 길이는 4~6cm이며 8~10mm 크기의 소엽이 13~27개씩 달린다. 꽃은 5월에 노란색으로 새 가지 끝에서 총상꽃차례로 핀다. 화서의 길이는 3~5cm이고 5~6개의 꽃이 달린다. 각각의 꽃은 길이가 15mm 정도이며 꽃받침은 5개로 갈라진다. 열매는 협과로 길이 7cm에 겉에 돌기가 많으며 7월에 성숙한다. 우리나라 특산 식물로 강원도 양구군 양구읍 한전리와 동면 임당리 개느삼 자생지는 천연기념물 제372호로 지정해 보호하고 있다. 분포지가 제한되고 개체수가 적은 희귀식물이다.

관상 포인트

한국 고유종으로 황금색으로 무리지어 피는 꽃이 매우 아름다워 조경수로서의 가치가 높다. 우상복엽인 잎도 보기 좋다. 희귀식물이지만 재배하면 잘 자라므로 증식하여 조경수로 많이 보급할 가치가 큰 식물이다.

성질과 재배

양수로 햇볕이 잘 드는 곳에서 자라며 토양은 배수성이 양호한 사질 양토를 좋아한다. 콩과 식물로 척박한 곳에서도 잘 자라나 그늘진 곳에서는 견디지 못한다. 내한성과 내건성이 강하며 전국 어디서든 재배가 가능하다. 번식은 실생, 근삽 및 포기나누기로 한다. 실생 번식의 경우, 여름에 꼬

투리가 익는 대로 종자를 채취하여 직파한다. 종자가 마른 상태라면 물에 두어 시간 침지하여 불린 후 파종하면 발아가 고르고 빠르게 된다. 대개 파종 후 2주일 정도면 싹이 보일 정도로 빨리 발아한다. 근삽은 이른 봄 싹 트기 전에 뿌리를 캐어 10~15cm 정도의 길이로 잘라 뿌리 윗부분이 보일락말락 할 정도로 심으면 된다. 심은 지 1개월 정도 지나면 뿌리에서 부정아가 생겨 싹이 자라게 된다. 포기나누기의 경우 많은 줄기가 무리지어 자라는 포기 전체를 봄 싹 트기 전에 파내어 2~3줄기씩 나누어 심거나 맹아지에서 자라난 작은 포기를 캐어 심으면 된다.

조경수로서의 특성과 배식

자생지가 강원도 이북으로 한정되지만 적응력이 강한 식물이어서 전국 어디서든 식재 가능하다. 공원이나 정원에 집단으로 심어 현란한 노란색의 꽃을 감상하는 것도 좋으며 척박한 경사지나 절개지 녹화용으로도 좋다. 크게 자라지 않으므로 축대 위나 화계에 심어도 좋은 식물이다. 이식은 쉬운 편이며 봄 싹 트기 전과 가을 낙엽이 진 후가 적기이다.

나비를 닮은 귀엽고 예쁜 꽃
골담초
Caragana chamlagu

성상, 음양	낙엽관목, 양수	**수형**	덤불형
번식법	근삽, 분주	**개화기, 꽃색**	4~5월, 황색
식재 가능 지역	전국	**결실기, 열매색**	결실치 않음
식재 시기	봄, 가을 낙엽 후	**단풍**	황갈색

분류학적 위치, 형태적 특징 및 자생지

골담초는 콩과에 속하는 낙엽관목으로 학명은 *Caragana chamlagu*이다. 속명 *Caragana*는 이 속의 몽골 이름인 caragan에서 유래되었다. 종명 *chamlagu*는 이 종이 처음 발견되어 기록된 몽골의 지방 이름이라 한다. 높이 1.5m 정도까지 자라며 가지에는 가시가 있다. 잎은 우상복엽으로 2쌍씩 붙으며 어긋나는데 표면은 암녹색에 광택이 있다. 탁엽의 길이는 4~8mm이다. 꽃은 1~2개씩 달리며 아래로 늘어지는데 길이 2.5~3.5cm에 처음 필 때는 황색이나 나중에는 적황색이 된다. 열매는 협과로 길이 3~3.5cm이며 9월에 익는다. 우리나라 중부 이남의 산지와 마을 인근에 자생한다. 뿌리를 신경통 등의 질환에 이용하는 약용식물이므로 흔히 뜰이나 밭둑 등에 심어 재배한다.

관상 포인트

꽃은 황색으로 4~5월에 마디마다 1~2개씩 핀다. 마치 나비를 연상시키는 귀엽고 특이한 모양의 꽃이 아름다워 꽃나무로 식재 가치가 높다. 콩 꼬투리 모양의 열매가 열린다고 하나 결실하는 경우는 흔치 않다.

성질과 재배

양수로 우리나라 전역에서 재배가 가능하다. 번식은 근삽, 포기나누기, 실생법으로 하는데 실제 결실하는 경우가 드물기 때문에 근삽이 가장 편하고 실용적인 방법이 된다. 이른 봄에 연필 굵기 전후의 뿌리를 캐어 10~15cm 정도의 길이로 잘라 심는다. 골담초는 뿌리에서 지하경이 자라나와 여러 줄기를 형성하게 되므로 이를 나누어 심는 포기나누기도 가능

한데 적기는 새싹이 나기 전인 봄 3월경이다.

조경수로서의 특성과 배식

작은 관목에 수관이 빈약하므로 한 그루씩 단식하기보다는 집단으로 심어 꽃을 관상하도록 한다. 한두 그루만 심어두더라도 분얼하여 몇 년 지나면 자연히 군락이 형성된다. 적응력이 강하여 매립지나 척박한 곳의 조경수로 아주 좋으며 또 꽃과 뿌리를 약용하므로 가정 정원에 실용수 겸 꽃나무로 심기에 좋은 나무이다. 꽃에는 꿀이 많아 어리호박벌 등 야생벌이 많이 찾으므로 생태정원의 밀원식물로도 좋다. 이식은 쉬운 편으로 이식 적기는 가을에 낙엽이 진 후부터 봄 싹 트기 전까지이다.

유사종

동속식물로 참골담초와 좀골담초가 있는데 이들은 모두 자생 희귀식물로 현재 일반에 보급되거나 조경에 이용되고 있지는 않다.

콩과

분홍색 꽃이 아름다운 반목본식물

땅비싸리

Indigofera kirilowii

성상, 음양	낙엽관목, 양수	수형	포복형
번식법	실생, 근삽, 분주	개화기, 꽃색	4월, 분홍색
식재 가능 지역	전국	결실기, 열매색	10월, 황갈색
식재 시기	봄	단풍	황색

분류학적 위치와 형태적 특징 및 자생지

땅비싸리는 콩과의 낙엽활엽관목으로 학명은 *Indigofera kirilowii*이다. 속명 *Indigofera*는 '쪽빛'이라는 의미의 라틴어 indigo와 '있다'는 의미인 fera의 합성어이다. 종명 *kirilowii*는 키릴로프Kirilow의 이름에서 딴 것이다. 높이는 30cm까지 자란다. 목질부가 지속적으로 자라기보다는 일부만 목질화되는 반목본식물로 뿌리에서 많은 맹아가 나와 군생하게 된다. 잎은 어긋매껴 나며 기수우상복엽이고 소엽은 7~11개로 원형이고 길이 1~4cm이다. 꽃은 4월에 잎겨드랑이에서 총상꽃차례에 분홍색으로 핀다. 열매는 협과로 길이 3.5~5.5cm로 원주형이며 10월에 성숙한다. 함경북도를 제외한 한반도 전역에 자생한다. 우리나라 외에 중국, 일본에도 분포한다.

관상 포인트 및 이용

작고 둥근 잎이 사랑스럽고 봄철에 분홍색으로 무리지어 피는 꽃이 매우 아름답다. 관상용 외에 전초를 염료식물로 이용하기도 한다. 또한 뿌리를 산두근(山頭根)이라 하여 한방에서 약용한다.

성질과 재배

양수로서 햇볕이 잘 드는 곳에서 자란다. 토양은 특별히 가리지 않으나 배수성이 양호한 사질 양토가 좋다. 식생이 파괴된 곳의 선구식물로 흔히 나타나며 맹아력이 뛰어나므로 짧은 기간에 군락을 형성한다. 실생, 근삽, 포기나누기로 번식한다. 실생 번식의 경우 가을에 채취한 종자를 말려 저장하였다가 봄에 파종한다. 파종 전 10시간 정도 물에 불린 후 파종하면 발아가 고르게 된다. 근삽은 뿌리를 캐어 잘라 심는 것으로 맹아가 자라게 되는데 봄 싹 트기 전에 한다. 포기나누기는 땅속줄기를 파내어 나누어 심는 방법으로 역시 봄 싹 트기 전이 적기이다.

조경수로서의 특성과 배식

아주 작은 키에 반목본성으로 풀과 나무의 중간 형태를 가지며 무리지어 자란다. 따라서 정원이나 공원에서 다년생 초본과 비슷한 용도로 식재할 수 있다. 척박한 토양에서도 잘 적응하므로 공원의 환경이 열악한 자투리 땅 등에 심기 좋다. 건조하고 척박한 경사지나 절개사면의 녹화용으로도 매우 좋다. 이식은 매우 쉬운 편이며 봄 싹 트기 전에 하면 된다.

유사종

땅비싸리의 변종인 큰땅비싸리와 동속의 민땅비싸리가 있으며 둘 모두 땅비싸리와 흡사하다.

우리 나무 바로 알기

홍자색 꽃이 아름다운 낙엽관목

박태기나무
Cercis chinensis

성상, 음양	낙엽관목, 양수	수형	개장형
번식법	실생	개화기, 꽃색	4월, 홍자색
식재 가능 지역	전국	결실기, 열매색	9~10월, 갈색
식재 시기	봄, 가을 낙엽 후	단풍	갈색

분류학적 위치와 형태적 특징 및 자생지
박태기나무는 콩과의 낙엽관목으로 학명은 *Cercis chinensis*이다. 속명 *Cercis*는 그리스어로 베틀에서 쓰는 '북'을 의미하며 종명 *chinensis*는 '중국산'이란 뜻이다. 높이 3~5m까지 자라며 수피는 회갈색이고 뿌리목에서 몇 개의 줄기가 올라와 포기를 형성한다. 잎은 어긋매껴 나며 심장형이고 지름 6~11cm로 표면은 윤채가 있다. 꽃은 홍자색으로 4월 하순에 7~8개씩 모여서 잎보다 먼저 핀다. 열매는 협과로 길이 7~12cm이고 긴 타원형으로 8~9월에 성숙한다. 중국 원산으로 일찍이 도입되어 관상수로 식재되고 있으며 산야에 자생하는 경우는 없다.

관상 포인트 및 이용
봄에 피는 꽃이 무척 아름다워 봄 꽃나무로 인기가 좋다. 둥근 모양의 잎도 보기 좋다. 꽃, 가지, 수피, 뿌리껍질 등은 약재로 이용되기도 한다.

성질과 재배
양수로 볕바른 곳에서 잘 자라며 반그늘 정도는 견딘다. 추위에 강하며 메마른 땅에서도 잘 적응하는 편이지만 배수가 잘 되면서도 보수력이 있는 비옥한 사질 양토가 좋다. 번식은 실생으로 한다. 가을에 익은 씨를 따서 직파하든가 또는 젖은 모래 속에 묻어 노천매장한 후 이듬해 봄에 파종한다.

조경수로서의 특성과 배식
잎이 피기 전에 화사하게 피는 꽃이 무척 아름다우나 번식이 쉽고 묘목 공급이 많으며 고급 조경수는 아니다. 크게 자라지 않으므로 정원이나 공원의 주목으로 심기는 어려우며 도로변, 공원 등에 열식하거나 집단 재식하는 등의 용도로 이용하면 좋다. 가정 정원에서도 한두 그루 심어 봄꽃을 즐기면 좋다.

꽃이 아름다운 귀한 자생 수목
참골담초
Caragana koreana

성상, 음양	낙엽관목, 양수	수형	덤불형
번식법	근삽, 분주, 실생	개화기, 꽃색	4~5월, 황색
식재 가능 지역	전국	결실기, 열매색	9~10월, 녹갈색
식재 시기	봄, 가을 낙엽 후		

분류학적 위치와 형태적 특징 및 자생지

참골담초는 콩과의 낙엽관목으로 높이 1.5m까지 자란다. 속명 *Caragana* 는 이 속에 속하는 나무의 몽골 이름에서 온 것이다. 종명 *koreana* 는 한 국산이란 뜻이다. 수피는 어두운 녹색이고 가지에 가시가 있다. 잎은 어 긋매껴 나며, 우수우상복엽이다. 작은 잎은 도란형 또는 타원형으로 길이 1.5cm, 폭 1~1.5cm, 윗부분은 둔하고 끝은 오목하며 잎 가장자리는 톱니 가 없이 밋밋하다. 어린잎은 흰 털이 있다가 없어진다. 꽃은 4~5월에 피 는데 황색으로 잎겨드랑이에 1~2개씩 달리며 나비 모양이다. 꽃받침은 통 모양으로 5개로 얕게 갈라진다. 열매는 협과로 납작하며 9~10월에 성 숙한다. 주로 북한의 석회암 지대에서 자생하는 식물로, 남한 지역에서는 2007년 강원도에서 자생지가 처음 확인되었으며, 이후 강원도 얼음골 지 역에서 추가로 자생하는 것이 확인된 바 있다.

관상 포인트

골담초 꽃과 흡사한 노란색의 꽃이 발랄하고 아름다워 조경수로 가치가 매우 높다. 콩과 특유의 우상복엽도 보기 좋다.

성질과 재배

강원도 이북에 자생하고 분포지가 극도로 제한된 희귀식물이지만 다행히 근삽으로 번식이 잘 되고 적응성이 좋아 토질을 가리지 않고 잘 자라므로

인공 증식하는 데는 큰 문제가 없는 나무이다. 근삽의 경우 봄에 뿌리를 캐어 길이 15cm 정도로 잘라 심으면 싹이 터서 자라게 된다. 종자로도 번 식할 수 있지만 결실률이 낮아 종자를 얻기는 쉽지 않다. 종자는 가을에 열매가 익으면 채취하여 건조 저장했다가 이듬해 봄에 파종한다. 양수로 볕바른 곳에 심어야 하며 재배는 물이 잘 빠지는 사질 양토가 적지이다.

조경수로서의 특성과 배식

희귀식물이라 전혀 보급되지 않았고 일부 수목원 등에 심기고 있는 실정 이지만 적응성이 강하면서 꽃이 매우 아름다우므로 앞으로 증식하여 조 경수로 보급할 가치가 매우 높은 수종이다. 특히 우리나라 특산종이면서 희귀식물이므로 대량 증식하여 학교원이나 공원 등에 표본식물로 보급할 가치도 높은 수종이다. 가시가 있으나 골담초보다 약하여 그리 위협적이 지는 않다. 콩과 식물로 척박한 땅에서도 잘 견디며 또 뿌리가 맹아력이 있어 계속 번지므로 절개지 사방공사용으로도 이용할 수 있다. 관상용 외 에 전초가 이뇨, 강심, 진통 등의 약효가 있는 약용 자원식물이기도 하다. 이식은 쉬운 편이며 봄 싹 트기 전과 가을 낙엽 후가 이식 적기이다.

유사종

같은 속의 식물로 관상용 및 약용으로 재배하는 골담초가 있다.

깊은 산에서 자라는 아름다운 열매나무
두메닥나무
Daphne pseudomezereum var. *koreana*

성상, 음양	낙엽관목, 음수	수형	부정형
번식법	실생, 삽목	개화기, 꽃색	4~5월, 흰색
식재 가능 지역	전국	결실기, 열매색	7월, 홍색
식재 시기	봄, 가을 낙엽 후	단풍	황색

분류학적 위치와 형태적 특징 및 자생지

두메닥나무는 팥꽃나무과의 낙엽관목으로 학명은 *Daphne pseudo-mezereum* var. *koreana*이다. 속명 *Daphne*는 그리스어로 월계수의 옛 이름인데 이 속 식물의 잎이 월계수 잎을 닮았기 때문에 붙었다. 종명 *pseudomezereum*은 가짜 mezereum이란 뜻으로 이 종이 유럽 서향 *Daphne mezereum*을 닮았기 때문이다. 높이 30~40cm의 키 작은 나무로 줄기는 곧게 서거나 약간 비스듬하게 자라며 회백색을 띠며 주름이 있다. 잎은 어긋나며 길이 4.0~8.5cm로서 긴 도란형이고 표면은 청록색에 뒷면은 약간 분백색이 돌며 가장자리는 밋밋하다. 자웅이주로 꽃은 4~5월에 지난해 자란 가지의 잎겨드랑이에서 총상꽃차례로 2~5개의 흰색 꽃이 달린다. 화판의 이면은 연한 홍색이다. 열매는 장과로 구형이고 7월에 붉게 익는다. 한국 특산식물로 자생지는 강원도 높은 산지이며 남쪽으로는 전북 덕유산까지 분포하는 북방계 식물이다.

관상 포인트

4~5월에 피는 흰색 꽃은 작지만 향기가 매우 좋다. 7월에 익는 열매는 선홍색으로 매우 아름답다.

성질과 재배

고산 지역 특히 석회암 지역에 자라는 식물로 중부지방이 재배 적지지만 전국에서 재배 가능하다. 낙엽수림에서 자라는 음지식물이므로 큰 나무 아래에서 재배하도록 한다. 재배가 어려운 편이며 물이 잘 빠지고 유기물이 풍부한 비옥한 토양에서 재배한다. 번식은 실생과 삽목으로 한다. 실생법의 경우 7월경에 붉게 익는 열매에서 종자를 채취하여 젖은 모래와 섞어 저장하였다가 이듬해 봄에 파종한다. 묘상은 나무 그늘에 마련하거나 해가림을 하여 광선을 줄여준다. 삽목의 경우 봄 싹 트기 전에 지난해 자란 가지를 잘라 꽂는다.

조경수로서의 특성과 배식

키 작은 낙엽관목으로 암석원 등에 붙여 심거나 낙엽활엽수 아래 하층 식재한다. 열매가 무척 아름답지만 조경수로는 거의 이용되지 않는 희귀수목이다. 이식성은 좋은 편이며 이식 적기는 이른 봄과 가을 낙엽이 진 후이다.

유사종

서향, 백서향과 같은 속이지만 두메닥나무는 낙엽관목이며 북방계 식물이라는 점에서 상록수이며 남방계인 백서향과 대비된다.

팔꽃나무과

수피로 종이를 만들었던 나무
삼지닥나무
Edgeworthia papyrifera

성상, 음양	낙엽관목, 양수	수형	덤불형
번식법	삽목, 분주, 실생	개화기, 꽃색	3~4월, 황색
식재 가능 지역	남부지방	결실기, 열매색	7월, 녹갈색
식재 시기	봄	단풍	황색

분류학적 위치와 형태적 특징 및 자생지

삼지닥나무는 팥꽃나무과에 속하는 낙엽관목으로 학명은 *Edgeworthia papyrifera*이다. 속명 *Edgeworthia*는 영국의 식물학자 에지워스M. P. Edgeworth의 이름에서 딴 것이다. 종명 *papyrifera*는 그리스어로 '종이'라는 의미로 수피를 종이의 원료로 사용한 데서 비롯되었다. 높이 3m까지 자라는데, 가지는 굵고 황갈색으로 보통 세 갈래로 갈라지므로 삼지닥나무란 이름이 붙었다. 잎은 긴 피침형으로 길이 8~15cm 정도 되며 잎가에는 톱니가 없다. 꽃은 3~4월에 가지 끝의 두상화서에 황색으로 핀다. 열매는 수과로 여러 개가 뭉쳐 달린다. 중국 원산으로 경상도와 전라도 등 남부지방과 제주도에 식재해왔다. 원래 수피를 제지용으로 이용하기 위해 심었으나 요즘은 관상용으로 많이 심는다.

관상 포인트

삼지닥나무는 이른 봄 3월에 피는 황백색의 꽃이 아름답다. 서향을 닮은 노란색 꽃이 핀다고 하여 황서향이라 불리기도 하는데 좋은 향기가 난다. 개화 시기는 매화 및 산수유와 비슷하니 봄맞이꽃으로 가치가 있다. 이름에서 알 수 있듯이 가지는 규칙적으로 세 갈래로 갈라지는 특징이 있다. 잎, 열매, 단풍은 그리 아름다운 편이 못 된다.

성질과 재배

삼지닥나무는 낙엽활엽수지만 추위에 약하여 남부지방에 한해 식재한다. 남부지방에서도 곳에 따라서는 동해를 입거나 꽃이 말라 떨어지는 등의 피해를 입기도 한다. 번식은 삽목, 분주, 휘묻이, 실생이 모두 가능하지만 삽목으로 뿌리가 잘 내리므로 삽목이 가장 편하고 또 일반적으로 행해진다. 삽목은 4월 초, 새싹이 트기 전에 전년생 가지를 잘라 꽂는 숙지삽이 일반적이지만 여름 장마철 무렵에 하는 녹지삽도 가능하다. 어느 경우에나 뿌리가 잘 내리지만 녹지삽의 경우 겨울에 방한 조치를 하지 않을 경우 어린 묘가 동해를 입어 고사할 우려가 있다. 분주는 뿌리목에서 새로운 맹아가 움터 자라면 이를 떼어 심는 방법으로 단번에 큰 묘목을 얻을 수 있다.

조경수로서의 특성과 배식

크게 자라지 않는 낙엽관목으로 원대에서 여러 개의 가지가 나며 대개 우산 모양의 둥글고 가지런한 수형을 유지한다. 따라서 남부지방의 정원이나 공원, 학교원 등의 화단 식재용으로 좋은데, 잔디밭 가장자리 등에도 좋다. 이식 적기는 봄 3~4월이며 겨울철 동해의 우려가 없는 제주도 등에서는 가을 낙엽 후에 옮겨도 된다. 잔뿌리가 잘 발달하는 편이라 크게 자란 나무도 이식이 쉬운 편이다.

홍자색 꽃이 아름다운 작은 관목

팥꽃나무

Daphne genkwa

성상, 음양	낙엽관목, 양수	수형	계란형
번식법	근삽, 실생	개화기, 꽃색	4월, 홍자색
식재 가능 지역	전국	결실기, 열매색	7월, 흰색
식재 시기	봄, 가을 낙엽 후	단풍	황갈색

분류학적 위치와 형태적 특징 및 자생지

팥꽃나무는 팥꽃나무과에 속하는 낙엽관목으로 학명은 *Daphne genk-wa*이다. 속명 *Daphne*는 그리스어로 월계수의 옛 이름이다. 종명 *genk-wa*는 팥꽃나무의 중국 이름에서 온 것이다. 키가 1m 정도까지 자라는 낙엽관목으로, 잎은 피침형에 끝이 뾰족하고 길이는 2~6cm에 가장자리는 톱니가 없이 밋밋하다. 가는 가지는 암갈색으로 가는 털이 있다. 꽃은 홍자색으로 전년도 가지에 3~7개씩 산형화서로 모여 달린다. 열매는 둥글고 흰색이며 7월에 익는다. 평남에서 전남까지 서해안을 따라 해안의 산기슭과 숲 가장자리의 볕바른 땅에서 자란다. 우리나라 외에 중국과 타이완에도 분포한다.

관상 포인트

봄에 피는 화사한 꽃이 매우 아름다운 키 작은 꽃나무다. 꽃은 4월에 피는데 홍자색 꽃이 온통 나무를 뒤덮을 정도로 아름다우며 약 20여 일간 지속된다. 꽃에서는 약하지만 은은한 향기가 난다. 열매는 둥글며 7월에 흰색으로 익는데 결실율이 높지는 않다.

성질과 재배

양수이며 추위엔 강한 편으로 우리나라 전역에서 재배가 가능하다. 번식은 근삽과 실생으로 하는데, 결실이 잘 되지 않아 주로 근삽으로 번식한다. 근삽의 경우 뿌리를 캐어 10cm 내외로 잘라 심는데, 뿌리에서 근맹아가 생겨 새 포기를 이루게 된다. 여러 개의 싹이 돋을 경우 실한 것 하나만 남기고 따버려야 성장이 빠르다. 실생의 경우 6~7월경에 종자를 채취하여 직파하는데 약 한달 남짓이면 발아한다. 성장은 느린 편이고, 병충해에 관해서는 아직 잘 밝혀지지 않았다.

조경수로서의 특성과 배식

양수로 볕바른 곳을 좋아하며 크게 자라지 않는 낙엽관목이다. 원대에서 많은 가지가 나며 방임하여도 단정한 수형을 가지게 되므로 작은 꽃나무 위주의 화단 식재용이나 잔디밭 가장자리 등에 집단 식재하면 봄에 화려한 꽃을 즐길 수 있다. 현재 팥꽃나무를 조경에 이용하는 경우는 무척 제한적인데 우리 정서에 맞으며 관상 가치가 매우 높은 나무이므로 앞으로 많은 이들이 즐겨 이용했으면 하는 바람이다. 크게 자란 나무는 이식이 어려운 편이며 이식 적기는 봄철 새싹이 트기 전이다.

유사종

동속식물로 두메닥나무가 있으며 상록관목인 백서향과 서향도 같은 속의 식물이다.

피나무과

장구를 닮은 열매
장구밥나무
Grewia parviflora

성상, 음양	낙엽관목, 양수	수형	부정형
번식법	실생, 삽목	개화기, 꽃색	6~7월, 황색
식재 가능 지역	전국	결실기, 열매색	10월, 주홍색
식재 시기	봄, 가을 낙엽 후	단풍	황색

분류학적 위치와 형태적 특징 및 자생지

장구밥나무는 피나무과에 속하는 낙엽관목으로 학명은 *Grewia parvi-flora*이다. 속명 *Grewia*는 영국의 식물학자인 그루Nehemiah Grew의 이름에서 딴 것이다. 종명 *parviflora*는 '전면에 꽃이 핀다'는 뜻이다. 높이는 2m 정도 자라며 뿌리목에서 계속 분지하여 성긴 덤불로 자란다. 잎은 어긋나며 계란형으로 길이 4~12cm이고 잎의 표면은 거칠다. 꽃은 6~7월에 피는데 양성화로 취산화서에 달리며 다섯 장의 꽃잎은 흰색이고 꽃술은 황색이다. 열매는 10월에 익는데 처음 녹색에서 익어감에 따라 황색과 주황색을 거쳐 주홍색으로 점차 변하는데 가운데가 약간 잘록한 장구 모양이다. 우리나라 중부 이남 해안지방의 해발 100~700m 이하의 산록에 자생한다.

관상 포인트

꽃은 7월에 취산화서에서 흰색으로 피는데 꽃의 크기가 작아 관상 가치는 크지 않다. 장구밥나무의 가장 큰 매력은 특이한 열매이다. 열매는 10월경에 익는데 장구통 모양의 둥근 열매가 하나 또는 두 개씩 모여 달린다. 열매가 황색에서 주황색을 거쳐 주홍색으로 변하는 모습이 열매 모양만큼이나 흥미롭다. 단풍은 황색으로 물든다.

성질과 재배

양수로 전국 대부분 지역에서 식재 및 재배 가능하다. 번식은 실생과 삽목으로 한다. 실생법의 경우 가을에 익은 열매를 채취하여 과육을 제거하고 종자를 발라내어 노천매장하였다가 이듬해 4월에 파종하면 된다. 하나의 열매에는 대개 두 개씩의 종자가 들어 있다. 파종 후에는 포장이 마르지 않도록 짚이나 거적 등으로 덮어 관리한다. 삽목의 경우 지난해에 자란 가지를 15cm 정도의 길이로 잘라 10cm 정도가 땅에 묻히게 꽂으면 된다.

조경수로서의 특성과 배식

열매가 특이한 느낌을 주는 작은 관목상의 열매나무이므로 학교원, 공원 등에 심으면 좋다. 또한 척박한 땅에서도 잘 자라므로 절개지나 복토지 등 척박한 곳에서의 조경수로도 이용 가능하다. 가을의 붉은 열매가 특히 아름다워 열매나무로 심을 만하다. 이식은 아주 쉬운 편이며, 이식 적기는 가을에 낙엽이 진 후와 봄 싹 트기 전이다.

갈매나무과

칠면조처럼 열매색이 변하는 나무
까마귀베개
Rhamnella franguloides

성상, 음양	낙엽소교목, 양수~중용수	수형	부정형
번식법	실생	개화기, 꽃색	5~7월, 황록색
식재 가능 지역	경기도 이남	결실기, 열매색	9~10월, 검은색
식재 시기	봄, 가을 낙엽 후	단풍	갈색

분류학적 위치, 형태적 특징 및 자생지

까마귀베개는 갈매나무과에 속하는 낙엽소교목으로 학명은 *Rhamnella franguloides*이다. 높이 7m 정도까지 자라는 낙엽소교목으로 잎은 어긋나며 난상 긴 타원형으로 길이 6~12cm, 너비 2.5~4cm로 표면은 털이 없고 약간 광택이 나며 잎자루는 짧다. 꽃은 양성화로 녹황색이고 지름 3.5mm로 작으며 잎겨드랑이에 2~15송이씩 취산화서로 달린다. 열매는 핵과로 원통상 타원형이고 지름 9mm이며 9~10월에 익는데, 어릴 때는 녹색이고 익음에 따라 황색에서 적색으로 다시 검은색으로 변하며 광택이 난다. 하나의 열매에는 한 개의 길쭉하고 흰 종자가 들어 있다. 자생지는 충청 이남의 산기슭이며 주로 해안지방에 분포한다. 우리나라 외에 일본에도 분포한다.

관상 포인트

꽃은 5~7월에 새로 자란 가지의 잎겨드랑이에서 취산화서로 피는데 화관은 황록색이고 지름 3.5mm 정도로 작아 관상 가치는 낮다. 까마귀베개의 매력은 익어감에 따라 녹색에서 황색, 적색을 거쳐 검은색으로 변하는 아름다운 열매에 있다. 완전히 익은 열매는 검은색이며 광택이 나는데, 먹을 수 있으며 달짝지근한 맛이 난다.

성질과 재배

주로 해안지방에 자생하지만 추위에는 상당히 강하여 경기도 지방까지 식재할 수 있다. 햇볕이 잘 쬐는 곳을 좋아하지만 어느 정도 그늘에서도 견딘다. 번식은 종자로 하는데, 가을에 익은 열매를 채취하여 모래 속에 묻어두었다가 이듬해 봄에 파종한다. 종자는 너무 마르면 발아하지 않으므로 저장하는 모래가 너무 마르지 않게 관리해야 한다.

조경수로서의 특성과 배식

소교목으로 여러 가지 색으로 변하는 열매가 특징이므로 학교원, 공원, 관광농원 등에 한두 그루씩 심으면 사람들의 호기심과 관심을 끌 수 있을 것이다. 열매는 새들이 아주 좋아하므로 공원이나 생태공원의 조류 유인목으로도 유용하다. 반그늘 정도에서도 개화와 결실이 잘 되므로 큰 나무와 곁들여 심는 배식도 좋다. 열매가 아름답지만 그 크기가 비교적 작은 편이므로 나무를 크게 기르기보다는 낮게 길러야 열매를 즐기기 좋다. 이식에는 잘 견디는 편이며 이식 적기는 가을에 낙엽이 진 후부터 봄 싹 트기 전까지이다.

갈매나무과

달고 맛 좋은 열매가 열리는
대추나무
Zizyphus jujuba var. *inermis*

성상, 음양	상록소교목, 양수	수형	타원형
번식법	실생, 분주, 근삽, 접목	개화기, 꽃색	6월, 황록색
식재 가능 지역	전국	결실기, 열매색	9~10월, 적갈색
식재 시기	봄, 가을 낙엽 후	단풍	황갈색

분류학적 위치와 형태적 특징 및 자생지

대추나무는 높이 8m까지 자라는 낙엽소교목으로 학명은 *Zizyphus jujuba* var. *inermis*이다. 속명 *Zizyphus*는 그리스어로 '대추'라는 뜻이며 종명 *jujuba* 역시 그리스어로 '대추'라는 의미이다. 가지에는 흔히 탁엽이 변한 가시가 난다. 잎은 어긋매껴 나며 길이 2~6cm로 계란형이며 광택이 있다. 꽃은 연한 녹색의 양성화로 5~6월에 피며 잎겨드랑이에서 난취산화서에 2~3송이씩 달린다. 열매는 길이 2.5~3.5cm의 타원형 핵과로 9~10월에 적갈색으로 익는다. 대추나무는 유럽 동남부와 아시아 동남부가 원산지로 우리나라에서는 전국 각지에서 열매를 이용하기 위해 식재하는 중요한 과수이다.

관상 포인트 및 이용

가을에 적색으로 익는 열매가 아름답다. 조경수로보다는 과수로 많이 이용되고 심기는 나무지만 조경수로서의 가치도 큰 나무이다. 열매는 식용 및 약용으로 중요하며 또 목재는 단단하고 갈라지지 않아 기구재, 조각재로 사용된다.

성질과 재배

양수로 내한력이 강하여 전국 각지에서 재배 및 식재 가능하다. 배수가 잘 되고 땅심이 깊은 곳에서 잘 자라며 열매도 잘 열린다. 번식은 실생, 근삽, 분주, 접목으로 한다. 실생법의 경우 가을에 종자를 채취하여 젖은 모래 속에 묻어두었다가 이듬해 봄에 파종한다. 근삽으로 번식시킬 때는 뿌리를 캐어 길이 10~15cm 내외로 잘라 심는데 1~2개월 지나면 싹이 돋아 자라게 된다. 분주는 줄기 주변에 돋아나는 포기를 떼어 심는 것으로 봄 싹 트기 전에 떼어 심는다. 과수로 재배하는 우량 품종은 공대에 접붙이기로 번식하기도 한다.

조경수로서의 특성과 배식

과일을 얻기 위해 과수원을 조성하여 재배하기도 하며 또 관혼상제에 필요한 대추를 자급하기 위해 민가 주변에 흔히 심는다. 조경수보다는 과수로 많이 이용되지만 조경수로서 가치도 크므로 시골 농가의 울타리 주변에 과일나무를 겸하는 실용수 겸 조경수로 심으면 좋다. 대추나무는 가지에 가시가 있어 대문 앞에 심으면 사귀를 쫓는다는 속설이 있기도 하다.

나무 수종각론

붉은 열매가 매력적인 낙엽활엽수
대팻집나무
Ilex macropoda

성상, 음양	낙엽소교목, 양수	수형	계란형
번식법	실생, 접목	개화기, 꽃색	5~6월, 녹색
식재 가능 지역	중~남부지방	결실기, 열매색	10월, 홍색
식재 시기	봄, 가을 낙엽 후	단풍	황갈색

분류학적 위치와 형태적 특징 및 자생지

대팻집나무는 감탕나무과에 속하는 낙엽소교목으로 학명은 *Ilex macropoda*이다. 속명 *Ilex*는 라틴명으로 *Quercus ilex*에서 온 것이며 종명 *macropoda*는 '줄기가 굵다'는 뜻이다. 높이 5~8m까지 자라며, 잎은 어긋나고 짧은 가지에서는 모여 난다. 잎은 넓은 계란형 또는 타원형이며 가장자리에 톱니가 드문드문 있다. 암수딴그루로 꽃은 5~6월에 짧은 가지의 잎겨드랑이에 달리며 밝은 녹색으로 핀다. 수꽃은 5~40개씩 모여 피며, 암꽃은 1~10개씩 핀다. 열매는 핵과로 공 모양이며 지름 7mm 정도이고 10월에 붉게 익는다. 중부 이남 산기슭이나 산지 능선 주변 및 계곡 주변에 자생한다.

관상 포인트 및 이용

꽃은 작고 녹색으로 피어 거의 눈길을 끌지 못한다. 그러나 가을에 붉게 익는 열매는 무척 아름답다. 대팻집나무는 이 열매만으로도 조경수로 심을 만한 가치가 충분할 정도로 열매가 매력적이다. 우리나라에 자생하는 감탕나무속 식물 가운데 유일한 낙엽수이다. 목재가 단단하고 치밀하여 가구재, 기구재로 이용하며 이전에 대팻집을 만드는 데 이용하였으므로 대팻집나무라 불린다. 어린잎은 나물로 이용하기도 한다.

성질과 재배

양수지만 음지에서 견디는 힘도 강하며 비옥한 모래 진흙에서 잘 자란다. 내한성이 강하여 전국 대부분 지방에서 재배 가능하며 내건성도 강한 편이다. 번식은 실생법으로 하는데 가을에 열매를 채취하여 과육을 제거하고 2년간 노천매장하였다가 3년째 봄에 파종한다. 암나무에만 열매가 열리므로 열매를 감상하기 위해서는 암나무를 위주로 심을 필요가 있는데 이는 종자를 심어 얻은 묘목에 암나무의 가지를 잘라 접붙이기하면 된다.

조경수로서의 특성과 배식

열매가 아름다워 조경수로서의 가치가 매우 높다. 열매는 새들이 좋아하므로 공원, 생태정원 및 생태공원에 심으면 좋다. 나무가 크게 자라지 않으며 또 성장이 느리므로 가정 정원의 열매 나무로 심어도 좋다. 자웅이주이므로 열매를 감상하려면 암수를 섞어 심어야 하는데 암나무 위주로 심는 게 좋다. 이식성은 보통이며 이식 적기는 이른 봄과 가을에 낙엽이 진 후이다.

유사종

동속식물로 호랑가시나무, 감탕나무, 낙상홍, 꽝꽝나무 등이 있으나 대팻집나무와 조경 특성은 다른 편이다.

붉은 열매, 붉은 단풍
참빗살나무
Euonymus sieboldianus

성상, 음양	낙엽소교목, 양수	수형	부정형
번식법	실생, 삽목	개화기, 꽃색	5~6월, 녹색
식재 가능 지역	전국	결실기, 열매색	10월, 담홍색
식재 시기	봄, 가을 낙엽 후	단풍	홍색, 황갈색

분류학적 위치와 형태적 특징 및 자생지

참빗살나무는 노박덩굴과에 속하는 낙엽소교목으로 학명은 *Euonymus sieboldianus*이다. 속명 *Euonymus*는 그리스어로 '좋다'는 의미인 eu 와 신화에 나오는 신의 이름인 Onoma의 합성어이다. 종명 *sieboldianus* 는 저명한 식물학자 지볼트Siebold의 이름에서 온 것이다. 높이 6~7m까지 자라며 어린 가지는 녹색이고 수피는 회갈색이다. 잎은 마주나며 길이 6~15cm에 폭은 2~6cm이다. 꽃은 취산화서에 연녹색의 작은 꽃이 달린다. 삭과는 직경 0.8~1cm이고 담황색이며 익으면 터져 적색의 종자가 노출된다. 전국의 산지, 개울이나 계곡 주변 등에 자라며 일본, 중국, 만주 등지에도 분포한다.

관상 포인트

참빗살나무의 매력은 담홍색의 삭과 속에 붉게 익는 열매와 가을에 홍색 또는 자홍색으로 물드는 아름다운 단풍이다. 꽃은 5~6월에 연한 녹색으로 피는데 꽃색이 잎과 비슷한 데다 꽃송이가 작아 관상 가치는 크지 않다.

성질과 재배

양수로 우리나라 전역에서 재배 가능하다. 번식은 실생, 삽목으로 한다. 실생법으로 할 경우 가을에 익은 종자를 채취하여 젖은 모래에 노천매장 하였다가 이듬해 봄에 파종한다. 삽목의 경우 이른 봄에 가지를 10~15cm 길이로 잘라 꽂는데 발근율이 좋은 편이다. 여름에 그해에 자란 가지를 꽂는 녹지삽도 뿌리가 잘 내린다. 해충으로는 진딧물이 발생할 수 있으나 그 외에 심각한 피해를 입히는 해충은 없다.

조경수로서의 특성과 배식

조경수로 이용이 비교적 많은 화살나무와 같은 과에 속하며 열매와 단풍의 성질도 화살나무와 비슷하다. 다만 화살나무는 관목이며 성장이 아주 느린 데 반해 참빗살나무는 보다 크게 자라는 소교목이며 성장 속도도 상대적으로 빠르다. 빨간 열매와 단풍이 아름다우며 양지와 음지를 가리지 않고 잘 적응하는 나무로 대체로 잔디밭의 가장자리, 건물의 북쪽 그늘진 곳, 개울 부근 등의 조경용으로 좋으며 아주 크게 자라는 대교목의 아래 허전한 곳을 메꾸는 나무로도 이용할 수 있다. 이식에는 잘 견디는 편이라 크게 자란 나무를 옮겨 심어도 잘 활착하는데 이식 적기는 가을에 낙엽이 진 후부터 봄 싹 트기 전까지이다.

유사종

동속식물로 화살나무, 회나무, 나래회나무, 사철나무, 줄사철나무 등이 있다.

가을 산을 붉게 물들이는 나무
당단풍
Acer pseudosieboldianum

성상, 음양	낙엽소교목, 중용수	수형	원형
번식법	실생	개화기, 꽃색	4월, 자홍색
식재 가능 지역	전국	결실기, 열매색	10월, 갈색
식재 시기	봄, 가을 낙엽 후	단풍	적색

분류학적 위치와 형태적 특징 및 자생지
당단풍은 단풍나무과에 속하는 낙엽소교목으로 학명은 *Acer pseu-dosieboldianum*이다. 속명 *Acer*는 라틴어로 '단단하다'는 뜻의 acris에서 온 말로 목재가 단단하기 때문에 붙었다. 종명 *pseudosieboldianum*은 단풍나무과의 다른 종인 *sieboldianum*과 닮았다는 뜻이다. 높이 6m 정도까지 자라며 수피는 회색이다. 잎은 난원형에 지름 6~11cm이고 꽃은 정생하는 산방화서에 10~20개의 자홍색의 작은 꽃이 달린다. 열매는 시과로 10월에 익는다. 우리나라와 일본, 중국 등에 분포하는 나무로 우리나라에서는 전국 각지에 자생하며 설악산, 지리산 등 대부분의 산야에서 가을에 붉게 물드는 단풍나무가 거의 이 당단풍이다.

관상 포인트
단풍나무의 매력은 무엇보다도 가을에 아름답게 물드는 단풍이다. 단풍나무류는 모두 단풍이 아름답지만 그중에서도 이 당단풍은 단연 최고라 할 만하다. 가을의 단풍 외에도 장상복엽의 잎도 아름답다. 꽃은 봄에 잎이 피면서 함께 피는데 꽃이 작아 관상 가치는 별로 크지 않다. 꽃보다는 봄에 새잎이 피는 모습이 오히려 아름답다.

성질과 재배
단풍나무과 나무 중에서는 성장이 느린 편이고, 나무는 단단하며 목재도 치밀하다. 일반적인 광선 요구도는 중용수이지만 양지나 어느 정도 음지에서도 잘 적응한다. 번식은 전적으로 실생법으로 하는데 가을에 종자가 떨어지기 전에 채종하여 노천매장하였다가 이른 봄에 파종한다. 파종 후

에는 짚으로 복토하거나 해가림을 하여 마르지 않게 관리하면 4~5월경이면 발아하는데 발아율은 좋은 편이다.

조경수로서의 특성과 배식
수형이 자연스럽게 자라는 편이므로 자연 생태공원에 적합한 수종이라 할 수 있다. 공원 등에 집단 식재하면 가을 한철 황홀한 단풍을 즐길 수 있다. 또한 다른 단풍나무들과 마찬가지로 씨앗은 박새, 동박새, 멧새 등 작은 새들의 먹이가 되므로 조류 유치에도 도움이 된다. 나무의 성장 속도가 느리고 단풍이 화려하므로 뜰이 좁은 가정 정원에도 심을 수 있다. 단풍나무 중에서는 건조에 견디는 힘도 강하므로 다른 단풍 종류와 달리 척박한 곳에도 심을 수 있으며 여러 면에서 우수한 조경 수목이므로 더 많은 이용이 기대되는 수종이다. 이식은 비교적 쉬운 편이며 추위에도 강하므로 가을 낙엽기부터 봄에 새싹이 트기 전이라면 땅만 얼지 않으면 언제라도 이식할 수 있으나, 적설이 많은 지역에서는 가을 11월경이 가장 적기라 할 수 있다.

유사종
고로쇠나무, 복자기, 시닥나무, 단풍나무, 신나무 등의 동속식물이 있다.

때죽나무과

조롱조롱 흰 꽃에 종 모양 열매

때죽나무
Styrax japonica

성상, 음양	낙엽소교목, 양수-중용수	수형	부정형
번식법	실생	개화기, 꽃색	5~6월, 흰색
식재 가능 지역	전국	결실기, 열매색	9~10월, 녹갈색
식재 시기	봄, 가을 낙엽 후	단풍	황갈색

조경수로좋은나무

분류학적 위치와 형태 및 자생지

때죽나무는 때죽나무과에 속하며 학명은 *Styrax japonica*이다. 속명 *Styrax*는 아라비아어로 '물방울'을 뜻하는 stiria에서 나왔다고 하는데 나무에서 형성되는 수지가 물방울 모양을 보이기 때문이다. 종명 *japonica*는 일본산이란 뜻이다. 낙엽소교목으로 높이는 10m에 달하고 수피는 다갈색이다. 잎은 어긋나고 계란형 또는 긴 타원형에 길이 2~8cm이다. 꽃은 1~5개가 잎겨드랑이에서 난 총상꽃차례에 달리며 화관은 긴 계란형으로 지름 1.5~3.5cm에 흰색이고 5~6월에 개화한다. 열매는 핵과로 난상 원형이며 길이 1.2~1.4cm 정도이고 9~10월에 익는다. 우리나라 중부 이남의 산지 숲속에 자생하며 일본, 중국, 대만, 필리핀 북부에도 분포한다.

관상 포인트

5~6월에 아래로 늘어지며 피는 흰 꽃이 매우 아름답다. 열매는 가을에 익는데 작은 공 모양의 핵과가 주렁주렁 달린 모습이 눈길을 끌며 잘 익으면 과피가 터져 윤기 나는 갈색의 종자가 노출된다. 잎의 모양이나 단풍은 그리 고운 편이 아니다.

성질과 재배

내한성이 강하여 우리나라 전역에서 재배 가능하다. 자생지에서는 주로 반그늘에서 발견되지만 성질은 양수 내지 중용수로 볕바른 곳에서 잘 자라며 꽃도 잘 핀다. 번식은 전적으로 실생으로 하는데, 가을에 잘 익은 종자를 채취하여 건조하지 않게 젖은 모래 속에 저장했다가 봄 일찍 파종한다.

조경수로서의 특성과 배식

늦봄에서 초여름에 피는 꽃이 아름다워 큰 나무에 곁들여 심는 꽃나무로 활용하면 좋다. 볕바른 곳에서 잘 자라므로 독립수로 심어도 좋으나 나무가 크게 자라는 편은 아니다. 현재 조경용으로 식재되는 경우는 거의 없는 나무지만 야취가 있으면서 꽃이 좋으므로 공원, 학교원 등에 심으면 좋다. 꽃에는 꿀이 많아 꿀벌, 호박벌 등이 많이 찾으며 밀원식물로도 이용할 수 있다. 이식은 비교적 쉬운 편이며 가을에 낙엽이 진 후부터 봄 싹트기 전이 이식 적기이다.

유사종

동속식물로 쪽동백나무와 좀쪽동백나무가 있는데 모두 꽃이 아름답고 향기가 좋다.

크고 둥근 잎에 향기롭고 아름다운 흰 꽃

쪽동백
Styrax obassia

성상, 음양	낙엽소교목, 양수	수형	반구형
번식법	실생	개화기, 꽃색	5월, 흰색
식재 가능 지역	전국	결실기, 열매색	10월, 황록색
식재 시기	봄, 가을 낙엽 후	단풍	황갈색

분류학적 위치와 형태 및 자생지
쪽동백은 때죽나무과에 속하는 낙엽소교목으로 학명은 *Styrax obassia* 이다. 속명 *Styrax*는 아라비아어로 '물방울'을 뜻하는 stiria에서 나왔다고 하는데 나무에서 형성되는 수지가 물방울 모양이기 때문이라고 한다. 종명 *obassia*는 이 종의 일본명 '오바지시아'에서 온 것이다. 높이 7~8m까지 자라며 수피는 흑갈색으로 매끈하며 약간의 광택이 있다. 잎은 어긋나고 넓은 타원형이며 길이는 10~20cm로 크다. 꽃은 새 가지 끝의 긴 총상꽃차례에 10~20송이가 아래를 향하여 핀다. 열매는 핵과로 황록색으로 익는다. 자생지는 산지 숲속이며, 한국과 일본, 중국 만주에 분포한다.

관상 포인트
5월에 길게 총상꽃차례로 늘어지며 피는 흰 꽃이 매우 아름다우며 향기 또한 좋다. 열매는 황록색으로 익는데 총상꽃차례에 주렁주렁 달린 모습이 특이하다. 잎이 대형이며 단풍은 황갈색으로 드는데 그리 아름다운 편이 아니다.

성질과 재배
내한성이 강하여 우리나라 전역에서 재배 가능하다. 토질을 크게 가리지는 않지만 적당하게 수분이 유지되는 비옥한 양토를 좋아한다. 햇볕을 좋아하는 양수이지만 반그늘 정도에서도 잘 자란다. 번식은 전적으로 실생법으로 한다. 가을에 잘 익은 종자를 채취하여 건조하지 않게 젖은 모래 속에 저장했다가 봄 일찍 파종한다. 발아 후에는 햇볕이 잘 쬐게 관리한다. 쪽동백나무에 피해를 입히는 병해는 알려진 것이 없으며 충해로는 굴벌레나방, 깍지벌레, 응애 등의 피해가 발생할 수 있다.

조경수로서의 특성과 배식
일반적으로 정원이나 공원에 많이 보급되는 나무는 아니지만 야취가 있으면서 꽃이 아름다운 나무이므로 가정 정원, 공원, 학교원 등에서 독립수로 심거나 크게 자라는 낙엽활엽수에 붙여 심으면 좋다. 이식은 비교적 쉬운 편이며 가을에 낙엽이 진 후와 봄 싹 트기 전이 이식 적기이다.

유사종
동속식물로 때죽나무와 좀쪽동백나무가 있다.

여름 숲속의 귀부인

함박꽃나무
Magnolia sieboldii

성상, 음양	낙엽소교목, 음수	수형	부정형
번식법	실생, 휘묻이	개화기, 꽃색	5~6월, 흰색
식재 가능 지역	전국	결실기, 열매색	10월,
식재 시기	봄, 가을 낙엽 후		녹갈색(주황색 종자)
		단풍	황갈색

분류학적 위치와 형태적 특징 및 자생지
함박꽃나무는 목련과의 낙엽소교목으로 학명은 *Magnolia sieboldii*이다. 속명 *Magnolia*는 프랑스의 식물학자인 피에르 마뇰Pierre Magnol의 이름에서 온 것이다. 종명 *sieboldii*는 독일인 의사이자 식물학자인 지볼트 P. F. von Siebold의 이름에서 비롯되었다. 높이 6~7m에 달하며 줄기는 비스듬히 자란다. 잎은 도란형이고 길이 8~13cm이다. 꽃은 5~6월에 피는데 직경 5~7cm에 흰색이며 수술은 홍색이다. 열매는 골돌과로 익으면 주황색의 종자가 노출된다. 우리나라 전역의 산 중턱이나 계곡 부근에 자생한다.

관상 포인트
우리나라 자생 수목 중에서 함박꽃나무만큼 멋진 꽃을 피우는 나무도 흔치 않을 것이다. 꽃은 직경이 5~7cm 정도로 큰 편이며, 흰 꽃잎에 붉은 수술, 노란 암술, 맑고 깨끗하면서도 강한 향기를 자랑한다. 대개 5월 중순부터 피기 시작하여 6월 하순까지 약 40일간 지속된다. 꽃도 아름답지만 8~9월에 익는 열매도 매혹적이다. 장방형의 골돌은 성숙하면 짙은 주황색 종자가 노출되어 아름답다.

성질과 재배
음수로 우리나라 전역에서 재배 가능하다. 번식은 실생, 휘묻이로 할 수 있는데 실생법으로 하는 것이 가장 쉽다. 가을에 종자를 채취하여 직파하거나 모래 속에 묻어두었다 이듬해 봄에 파종한다. 주의할 것은 종자를 말려 저장하게 되면 발아하지 않는다는 것이다. 또 다른 번식법으로는 휘

묻이법이 있다. 함박꽃나무는 가지가 연하고 늘어지기 쉬운데 이를 휘어 땅속에 묻어두고 1년쯤 지나면 충분히 뿌리가 내린다. 봄이나 여름에 휘묻이했다가 이듬해 봄, 새순이 피기 전에 떼어 심으면 된다.

조경수로서의 특성과 배식
불규칙적인 자연 수형을 가지므로 자연생태공원의 조경수, 자연 속의 펜션이나 전원주택의 조경수로 아주 좋다. 더욱이 열매는 새들이 아주 좋아하므로 조류 유인목으로도 적합하다. 나무가 크게 자라지 않으므로 뜰이 좁은 가정 정원에도 심기 좋으며 야취 만점이다. 자생 수목 중 꽃이 무척 아름다운 수종이므로 학교원 등에도 널리 보급하여 우리 자생 수목의 아름다움을 널리 알리는 나무가 됐으면 하는 종이다. 이식은 쉬운 편이며 이식 적기는 가을 낙엽 후와 봄 싹 트기 전이다.

유사종
목련, 백목련, 자목련, 별목련 등의 동속식물이 있으나 이들은 모두 이른 봄에 꽃이 핀다.

무환자나무과

여름에 내리는 황금색 꽃비
모감주나무
Koelreuteria paniculata

성상, 음양	낙엽교목, 양수	수형	우산형
번식법	실생, 근삽	개화기, 꽃색	6~7월, 황색
식재 가능 지역	전국	결실기, 열매색	10월, 갈색
식재 시기	봄, 가을 낙엽 후	단풍	황색, 황갈색

분류학적 위치와 형태적 특징 및 자생지

모감주나무는 무환자나무과에 속하는 낙엽교목으로 학명은 *Koelreu-teria paniculata*이다. 속명 *Koelreuteria*는 독일인 쾰로이터J. G. Kö-elreuter의 이름에서 딴 것이다. 종명 *paniculata*는 라틴어로 '원추형'이란 뜻으로 원추화서로 꽃이 피는 것을 나타내고 있다. 키는 10m까지 자라며 잎은 어긋매껴 나고 기수우상복엽으로 소엽의 수는 7~15개이다. 꽃은 6~7월에 새 가지 끝에 큰 원추화서에 작은 황금색 꽃이 모여 핀다. 열매는 견과로 10월에 익는데 주머니 모양이다. 씨앗은 둥글며 검정색이고 단단하여 염주 만드는 데 사용하기도 하므로 염주나무라고도 부른다. 황해도 이남의 바닷가에 자생한다. 충남 태안군 안면도 승언리의 모감주나무 군락, 포항시 동해면 발산리의 모감주나무와 병아리꽃나무 군락 및 전남 완도군 군외면 대문리의 모감주나무 군락은 각기 천연기념물로 지정되었다. 우리나라 외에 중국, 일본에도 분포한다.

관상 포인트

꽃이 귀한 6~7월에 새 가지 끝에 큰 원추화서로 피는 황금색 꽃이 아름답다. 꽃송이는 작지만 많은 수의 꽃이 모여 피므로 매우 아름다우며 차례로 꽃이 피어 한 달 정도 지속될 정도로 개화 기간도 길다. 열매는 길이 4~5cm 정도로 마치 꽈리처럼 부푼 모습으로 달리는데 여름에는 녹색이지만 10월에 익으면 갈색으로 변한다. 황색 또는 황갈색으로 물드는 단풍도 아름답다.

성질과 재배

양수로 내한력이 강하여 우리나라 전역에서 재배 가능하다. 토질은 거의 가리지 않으며 척박한 곳에서도 잘 적응한다. 번식은 실생 외에 근삽이 가능하며 대량 재배는 실생으로 한다. 실생의 경우 가을에 익는 종자를 채취하여 직파하거나 또는 종자를 젖은 모래 속에 저장했다가 이듬해 봄에 파종하는데 발아율은 좋은 편이다.

조경수로서의 특성과 배식

수형이 우산 모양으로 정연하며 햇볕을 좋아하므로 공원이나 정원의 잔디밭 가운데 심으면 좋다. 또한 잎이 무성하므로 넓지 않은 정원의 녹음수 겸 여름 꽃나무로도 적합하다. 원래 바닷가 모래사장 부근 등에 많이 자생하는 나무로 해풍에도 강하므로 바닷가의 방풍수나, 해안도로의 가로수, 해안 매립지 등 염분 농도가 높은 곳의 조경수로도 적합하다. 이식이 쉬운 편으로 이식 적기는 가을에 낙엽이 진 후부터 봄 싹 트기 전까지이다.

낙엽교목성수목

초여름에 피는 향기로운 자생 라일락
개회나무
Syringa reticulata var. *mandshurica*

성상, 음양	낙엽관목~소교목, 양수	수형	계란형
번식법	실생, 삽목, 접붙이기	개화기, 꽃색	5~6월, 흰색
식재 가능 지역	전국	결실기, 열매색	9월, 녹색
식재 시기	봄, 가을 낙엽 후	단풍	황갈색

분류학적 위치, 형태적 특징 및 자생지

개회나무는 물푸레나무과의 낙엽소교목으로 학명은 *Syringa reticulata* var. *mandshurica*이다. 속명 *Syringa*는 그리스어로 '피리', '파이프'의 뜻으로 이 속의 나무로 피리를 만들고 또 꽃의 모양이 관상(管狀)인 데서 비롯된 것이다. 종명 *reticulata*는 라틴어로 '그물 모양'이란 뜻이며 변종명 *mandshurica*는 '만주산'이란 뜻이다. 키 4~6m 정도까지 자라며 잎은 넓은 계란형이고 길이 5~12cm, 너비 3~8cm이다. 꽃은 5~6월에 지난해 자란 가지의 끝에 길이 10~25cm의 원추화서를 이루며 피고 화관의 지름은 5~6mm로 흰색이다. 열매는 긴 타원형이며 길이 2~2.5cm로 9월에 성숙한다. 주로 중부 이북의 산지에 자라며 남부지방에서는 비교적 높은 산에서 볼 수 있다.

관상 포인트

초여름에 가지 끝에 큰 원추화서로 피는 흰색의 아름답고 향기 좋은 꽃이 일품이다. 이 속의 식물로 조경용으로 많이 보급되어 있는 라일락은 잎이 피기 전에 꽃이 피어 무척 화사한 데 반해 개회나무는 잎이 다 자란 후에 꽃이 피므로 화려함은 라일락에 비해 덜하다.

성질과 재배

*Syringa*속 식물들은 여름이 냉량한 기후가 재배에 보다 적합하지만 남부지방에서도 가꾸는 데 큰 문제는 없다. 번식은 실생, 접붙이기, 삽목으로 한다. 종자는 가을에 채취하여 모래 속에 묻어 저장했다가 봄에 파종하는데, 실생으로 기른 묘는 7~8년 이상 자라야 꽃이 핀다. 접붙이기는 개회

나무의 공대를 대목으로 하여 봄에 깎아접 또는 짜개접을 하거나 여름에 눈접을 한다. 삽목은 봄의 숙지삽과 여름의 녹지삽이 모두 가능하다.

조경수로서의 특성과 배식

중부지방이 재배 적지이지만 남부지방에 심어도 잘 적응하는 편이다. 꽃이 귀해지는 6월경에 밝고 화사한 꽃을 피우며 꽃에는 각종 벌과 꽃무지, 풍뎅이 등이 많이 모이므로 자연 공원의 구성 수종이나 생태공원의 구성 요소로 이용하면 좋은 나무이다. 외래종인 라일락에 밀려 우리나라 자생 개회나무 종류는 공급과 수요가 거의 없는 실정이며 그 존재 자체도 모르는 이들이 많다. 앞으로는 조경에 우리 자생수의 활용이 많아졌으면 하는 바람이다. 이식은 쉬운 편이며 이식 적기는 가을에 낙엽이 진 후부터 봄 싹 트기 전까지이다.

유사종

동속식물로 꽃개회나무, 수수꽃다리, 털개회나무, 섬개회나무 등이 있으며 유럽에서 도입되어 조경용으로 많이 이용되는 라일락도 같은 속이다.

물푸레나무과

아름답고 향기좋은 꽃
정향나무
Syringa patula var. *kamibayashii*

성상, 음양	낙엽관목, 양수	수형	계란형
번식법	삽목, 실생	개화기, 꽃색	5월, 흰색~연홍색
식재 가능 지역	전국	결실기, 열매색	9~10월, 녹색
식재 시기	봄, 가을 낙엽 후	단풍	갈색

분류학적 위치와 형태적 특징 및 자생지

정향나무는 물푸레나무과의 낙엽관목으로 학명은 *Syringa patula* var. *kamibayashii*이다. 속명 *Syringa*는 그리스어 syringos에서 나온 말로 '관(管)'이라는 뜻이다. 꽃이 파이프 모양으로 길쭉한 데서 온 말이다. 종명 *patula*는 '넓게 퍼졌다'는 뜻으로 수관이 넓게 퍼지는 것을 표현하였다. 낙엽관목으로 높이 3m 정도까지 자라며 밑에서 여러 개의 줄기가 올라와 큰 포기를 이루며, 가지는 회색색으로 피목이 흩어져 있다. 잎은 마주나며 넓은 달걀형이며, 표면에 털이 없다. 꽃은 5월에 흰색 내지 연한 자주색으로 피는데 전년생 가지 끝에 원추화서로 달리며 향기가 강하다. 열매는 길이 9~12mm의 삭과로 끝이 둔한 타원형이고 겉면에 갈색 피목이 산재하며 9월에 익는다. 전국 각지 산지에 자생하며 우리나라 외에 만주에도 분포한다.

관상 포인트

꽃이 아름답고 향기가 높아 조경적으로 매우 우수한 나무이다. 잎도 아름다운 편이다. 꽃의 모양이 정(丁) 자형으로 생기고 향기가 높다 하여 '정향나무'라고 한다.

성질과 재배

양수지만 내음성이 강하며 적당히 습기가 유지되는 양토 및 사질 양토에서 잘 자라며 대기오염에 대한 저항성도 강하다. 번식은 실생 및 삽목으로 한다. 실생법의 경우 가을에 열매를 따서 종자를 채취하여 노천매장하였다가 이듬해 봄에 파종한다. 삽목의 경우 이른 봄 싹 트기 전에 지난해 자란 가지를 10cm 내외로 잘라 꽂거나 초여름에 그해에 자란 가지를 잘라 꽂는다. 봄, 여름 어느 때 해도 발근이 잘 되는 편이다.

조경수로서의 특성과 배식

전국적으로 식재 가능하지만 대체로 여름이 시원한 중부지방의 기후에 더 적합한 나무이다. 꽃이 아름다운 데다 향기가 좋아 정원이나 공원에 널리 이용할 수 있으며, 단식, 모아 심기, 생울타리 등으로 이용할 수 있다. 조경적으로 매우 우수한 가치를 가지고 있으나 도입종인 라일락에 밀려 조경에서 거의 이용되지 않는 실정이다. 앞으로 라일락의 대체 자생수로 더 많이 식재되었으면 하는 수종이다.

유사종

동속식물로 개회나무, 섬개회나무, 꽃개회나무, 수수꽃다리 등이 있으며 모두 꽃이 좋고 향기 또한 좋다.

낙엽활엽소교목

꿀처럼 달콤한 열매
무화과나무
Ficus carica

성상, 음양	낙엽소교목, 양수	수형	부정형
번식법	삽목, 분주, 휘묻이	개화기, 꽃색	5~6월, 8~10월, 은화과
식재 가능 지역	남부지방	결실기, 열매색	6월, 9~10월 홍자색
식재 시기	봄	단풍	갈색

분류학적 위치와 형태적 특징 및 자생지

무화과나무는 뽕나무과의 낙엽소교목으로 학명은 *Ficus carica*이다. 속명 *Ficus*는 무화과를 뜻하는 라틴어 옛 이름이다. 종명 *carica*는 소아시아의 지명인 카리아Caria에서 온 것이다. 높이 3~6m까지 자라며 줄기는 굵고 수피는 흑갈색이다. 잎은 장상엽으로 3~7갈래로 갈라진다. 무화과란 이름이 붙었지만 실제 꽃이 피지 않는 것은 아니고 은두화서로 핀다. 화서는 잎겨드랑이에서 나오며 꽃받침 내에 수많은 작은 꽃이 맺히며 5~6월과 8~10월에 걸쳐 1년에 2회 개화한다. 열매는 은화과로 도란형이고 지름 3~5cm이며 육질상이고 홍자색으로 익는다. 지중해 및 아라비아 서부 원산으로 우리나라 남부지방에서 과수 겸 조경수로 심는다.

관상 포인트 및 이용

꽃은 꽃받침 속에 숨어 피므로 눈에 띄지 않아 관상 가치가 없다. 잎은 크고 손바닥 모양으로 갈라지는 특징이 있다. 열매는 1년에 두 차례, 초여름과 가을에 열리는데 일시에 익기보다는 차례로 자라면서 익는다. 열매는 무척 달고 맛이 좋으며 생식하거나 잼을 만들어 먹는다. 무화과는 조경적 가치가 높기보다는 열매를 이용할 수 있는 가정 과수 겸 조경수로서의 가치가 큰 수종이다.

성질과 재배

추위에 약한 난대성 수목으로 햇볕이 잘 쬐는 기름진 땅이 재배 적지이다. 번식은 삽목, 휘묻이 및 분주가 가능하지만 대개 삽목으로 한다. 삽목의 경우 봄이나 여름 6~7월에 줄기를 15cm 내외로 잘라 꽂는데 뿌리가 잘 내리는 편이다. 여름 꽂이를 할 때는 아래 잎을 따 버리고 위의 잎은 적당히 잘라 줄여서 꽂고 해가림을 해준다.

조경수로서의 특성과 배식

가정 과수를 겸하는 실용적 조경수로서 가치가 큰 나무지만 추위에 약하여 남부지방으로 식재가 제한되는 점이 아쉽다. 무화과나무는 별다른 관리를 하지 않아도 과일을 수확할 수 있는 점이 가정 과수로서 큰 매력이다. 적당히 습기가 유지되고 기름진 땅을 좋아하며 볕바른 곳에 심어야 결실이 잘 된다. 이식은 쉬운 편이며 이식 적기는 봄 싹 트기 전이다.

부처꽃과

한여름의 정열
배롱나무
Lagerstroemia indica

성상, 음양	낙엽소교목, 양수	수형	우산형
번식법	삽목, 실생	개화기, 꽃색	7~8월, 홍색
식재 가능 지역	경기 이남	결실기, 열매색	10월, 녹갈색
식재 시기	봄, 가을 낙엽 후	단풍	홍색

분류학적 위치와 형태적 특징 및 자생지

배롱나무는 부처꽃과에 속하는 낙엽소교목으로 학명은 *Lagerstroemia indica*이다. 속명 *Lagerstroemia*는 스웨덴 사람으로 린네Carl von Linné 의 친구인 라게르스트로에Magnus Lagerstroe의 이름에서 유래되었다. 종명 *indica*는 인도산이란 뜻이다. 줄기는 약간 구불구불하게 자라며 줄기의 수피가 불규칙적으로 벗겨져 알록달록하므로 매우 아름다우며 또한 매끄럽다. 수관은 넓게 퍼져 대개 우산 모양의 수형을 이룬다. 잎은 도란형에 거치가 없으며 엽병이 거의 없고 어긋난다. 중국 남부 원산으로 알려져 있으나 우리나라에는 일찍 도입되어 우리 향토 수종과 마찬가지로 친숙하며 사찰, 묘역과 재실, 서원 등에 많이 식재되어 있다.

관상 포인트

배롱나무의 매력은 무엇보다 여름 7월부터 9월 초까지 지속적으로 피는 붉은 꽃이다. 또 수피가 불규칙적으로 벗겨져 얼룩덜룩하면서 매끈한 줄기도 매우 아름답다. 우산 모양 또는 반원형을 이루는 수형도 우아하며 작고 윤기 있는 잎과 가을에 붉게 물드는 단풍도 아름다워 조경수로서의 여러 가지 매력을 고루 갖춘 나무라 할 수 있다.

성질과 재배

양수로 추위에 약하여 주로 남부지방에 식재하며 서울 부근이 재식북한지인데 중부지방에서는 겨울철 방한이 필요하다. 적응성이 뛰어나 토질은 크게 가리지 않는다. 번식은 실생도 되지만 삽목으로 뿌리가 잘 내리므로 거의 삽목으로 하는데, 봄 싹 트기 전에 지난해에 자란 줄기를 15cm 내외로 잘라 모래나 마사에 꽂는다. 실생법의 경우 가을에 잘 익은 열매를 채취하여 종자를 정선하여 모래에 묻어 저장했다가 이듬해 봄에 파종한다. 배롱나무는 조경수로 훌륭하지만 병충해가 많은 게 흠이다. 가장 많이 발생하는 해충은 깍지벌레와 진딧물인데 기름진 토양에서 잘 발생하므로 비료를 많이 주지 않도록 하며 수프라사이드와 톡스 등으로 방제한다. 병해로는 그을음병과 흰가루병이 많이 발생하는데 그을음병은 깍지벌레나 진딧물의 분비물로 인해 많이 발생하므로 해충 구제에 유의한다. 흰가루병은 밀폐된 가지를 솎고 통풍이 잘 되게 관리하여 예방하며 발생 시에는 적당한 살균제를 사용하여 방제한다.

조경수로서의 특성과 배식

현재 조경용으로 많이 식재되는 인기 수종의 하나로 공원, 정원, 학교원, 사찰, 사원, 사당, 묘역 등 사용되지 않는 곳이 없을 정도다. 최근에는 남부지방의 가로수로도 많이 식재되고 있다. 집단으로 식재해도 좋지만 독립수로 심어 크게 자란 나무의 수형과 꽃은 장관이다. 이식은 쉬운 편으로 이식 적기는 가을에 낙엽이 진 후부터 봄 싹 트기 전이지만 추운 곳에서는 봄에 심는 것이 안전하다.

다산과 풍요를 상징하는 나무
석류나무
Punica granatum

성상, 음양	낙엽소교목, 양수	수형	배상형
번식법	삽목, 분주, 실생	개화기, 꽃색	6~7월, 홍색
식재 가능 지역	남부지방	결실기, 열매색	10월, 홍색
식재 시기	봄, 가을 낙엽 후	단풍	황색

분류학적 위치와 형태적 특징 및 자생지

석류나무는 석류나무과에 속하는 낙엽소교목으로 학명은 *Punica gra-natum*이다. 속명 *Punica*는 라틴어의 Punicus(Carthago의 Punisch, 현재의 Tunis)에서 유래된 것으로 이 속의 식물이 카르타고 지방에서 많이 난데서 비롯되었다. 종명 *granatum*은 '입자 모양' 또는 '종자'의 뜻으로 열매 속에 많은 종자가 들어 있는 것에서 온 이름이다. 높이 8m 내외, 직경 30cm 정도까지 자라며 가지를 많이 친다. 꽃은 그해 생긴 가지 끝이나 잎겨드랑이에 나는데 양성화와 단성화가 있으며 홍색으로 다육질이다. 과일은 홍색 내지 황적색으로 과피가 두껍고 내부에 격벽이 있다. 원산지에 관해서는 여러 설이 있는데 페르시아, 카스피해 인근 등이 자생지로 꼽히고 있다. 우리나라에 도입된 연대는 10세기 전후의 이른 시기지만 추위에 약하므로 전국적으로 재배되지는 못하였고 주로 남부지방의 가정 과수로 심겨왔다.

관상 포인트

가지 끝에 매달리는 큰 열매가 가장 큰 매력이다. 열매는 여름에 열려 가을에 홍황색으로 익는데 흔히 과피가 터져 탐스러운 종자들이 노출된다. 여름에 붉게 피는 꽃도 관상 가치가 매우 높은데 화기도 긴 편이다. 긴 타원형의 작은 잎은 가을이면 진한 노란색으로 물들어 단풍도 다른 나무에 뒤지지 않는다. 예부터 석류를 집안에 심으면 자손이 많고 현명한 아들을 둔다는 속설이 있어 가정에 많이 심었으며 또 병풍이나 그림의 소재로 삼거나 후원의 꽃담 등에도 석류를 그려 장식하는 경우가 많았는데 이 역시 석류가 다산과 풍요의 상징이었기 때문이다.

성질과 재배

양수로 추위에 약하며 대체로 충청도와 경상도 이남에서 재배 가능하다. 번식은 주로 삽목으로 하며 그 외 분주, 실생, 접붙이기도 가능하다. 삽목은 봄에 새싹이 트기 전에 지난해 자란 가지를 15cm 정도로 잘라 꽂는 방법인데 뿌리가 잘 내린다. 석류나무는 어릴 때나 성목이 되어서나 뿌리목에서 끊임없이 곁가지가 자라나는 특성이 있는데 이는 원줄기의 성장을 억제하므로 발생하는 대로 밑동에서 제거하도록 한다. 다만 번식을 목적으로 할 경우에는 이 곁가지를 봄에 떼어 심어도 된다.

조경수로서의 특성과 배식

조경적으로도 가치가 높지만 과일을 이용할 수 있는 장점이 있어 과수 겸 조경수로 가정 정원에 가장 적합한 나무 중의 하나로 꼽힌다. 거기다 예부터 석류는 다산의 상징으로 가문의 번창을 기원하는 의미가 있으니 그 상징성도 좋은 나무라 할 수 있다. 가정 정원 외에도 고가, 사찰, 사적지 등의 조경용으로 적합한 나무이다. 이식은 쉬운 편이며 추위에 약하므로 가을보다는 봄 일찍 옮겨 심는 게 좋다.

붉은 단풍의 대명사
붉나무
Rhus chinensis

성상, 음양	낙엽소교목, 양수	수형	부정형
번식법	실생, 근삽	개화기, 꽃색	8~9월, 흰색
식재 가능 지역	전국	결실기, 열매색	10월, 황적색
식재 시기	봄, 가을 낙엽 후	단풍	홍색

분류학적 위치와 형태적 특징 및 자생지

붉나무는 옻나무과에 속하는 낙엽소교목으로 학명은 *Rhus chinensis*이다. 속명 *Rhus*는 이 속의 그리스어 이름인 rhous에서 온 말이다. 종명 *chinensis*는 중국산이란 뜻이다. 높이 5~7m 정도까지 자라고 잎은 어긋나며 기수우상복엽으로 길이는 약 40cm 정도이다. 자웅이주로 꽃은 8~9월에 줄기 끝에서 길이 15~30cm의 원추화서로 피는데 흰색 내지 황백색이다. 열매는 핵과로 지름 4~5mm의 편구형으로 황적색이고 황갈색의 털로 덮여 있으며 10월에 익는다. 우리나라 전국 각지의 산기슭 양지바른 곳에 자생하며 일본, 중국에도 분포한다.

관상 포인트 및 이용

꽃은 8~9월에 줄기 끝에 큰 원추화서로 흰색 내지 연한 황백색으로 핀다. 꽃이 귀한 늦여름부터 초가을에 걸쳐 꽃이 피어 여름 꽃나무로 가치가 있다. 붉나무는 이름에서 짐작할 수 있듯이 단풍이 붉게 물드는 나무이다. 잎은 기수우상복엽으로 길이는 약 40cm로 아주 큰데 붉은색의 단풍이 매우 아름답다. 붉나무를 흔히 오배자나무라고도 부르는데 잎에 오배자라는 충영이 생기기 때문이다. 이 충영은 오배자진딧물이 기생하여 생기는 것으로 약재 및 염료용으로 이용한다.

성질과 재배

양수로 우리나라 전역에서 재배 가능하다. 번식은 실생과 근삽으로 한다. 실생법의 경우 가을에 익은 열매를 채취하여 모래 속에 묻어두었다가 이듬해 봄에 파종한다. 근삽으로 번식할 때는 이른 봄에 연필 굵기 전후의 뿌리를 캐어 10~15cm 정도의 길이로 잘라 심는다. 붉나무의 해충으로는 앞에서 설명한 오배자진딧물의 피해가 가장 일반적이며 이는 진딧물 구제용 살충제로 예방 및 구제할 수 있다. 오배자진딧물 외에는 심각한 피해를 입히는 병해충이 없다.

조경수로서의 특성과 배식

소교목이라고 하지만 크게 자라기보다는 관목에 가깝다. 따라서 한 그루씩 심기보다는 집단으로 심어 꽃과 열매를 관상하는 게 좋다. 척박한 곳에서도 잘 견디므로 절개지나 매립지 등의 조경에 이용할 수 있다. 잔뿌리가 적고 뿌리가 거친 편으로 이식성은 보통이며 이식 적기는 가을에 낙엽이 진 후부터 봄 싹 트기 전이다.

유사종

동속식물로 개옻나무, 검양옻나무, 산검양옻나무, 옻나무 등이 있다.

자작나무과

단풍과 나목이 아름다운 나무
소사나무
Carpinus coreana

성상, 음양	낙엽소교목, 중용수	수형	배상형
번식법	실생	개화기, 꽃색	5월, 연두색
식재 가능 지역	중부 이남	결실기, 열매색	10월, 갈색
식재 시기	봄, 가을 낙엽 후	단풍	황갈색, 적갈색

분류학적 위치와 형태적 특징 및 자생지

소사나무는 자작나무과에 속하는 낙엽소교목으로 학명은 *Carpinus coreana*이다. 속명 *Carpinus*는 켈트어로 '나무'라는 의미의 car와 '머리'라는 뜻의 pin의 합성어이다. 종명 *coreana*는 '한국산'이란 뜻이다. 높이 5~8m까지 자라며 줄기는 흑갈색이며 굴곡이 진다. 잎은 계란형이고 길이는 2~5cm로 복거치가 있다. 꽃은 5월에 피며 수꽃 이삭은 꽃이 조밀하고 암꽃 이삭은 드물게 난다. 열매는 견과로 작으며 계란형이고 길이 5mm 정도의 과포가 2~5개씩 싸고 있다. 우리나라 중부 이남의 해안가 산지에 자생하는데 남부지방 활엽수림의 주요 구성 요소가 된다.

관상 포인트

꽃은 3~4월에 피는데 수꽃은 이삭처럼 아래로 드리워지는 모습이 특이하며 아름답지만 암꽃은 눈여겨보지 않으면 눈에 띄지 않을 정도로 작아 거의 관상 가치가 없다. 열매 또한 아래로 늘어지는데 관상 가치는 크지 않다. 소사나무의 매력은 작고 윤기 나는 계란형의 잎과 가을 단풍, 조밀하게 배열되는 잔가지 그리고 자연스러우며 치밀한 수형이다. 따라서 가을 단풍과 겨울 나목이 아름다운 나무라 할 수 있다. 단풍은 적갈색 또는 황갈색으로 물드는데 매우 아름답다.

성질과 재배

중용수로 우리나라 전역에서 재배가 가능하다. 번식은 전적으로 실생법으로 한다. 실생법의 경우 가을에 종자를 채취하여 노천매장하였다가 이듬해 봄에 파종한다. 종자는 길이가 5mm 정도인데 모래 속에 저장했다가 모래와 함께 파종한다. 파종 후에는 포장이 마르지 않도록 짚이나 거적 등으로 덮어 관리한다.

조경수로서의 특성과 배식

소사나무는 잎이 작고 아름다운 데다 가지가 치밀하여 분재 소재로 인기가 아주 좋지만 조경수로도 전혀 손색이 없다. 작고 단정한 잎에 단풍이 곱고 부정형으로 자라는 자연스러운 수형도 아름다운 나무로 공원수나 학교원 등에 적합한 나무이다. 자연 생태공원 등에서는 크게 자라는 느티나무나 서어나무 등의 허전한 아래를 메꾸어주는 나무로도 좋다. 이식은 쉬운 편이며 이식 적기는 가을에 낙엽이 진 후와 봄 싹 트기 전이다.

유사종

동속식물로 서어나무, 개서어나무, 왕개서어나무, 까치박달 등이 있다.

낙엽활엽교목류

꽃, 열매, 단풍이 아름다운 나무
마가목
Sorbus commixta

성상, 음양	낙엽소교목, 양수	수형	원추형
번식법	실생, 삽목	개화기, 꽃색	5월, 흰색
식재 가능 지역	전국	결실기, 열매색	10월, 홍색
식재 시기	봄, 가을 낙엽 후	단풍	황갈색

분류학적 위치와 형태적 특징 및 자생지
마가목은 장미과에 속하는 낙엽소교목으로 학명은 *Sorbus commixta*이다. 속명 *Sorbus*는 라틴어 옛 이름인 sorbum에서 왔다는 의견과 열매가 떫은 것에서 켈트어로 '떫다'는 의미인 sorb에서 유래되었다고 하는 의견이 있다. 종명 commixta는 '혼합한'이라는 뜻이다. 높이 5~8m까지 자라며 잎은 9~13매의 소엽을 가지는 기수우상복엽이다. 꽃은 5월경에 가지 끝에 흰색의 작은 꽃들이 복산방화서로 핀다. 열매는 이과로 둥글며 직경 5~8mm이고 10월에 붉게 익는다. 우리나라 중부지역 산지에 나며 남부지방과 제주도 한라산에서는 해발 고도 1,000m 전후의 비교적 높은 지역에 자생한다. 사할린과 일본에도 분포한다.

관상 포인트
꽃은 5월에 가지 끝에 복산방화서로 피는데 흰색의 꽃이 밀집하게 피어 아름답다. 가을에 빨갛게 익는 열매는 아주 매력적이다. 우상복엽의 잎도 보기 좋은데 단풍은 황갈색 또는 홍갈색으로 곱게 물든다.

성질과 재배
양수로 우리나라 전역에서 재배 가능하지만 여름의 무더위를 싫어하므로 남부지방보다는 중부지방이 재배 적지이다. 번식은 주로 실생법으로 하지만 삽목도 가능하다. 실생법의 경우 가을에 익은 열매에서 종자를 발라내어 노천매장하였다가 이듬해 4월에 파종한다. 마가목 종자는 발아가 고르지 않은 편으로 파종 그해에 발아하는 것도 있고 이듬해에 발아하기도 한다. 삽목은 지난해에 자란 가지를 15cm 정도의 길이로 잘라 10cm 정도 땅에 묻히게 꽂으면 된다. 삽목의 발근율은 그리 좋지 않아 대량 증식용으로는 좋은 방법이 못 된다.

조경수로서의 특성과 배식
꽃, 열매, 단풍이 모두 고운 데다 수형도 정연하여 정원수로서의 소질을 골고루 갖추었다. 가을의 붉은 열매가 특히 아름다워 열매나무로 으뜸이다. 마가목은 열매와 가지를 약용하므로 전원주택에서 약용수 겸 조경수로 심어도 좋다. 여름이 서늘한 기후를 좋아하므로 남부지방보다는 중부지방의 조경수로 더 적합하다. 새들이 열매를 좋아하므로 공원이나 자연공원에 심어도 좋다. 이식에 견디는 힘은 보통이며, 이식 적기는 가을에 낙엽이 진 후부터 봄 싹 트기 전까지이다.

유사종
동속식물로 당마가목과 산마가목 및 팥배나무가 있으며 특히 당마가목이 흡사하다.

사군자의 으뜸
매실나무
Prunus mume

성상, 음양	낙엽소교목, 양수	수형	계란형
번식법	실생, 접목, 삽목	개화기, 꽃색	3~4월, 흰색, 분홍, 홍색
식재 가능 지역	전국	결실기, 열매색	6월, 황록색
식재 시기	봄, 가을 낙엽 후	단풍	갈색

분류학적 위치와 형태적 특징 및 자생지

매실나무는 장미과에 속하는 낙엽소교목으로 학명은 *Prunus mume*이다. 속명 *Prunus*는 자두, 복숭아 등의 열매를 통칭하는 plum이라는 라틴어에서 유래되었다. 종명 *mume*는 일본명 '우메'에서 나온 것이다. 높이 4~6m까지 자란다. 잎은 계란형이고 길이 4~8cm, 너비 2~5cm이다. 꽃은 잎보다 먼저 피는데 향기가 강하다. 열매는 구형이고 6월에 황록색으로 익는다. 중국 원산으로 우리나라에서는 적어도 삼국시대부터 재배되어 우리 자생수와 다름없을 정도로 친근한 나무이다. 도입된 지 오래됐어도 야생화하지는 않고 거의 재배종으로만 존재한다.

관상 포인트 및 이용

매화는 봄에 가장 일찍 꽃이 피는 화목 중의 하나로 겨울이 끝나고 봄이 왔음을 알리는 전령사로서의 상징적 의미가 크다. 엄동설한을 이기고 꿋꿋하게 버틴 끝에 고고한 향기를 내뿜는 매화야말로 선비정신 그 자체였기에 선비들은 이 매화를 한없이 좋아하였다. 6월에 노랗게 익는 열매도 관상 가치가 있으나 매실은 술을 담그고 매실액이나 장아찌를 만드는 등의 용도로 이용하므로 열매의 관상 가치보다는 과일로서 가치가 더 크다.

성질과 재배

양수로 대체로 수분이 적당하게 유지되는 양토에서 잘 자란다. 번식은 실생과 접목 및 삽목으로 하는데 우량 품종은 대개 접목으로 한다. 실생법의 경우 6월경에 채취한 열매에서 과육은 제거하여 이용하고 씨앗만 발라내어 모래 속에 묻어두었다가 이듬해 봄 일찍 파종한다. 접목은 모주의 우량 형질을 그대로 전달하므로 가장 많이 사용하는 방법인데, 봄에 싹 트기 전에 깎아접(절접)을 하거나 6~8월의 생육기에 눈접을 한다. 삽목의 경우 봄 싹 트기 전 3월경에 웃자란 가지를 15cm 정도로 잘라 꽂는다. 병충해로는 진딧물이 생기기 쉬우므로 적당한 살충제를 사용하여 구제하도록 한다.

조경수로서의 특성과 배식

강원도의 고지대 등을 제외한 전국에 식재 가능하다. 과일을 이용할 수 있는 실용수 겸 조경수로 가치가 높아 가정 정원에 아주 좋다. 정서적으로 특히 고궁이나 역사적 유적지, 사찰 등의 조경에 잘 어울리는 나무이다. 꽃에 꿀이 많아 이른 봄의 꿀벌에게 좋은 밀원식물이 되기도 하므로 양봉장에 심으면 매실도 따고 꿀도 뜰 수 있다. 이식은 쉬운 편이며 큰 나무가 아닌 한 별 어려움 없이 옮겨 심을 수 있는데 이식 적기는 가을에 낙엽이 진 후와 봄에 새싹이 피기 전이지만 추운 곳에서는 봄에 심는 게 무난하다.

고향의 봄이 생각나는 친근한 나무
복사나무
Prunus persica

성상, 음양	낙엽소교목, 양수	수형	배상형
번식법	실생, 접목	개화기, 꽃색	4월, 홍색
식재 가능 지역	전국	결실기, 열매색	6~8월, 홍황색
식재 시기	봄, 가을 낙엽 후	단풍	갈색

분류학적 위치와 형태적 특징 및 자생지

복사나무는 장미과에 속하는 낙엽소교목으로 학명은 *Prunus persica*이다. 속명 *Prunus*는 복숭아, 살구 등의 열매를 통칭하는 plum이라는 라틴어에서 유래되었다. 종명 *persica*는 '페르시아산'이란 뜻이다. 높이 3m 정도로 자라며 잎은 어긋나고 길이 7~15cm로 가장자리에는 둔한 톱니가 있다. 꽃은 4월에 잎보다 먼저 피며 홍색 또는 연한 홍색이다. 열매는 핵과로 둥글며 6~8월에 성숙한다. 중국 원산이란 설과 중동이 원산지라는 설, 중국 외에 우리나라도 원산지에 포함된다는 주장도 있다. 중국 원산이라고 해도 우리나라에 도입된 지는 2,000년이 넘어 우리 자생수와 다름없을 정도로 친숙한 나무이다. 산야에도 야생화한 복사나무를 흔히 볼 수 있다.

관상 포인트 및 이용

봄에 화사한 홍색으로 피는 꽃이 아름다우며 여름에 익는 열매도 아름답다. 조경수로보다는 주로 과수로 이용되지만 꽃이 아름다워 조경수로도 훌륭하다. 다만 병충해가 많은 편이라 조경수로 심은 복사나무에서 관리하지 않고 과일을 수확하기란 그리 쉽지 않다.

성질과 재배

양수로 우리나라 중부지방까지 재배 가능하지만 겨울이 특히 추운 곳에서는 동해를 입기도 한다. 번식은 실생과 접목으로 한다. 실생법의 경우 여름에 수확한 열매에서 종자를 채취하여 젖은 모래 속에 묻어두었다가 이듬해 봄 일찍 파종하는데 발아율은 아주 좋은 편이다. 접붙이기는 우량 형질을 그대로 전달하므로 과수로 재배할 때 많이 사용하는 번식 방법으로, 봄 싹 트기 전에 깎아접이나 짜개접으로 하거나 6~8월에 눈접을 해도 된다. 병충해로는 진딧물, 풍뎅이 등 여러 가지 해충이 발생하며 병해 또한 심한 편이라 적기 방제가 필요하다.

조경수로서의 특성과 배식

복사꽃은 살구꽃과 함께 고향을 떠올리게 하는 꽃나무로 우리에게 친숙하지만 막상 조경수로의 이용은 많지 않다. 복사나무는 과일나무로만 생각하지 조경수로 생각하지 않기 때문일 것이다. 그러나 꽃이 아름다워 유원지, 학교원, 공원, 사찰 등의 꽃나무로 나무랄 데가 없다. 이식성은 보통이며 이식 적기는 가을에 낙엽이 진 후와 봄에 새싹이 피기 전이지만 추운 곳에서는 봄 심기가 안전하다.

유사종

동속식물로 살구, 자두, 매실나무, 벚나무 등이 있다.

고운 꽃과 아름다운 열매
산사나무
Crataegus pinnatifida

성상, 음양	낙엽소교목, 양수	수형	배상형
번식법	실생, 근삽, 접목	개화기, 꽃색	5월, 흰색
식재 가능 지역	전국	결실기, 열매색	10월, 홍색
식재 시기	봄, 가을 낙엽 후	단풍	갈색

분류학적 위치와 형태적 특징 및 자생지

산사나무는 장미과에 속하는 낙엽소교목으로 학명은 *Crataegus pinnatifida*이다. 속명 *Crataegus*는 그리스어로 '힘'을 뜻하는 kratos와 '가졌다'는 뜻인 agein의 합성어로 목질이 단단하고 또 가시가 많은 데서 유래된 것이다. 종명 *pinnatifida*는 '우상중열(羽狀中裂)'이란 뜻으로 잎의 모양이 깃털처럼 깊이 갈라지는 것을 나타낸다. 높이 5m까지 자라며 잎은 깃 모양으로 3~7개로 얕게 째졌고 고르지 못한 거친 톱니가 있다. 꽃은 가지 끝의 산방화서에 지름 1.2~1.5cm가량의 흰 꽃이 모여 달린다. 우리나라 중북부지방에 주로 분포하며 남부지방의 경우 비교적 높은 산에 자생한다. 중국(산동, 하남, 하북성), 코카서스에도 분포한다.

관상 포인트

5월에 잎이 핀 후 하얗게 무리지어 피는 꽃과 가을에 붉게 익는 열매가 매우 아름답다. 또한 마치 복엽처럼 깊이 갈라지는 잎도 매력이 있다.

성질과 재배

우리나라 전역에서 재배 가능하지만 특히 중부지방이 재배 적지라 할 수 있다. 양수 내지 중용수로, 음지에서는 도장하고 개화와 결실이 빈약해진다. 번식은 주로 실생과 근삽으로 하는데 외국산의 도입종이나 원예종의 경우 접목으로 한다. 실생법은 가을에 익는 종자를 채취하여 젖은 모래 속에 저장했다가 이듬해 봄에 파종하는 방법이다. 종자는 마르면 발아하지 않으므로 마르지 않도록 주의해야 한다. 근삽의 경우 이른 봄에 뿌리를 캐어 10~15cm 길이로 잘라 심으며 1~2개월 지나면 맹아가 자라게 된다. 접목은 산사나무의 실생묘를 대목으로 하여 봄에 깎아접이나 짜개접으로 하면 된다. 해충으로는 오얏나무자나방, 루비깍지벌레 등이 알려져 있고 진딧물이 발생하기도 하므로 적당한 살충제를 사용하여 구제한다.

조경수로서의 특성과 배식

하얗게 가지를 뒤덮는 흰 꽃과 가을의 빨간 열매가 아름다운 나무로 공원이나 생태공원에 잘 어울린다. 비교적 크게 자라며 햇볕이 충분히 쬐는 곳에서는 정연한 수형을 보이므로 독립수로 심어도 좋다. 열매의 관상 가치가 높으면서 또 약용이나 과일주용으로서의 실용적인 가치도 높으므로 가정 정원이나 전원주택에서의 조경수 겸 실용수로서도 좋다. 이식은 비교적 쉬운 편이며 이식 적기는 가을에 낙엽이 진 후와 봄 싹 트기 전이다.

유사종

동속식물로 아광나무, 이노리나무, 미국산사가 있다.

꽃도 보고 열매도 즐기고
살구나무
Prunus armeniaca var. *ansu*

성상, 음양	낙엽교목, 양수	수형	계란형
번식법	실생, 접목	개화기, 꽃색	4월, 연분홍
식재 가능 지역	전국	결실기, 열매색	6월, 황색
식재 시기	봄, 가을 낙엽 후	단풍	황색

분류학적 위치와 형태적 특징 및 자생지

살구나무는 장미과에 속하는 낙엽교목으로 학명은 *Prunus armeniaca* var. *ansu*이다. 속명 *Prunus*는 자두, 복숭아 등의 열매를 통칭하는 plum이라는 라틴어에서 유래되었다. 종명 *armeniaca*는 흑해 연안의 지명인 '아르메니아'에서 온 것이고 변종명 ansu는 살구의 일본 이름인 '안즈'에서 온 것이다. 높이 10m까지 자라며 수피는 흑갈색이다. 잎은 어긋나며 넓은 타원형으로 길이 5~8cm이다. 꽃은 4월에 잎보다 먼저 연한 분홍색으로 핀다. 열매는 핵과로 둥글며 지름 3~4cm 정도로 매실보다 조금 큰데 6월에 붉은 기미를 띤 황색으로 익는다. 중국 원산이지만 도입된 지 무척 오래되어 우리 자생수로 생각될 정도로 친근한 나무이다.

관상 포인트

봄에 벚꽃이 피기 직전에 꽃이 피는데 멀리서 보는 느낌은 벚나무와 흡사하여 구별이 쉽지 않을 정도이다. 화사하게 피는 꽃 외에 6월에 노랗게 익는 열매도 관상 가치가 있으며 새콤달콤하게 맛이 좋아 가정 과수로 인기가 좋다. 살구나무는 조경적 가치 외에 이처럼 실용수로서의 가치도 크다.

성질과 재배

강한 양수로 우리나라 전역에서 재배 및 식재 가능하다. 번식은 실생과 접목으로 한다. 실생 번식의 경우 6월에 열매에서 종자를 채취하여 직파하거나 젖은 모래 속에 묻어두었다가 이듬해 봄에 파종한다. 과수로 재배하고자 할 경우에는 접붙이기로 하는 것이 좋으며 봄 싹 트기 전에 공대에 깎아접(절접) 또는 짜개접으로 하거나 6~8월에 눈접을 해도 된다. 병충해로는 진딧물이 생기기 쉬우므로 질소 비료를 과다하게 사용하지 않도록 하고 메타시스톡스 등의 살충제를 사용하여 구제하도록 한다.

조경수로서의 특성과 배식

아이들이 부르는 동요에서처럼, 살구는 복사꽃과 함께 고향을 상징하는 꽃나무로 우리에게 친근하지만 막상 조경수로의 이용은 많지 않다. 다른 과수와 달리 방임하여도 열매를 수확할 수 있으므로 가정 정원이나 공원의 꽃나무 겸 과일나무로 제격이다. 고가나 고궁, 역사적 유적지, 사찰 등의 조경에도 잘 어울리는 나무이다. 이식은 비교적 쉬운 편이며 이식 적기는 가을에 낙엽이 진 후부터 봄 싹 트기 전까지이다.

유사종

동속식물로 개살구, 시베리아살구나무, 자두나무, 매실나무, 복사나무, 벚나무 등이 있다.

장미과

흐드러지게 피는 아름다운 분홍색 꽃

수사해당
Malus halliana

성상, 음양	낙엽소교목, 양수	수형	배상형
번식법	접목, 실생	개화기, 꽃색	4월, 분홍색
식재 가능 지역	전국	결실기, 열매색	10월, 자홍색
식재 시기	봄, 가을 낙엽 후	단풍	황갈색

분류학적 위치와 형태적 특징 및 자생지

수사해당은 장미과에 속하는 낙엽소교목으로 학명은 *Malus halliana*이다. 속명 *Malus*는 '사과'라는 뜻의 그리스어 malos에서 유래되었는데 아시아, 유럽, 북아메리카 등에 30종 정도가 알려져 있다. 종명 *halliana*는 사람 이름에서 온 것이다. 높이 3~4m까지 자라고 줄기는 회백색이다. 잎은 계란형이며 길이 4~7cm로 가장자리에는 톱니가 있다. 꽃은 4~5월에 잎보다 먼저 피는데 분홍색으로 매우 아름답다. 꽃대가 3~5cm로 가늘고 길어 꽃이 아래로 늘어지므로 수사해당이란 이름을 갖게 되었다. 열매는 둥글며 직경 5~6mm이고 10월에 자홍색으로 익는데 결실율은 매우 낮다. 중국 중남부 원산으로 우리나라에는 적어도 1600년대 이전에 도입된 것으로 본다.

관상 포인트

꽃이 매우 아름다운 나무이다. 꽃은 4~5월에 짧은 가지 위에 3~7송이가 산방화서로 모여 피는데 꽃색은 전체적으로 연분홍색을 띠며 만개하면 나무 전체를 뒤덮을 정도로 많이 피어 무척 아름답다. 꽃이 피기 직전의 봉오리들도 환상적으로 아름답다. 아그배나무나 야광나무와는 달리 열매는 많이 맺지 않으며 또한 크기도 작아 관상 가치는 거의 없다.

성질과 재배

볕바른 곳을 좋아하는 양수로 번식은 아그배나무를 대목으로 접목으로 한다. 충해로는, 어린 가지와 잎에 진딧물이 흔히 발생하는데 특히 질소 비료를 과다하게 사용하거나 통풍이 불량하고 그늘진 곳에서 재배할 때 심하다. 배나무아과 식물에 공통적으로 피해를 주는 적성병의 경우 수사해당은 심한 편은 아니지만 어느 정도 피해를 입으므로 주변에 향나무를 심지 않는 것이 좋다.

조경수로서의 특성과 배식

소교목으로 꽃이 무척 아름다워 공원이나 학교원 가정 정원의 조경수로 좋다. 또한 유원지 등에 집단으로 배식하여 경관을 연출할 수도 있다. 꽃사과, 아그배나무, 야광나무 등과 비슷한 용도로 이용하지만 적성병에 보다 강하므로 이의 대용으로 좋은 수종이다. 이식성은 보통이며 이식 적기는 가을 낙엽 후부터 봄 싹 트기 전까지이다.

유사종

동속식물로 아그배나무, 야광나무, 꽃사과, 사과나무 등이 있다.

흐드러지게 피는 꽃과 아름다운 열매
아그배나무
Malus sieboldii

성상, 음양	낙엽소교목, 양수	수형	계란형, 배상형
번식법	실생	개화기, 꽃색	4~5월, 연분홍, 흰색
식재 가능 지역	전국	결실기, 열매색	10월, 홍색, 황색
식재 시기	봄, 가을 낙엽 후	단풍	황갈색

분류학적 위치와 형태적 특징 및 자생지

아그배나무는 장미과에 속하는 낙엽소교목으로 학명은 *Malus sieboldii* 이다. 속명 *Malus*는 '사과'라는 뜻의 그리스어 malos에서 유래되었다. 종명 *sieboldii*는 식물학자 지볼트Siebold의 이름에서 따온 것이다. 높이 5~6m까지 자라며 수피는 회갈색이고 세로로 불규칙하게 갈라진다. 잎은 어긋매껴 나고 타원형이며 길이는 3~5cm로 때로 3~5개로 갈라지기도 한다. 꽃은 4~5월에 연한 홍색에서 흰색으로 핀다. 열매는 둥글며 직경 6~8mm이고 10월에 홍색 또는 황색으로 익는다. 우리나라 황해도 이남의 산지에서 자라며 일본에도 분포한다.

관상 포인트

꽃과 열매가 매우 아름다운 나무이다. 꽃은 4월 말부터 5월 초에 짧은 가지 끝에 4~5개가 산형화서로 모여 피는데 꽃색은 연분홍색에서 흰색으로 만개하면 가지가 보이지 않을 정도로 많이 피어 무척 아름답다. 열매는 둥글며 9~10월에 윤기 나는 홍색 또는 황색으로 익는데 결실수도 많고 무척 아름답다.

성질과 재배

낙엽소교목으로 볕바른 곳에서 잘 자라는 양수이다. 번식은 대개 실생법으로 하는데 10월경에 열매를 채취하여 종자를 분리해내어 젖은 모래 속에 묻어두었다가 이듬해 봄에 파종한다. 충해로는, 어린 가지와 잎에 진딧물이 발생하는데 메타시스톡스 등의 살충제로 방제한다. 배나무아과 식물에 공통적으로 피해를 주는 적성병의 경우 아그배나무는 심한 편은 아니지만 어느 정도 피해를 입으므로 여름철에 다이센 등의 약제를 예방적으로 살포해주는 것도 좋다.

조경수로서의 특성과 배식

소교목으로 꽃과 열매가 아름다우므로 공원이나 가정 정원의 조경수로 좋다. 또한 학교원, 유원지 등에 집단으로 배식하면 봄의 꽃과 가을의 열매를 모두 즐길 수 있다. 이식은 쉬운 편이며 이식 적기는 가을 낙엽 후부터 봄 싹 트기 전까지이다.

유사종

동속식물로는 야광나무, 제주아그배나무, 능금, 사과나무 등이 있으며 모두 꽃과 열매가 아름답다.

봄엔 화려한 꽃, 가을엔 아름다운 열매
야광나무
Malus baccata

성상, 음양	낙엽소교목, 양수	수형	구형, 반구형
번식법	실생	개화기, 꽃색	4~5월, 흰색~연분홍
식재 가능 지역	전국	결실기, 열매색	10월, 홍색
식재 시기	봄, 가을 낙엽 후	단풍	황색

분류학적 위치와 형태적 특징 및 자생지

야광나무는 장미과에 속하는 낙엽소교목으로 학명은 *Malus baccata*이다. 속명 *Malus*는 '사과'라는 뜻의 그리스어 malos에서 유래되었고, 종명 *baccata*는 '장과를 맺는다'는 뜻으로 열매의 특징을 나타낸다. 높이 5~6m까지 자라며 잎은 어긋매껴 나고 타원형이며 길이 3~8cm로 가장자리에는 잔 톱니가 있다. 꽃은 4~5월에 잎보다 먼저 피는데, 짧은 가지 끝에 4~6송이가 산형화서로 피며 연한 홍색 또는 흰색이다. 열매는 둥글며 10월에 홍색으로 익는다. 자생지는 중부 이북 지방의 산지이며 따라서 내한성이 아주 강한 식물이다.

관상 포인트

꽃과 열매가 매우 아름다운 나무이다. 꽃은 4월 말부터 5월 초에 핀다. 꽃색은 대개 처음 필 때는 연분홍색이었다가 점차 흰색으로 변하며, 만개하면 가지가 보이지 않을 정도로 많이 피어 무척 아름답다. 열매는 둥글며 지름 8~10mm 내외이고 1.5~4cm 정도의 자루 끝에 달리며 9~10월에 윤기 나는 홍색으로 익는데 결실수도 많고 무척 아름답다.

성질과 재배

물 빠짐이 좋은 토양을 좋아하며 햇볕이 잘 쬐는 곳을 좋아하는 양수이다. 번식은 실생법으로 하는데, 10~11월경에 열매를 따서 그늘에 1~2개월 정도 두어 과육이 물러진 후 종자를 채취한다. 종자는 젖은 모래 속에 묻어두었다가 이듬해 봄에 파종한다. 파종 후에는 마르지 않게 관리하며 발아 후에는 햇볕이 잘 쬐게 관리한다. 병충해로는 어린잎에 진딧물이 발생할 수 있으며 메타시스톡스 등으로 방제한다. 배나무아과 식물에 공통적으로 피해를 주는 적성병의 경우 야광나무는 심한 편은 아니지만 어느 정도 피해를 입으므로 필요하다면 다이센 등의 살균제를 살포해주는 것도 좋다.

조경수로서의 특성과 배식

크게 자라지 않으며 꽃과 열매가 아름다우므로 가정 정원의 조경수로 좋다. 또한 공원이나 학교원, 유원지 등에 집단으로 배식하면 봄의 꽃과 가을의 열매를 모두 즐길 수 있다. 꽃은 꽃사과와 비슷하지만 열매는 야광나무가 오히려 더 아름답고 병해에도 더 강한 편이다. 뿌리가 깊이 벋지 않아 이식은 쉬운 편이며 강한 전정에도 잘 견딘다.

유사종

동속식물로 아그배나무, 꽃아그배나무, 꽃사과 등이 있는데 특히 아그배나무 및 꽃아그배나무와 비슷하며 조경에서 거의 같은 용도로 이용된다.

꽃, 단풍, 열매 3박자를 다 갖춘 나무
윤노리나무
Photinia villosa

성상, 음양	낙엽소교목, 양수	수형	계란형
번식법	실생	개화기, 꽃색	5월, 흰색
식재 가능 지역	전국	결실기, 열매색	10월, 홍색
식재 시기	봄, 가을 낙엽 후	단풍	황색

분류학적 위치 및 자생지

윤노리나무는 장미과에 속하는 낙엽소교목으로 학명은 *Photinia villosa* 이다. 속명 *Photinia*는 '빛나다'라는 의미의 그리스어 photeinos에서 온 말이며 종명 *villosa*는 '부드러운 털이 있다'는 뜻으로 어린 가지에 잔털이 나 있는 것을 나타내고 있다. 높이 5m 정도까지 자라며 줄기는 회색이다. 잎은 어긋매껴 나며 길이 3~8cm이고, 꽃은 가지 끝에 지름 3~5cm의 산방화서를 이루며 흰색으로 5월에 핀다. 열매는 타원형이며 길이 8mm로 10월에 홍색으로 익는다. 황해도, 평북 이남의 산지에 자생하며 주 분포지는 남부지방이다.

관상 포인트

가지가 곧고 바르게 자라므로 윷놀이할 때 쓰는 윷짝을 만드는 데 좋다고 하여 윷노리나무라 부르던 게 전이되어 윤노리나무가 되었다고 한다. 5월에 피는 하얀 꽃, 가을의 노란 단풍과 탐스러운 빨간 열매까지 모두 아름다운 나무이다. 꽃은 다섯 장의 흰 꽃잎에 많은 수술을 가진 꽃들이 산방화서를 이루어 마치 공처럼 모여 핀다. 단풍은 대개 노란색으로 물들며 열매는 핵과로 홍색으로 익는데 무척 아름답다.

성질과 재배

양수로 대개 산기슭이나 볕바른 언덕배기 등에 자라며 적당히 습기가 있는 토양을 좋아하지만 건조에는 잘 견디는 편이다. 번식은 전적으로 실생법으로 하는데 11월경에 잘 익은 열매를 따서 과육을 제거하고 씨앗을 발라내어 직파하거나 노천매장하였다가 이듬해 봄에 파종한다. 파종상에는 짚이나 거적 등의 해 가리개를 덮어 마르지 않게 관리해야 하며 발아율은 좋은 편이다. 파종 후 3~4년 정도 되면 캐어서 다시 간격을 넓혀 심어준다.

조경수로서의 특성과 배식

야성이 강한 수목이라 공원 등에 적합하지만 햇빛을 좋아하고 성장이 느리므로 이를 감안하여 키가 크게 자라지 않는 다른 나무들과 조합하여 배식하는 것이 좋을 것이다. 작은 규모의 공원이나 학교원, 전원주택 등에 어울리며 건조에도 강하므로 장차 시골길의 가로수 등으로 개발해봄 직하다고 생각된다. 또한 열매가 아름답고 새들이 즐겨 먹으므로 자연 생태 공원의 조류 유인목으로도 좋다. 이식 후 활착은 비교적 쉬운 편이지만 뿌리가 단단하므로 굴취 작업은 어려운 편이다.

낙엽활엽소교목

장미과

꽃도 보고 과일도 먹는
자두나무
Prunus salicina

성상, 음양	낙엽소교목, 양수	수형	타원형
번식법	실생, 접목	개화기, 꽃색	4월, 흰색
식재 가능 지역	전국	결실기, 열매색	7월, 자주색
식재 시기	봄, 가을 낙엽 후	단풍	황갈색

분류학적 위치와 형태적 특징 및 자생지

자두나무는 장미과의 낙엽교목으로 학명은 *Prunus salicina*이다. 속명 *Prunus*는 복숭아, 살구 등의 열매를 통칭하는 plum이라는 라틴어에서 유래되었다. 종명 *salicina*는 salix(버드나무를 뜻하는 라틴어)를 닮았다는 뜻으로 잎이 버드나무 잎과 유사함을 나타낸다. 높이 10m까지 자라며 줄기는 암갈색이며 일년생 가지는 적갈색으로 털이 없고 윤채가 있다. 잎은 어긋매껴 나며 계란형이고, 길이와 폭은 각 5~10cm, 2~4cm이다. 꽃은 4월에 잎보다 먼저 피고 대개 3개씩 달리며, 지름이 2~2.2cm이고 흰색이다. 열매는 구형이고 7월에 자주색으로 익는다. 중국 원산으로 우리나라에는 일찍이 삼국시대에 도입된 것으로 보고 있다.

관상 포인트 및 이용

봄에 피는 꽃은 매화꽃과 비슷하며 화사하고 아름답다. 열매는 여름에 자주색으로 익는데 아름답고 또 맛이 좋아 과수로 이용된다. 과일과 잎, 수피 및 종자는 약용하기도 한다.

성질과 재배

양수로 내한성이 강하여 전국에서 재배한다. 내건성과 내염성은 약한 편이다. 번식은 실생과 접목으로 한다. 실생법의 경우 여름에 익은 열매에서 종자를 채취하여 건조되지 않도록 젖은 모래와 섞어서 저장하였다가 이듬해 봄에 파종한다. 꽃과 열매를 감상하기 위한 조경수 용도로 재배할 때는 실생 번식도 좋지만 과일을 이용하려면 대개 우량 품종의 형질을 유지하기 위해 접붙이기로 한다. 대목은 벚나무, 복사나무, 자두나무 실생묘를 이용할 수 있으며 봄에 깎아접으로 하거나 여름에 눈접으로 한다.

조경수로서의 특성과 배식

보통 과수로 재배되지만 잎이 피기 전에 피는 꽃과 여름에 익는 열매를 감상할 수 있어 조경수로도 좋은 나무이다. 자두나무는 농약을 치지 않고도 열매를 수확할 수 있으므로 전원주택이나 시골 농가의 정원에 과수 겸 조경수로 심으면 아주 좋다. 공원이나 학교원 등에 심어도 좋다. 과수로 심을 때는 과일을 수확하기 좋게 전정하여 키를 낮게 유지하지만 조경수로 심을 때는 과도한 전정을 자제하여 자연스러운 수형으로 나무를 키우면 시원스럽고 보기에 좋다.

유사종

동속식물로 복사나무, 살구, 매실, 서양자두나무 등이 있다.

꽃과 열매가 아름다운 귀한 자생수
채진목
Amelanchier asiatica

성상, 음양	낙엽소교목, 양수	수형	원형
번식법	실생, 휘묻이	개화기, 꽃색	4~5월, 흰색
식재 가능 지역	충청 이남	결실기, 열매색	10월, 흑자색
식재 시기	봄, 가을 낙엽 후	단풍	홍갈색

분류학적 위치와 형태적 특징 및 자생지
채진목은 장미과에 속하는 낙엽소교목으로 학명은 *Amelanchier asiatica*이다. 속명 *Amelanchier*는 프랑스의 지명에서 유래된 이름이다. 종명 *asiatica*는 '아시아산'이라는 뜻이다. 높이 5m 정도로 자라며 가지는 가늘고 길며 줄기에는 둥근 피목이 산재한다. 잎은 어긋나고 계란형으로 길이 4~8cm, 폭 2.5~4cm로 미세한 톱니가 있다. 꽃은 4~5월에 짧은 가지 끝에 총상꽃차례에 하얗게 핀다. 열매는 이과로 직경 6mm 정도로 작으며 10월에 흑자색으로 익으며 끝에는 젖혀진 꽃받침이 남아 있다. 제주도에 자생하며 분포 지역이 한정되고 개체수도 적은 희귀수목이다.

관상 포인트
4~5월에 나무를 온통 뒤덮듯이 피는 하얀 꽃이 매우 아름다우며 가을에 흑자색으로 익는 열매와 홍갈색으로 물드는 단풍도 관상 가치가 높다. 열매는 달고 먹을 수 있으며 새들도 좋아한다.

성질과 재배
제주도 원산으로 남부지방에서 노지 월동하는 데 문제가 없으며 서해안의 경우 중부지방에서도 노지 식재가 가능하다. 양수로 볕바른 곳에서 잘 자라며 적당히 습기가 있는 토양을 좋아하지만 물 빠짐이 나쁜 곳에서는 견디지 못한다. 번식은 실생법으로 하는데, 10월경에 잘 익은 열매를 따서 과육을 제거하고 씨앗을 발라내어 직파하거나 노천매장하였다가 이듬해 봄에 파종한다. 병충해로는 깍지벌레와 진딧물이 발생할 수 있으므로 수프라사이드 유제, 메타유제 등을 사용하여 구제한다.

조경수로서의 특성과 배식
꽃이 아름답고 여러모로 조경적 가치가 높은 나무지만 일반에 알려지지 않고 또 보급이 거의 되지 않은 희귀 수목으로 시중에서 구하기 어려운 나무이다. 꽃이 아름답고 열매와 단풍도 고운 데다 크게 자라지 않는 나무라 가정 정원에 좋으며 공원이나 학교원 등에 심어도 좋다. 관상 가치가 매우 뛰어난 자생 수목이지만 공급도 없고 조경수로의 이용도 거의 없는 실정인데 앞으로 조경수로의 개발이 크게 기대되는 수종이다. 이식 후 활착은 비교적 쉬운 편이며 이식 적기는 봄철 싹 트기 전이다.

유사종
동속식물로 미국채진목(준베리, 서양채진목)이 있다. 미국채진목도 꽃과 열매 및 단풍이 매우 훌륭한 조경수로 우리나라 전역에서 식재 가능하다.

꽃, 열매, 단풍 3요소가 모두 뛰어난
팥배나무
Sorbus alnifolia

성상, 음양	낙엽소교목, 양수	수형	계란형, 원추형
번식법	실생, 근삽	개화기, 꽃색	4~5월, 흰색
식재 가능 지역	전국	결실기, 열매색	10월, 홍색
식재 시기	봄, 가을 낙엽 후	단풍	황색

분류학적 위치와 형태적 특징 및 자생지
팥배나무는 장미과에 속하는 낙엽소교목으로 학명은 *Sorbus alnifolia*이다. 속명 *Sorbus*는 라틴어의 옛 이름인 sorbum에서 왔다. 종명 *alnifolia*는 *Alnus*속(오리나무속)의 잎을 닮았다는 뜻으로 잎이 오리나무 잎사귀와 흡사함을 묘사하고 있다. 대개 소교목으로 자란다. 잎은 어긋매껴 나고 넓은 원형으로 길이 5~10cm, 폭 3~7cm이다. 꽃은 흰색으로 짧은 가지 끝에 복산방화서로 달린다. 열매는 타원형이고 10월에 홍색으로 익는다. 전국의 산지 숲속에서 자라며 일본, 중국, 만주 등지에도 분포한다.

관상 포인트
꽃은 4~5월에 가지 끝에 복산방화서로 피는데 흰색의 꽃이 촘촘하게 배열되어 매우 화사하고 아름답다. 가을에 홍색으로 익는 열매 또한 관상 가치가 높다. 잎의 모양과 단풍도 좋은 편인데, 단풍은 황색 또는 황갈색으로 물든다. 팥배나무는 꽃, 열매, 단풍이 모두 아름다운 나무로 앞으로 조경수로 매우 유망한 나무라 할 수 있다.

성질과 재배
우리나라 전역에서 재배 가능하다. 양수지만 그늘에서 견디는 힘도 강한 편이다. 번식은 거의 전적으로 실생법으로 하지만 근삽도 가능하다. 실생

번식의 경우 가을에 익은 열매를 채취하여 종자를 발라내어 노천매장하였다가 이듬해 봄에 파종한다. 근삽의 경우 연필 굵기 전후의 뿌리를 캐어 10~15cm 정도의 길이로 잘라 심는다. 해충은 크게 걱정할 게 없으나 포장에서 재배하거나 땅이 기름진 곳에서는 잎과 열매에 그을음병이 발생하는 경우가 있으므로 비료를 과잉으로 주지 않도록 한다.

조경수로서의 특성과 배식
꽃, 열매, 단풍이 모두 고운 데다 수형도 정연하여 정원수로서의 좋은 소질을 골고루 갖추었다. 특히 봄에 온 나무를 하얗게 덮듯이 피는 흰 꽃이 매력적이므로 봄 꽃나무로 활용도가 높다. 잎과 수형이 자연스러우므로 어떤 나무와 함께 배식해도 잘 어울리며, 양지를 좋아하지만 음지에서도 잘 적응하므로 공원이나 자연공원에 심으면 좋다. 성장이 더디며 나무가 크게 자라지 않으므로 가정 정원에 심어도 훌륭하다. 이식에는 비교적 잘 견디는 편이며, 이식 적기는 가을에 낙엽이 진 후부터 봄 싹 트기 전까지이다.

유사종
동속식물로 마가목, 당마가목 및 산마가목이 있다.

열십자 모양의 흰 꽃, 독특한 열매
산딸나무
Cornus kousa

성상, 음양	낙엽소교목, 중용수	수형	계란형, 원추형
번식법	실생	개화기, 꽃색	5~6월, 흰색
식재 가능 지역	전국	결실기, 열매색	10월, 홍색
식재 시기	봄, 가을 낙엽 후	단풍	홍색

분류학적 위치와 형태적 특징 및 자생지
산딸나무는 층층나무과에 속하는 낙엽소교목으로 학명은 *Cornus kousa*이다. 속명 *Cornus*는 '뿔'이라는 뜻의 라틴어에서 유래된 것이고 종명 *kousa*는 일본의 지명에서 왔다. 높이는 3~8m까지 자라고 수피는 흑갈색이며 불규칙적으로 벗겨진다. 잎은 마주나고 길이 5~10cm에 톱니는 없다. 꽃은 지난해 가지 끝에 두상화서로 달리는데 꽃잎처럼 보이는 것은 총포로 흰색이고 열십자 모양을 이룬다. 열매는 공 모양이고 10월에 홍색으로 익는다. 자생지는 중부 이남의 산지로 대개 활엽수 수림 속에서 볼 수 있다.

관상 포인트
5~6월에 피는 흰 꽃이 무척 아름답다. 꽃은 가지 끝에 달리는데, 우리가 꽃으로 생각하는 부분은 실제로는 총포편이며 식물학적으로 진정한 꽃은 아주 작아 별로 관상 가치가 없다. 꽃 외에도 9~10월에 붉게 익는 둥근 열매와 가을에 홍색으로 물드는 단풍도 매우 아름답다. 열매는 식용 가능하며 맛은 달짝지근한데 새들도 좋아하므로 생태정원이나 생태공원에 심기 좋다. 나이를 먹으면 수간의 껍질이 불규칙적으로 벗겨져 알록달록한 얼루기를 가지게 되는 수피도 꽤나 아름답다.

특성과 재배
층층나무과에 속하는 낙엽활엽소교목으로 우리나라 전역에서 재배와 식재 가능하다. 중용수로 양지와 음지 어느 곳에서도 잘 적응하는 편이다. 토심이 깊은 곳에서 잘 자라지만 상당히 메마르고 건조한 환경에서도 잘 적응한다. 번식은 실생법으로 한다. 가을에 열매가 익으면 채취하여 그늘진 곳에 며칠 두어 후숙시킨 후 손으로 으깨어 씨를 발라낸다. 채취한 씨앗은 노천매장하였다가 이듬해 봄에 파종하는데, 발아율을 높이기 위해서는 짚이나 거적을 덮어 포장을 마르지 않게 관리하는 것이 중요하다.

조경수로서의 특성과 배식
수형이 정연하므로 작은 뜰의 경우 독립수로 심어도 손색이 없다. 그러나 공원이나 학교처럼 개방된 공간에서는 나무가 크게 자라지 않으므로 독립수로보다는 자연 숲의 구성 요소로 심는 게 좋을 것이다. 특히 단풍이 좋고 새들이 열매를 좋아하므로 자연생태정원이나 생태공원용으로 좋다.

유사종
동속식물로 산수유, 미국산딸나무가 있으며 산딸나무와 비슷한 조경 용도로 이용할 수 있다.

충충나무과

샛노란 꽃으로 봄을 부르는 조경수
산수유
Cornus officinalis

성상, 음양	낙엽소교목, 양수	수형	타원형, 원개형
번식법	실생, 휘묻이	개화기, 꽃색	3~4월, 황색
식재 가능 지역	전국	결실기, 열매색	9월, 적색
식재 시기	봄, 가을 낙엽 후	단풍	황갈색

분류학적 위치와 형태적 특징 및 자생지
산수유는 충충나무과에 속하며 학명은 *Cornus officinalis*이다. 속명인 *Cornus*는 '뿔'이라는 뜻이며, 종명 *officinalis*는 '약용'이란 뜻이다. 낙엽소교목으로 높이 7m, 줄기는 수피가 불규칙적으로 벗겨지며 황갈색의 무늬가 나타난다. 잎은 마주나며 길이 4~12cm이고 뒷면에는 털이 많다. 꽃은 이른 봄에 황색으로 피고 열매는 핵과로 긴 타원형이며 길이 1.5~2cm로 9월에 적색으로 익는다. 한때 중국에서 도입된 종이라 했으나 지금은 우리나라 자생종으로 보고 있다. 그러나 산야에서 산수유를 발견하기는 어렵고 대개 민가 주변에 식재되거나 조경수로 정원이나 공원 등에 식재되어 있다.

관상 포인트
매화와 함께 봄 일찍 꽃이 피어 봄을 알려주는 꽃나무로 사랑을 받고 있다. 이른 봄에 노란 꽃망울을 터뜨리면서 화기도 무척 길어 1개월 이상 지속된다. 열매는 가을에 빨갛게 익는데 매우 아름다우며 약용으로도 요긴하게 이용된다. 또한 나이를 먹으면 줄기의 수피가 불규칙하게 벗겨져 황갈색으로 아름다운 모습을 보인다.

성질과 재배
강한 양수로 햇볕을 좋아하며 기름진 양토에서 잘 자란다. 번식은 주로 실생으로 하지만 휘묻이도 가능하다. 종자 번식의 경우, 가을에 빨갛게 익은 열매에서 종자를 채취하여 마르지 않게 모래 속에 묻어두었다가 이듬해 봄에 파종한다. 종자는 대추 씨앗보다 약간 작으며 발아율은 보통이다.

휘묻이는 포기의 밑둥에서 발생하는 곁가지를 봄이나 여름에 구부려 흙을 덮어두어 뿌리가 내리게 하여 이듬해 봄에 새싹이 트기 전에 잘라 심으면 된다. 성장 속도는 느린 편이며 실생묘의 경우 조경용으로 이용할 정도로 자라는 데는 10년 이상이 소요된다.

조경수로서의 특성과 배식
대표적인 봄 꽃나무로 정원의 중앙이나 앞쪽, 문간 등에 독립수로 심거나 몇 주씩 모아 심기도 한다. 가시나무나 소나무와 같은 상록수를 산수유의 배경목으로 심으면 밝은 색의 꽃이 더욱 돋보인다. 꽃이 좋고 열매를 강장제 등으로 이용하므로 실용수 겸 꽃나무로 가정 정원에 심기에도 아주 적합한 나무이다. 빨간 열매는 약용할 뿐 아니라 새들이 좋아하므로 생태공원이나 자연생태학습원 등의 조류 유인목으로도 이용할 수 있다. 이식은 쉬운 편이며 잎이 피기 전의 2~3월이나 가을 낙엽이 진 직후가 적기이다.

유사종
동속식물로 산딸나무, 미국산딸나무가 있다.

낙엽활엽수교목

척박한 땅에서 잘 자라는

왕자귀나무
Albizia kalkora

성상, 음양	낙엽소교목, 양수	수형	개장형
번식법	실생	개화기, 꽃색	6~7월, 연황색
식재 가능 지역	남부지방	결실기, 열매색	10월, 갈색
식재 시기	봄, 가을 낙엽 후	단풍	황색

분류학적 위치와 형태적 특징 및 자생지

왕자귀나무는 콩과의 낙엽활엽소교목으로 학명은 *Albizia kalkora*이다. 높이 6~8m까지 자란다. 잎은 짝수 2회 우상복엽이며 소엽은 길이 20~45mm, 폭 5~20mm이며 가장자리는 밋밋하다. 꽃은 흰색에 가까운 연한 황색으로 6~7월에 산형화서로 핀다. 열매는 협과로 길이 8~17cm, 너비 2cm이며 10월에 성숙한다. 제주, 전남 흑산도와 목포, 전북 어청도 등 주로 서해안지방과 섬에 자생한다. 우리나라 외에 중국, 대만, 일본에도 분포한다.

관상 포인트

초여름에 피는 연한 황색의 꽃이 아름답다. 꽃은 아름다우며 달콤한 향기가 아주 강하다. 꽃이 귀한 여름철에 피므로 더욱 가치 있으며 2회 우상복엽인 잎도 아름답다.

성질과 재배

주로 전남 해안지방의 산록 양지바른 곳에 자라며 추위에는 약한 편이다. 충청도와 경기도 해안지방에서는 생육 가능하지만 경기도와 강원도 내륙에서는 월동이 불가능하다. 번식은 실생법으로 하는데, 가을에 종자를 채취하여 정선 후 건조 저장하였다가 이듬해 봄에 파종한다. 발아율은 좋은 편이다. 양수이므로 차광할 필요는 없으며 햇볕이 잘 쬐게 관리한다. 묘목의 성장이 빠른 편이다.

조경수로서의 특성과 배식

난대수종 중에서는 추위에 견디는 편이라 대체로 우리나라 남부지방과 일부 중부지방까지 식재 가능하다. 남부지방의 공원수, 가로수로 좋으며 녹음수로도 심을 수 있다. 질소 고정을 하는 뿌리혹박테리아가 공생하므로 척박한 땅에서도 잘 자라므로 새로 조성한 공원이나 학교원 등에 심어 토양을 비옥하게 하는 비료목 겸용 조경수로 가치가 크다. 너무 기름진 땅에서는 진딧물과 그을음병이 발생할 수 있어 오히려 약간 메마른 땅이 적지이다.

유사종

동속식물로 자귀나무가 있으며 재배 방법과 조경 용도도 비슷하다.

한여름에 피는 분홍 꽃술
자귀나무
Albizia julibrissin

성상, 음양	낙엽소교목, 양수	수형	개장형
번식법	실생	개화기, 꽃색	6~7월, 분홍색
식재 가능 지역	전국	결실기, 열매색	10월, 갈색
식재 시기	봄, 가을 낙엽 후	단풍	황갈색

분류학적 위치와 형태적 특징 및 자생지

자귀나무는 콩과의 낙엽교목 또는 소교목으로 학명은 *Albizia julibrissin* 이다. 속명 *Albizia*는 이탈리아의 박물학자인 알비치Albizzi의 이름에서 유래된 것이다. 종명 *julibrissin*은 페르시아어로 '꽃'이라는 뜻인 gul과 '비단'이라는 뜻의 abrisham의 합성어이다. 높이 5m 내외로 자라며 줄기가 직립하기보다는 가지를 치며 비스듬히 자라 수관이 넓게 퍼진다. 잎은 어긋매껴 나고 2회 우상복엽이다. 꽃은 가지 끝과 잎겨드랑이에서 피는데 분홍색의 실처럼 가는 꽃잎과 수술로 이루어져 있어 매우 아름답다. 황해도 이남의 산지, 들, 언덕 등에 자생하며 인도, 중국, 일본에도 분포한다.

관상 포인트

꽃은 6~7월에 피는데 분홍색으로 매우 아름답다. 꽃이 귀해지는 여름철에 꽃이 피는 데다 개화기도 길어 여름 꽃나무로 아주 훌륭하다. 꽃색은 개체 간에 상당한 변이가 있어 진한 분홍색에서 거의 흰색에 가까운 꽃을 피우는 등 다양하게 나타나며 달콤한 향기가 난다. 화기는 긴 편으로 약 1개월간 지속된다. 꽃이 지면 콩꼬투리 모양의 열매가 열리며 2회우상복엽인 잎도 아름답다.

성질과 재배

강한 양수로 우리나라 전역에서 재배 가능하다. 토질은 가리지 않으며 척박한 곳에서도 아주 잘 자란다. 번식은 거의 전적으로 실생법으로 하며, 근삽에 의해서도 새 포기를 얻을 수 있으나 발아율이 높지는 않다. 실생 번식법의 경우 가을에 익은 종자를 채취하여 정선 후 보관하였다가 이듬해 봄에 파종하는데 발아율은 좋은 편이다. 파종 후 관리는 일반적인 육묘 방식을 따르며 양수이므로 발아 후에는 햇볕이 잘 쬐게 관리한다. 성장이 빠른 편이며 실생묘의 경우 6~7년생이면 꽃이 피기 시작한다.

조경수로서의 특성과 배식

6~7월에 꽃이 피어 여름 꽃나무로 이용 가치가 높다. 공원이나 생태공원의 여름 꽃나무로 활용도가 높으며 잔디밭 가운데 등에 심어도 좋다. 콩과 식물로 척박한 땅에서도 잘 견디므로 매립지나 절개지 사방공사지 등의 조경용으로도 훌륭하다. 잎과 꽃이 모두 아름다운 데다 부드러운 느낌을 가지므로 사찰, 사적지 등의 조경용으로도 훌륭하다. 잔뿌리가 적고 뿌리가 거친 편이지만 이식에는 비교적 견디는 편이다. 이식 적기는 가을 낙엽이 진 후와 봄 싹 트기 전이지만 겨울이 추운 곳에서는 잔가지가 마를 수 있으므로 봄에 이식하는 것이 좋다.

유사종

동속식물로 전남 목포 지방에 자생하는 왕자귀나무가 있다.

가래나무과

열매가 건강식품으로 인기 높은

호두나무
Juglans sinensis

성상, 음양	낙엽교목, 양수	수형	구형
번식법	실생, 접목	개화기, 꽃색	4~5월, 흰색
식재 가능 지역	경기도 이남	결실기, 열매색	10월, 황갈색
식재 시기	봄, 가을 낙엽 후	단풍	황색

분류학적 위치와 형태적 특징 및 자생지
호두나무는 가래나무과의 낙엽교목으로 학명은 *Juglans sinensis*이다. 속명 *Juglans*는 라틴어로 '호두'를 뜻하며 종명 *sinensis*는 '중국 원산'이란 뜻이다. 높이 20m까지 자라며 수피는 회백색으로 세로로 깊게 갈라진다. 가지는 굵으며 잎은 어긋매껴 나고 우상복엽이며 5~7개의 소엽으로 되어 있다. 소엽은 타원형이고 가장자리는 밋밋하거나 뚜렷하지 않은 톱니가 있다. 자웅동주로 꽃은 4~5월에 피고 수꽃은 미상화서로 달리고 6~30개의 수술이 있으며 암꽃은 1~3개가 수상화서로 달린다. 열매는 둥글고 털이 없으며 핵은 도란형이고 연한 갈색이다. 중국 원산으로 열매를 얻기 위해 중부 이남에서 재배하고 있다.

관상 포인트 및 이용
주로 과수로 재배되며 조경수로 식재되는 경우는 드물지만 잎이 크고 그늘을 많이 드리우므로 가정 정원이나 공원에서 과수 겸 녹음수로 심을 만하다. 열매를 식용하고 목재는 가구재로 이용한다. 호두는 리놀렌산 글리세리드 등 지방 성분을 40~50% 포함하며, 각종 자양분이 많아서 두뇌 발달에 도움을 주어 자라나는 아이들이 먹으면 아주 좋다. 그 밖에 강장제로 이용되며 변비를 없애는 데 효험이 있고 또 호두 기름은 피부병을 치료하는 데 쓰이기도 한다. 목재는 단단하고 윤기가 있어 가구나 조각재로 적합하다.

성질과 재배
양수로 볕바른 곳을 좋아하며 겨울이 너무 춥지 않으면서 여름 또한 너무

덥지 않은 곳이 호두나무의 재배 적지이다. 그러나 대체로 강원도를 제외한 우리나라 전역에서 재배 및 식재 가능하다. 번식은 실생 또는 접목으로 한다. 실생법의 경우 가을에 수확한 호두를 마르지 않게 젖은 모래 속에 묻어두었다가 이듬해 봄에 파종한다. 호두나무는 종자로 번식하여도 어미의 형질이 크게 열성화하지 않는다. 따라서 과수용 묘목도 종자 번식해도 별문제가 없지만 우량 묘목의 증식에는 대개 접목법이 사용된다. 접목은 봄에 공대에 깎아접 또는 짜개접으로 한다. 토질은 자갈이 많이 섞이고 물이 잘 빠지는 땅이 재배 적지이다.

조경수로서의 특성과 배식
조경수로보다는 거의 과수로 재배되는 나무로 꽃, 열매, 단풍 어느 것 하나 특출하게 아름다운 면을 내세울 것은 없는 나무이다. 나무가 크게 자라므로 뜰이 넓은 전원주택의 실용수 겸 조경수로 심을 만하며 도시 공원의 녹음수로 심을 수 있다.

유사종
동속식물로 가래나무와 북미 원산의 흑호두나무가 있다.

나무 심고 가꾸기

과수 겸 조경수로 좋은 나무
감나무
Diospyros kaki

성상, 음양	낙엽교목, 양수	수형	계란형, 부정형
번식법	실생, 접목	개화기, 꽃색	6월, 황백색
식재 가능 지역	강원도 내륙을 제외한 전국	결실기, 열매색	10월, 홍색
식재 시기	봄	단풍	홍색

분류학적 위치, 형태적 특징 및 자생지

감나무는 감나무과에 속하는 낙엽교목으로 학명은 *Diospyros kaki*이다. 속명 *Diospyros*는 그리스어로 '신(神)'이라는 의미의 dios와 '곡물'이란 의미의 pyros의 합성어이다. 종명 *kaki*는 '감'의 일본 이름에서 유래되었다. 수피는 흑갈색으로 얕게 갈라지고 잎은 넓은 타원형으로 길이 7~17cm에 너비 5~10cm이다. 꽃은 6월에 피는데 황백색이고 열매는 장과이며 대형인데 가을에 주황색으로 익는다. 경기도와 충남 이남 지역의 산야에 자생하며 과일을 이용하기 위해 다양한 품종을 재배한다.

관상 포인트

감나무는 과수로 많이 심기고 있지만 조경수로서도 손색이 없다. 감나무의 가장 큰 매력은 가을에 주황색으로 열리는 크고 아름다운 열매에 있다. 늦가을 푸른 하늘을 배경으로 빨갛게 달려 있는 열매는 매우 아름다우며 대표적인 우리 시골 가을 풍경의 하나로 꼽힌다. 불타는 듯이 붉게 물드는 단풍 또한 곱다.

성질과 재배

추위에 약하여 대체로 경기도 해안지방과 충남 이남 지역이 재배 및 식재 적지이다. 품종에 따라 내한성에 차이가 있으며 재래종 떫은 감나무에 비해 과수로 많이 재배하는 단감은 상대적으로 약하다. 양수로 볕바른 곳에서 잘 자라며 번식은 실생과 접목으로 하는데 조경수로는 실생묘도 문제가 없으며 과일을 목적으로 할 경우는 우량 품종을 선택하여 접목으로 한다. 실생으로 번식할 때는 가을에 종자를 채취하여 젖은 모래 속에 저장하였다가 이듬해 봄에 파종한다. 접목은 공대나 고욤나무 실생묘를 대목으로 4월에 깎아접이나 짜개접으로 한다. 병해로는 탄저병, 둥근무늬낙엽병, 검은별무늬병, 흰가루병 등이 발생하며 충해로는 깍지벌레 종류, 감꼭지나방, 잎말이나방 등이 발생하므로 적당한 약제로 방제한다.

조경수로서의 특성과 배식

농가나 전원주택의 실용수 겸 조경수로 가장 적합한 나무 중의 하나다. 도시 공원의 조경수로도 좋은데 이 경우 열매가 작으면서 많이 열리는 돌감이 유리하다. 공원이나 학교원 등에 심었을 때 자칫 낙과로 지저분해질 수 있으므로 열매가 떨어져도 별문제가 없는 장소에 심는 것이 필요하다. 뿌리가 거칠어 이식이 어려운 편이므로 큰 나무를 심기보다는 중목 이하를 심어 기르는 것이 오히려 나으며 이식 적기는 봄 싹 트기 전이다.

유사종

동속식물로 고욤나무가 있는데 조경수로 또 감나무를 배양하기 위한 대목으로 이용한다.

감나무과

대추보다 작은 감이 열리는
고욤나무
Diospyros lotus

성상, 음양	낙엽교목, 양수	수형	타원형
번식법	실생	개화기, 꽃색	5~6월, 흰색
식재 가능 지역	전국	결실기, 열매색	10월, 황갈색
식재 시기	봄, 가을 낙엽 후	단풍	황갈색

분류학적 위치와 형태적 특징 및 자생지

고욤나무는 감나무과의 낙엽교목으로 학명은 *Diospyros lotus*이다. 속명 *Diospyros*는 그리스어로 '신(神)'이라는 의미의 dios와 '곡물'이란 의미의 pyros의 합성어이다. 종명 *lotus*는 '연(蓮)'이라는 의미의 lotos에서 온 말로 열매가 연의 종자를 닮았기 때문이다. 높이 14~15m에 달하고, 수피는 흑갈색이다. 잎은 어긋매껴 나고 타원형이며, 길이 6~12cm, 너비 5~7cm로서, 가장자리는 밋밋하다. 꽃은 5~6월에 피고 흰색이며, 암수 꽃이 한 그루에 달린다. 열매는 둥글며 지름 1.5cm 정도로 10월에 황갈색으로 익는다. 전국 각지의 산지와 민가 주변에 자생한다.

관상 포인트 및 이용

감나무와 흡사하며 대추 크기의 열매가 많이 열려 아름답다. 수피는 흑갈색 내지 검은색이며 세로로 골이 지는 모습이 특이하다. 이전부터 고욤나무는 감나무를 증식시키기 위한 대목으로 많이 이용해왔다. 고욤나무를 심어 그 뿌리에 감나무를 접붙이기 하는 것이다. 또 열매는 식용·염료·약재로 쓰는데, 염료로는 성숙하기 전의 것을 이용한다. 감보다 떫은맛이 강하므로 충분히 후숙되어야 먹을 수 있다. 한방에서는 말린 열매를 해갈 및 해열제로 이용한다. 고욤나무의 잎도 지혈·진해제로 이용한다.

성질과 재배

양수지만 햇볕에 대한 적응성은 감나무보다 강하여 반그늘에서도 잘 자란다. 내한성도 감나무보다 강하여 전국 각지에서 재배 및 식재 가능하다. 토심이 깊고 배수가 양호한 땅에서 잘 자란다. 번식은 종자로 하는데 가을에 열매를 채취하여 젖은 모래 속에 묻어 저장했다가 이듬해 봄에 파종하면 된다. 종자를 건조시키면 발아하지 않는다.

조경수로서의 특성과 배식

감나무와 비슷하지만 야취가 강한 나무로 녹음수 겸 열매나무로 심는다. 열매는 사람이 이용하기보다는 새들이 좋아하므로 겨울철 야생 조류의 먹이 식물이 된다. 공원, 학교원에 심기 좋으며 가로수로 심어도 좋다. 큰 나무의 이식은 어려우며 가급적 중목 정도를 심어 가꾸는 편이 낫다.

유사종

동속식물로 감나무가 있다.

단풍 든 잎에서 달콤한 향기가 나는
계수나무
Cercidiphyllum japonicum

성상, 음양	낙엽교목, 양수	수형	타원형
번식법	실생	개화기, 꽃색	5월, 홍색
식재 가능 지역	전국	결실기, 열매색	9월, 황갈색
식재 시기	봄, 가을 낙엽 후	단풍	황색, 홍황색

분류학적 위치와 형태적 특징 및 자생지

계수나무는 계수나무과의 낙엽교목으로 학명은 *Cercidiphyllum japon-icum*이다. 속명 *Cercidiphyllum*은 '잎이 *Cercis*속(박태기나무)과 닮았다'는 뜻이다. 종명 *japonicum*은 일본산이란 뜻이다. 높이 25m, 지름 1.3m까지 자란다. 수피(樹皮)는 홍갈색으로 세로로 얇게 갈라진다. 잎은 마주나고 원형이며 길이 3~7cm로 끝이 다소 둔하고 밑부분이 심장저이며, 표면은 녹색, 뒷면은 분백색이고 가장자리에 둔한 톱니가 있다. 엽병은 길이 2~2.5cm로 붉은빛이 돈다. 자웅이주로 꽃은 4~5월경에 피고, 잎보다 먼저 잎겨드랑이에 1개씩 달린다. 수꽃은 많은 수술이 있으며, 암꽃은 3~5개의 암술로 되어 있으며 암술머리는 실같이 가늘고 연한 홍색이다. 열매는 3~5개씩 달리며 길이 15mm 정도로 굽은 원주형이다.

관상 포인트 및 이용

잎은 박태기나무 잎과 비슷한 원형으로 예쁘다. 꽃은 작으나 좋은 향기가 난다. 계수나무의 가장 큰 매력은 홍황색으로 물드는 가을의 단풍이다. 단풍이 무척 아름답기도 하지만 단풍이 든 잎에서는 마치 설탕을 졸이는 것과 비슷한 독특한 달콤한 향기가 매우 강하게 난다. 영어로는 달콤한 캐러멜 냄새가 난다고 하여 caramel tree라고 부르기도 한다. 목재는 가공성이 좋고 비틀림이 적은 데다 나뭇결이 고와서 가구재, 기구재, 바둑판, 악기재 등으로 쓰인다.

성질과 재배

양수로 토심이 깊고 비옥하고 적윤한 사질 양토에서 잘 자란다. 내한성이 강하여 전국적으로 식재 및 재배 가능하다. 번식은 가을에 익은 종자를 채취하여 노천매장하였다가 이듬해 봄에 파종한다. 생장은 빠른 편이다.

조경수로서의 특성과 배식

크게 자라는 대교목으로 공원수로 가장 좋은 나무이다. 단풍이 아름답고 또 단풍잎에서 달콤한 향기가 나므로 단풍철에 인기가 아주 좋은 나무이다. 학교 정원수, 유원지의 풍치수나 가로수 등으로 심어도 그만이다. 수형이 정연하고 우아하여 별도의 전정이나 손질이 필요 없다. 이식은 쉬운 편이며 이식 적기는 봄 싹 트기 전과 가을에 낙엽이 진 후이다.

잎이 밤나무를 닮은 흰 꽃나무
나도밤나무
Meliosma myriantha

성상, 음양	낙엽소교목, 중용수	수형	부정형
번식법	실생, 삽목	개화기, 꽃색	5~6월, 흰색
식재 가능 지역	남부지방	결실기, 열매색	9~10월, 홍색
식재 시기	봄	단풍	황색

분류학적 위치와 형태적 특징 및 자생지

나도밤나무는 낙엽활엽교목으로 학명은 *Meliosma myriantha*이다. 속명 *Meliosma*는 그리스어로 '꿀'이라는 뜻의 meli와 '냄새, 향기'라는 의미의 osme의 합성어로 '꿀 향기가 나는 꽃'이라는 뜻이다. 종명 *myriantha*는 '무수하다'는 의미의 myrio와 '꽃'이라는 의미의 antho의 합성어로 '꽃이 무수하게 많이 핀다'는 뜻이다. 높이 10m까지 자란다. 잎은 어긋나며, 타원상 도란형으로 길이 10~25cm, 폭 4~8cm에 가장자리에 잔 톱니가 있다. 꽃은 가지 끝에서 나온 길이 15~25cm의 원추화서에 달린다. 꽃잎은 흰색이고 열매는 핵과로 둥글고 지름 7mm로 가을에 붉게 익는다. 강원도를 제외한 황해도 이남 지역 산지에 자생한다. 일본, 중국 동부 지방에도 분포한다.

관상 포인트

밤나무 잎을 닮은 잎이 특징이 있고 5~6월에 피는 흰 꽃이 매우 아름답다. 가을에 붉게 익는 열매도 관상 가치가 있다.

성질과 재배

중용수로 양지 음지를 가리지 않고 잘 자란다. 번식은 실생으로 하는데, 가을에 종자를 채취하여 노천매장하였다가 봄에 파종한다. 봄에 파종하면 일부는 그해에 발아하지만 대부분 이듬해 봄에 싹이 튼다. 휘묻이와 삽목도 되지만 삽목은 발근율이 나빠 실용적인 방법이 되지 못한다.

조경수로서의 특성과 배식

일부 중부지방까지 식재 가능하지만 내한성이 약하여 강원도와 중부 내륙지방에서는 겨울에 동해를 입기 쉽다. 따라서 주로 남부지방의 녹음수, 가로수, 공원수로 이용 가능한 수종이다. 꽃이 귀해지는 초여름 꽃나무로서 가치가 있어 공원, 학교원, 자연 생태정원 등에 심을 만하다. 내조성이 강해 바닷가의 조경 및 조림용으로 이용해도 좋으며 꽃에는 꿀이 많아 여름철의 밀원식물이 된다.

유사종

동속식물로 잎이 우상복엽인 합다리나무가 있으며 성질과 조경 용도 등도 비슷하다.

흰 꽃과 붉은 열매가 아름다운

합다리나무
Meliosma oldhamii

성상, 음양	낙엽교목, 양수	수형	개장형
번식법	실생	개화기, 꽃색	6월, 흰색
식재 가능 지역	중부 이남	결실기, 열매색	9~10월, 홍색
식재 시기	봄, 가을 낙엽 후	단풍	황갈색

분류학적 위치와 형태적 특징 및 자생지

합다리나무는 나도밤나무과의 낙엽교목으로 학명은 *Meliosma old-hamii*이다. 속명 *Meliosma*는 그리스어로 '꿀'이라는 뜻의 meli와 '냄새, 향기'라는 의미의 osme의 합성어로 '꿀 향기가 나는 꽃'이라는 뜻이다. 종명 *oldhamii*는 식물 채집가 올드햄미Oldhami의 이름에서 온 것이다. 산기슭 양지바른 곳에 분포하는 나무로 높이 8~10m까지 자란다. 줄기는 곧게 자라며 잎은 어긋매껴 나며 9~15장의 소엽으로 구성된 우상복엽으로 길이 15~30cm이다. 꽃은 6월에 가지 끝에서 난 큰 원추화서에 피는데 꽃잎은 흰색이다. 열매는 핵과로 둥글고 가을에 붉게 익는다. 중부 이남의 산기슭 양지바른 곳에 자생하며 우리나라 외에 대만, 일본, 중국에도 분포한다.

관상 포인트 및 이용

초여름에 하얗게 피는 꽃이 매우 아름답다. 우상복엽의 잎도 보기 좋으며 가을에 붉게 익는 열매도 보기 좋다. 꽃은 여름철 밀원식물이 된다. 봄에 돋는 새순을 나물로 이용하기도 한다.

성질과 재배

양수로 강원도를 제외한 전국 각지에서 재배 가능하다. 볕바른 곳이나 반

음지에서 잘 자라며 번식은 종자로 한다. 종자는 채취하여 마르지 않게 젖은 모래 속에 묻어두었다가 이듬해 봄에 파종한다.

조경수로서의 특성과 배식

현재 조경 용도로 이용하는 경우는 거의 없지만 잎과 꽃이 좋아 여름 꽃나무 및 녹음수로 가치가 큰 나무이다. 나무가 크게 자라므로 학교원, 도시 공원의 공원수, 시골길의 가로수로 이용하면 좋은 나무이다. 봄에 새순을 채취하여 나물을 해 먹거나 된장국에 넣어 먹을 수 있어 실용적인 면도 있다. 뜰이 넓은 집에서는 녹음수나 울타리 나무로 심어 새순을 먹거리로 이용해도 좋을 것이다. 양봉가에서는 꽃이 귀한 초여름의 밀원식물로도 유용하다. 이식은 쉬운 편이며 봄 싹 트기 전이 이식 적기이다.

유사종

동속식물로 단엽인 나도밤나무가 있다.

녹나무과

빨간 열매, 노란 단풍이 아름다운
비목나무
Lindera erythrocarpa

성상, 음양	낙엽소교목, 중용수	수형	계란형
번식법	실생	개화기, 꽃색	4월, 연황색
식재 가능 지역	전국	결실기, 열매색	10월, 홍색
식재 시기	봄, 가을 낙엽 후	단풍	황색

분류학적 위치와 형태적 특징 및 자생지
비목나무는 녹나무과에 속하는 낙엽교목으로 학명은 *Lindera erythro-carpa*이다. 속명 *Lindera*는 스웨덴의 의사이며 식물학자인 린데르의 이름에서 유래된 것이다. 종명 *erythrocarpa*는 '붉다'는 의미의 erythro와 '열매'라는 의미의 carpa의 합성어로 붉은 열매를 나타낸다. 높이 10m까지 자라며 수피는 회갈색이고 어린 가지에는 피목이 뚜렷하다. 잎은 도란형 피침형으로 길이 9~12cm이고, 연황색의 작은 꽃이 잎겨드랑이에서 나는 산형화서에 달린다. 열매는 구형이고 지름 7~8mm에 붉은색으로 매우 아름답다. 전국의 산지에 자생하는데 주로 잡목 숲의 상층 내지 중간층을 이룬다.

관상 포인트
꽃은 4월에 새잎이 피기 전에 연황색의 작은 꽃이 모여 핀다. 꽃보다는 가을에 노랗게 물드는 단풍과 빨갛게 익는 열매가 아름답다. 열매는 윤기가 나는 선홍색으로 무척 아름다운데 겨울이 되면 검게 변한다.

성질과 재배
낙엽소교목으로 수간은 곧게 자란다. 자생지에서는 비교적 다양한 환경에서 널리 발견되지만 원래 반그늘진 곳 또는 양지쪽을 좋아한다. 번식은 실생법으로 하는데 10월경에 익은 열매를 채취하여 과육을 제거하고 모래에 묻어 저장했다가 이듬해 봄에 파종한다. 파종상은 해가림을 하여 마르지 않게 관리하며 발아 후에는 햇볕이 잘 쬐게 관리한다.

조경수로서의 특성과 배식
나무가 아주 크게 자라지는 않으므로 소규모 정원의 녹음수, 자연생태 공원, 학교원 등에 좋은 나무이다. 나무가 특별히 개성이 강한 편이 아니므로 다른 어떤 나무와 조합해 심어도 무난하게 어울린다. 열매가 아름답고 새들이 좋아하므로 공원이나 전원주택의 조류 유인목으로도 적합하다. 이식성은 보통이며 아주 큰 나무가 아니라면 비교적 쉽게 활착하는 편이다.

유사종
동속식물로는 생강나무와 감태나무가 있는데 생강나무는 꽃과 단풍이 아름답고 감태나무는 단풍이 빼어나다.

조경수 이야기 나무

고향 동구 밖을 지키는 정자나무
느티나무
Zelkova serrata

성상, 음양	낙엽교목, 양수	수형	우산형
번식법	실생	개화기, 꽃색	4~5월, 황백색
식재 가능 지역	전국	결실기, 열매색	10월, 회흑색
식재 시기	봄, 가을 낙엽 후	단풍	황갈색, 홍갈색, 황색

분류학적 위치와 형태적 특징 및 자생지

느티나무는 느릅나무과에 속하는 낙엽교목으로 학명은 *Zelkova ser-rata*이다. 속명 *Zelkova*는 이 속의 코카서스 지방의 향명에서 유래되었다. 종명 *serrata*는 '톱니가 있다'는 뜻으로 잎의 톱니를 나타낸다. 높이 20~30m, 직경 3m 정도까지 자라는 대교목이다. 잎은 어긋나며 길이 2~13cm, 너비 1~5cm이다. 자웅동주로 꽃은 단성화로 피며 수꽃은 새 가지 끝에 모여 달리고 암꽃은 1개씩 달린다. 열매는 10월에 익는데 불규칙한 편구형이고 딱딱하며 직경이 4~5mm로 뒷면에는 능선이 있고 과피는 회흑색이다. 평안남도 이남의 산지에 자생하며 마을의 정자나무, 방풍수 등으로 많이 심어왔다. 우리나라 외에 중국과 만주, 일본에도 분포한다.

관상 포인트

느티나무는 꽃이나 열매를 즐기는 나무는 아니며 가지와 잎이 무성하고 나무가 크게 자라므로 대표적인 녹음수요 정자나무로 이용된다. 꽃과 열매의 관상 가치는 전혀 없다. 단풍은 개체에 따라 황갈색, 황색, 홍색, 홍갈색 등으로 다양하게 물들며 매우 아름답다.

성질과 재배

추위에 강하여 우리나라 전역에서 재배 가능하다. 양수지만 내음성도 꽤 있는 편이다. 번식은 전적으로 실생법으로 하는데, 가을에 익은 종자를 채취하여 직파하거나 노천매장하였다가 이듬해 봄에 파종한다. 느티나무는 병해충이 많은 편이지만 병해충으로 인해 관상 가치가 크게 떨어지거나 고사하는 일은 흔치 않다. 병해로는 백분병, 갈반병 등이 발생하며 충해로는 진딧물, 깍지벌레 등이 피해를 입히므로 적절히 방제할 필요가 있다.

조경수로서의 특성과 배식

느티나무는 잎이 무성하고 수형이 정연한 데다 단풍이 좋아 녹음수로 인기가 아주 좋다. 또 뿌리가 깊게 벋고 강하며 질겨 아무리 강한 바람이 불어도 쓰러지는 일이 없어 방풍수로도 좋고 학교원, 공원, 자연 생태정원 등에 좋으며 가로수로도 좋다. 독립수로 자랄 경우 수형은 넓은 우산형이 되며 집단 식재하면 거꾸로 세운 빗자루형이 된다. 수성이 강하고 이식에도 잘 견뎌 큰 나무의 이식도 가능하다. 이식 적기는 가을에 낙엽이 진 후부터 봄 싹 트기 전까지이다.

유사종

느릅나무과의 팽나무, 폭나무, 풍게나무, 푸조나무, 검팽나무 등은 모두 대교목으로 자라며 느티나무와 성질이 비슷하여 대체 수종으로 이용할 수 있다.

마을숲나무와 정자나무로 친숙한
팽나무
Celtis sinensis

성상, 음양	낙엽교목, 양수	수형	구형
번식법	실생	개화기, 꽃색	4~5월, 연황색
식재 가능 지역	전국	결실기, 열매색	10월, 등황색
식재 시기	봄, 가을 낙엽 후	단풍	황색

분류학적 위치와 형태적 특징 및 자생지
팽나무는 느릅나무과에 속하는 낙엽교목으로 학명은 *Celtis sinensis*이다. 속명 *Celtis*는 고대 라틴어 나무 이름에서 유래된 것이다. 종명 *sinensis*는 '중국산'이란 뜻이다. 높이 20m까지 크게 자라는 교목으로 줄기의 직경도 1m 정도까지 자란다. 잎은 어긋매껴 나며 길이 4~12cm 정도의 타원형이다. 꽃은 연황색으로 핀다. 열매는 10월에 익는데 핵과로 직경 7~8mm이며 등황색이다. 전국의 낮은 산지와 들에 자생하며 정자나무, 마을 숲, 방풍수 등으로 많이 심겨왔다.

관상 포인트
팽나무는 꽃이나 열매를 즐기는 나무로는 가치가 없으며 가지와 잎이 무성하고 나무가 크게 자라므로 주로 녹음수 및 방풍수로 이용된다. 단풍은 황색으로 물들며 아름답다. 꽃은 4~5월에 피지만 큰 나무에 비해 꽃의 크기가 작아 관상 가치는 전혀 없다. 열매는 10월에 등황색으로 익는데 나무가 큰 데다 열매는 작아 이 또한 관상 가치는 적다.

성질과 재배
우리나라 전역에서 재배 가능하며, 양수지만 어린 나무는 내음성이 강하여 그늘진 곳에서도 잘 자란다. 성장 속도는 비교적 빠른 편이다. 번식은 전적으로 실생법으로 하는데, 가을에 익은 종자를 채취하여 직파하거나 노천매장하였다가 이듬해 봄에 파종한다. 팽나무는 병해충이 많은 편으로 흰가루병, 그을음병 등의 발생이 심하고 또 진딧물과 면충, 깍지벌레 등이 잘 발생한다. 병해충의 발생은 그늘지고 통풍이 불량하며 습하고 질소 성분이 많은 토양 환경에서 특히 잘 발생하므로 이에 유의하면 피해를 줄일 수 있다.

조경수로서의 특성과 배식
크게 자라며 잎이 무성하고 수형과 단풍이 좋아 녹음수로 인기가 좋다. 독립수로 자랄 경우 수형은 구형 또는 넓은 우산형이 된다. 마을의 정자나무나 마을숲 나무로 많이 이용되어 우리에게 무척 친숙하고 정감이 가는 나무다. 학교원, 공원, 자연 생태정원 등에 좋으며 가로수로도 좋다. 또한 바람에 강하고 내조성이 있어 바닷가의 방풍수로도 좋다. 수성이 강하여 이식에도 잘 견디며 큰 나무의 이식도 가능한데 이식 적기는 가을에 낙엽이 진 후부터 봄 싹 트기 전까지이다.

유사종
동속식물로 산팽나무, 왕팽나무, 노란팽나무, 검팽나무, 폭나무 등이 있으며 성질도 거의 비슷하다.

수액도 이용하고 단풍도 보고
고로쇠나무
Acer mono

성상, 음양	낙엽교목, 양수	수형	원개형
번식법	실생	개화기, 꽃색	4월, 연황색
식재 가능 지역	전국	결실기, 열매색	10월, 갈색
식재 시기	봄, 가을 낙엽 후	단풍	황색

분류학적 위치와 형태적 특징 및 자생지
고로쇠나무는 단풍나무과에 속하는 낙엽교목으로 학명은 *Acer mono* 이다. 속명 *Acer*는 '단단하다'라는 의미의 라틴어 acris에서 유래된 말이며 목재가 단단하기 때문에 붙은 이름이다. 종명 *mono*는 '하나'란 뜻이다. 높이 15~20m에 달하며 수피는 회색이고 얕게 갈라진다. 잎은 5~7개로 갈라지며 길이 6~8cm, 너비 9~11cm에 가장자리는 톱니가 없이 밋밋하다. 꽃은 원추상 산방화서를 이루며 연한 황색으로 핀다. 열매는 시과로 길이 2~3cm, 너비 5~8mm이다. 우리나라 전역의 산지 산록이나 계곡 주변에 자생하며 일본, 중국 및 만주에도 분포한다.

관상 포인트
손바닥 모양으로 갈라지는 아름다운 잎과 단풍이 아름다운데 단풍은 황색에서 황갈색으로 물든다. 또한 이른 봄에 피는 연한 황색의 꽃도 꽤 관상 가치가 있다. 대부분의 단풍나무류는 꽃이 아주 작아 관상 가치가 거의 없지만 고로쇠나무의 꽃은 작아도 아주 많이 모여 피어 아름답다.

성질과 재배
양수로 우리나라 전역에서 재배 및 식재 가능하다. 번식은 전적으로 실생법으로 하는데, 가을에 잘 익은 종자를 채취하여 젖은 모래와 섞어 노천

매장했다가 이듬해 봄에 파종한다. 단풍나무 종류는 대개 반그늘을 좋아하는 중용수이지만 고로쇠나무는 햇빛을 좋아하는 양수이므로 발아 후에는 해가림을 걷어 충분히 햇빛을 쬐어준다. 성장이 빨라 실생 3년생이면 조림용으로 이용할 수 있으며 5~6년생 정도면 키가 3m 이상으로 자라 조경용으로 쓸 수 있다.

조경수로서의 특성과 배식
단풍나무류 중 현재 조경수로 많이 이용되는 단풍나무는 소교목이지만 고로쇠나무는 아주 크게 자라는 대교목이다. 따라서 공원이나 학교원 같은 넓은 공간의 조경에 적합하다. 또한 고궁이나 사찰, 사적지 등의 조경에도 좋으며 관광지의 가로수로도 심을 만하다. 현재 목재와 수액을 이용하기 위한 임목으로의 이용이 주를 이루지만 조경적 가치도 크므로 앞으로 조경수로의 개발과 이용이 증가했으면 하는 바람이다. 이식은 비교적 쉬운 편이며 이식 적기는 가을에 낙엽이 진 후와 봄 싹 트기 전이다.

유사종
우산고로쇠, 부게꽃나무, 복자기, 시닥나무, 청시닥나무, 단풍나무, 당단풍 등의 동속식물이 있으며 외국산으로는 중국단풍, 네군도단풍, 설탕단풍, 은단풍 등이 있다.

가을 단풍의 대명사
단풍나무
Acer palmatum

성상, 음양	낙엽교목, 중용수	수형	계란형
번식법	실생	개화기, 꽃색	5월, 홍색
식재 가능 지역	전국	결실기, 열매색	9~10월, 갈색
식재 시기	봄, 가을 낙엽 후	단풍	홍색

분류학적 위치와 형태적 특징 및 자생지
단풍나무는 단풍나무과에 속하는 낙엽교목으로 학명은 *Acer palmatum*
이다. 속명 *Acer*는 단풍나무를 뜻하는 라틴어이며 종명 *palmatum*은 '손
바닥 모양'이라는 뜻으로 단풍나무의 잎 모양을 묘사한 말이다. 높이 10m
까지 자라며 잔가지는 털이 없고 적갈색이다. 잎은 마주나고 5~7개로 갈
라지며 길이는 5~6cm이다. 꽃은 5월에 산방화서에 작은 꽃이 잡성화 또
는 일가화로 달린다. 열매는 길이 1cm 정도로 9~10월에 익고 날개는 장
타원형이다. 우리나라 전국 산지에 자생하며 특히 전북 내장산은 가을 단
풍 관광지로 인기가 높다. 우리나라 외에 일본과 중국에도 분포한다.

관상 포인트
봄철에 돋는 새잎과 가을의 붉은 단풍은 단풍나무의 가장 큰 매력이라 할
수 있다. 손바닥처럼 갈라진 잎도 시원스럽고 아름다우며 자연 수형도 좋
은 편이다.

성질과 재배
단풍나무과의 나무들은 대개 성장이 빠르며 비옥하고 토양 수분이 많은
환경에서 잘 자란다. 약간 그늘진 환경을 좋아하여 숲속에서 이웃 나무들
과 잘 어울려 자라는 중용수이다. 번식은 실생법으로 한다. 종자는 익으면
날아가므로 적기에 따서 젖은 모래 속에 묻어두었다가 이듬해 봄 일찍 파
종한다. 병해는 거의 입지 않으나 하늘소 등이 가지의 체관부를 갉아먹어
가지를 말라죽게 하는 경우가 있으므로 방제할 필요가 있으며 잎이 핀 직
후 여린 잎과 가지에는 진딧물이 생기는 경우가 많으므로 톡스 등의 살충
제를 이용해 방제한다.

조경수로서의 특성과 배식
단풍나무는 수형이 아름다우며 개성이 강하지 않아 어떤 나무와도 잘 어
울리는 조경수로, 공원, 가로수, 아파트, 개인 정원, 학교원, 고속도로 나들
목 주변 등 어떤 곳에 심어도 좋다. 독립수로 심으면 정연한 수형을 이루
며 집단으로 심어 숲을 만들면 봄철의 연두색 신록과 여름의 녹음, 가을
의 황홀한 단풍을 즐길 수 있다. 이식은 쉬운 편이며 가을에 낙엽이 진 후
부터 이른 봄이 적기이지만, 적설이 많은 지역에서는 가을 11월경이 가장
좋은 시기라 할 수 있다.

유사종
동속식물로 고로쇠나무, 부게꽃나무, 복자기, 시닥나무, 청시닥나무, 당단
풍나무, 신나무 등이 있으며 외국산으로는 중국단풍, 네군도단풍, 설탕단
풍, 은단풍 등이 있다.

타는 듯한 붉은 단풍
복자기나무
Acer triflorum

성상, 음양	낙엽교목, 양수	수형	원추형
번식법	실생	개화기, 꽃색	5월, 황색
식재 가능 지역	전국	결실기, 열매색	9~10월, 회색
식재 시기	봄, 가을 낙엽 후	단풍	홍색

분류학적 위치와 형태적 특징 및 자생지
복자기나무는 낙엽활엽교목으로 학명은 *Acer triflorum*이다. 속명 *Acer*는 라틴어로 '단단하다'는 의미인 acris에서 유래된 말이다. 종명 *triflorum*은 '셋'이라는 의미의 tri와 '꽃, 식물'이라는 의미의 florum의 합성어로 '세 갈래 지는 식물'이라는 말인데, 잎이 세 갈래 지는 것을 의미한다. 높이 20m까지 자란다. 수피는 회백색이고 가지에 붉은빛이 돈다. 잎은 마주나고 소엽은 3개로 끝부분 가까이에 2~4개의 큰 톱니가 있으며, 뒷면 맥 위에 센털이 있고 가장자리와 잎자루에 털이 있다. 꽃은 5월에 가지 끝에서 황색으로 핀다. 열매는 시과로 회백색이며 9~10월에 성숙한다. 전국의 산기슭에 자생한다. 우리나라 외에 중국에도 분포한다.

관상 포인트
가을 단풍은 선홍색으로 물드는데, 단풍나무 종류 중에서도 단풍이 아름답기로 손꼽힌다. 이른 봄에 피는 노란색 꽃도 매우 아름답다. 목재의 조직이 치밀하고 무거우며 무늬가 아름다워 기구재로 쓰인다.

성질과 재배
양수지만 어릴 때는 음지에서도 잘 견딘다. 전국에서 재배 및 식재 가능하며 번식은 전적으로 종자로 하는데 가을에 채종하여 이듬해 봄에 파종하면 1년 후에 발아하므로 종자를 젖은 모래와 섞어서 2년간 노천매장한 후 파종하는 게 좋다. 묘상은 해가림을 할 필요가 없으며 단풍나무 종류 중에서는 성장이 느린 편이다. 충해로는 깍지벌레가 생기며 그 외 미국흰불나방, 알락하늘소, 박쥐나방 등이 발생한다. 병해로는 흰가루병, 탄저병, 가지마름병, 모잘록병 등이 발생할 수 있으므로 적당히 방제한다.

조경수로서의 특성과 배식
수간은 곧게 자라며 단풍이 고와 가로수, 공원수, 풍치림 등 다양한 용도의 조경수로 이용 가능하다. 시골 도로의 가로수로 심어 불타는 듯한 단풍 가로수 길로 만들면 아주 멋지지 않을까 싶다. 수형이 정연하고 좋아 독립수로도 손색이 없으며 집단으로 심어 숲을 만들어도 좋은 나무이다. 조경수로뿐 아니라 목재는 치밀하고 무거우며 무늬가 아름다워 고급 용재로 쓰이므로 산지에 풍치수 겸 조림용으로 심어도 좋다. 이식은 쉬운 편이며 이식 적기는 봄과 가을 낙엽이 진 후이다.

유사종
동속식물로 단풍나무, 당단풍, 복장나무, 청시닥나무, 신나무 등이 있으며 모두 잎이 아름답고 단풍이 고운 특징이 있다.

붉게 물드는 가을 단풍이 황홀한
조구나무
Sapium sebiferum

성상, 음양	낙엽교목, 양수	수형	구형
번식법	실생	개화기, 꽃색	6~7월, 연황색
식재 가능 지역	남부지방	결실기, 열매색	9~10월, 흑갈색
식재 시기	봄	단풍	홍색

분류학적 위치와 형태적 특징 및 자생지

조구나무는 대극과에 속하며 학명은 *Sapium sebiferum*이다. 속명 *Sapium*은 라틴어로 '점성이 있다'는 의미로 잎이나 줄기에 상처를 내면 끈끈한 흰 즙액이 나오는 데서 연유한 것이다. 종명 *sebiferum*은 '왁스를 가졌다'는 뜻으로 종자가 왁스로 덮여 있음을 나타낸다. 낙엽활엽교목으로 높이 15m까지 자란다. 어린 나무의 줄기는 평활하지만 나이 든 나무는 불규칙하게 세로로 갈라진다. 잎은 어긋매껴 나고 길이 3~6cm로 삼각형과 가까운 계란형으로 잎 뒷면은 담녹색이다. 꽃은 일가화로 6~7월에 가지 끝의 총상꽃차례에 피는데, 윗부분에는 10~15개의 수꽃이 달리고 향기가 있으며 밑부분에는 2~3개의 암꽃이 달린다. 수꽃의 꽃받침은 술잔 모양이고 수술은 2~3개이며 암꽃은 꽃받침의 일부가 퇴화되며 암술은 1개이고 암술대는 3개이다. 삭과는 타원형이며 길이 1cm 정도로 9~11월에 검은색으로 익으며 3개의 종자가 들어 있고 종자는 납질(蠟質)로 덮여 있으며 흰색이다. 중국 원산으로 우리나라에는 1930년경에 도입되었고 남부지방에 식재되고 있다.

관상 포인트 및 이용

가을에 붉게 물드는 단풍이 매우 아름답다. 봄에 잎이 피는 시기가 매우 늦어 고사한 줄로 오해받는 경우가 많다. 목재는 기구재나 펄프재로 쓰이고 잎은 염료용, 열매는 유지자원으로 이용되며 약용하기도 한다.

성질과 재배

양수지만 반그늘 정도에서는 잘 견딘다. 추위에 약하므로 남부지방에 한해 재배 가능하다. 번식은 실생법으로 하는데 가을에 채종한 종자를 젖은 모래와 섞어 노천매장하였다가 이듬해 봄에 파종한다. 어린 묘목은 추위에 약하므로 남부지방에서도 일부 동해를 입곤 한다.

조경수로서의 특성과 배식

잎과 단풍이 훌륭하므로 가로수나 공원수로 식재하면 좋다. 크게 자라는 나무로 학교원에 심어도 좋은 나무이다. 대체로 단풍을 즐기기 위한 나무로 심지만 녹음수로도 손색이 없다. 다만 추운 곳에서는 견디지 못하므로 식재는 남부지방에 한정된다.

유사종

동속식물로 사람주나무가 있으나 조경 용도 등은 크게 다르다.

실용수와 녹음수로 좋은 나무
음나무
Kalopanax pictus

성상, 음양	낙엽교목, 양수	수형	반구형
번식법	실생, 근삽	개화기, 꽃색	7~8월, 흰색
식재 가능 지역	전국	결실기, 열매색	9월, 검은색
식재 시기	봄, 가을 낙엽 후	단풍	황갈색

분류학적 위치와 형태적 특징 및 자생지

음나무는 두릅나무과에 속하는 낙엽교목으로 학명은 *Kalopanax pictus* 이다. 속명 *Kalopanax*는 그리스어로 '아름답다'는 의미인 kalo와 인삼의 종명인 *panax*의 합성어이다. 종명 *pictus*는 '색이 있는', '아름다운'이라 는 의미를 가진다. 높이 20~25m 정도까지 크게 자라며 줄기와 가지에는 강한 가시가 있다. 잎은 어긋매껴 나고 크며 5~9갈래로 갈라진다. 꽃은 7~8월에 새 가지 끝에 산형화서에 흰색으로 피며 열매는 9월에 검게 익 는다. 산지 숲속에 자라는데, 흔히 민가 주변에 심어 재배한다. 일본, 사할 린, 중국에도 분포한다.

관상 포인트와 이용

7~8월에 피는 흰 꽃과 가을에 검게 익는 열매가 아름답지만 나무가 너무 크게 자라고 높은 곳에서 꽃과 열매가 열리므로 꽃과 열매나무로 관상하 기에는 좋지 않다. 어린순을 데쳐서 초고추장에 찍어 먹거나 나물로 무쳐 먹는데 맛이 아주 좋아 고급 나물로 사랑받는다. 또 가지 껍질을 벗겨 말 린 것을 해동피(海桐皮)라 하여 한약재로 쓰는데 치풍(治風), 구풍산제(驅風 散劑), 치담(治痰) 등의 용도로 이용한다.

성질과 재배

양수로 우리나라 전역에서 재배 가능하며 척박한 곳에서도 비교적 잘 견 디는 편이다. 번식은 실생과 근삽으로 한다. 실생법의 경우 가을에 종자 를 채취하여 이듬해 겨울까지 노천매장하였다가 2년째 되는 봄에 파종한 다. 음나무는 채종 이듬해 봄에 파종하면 그해에 발아하지 않고 1년이 지

난 후에 발아하므로 1년을 더 저장했다가 파종하는 것이다. 좀 복잡하지 만 식물 호르몬을 이용한 발아 촉진법을 쓰기도 하는데 그 방법은 다음과 같다. 가을에 채취한 종자를 12~15주간 젖은 모래에 저장했다가 지베렐 린(GA3) 1,000ppm 용액에 30분간 담근 후 건져내어 섭씨 4도의 냉장고 에 파종 시기가 될 때까지 4주 내외 보관했다가 3월 초에 파종한다. 이렇 게 처리하여 파종하면 그해에 90% 이상 발아하게 된다. 근삽은 연필 굵 기 전후의 뿌리를 캐어 10~15cm 정도의 길이로 잘라 심어 부정아가 자라 게 하는 방법이다.

조경수로서의 특성과 배식

음나무 잎은 아주 큰 데다 마치 단풍나무 잎처럼 갈라져 아름답고 또 잎 이 울밀하여 녹음수로 아주 좋다. 잎이 크고 아름다워 학교원이나 공원 등의 녹음수로 아주 유용하다. 거기다 가시가 박힌 우둘투둘한 줄기가 주 는 독특한 느낌도 매력이다. 가을에 열리는 열매는 새들이 아주 좋아하므 로 생태공원에서의 조류 유인목으로도 좋다. 새순과 가지를 식용 및 약용 하므로 가정 정원의 실용수 겸 정원수로도 훌륭하다. 이식에는 잘 견디는 편이며, 이식 적기는 가을에 낙엽이 진 후부터 봄 싹 트기 전까지이다.

향기로운 꽃, 조롱조롱 아름다운 열매
멀구슬나무
Melia azedarach

성상, 음양	낙엽소교목, 양수	수형	원형
번식법	실생	개화기, 꽃색	5~6월, 자주색
식재 가능 지역	남부지방	결실기, 열매색	10월, 황색
식재 시기	봄	단풍	황색

분류학적 위치와 형태적 특징 및 자생지

멀구슬나무는 멀구슬나무과에 속하는 낙엽교목으로 학명은 *Melia aze-darach*이다. 속명 *Melia*는 그리스어로 물푸레나무를 뜻하며 잎이 물푸레나무의 어떤 종을 닮았기에 붙여진 이름이다. 종명 *azedarach*는 아랍의 지명에서 온 말이다. 수고 10m까지 자라며 수피는 얕게 갈라진다. 잎은 2~3회 기수 우상복엽으로 어긋나며 길이 80cm에 달한다. 꽃은 연한 자주색으로 원추화서로 피며 열매는 핵과로 구형이며 10월에 엷은 황색으로 익는다. 제주, 경남, 전남 등 남부의 해안지방과 섬의 마을 근처에서 주로 발견된다. 일본, 중국, 대만에도 분포하는 나무인데 우리나라 자생종이라는 주장과 일본 등에서 도입되었다는 설이 있다.

관상 포인트

5월 말부터 6월 초에 연한 자주색으로 피는 꽃은 아름답고 향기도 좋다. 꽃은 꿀이 많아 밀원식물로도 좋다. 잎은 우상복엽으로 하나의 잎자루가 아주 크며 가을에 노랗게 물드는 단풍이 아름답다. 멀구슬나무란 이름을 갖게 한 열매는 크기가 콩알보다 약간 크며 황갈색으로 익는데 겨우내 달려 특이한 정취를 풍겨준다.

성질과 재배

양수로 남부지방에서 재배 및 식재 가능하다. 토심이 깊은 땅을 좋아하며 성장이 아주 빠른 나무다. 번식은 전적으로 실생법으로 하는데 늦가을에 열매를 따서 과육을 제거하고 종자를 발라내어 노천매장하였다가 이듬해 봄에 파종한다. 하나의 열매에는 장방형의 큰 종자가 하나씩 들어 있으며 발아율은 높은 편이다. 파종상은 짚을 덮거나 발을 쳐서 마르지 않게 관리하며 발아 후에는 해가림을 제거하여 햇볕이 잘 쬐게 해준다. 병충해 피해는 거의 생기지 않는다.

조경수로서의 특성과 배식

어릴 때는 수간이 곧게 자라며 흔히 비슷한 크기의 가지 세 개가 나란히 자라므로 자연적으로 수형이 정연해진다. 수관이 넓어 정원이나 공원의 녹음수로 좋다. 성장이 무척 빠르므로 새로이 조성하는 공원이나 가정 정원에 우선 심어 허전함을 달래주는 초기 조경식물로 가장 좋은 나무라고 할 수 있다. 뿌리와 가지가 아주 연하여 나무 굴취는 어떤 수종보다 쉬운 편이며 이식에도 잘 견딘다. 이식 적기는 봄 싹 트기 전이다.

특이한 맛의 산나물

참죽나무(참중나무)

Toona sinensis(Cedrela sinensis)

성상, 음양	낙엽교목, 양수	수형	계란형
번식법	근삽, 분주, 실생	개화기, 꽃색	6월, 흰색
식재 가능 지역	남부지방	결실기, 열매색	9월, 갈색
식재 시기	봄, 가을 낙엽 후	단풍	황갈색

분류학적 위치와 형태적 특징 및 자생지

참죽나무는 멀구슬나무과에 속하는 낙엽교목으로 학명은 *Toona sinensis*이다. 높이 20m, 직경 50cm 정도까지 자라며 가지는 굵다. 줄기는 곧게 자라며 수피는 암갈색이다. 잎은 어긋매껴 나고 기수우상복엽이고 소엽은 10~20개이며 길이 8~15cm이다. 꽃은 6월에 가지 끝에서 원추화서로 피며 양성화로 흰색이고 향기가 있다. 열매는 삭과이고 길이 2.5cm로 9월에 익으면 5개로 갈라진다. 중국 산둥반도 이남과 동남아시아 원산으로 우리나라에는 신라 중엽인 5~6세기 이전에 도입된 것으로 보고 있다. 주로 남부지방에 심어 기른다.

관상 포인트 및 이용

우상복엽인 잎이 특징이 있고 특히 새로 돋는 붉은색의 새순이 눈길을 끈다. 6월에 흰색으로 피는 꽃도 아름답다. 어린순은 식용으로 하고 줄기와 뿌리껍질은 수렴제(收斂劑)로 쓴다. 목재는 색과 무늬가 아름답고 단단하며 광택도 좋아 고급 가구재로 손꼽힌다.

성질과 재배

양수로 추위에 약하여 남부지방에 심을 수 있으며 성장은 빠르다. 해풍이나 대기오염에 강하며 병충해 발생도 비교적 적은 편이다. 번식은 근삽, 분주, 실생으로 한다. 근삽의 경우 봄에 뿌리를 캐내어 10cm 정도 길이로 잘라 심는데 1개월 정도 지나면 싹이 돋아 자라기 시작한다. 분주의 경우 나무 주변의 뿌리에서 맹아가 발생하여 자라게 되는데 이를 캐어 심는다. 실생법은 많이 이용하지 않지만 가을에 익는 종자를 채취하여 젖은 모래에 묻어 노천매장했다가 이듬해 봄에 파종한다.

조경수로서의 특성과 배식

조경수로보다는 주로 어린잎을 식용으로 이용하고 목재를 얻기 위해 민가 주변에 심는 나무로 조경적 가치가 높은 편은 아니다. 따라서 농가나 전원주택의 울타리 부근에 심어 실용수 겸 조경수로 이용하면 좋다. 새순은 부각, 장아찌, 겉절이, 김치 등으로 다양하게 조리하여 먹는데 독특한 향취가 있고 맛이 매우 좋다. 산나물로 인기가 높은 만큼 남부지방에서는 흔히 농장에서 대량 재배하기도 한다.

유사종

소태나무과의 가죽나무와 흡사하며 성질도 비슷하다. 하지만 가죽나무 순은 먹을 수 없다.

꽃과 열매가 아름다운 자생 수목
목련
Magnolia kobushi

성상, 음양	낙엽교목, 양수	개화기, 꽃색	3~4월, 흰색
번식법	실생, 삽목	결실기, 열매색	9월,
식재 가능 지역	경기도 이남		녹갈색(주황색 종자)
식재 시기	봄, 가을 낙엽 후	단풍	황갈색
수형	계란형, 구형		

분류학적 위치와 형태적 특징 및 자생지
목련은 목련과의 낙엽교목으로 학명은 *Magnolia kobushi*이다. 속명 *Magnolia*는 프랑스의 식물학자인 마뇰의 이름에서 온 것이다. 종명 *ko-bushi*는 이 종의 일본명이다. 높이 7~10m에 달하며 잎은 도란형이고 길이는 10cm 내외이다. 꽃은 이른 봄에 흰색으로 핀다. 열매는 골돌과로 녹갈색이며 9월에 익으면 주황색 종자가 노출된다. 제주도 한라산을 위시한 전국 각지 산지에 자생하며 관상수로 심는다.

관상 포인트
봄 일찍 피는 하얀 꽃이 아름다우며 향기도 좋다. 얼핏 백목련 꽃과 흡사하지만 좀 산만한 편이며, 백목련은 꽃받침이 모두 꽃잎으로 변했지만 목련은 6~9장의 꽃잎에 3개의 작은 갈색 꽃받침이 뚜렷한 점에서 서로 구분된다. 초가을에 익는 열매도 아름답다. 열매는 길쭉한 골돌에 윤이 나는 주황색 둥근 종자가 노출된다. 이 열매는 새들이 무척 좋아하므로 조류 유인목으로도 좋다.

성질과 재배
흔히 심는 중국 원산의 백목련에 비해 목련은 나무가 훨씬 크게 자라며 성장 속도 또한 백목련보다 빠르다. 백목련에 비해 결실이 잘 되므로 목련의 실생묘는 백목련의 접목용 대목으로 이용되기도 한다. 재배 적지는 강수량이 많고 토심이 깊은 곳이다. 성목은 강한 햇빛을 좋아하지만 어릴 때는 반그늘에서도 잘 자란다. 번식은 실생법으로 하는데, 가을에 골돌을 따서 그늘에서 말려 씨앗을 채취한다. 종자는 젖은 모래에 묻어두었다가 이듬해 봄에 파종한다.

조경수로서의 특성과 배식
목련은 나무가 크게 자라며 꽃도 너무 소담스럽지 않은 데다 열매가 아름답고 또 새들이 좋아하므로 자연생태공원에 아주 좋은 나무이다. 내한력이 상당히 강하여 경기도까지 식재 가능하며, 사찰, 골프장, 펜션 등 자연스러운 경관을 연출하고자 하는 곳에서는 백목련보다 훨씬 적합한 수종이다. 학교 정원 등에도 백목련만 심기보다는 자생 목련을 좀 더 심으면 좋을 것이다. 이식에는 잘 견디는 편이며 어지간히 큰 나무도 적당히 전정하여 심으면 잘 활착한다.

유사종
동속식물 중 백목련, 별목련, 일본목련 등이 특히 성질이 비슷하며 이 중 별목련과 백목련은 목련보다 키가 작으며 일본목련은 더 크게 자란다. 백목련과 조경적 용도가 거의 같다고 볼 수 있다.

녹음수로 최고의 나무
백합나무
Liriodendron tulipifera

성상, 음양	낙엽교목, 양수	수형	배상형
번식법	실생	개화기, 꽃색	5~6월, 녹황색
식재 가능 지역	전국	결실기, 열매색	10월, 갈색
식재 시기	봄, 가을 낙엽 후	단풍	황색

분류학적 위치와 형태적 특징 및 자생지

백합나무는 목련과에 속하는 낙엽교목으로 학명은 *Liriodendron tulip-ifera*로 백합목 또는 튤립나무라 불리기도 한다. 속명 *Liriodendron*은 그리스어로 '백합'이란 의미의 leirion과 '나무'란 의미의 dendron의 합성어이다. 종명 *tulipifera*는 '튤립'이라는 의미의 tulipu와 '있다'는 의미의 fera의 합성어로 튤립과 비슷한 꽃을 피우는 특성을 나타내고 있다. 원산지에서는 50m까지 자라는 대교목이다. 잎은 크고 어긋매껴 나는데 잎 끝이 가위로 자른 듯 오목하고 두 갈래로 퍼져 있는 독특한 모양을 가진다. 꽃은 5~6월에 새 가지 끝에 1개씩 종 모양으로 피며 녹황색이다. 열매는 10월에 갈색으로 익는다. 북미 원산으로 1904년에 국내에 도입되어 가로수, 공원수, 학교원 등에 식재되어 있다.

관상 포인트

꽃이 아름답고 특이하지만 나무가 크게 자라는 데다 잎이 무성해진 이후에 피므로 꽃나무로보다는 녹음수로 가치가 크다. 잎의 모양이 독특하고 아름다운데 황색으로 물드는 단풍이 무척 곱다.

성질과 재배

강한 양수로 성장이 무척 빠르다. 재배 적지는 강수량이 많고 토심이 깊은 곳이다. 성장이 빠른 나무는 결국 대기 중의 이산화탄소 흡수량이 많으므로 최근에 이산화탄소 저감 식물로도 각광받고 있다. 수간은 곧게 자라며 가지가 사방으로 벋어 단정한 수형을 이루므로 별도로 전정할 필요는 없다. 번식은 실생으로 하는데, 가을에 씨앗을 채취한 후 노천매장하였

다가 이듬해 봄에 파종한다. 병해충으로는 어린 나무나 중령목에 알락하늘소가 줄기에 구멍을 뚫고 산란하여 유충이 수간을 파먹어 나무를 고사시키는 경우가 있으므로 발견하면 구멍으로 살충제를 살포하거나 철사로 찔러 죽인다.

조경수로서의 특성과 배식

나무가 크게 자라며 잎이 아름답고 무성한 데다 가을의 단풍이 매우 아름다워 녹음수로 최고의 나무이다. 거기다 성장이 빠르므로 새로 조성하는 공원이나 학교원, 공장 녹지, 골프장 등에 심기에 안성맞춤이다. 수간이 곧게 자라므로 가로수로도 이용할 수 있지만 너무 크게 또 빨리 자라는 데다 이식 후에는 바람에 잘 쓰러지는 점은 가로수로서 불리한 점이다. 어린 나무는 이식이 쉽지만 직근성이라 크게 자란 나무는 이식이 어려운 편이므로 중목을 심어 기르는 것이 유리하다. 이식 적기는 봄 싹 트기 전이다.

집안의 우환을 없애준다는 나무

무환자나무

Sapindus mukorossi

성상, 음양	낙엽교목, 양수	수형	우산형
번식법	실생	개화기, 꽃색	6~7월, 흰색
식재 가능 지역	남부지방	결실기, 열매색	10월, 황갈색
식재 시기	봄	단풍	황색

분류학적 위치와 형태적 특징 및 자생지

무환자나무는 무환자나무과에 속하는 낙엽교목으로 학명은 *Sapindus mukorossi*이다. 속명 *Sapindus*는 '비누'란 뜻의 라틴어 saponis와 '인도'라는 의미의 indicus의 합성어로 인도산으로 이 나무의 열매 껍질이 비누로 이용됨을 나타낸다. 높이 20m 정도까지 자란다. 잎은 기수우상복엽으로 소엽의 수는 9~13개이다. 꽃은 6~7월에 새 가지 끝에 큰 원추화서로 피는데 꽃은 단성화로 흰색이다. 열매는 10월에 황갈색으로 익는데 지름 17~20mm 정도이고 속에는 검정색의 종자가 하나 들어 있다. 종자는 매우 단단하여 스님들의 염주를 만드는 데 사용한다. 남부지방에서 볼 수 있는데 사찰에서 흔히 심으며 산야에 자연적으로 자라는 나무는 거의 볼 수가 없다. 세계적으로 인도 북부에서 히말라야 동부까지 분포한다.

관상 포인트

꽃이 귀한 6~7월에 새 가지 끝에 큰 원추화서로 피는 흰색 꽃이 아름답다. 꽃송이는 작지만 많은 수의 꽃이 모여 피므로 관상 가치가 높다. 열매는 직경이 17~20mm 정도로 약간 주름진 모양이며 여름에는 녹색이지만 10월에 익으면 담황색 내지 황갈색으로 변한다. 잎은 기수우상복엽으로 황색으로 물드는 가을 단풍도 매우 아름답다.

성질과 재배

내한력이 약하여 우리나라 남부지방에서 재배 가능하다. 양수로 강한 햇볕에서 재배할 때 수형도 아름답고 꽃도 잘 핀다. 번식은 전적으로 종자에 의한다. 가을에 익는 종자를 채취하여 직파하거나 종자를 젖은 모래 속에 저장했다가 이듬해 봄에 파종하는데 발아율은 좋은 편이다. 무환자나무는 병충해가 거의 발생하지 않아 방제에 관해서는 크게 신경 쓰지 않아도 된다.

조경수로서의 특성과 배식

수형이 우산 모양으로 자라는 소교목으로 햇볕을 좋아하므로 공원이나 정원에 심으면 좋다. 잎과 단풍도 아름다우므로 가로수나 녹음수로도 이용 가능하며 꽃에는 꿀이 많으므로 여름철 밀원식물로도 가치가 높다. 열매는 스님들이 염주 만드는 데 이용하므로 사찰의 조경수로 최고의 나무이다. 집 안에 심으면 우환이 생기지 않는다는 속설이 있어 남부지방의 가정 조경수로도 인기가 좋지만 나무가 크게 자라므로 좁은 뜰에는 어울리지 않는다. 이식은 비교적 쉬운 편으로 이식 적기는 가을에 낙엽이 진 후와 봄 싹 트기 전이지만 추운 곳에서는 봄에 심는 것이 안전하다.

꽃으로 풍년을 점쳤던 나무
이팝나무
Chionanthus retusus

성상, 음양	낙엽교목, 양수	수형	반구형
번식법	실생	개화기, 꽃색	4월, 흰색
식재 가능 지역	전국	결실기, 열매색	10월, 검은색
식재 시기	봄, 가을 낙엽 후	단풍	황갈색

분류학적 위치와 형태적 특징 및 자생지

이팝나무는 물푸레나무과에 속하는 낙엽교목으로 학명은 *Chionanthus retusus*이다. 속명 *Chionanthus*는 그리스어로 '눈'이라는 의미의 xion과 '꽃'이라는 의미의 anthos의 합성어로 '눈처럼 흰 꽃이 핀다'는 뜻이다. 종명 *retusus*는 '약간 오목한 모양'이라는 뜻이다. 높이 20~30m까지 자라며 젊은 가지에서는 수피가 종잇장처럼 벗겨진다. 잎은 마주 붙어나고 길이 5~15cm 정도에 폭은 2.5~6cm이다. 자웅이주이며 꽃은 4월에 그해에 자란 가지의 꼭대기 또는 잎겨드랑이에 나는 길이 7~12cm의 직립 원추화서로 흰색으로 핀다. 열매는 핵과로 육질이며 약간 길쭉한 공 모양이고 검은색이다. 경상도, 전라도, 제주도, 경기도 등에 분포하는데 대개 마을 숲이나 서원, 재실, 사당 등에 식재되어 있으며 산야에서 자생하는 나무는 흔치 않다.

관상 포인트

꽃은 4월에 가지 끝이나 잎겨드랑이에 원추화서로 피는데 흰색의 꽃이 눈이 내린 듯 피어 매우 화사하고 아름답다. 옛날 농부들은 동구 밖의 이팝나무의 꽃 피는 모습을 보고 그해 농사의 풍흉을 점쳤다고 한다. 즉, 꽃이 고르게 많이 피면 풍년이 든다는 것이다. 가을에 검은색으로 포도송이처럼 많이 열리는 열매 또한 관상 가치가 있으며 새들의 훌륭한 먹이가 된다. 단풍은 황색으로 든다.

성질과 재배

추위에 강하여 우리나라 전역에서 재배 가능하다. 볕바른 곳을 좋아하는 양수로 토질은 크게 가리지 않으며 척박한 곳에서도 잘 적응하는 편이다. 번식은 전적으로 종자에 의한다. 가을에 익은 열매를 채취하여 종자를 발라내어 2년간 노천매장하였다가 3년째 봄에 파종한다. 이팝나무의 종자는 이듬해 발아하지 않고 1년간 휴면한 후에 발아하므로 노천매장 기간이 1년 더 길어지는 것이다. 파종 후 관리는 일반적인 육묘 방식을 따르는데 묘목의 성장 속도는 낙엽 활엽수 중에서는 느린 편이다. 해충으로는 하늘소의 애벌레가 수간을 뚫어 피해를 입히며 병해로는 잎에 그을음병이 발생하는 경우가 있으므로 이의 방제에 유의한다.

조경수로서의 특성과 배식

봄에 온 나무를 하얗게 덮듯이 피는 흰 꽃이 매력적이므로 봄 꽃나무로 활용도가 높다. 또 잎이 크고 넓으며 수형이 웅장하게 자라므로 녹음수, 가로수, 공원수로도 좋다. 이식에는 비교적 잘 견디는 편이며, 이식 적기는 가을에 낙엽이 진 후부터 봄 싹 트기 전까지이다.

물가에서 잘 자라는
버드나무
Salix koreensis

성상, 음양	낙엽교목, 양수	수형	반구형, 구형
번식법	삽목, 실생	개화기, 꽃색	4~5월, 황색
식재 가능 지역	전국	결실기, 열매색	5~6월, 갈색
식재 시기	봄, 가을 낙엽 후	단풍	황갈색

분류학적 위치와 형태적 특징 및 자생지
버드나무는 버드나무과의 낙엽교목으로 학명은 *Salix koreensis*이다. 속명 *Salix*는 켈트어로 '물과 가깝다'는 뜻이고, 종명 *koreensis*는 한국산이란 뜻이다. 높이 20m, 지름 80cm까지 자란다. 수피는 암갈색이고 얕게 터진다. 잎은 좁은 피침형으로 길이 5~12cm이며 표면은 녹색이고 털이 없으며 뒷면은 흰빛이 돈다. 자웅이주로 꽃은 4월에 잎이 피기 전에 개화한다. 열매는 삭과로 달걀 모양이며 5월에 익는다. 우리나라 전역의 산지와 계곡, 하천 유역 등에 자생한다. 내한성이 강하여 전국 어디에서나 볼 수 있고, 습지에서도 잘 자라 수원(水源)의 지표식물이기도 하다.

관상 포인트
이른 봄에 잎보다 먼저 피는 꽃이 봄을 알린다. 잎이 무성하고 시원스럽게 생겨 녹음수로서 유용하다.

성질과 재배
토질은 비교적 가리지 않는 편이며 양수로 내음성이 약하며 물기가 많은 땅을 좋아하며 습지에서도 잘 견딘다. 번식은 삽목과 실생으로 한다. 삽목의 경우 봄 싹 트기 전에 지난해 웃자란 가지를 잘라 꽂는데 뿌리가 쉽게 내린다. 실생의 경우 5월에 종자가 성숙하는 대로 채취하여 직파하는데 마르지 않게 관리해야 한다. 종자는 수명이 매우 짧으므로 두었다 이듬해 파종하면 발아하지 않는다. 병충해로는 흑반병, 백분병, 탄저병이 발생할 수 있는데 보르도액이나 적당한 살균제를 살포하여 방제한다. 충해로는 잎말이벌레와 흰불나방이 발생할 수 있는데 디프테렉스나 메타시스톡스를 뿌려 구제한다

조경수로서의 특성과 배식
어떤 토양에서도 잘 자라지만 특히 저습지에서 잘 자라므로 하천변이나 호수 주변 및 연못 주변의 조경수로 최적이다. 또한 물이 범람할 수 있는 곳의 방재용으로도 심을 수 있다. 꽃이 일찍 피므로 이른 봄 꿀벌의 밀원식물로도 유용하다. 5월에 씨앗을 품은 솜털이 많이 날리므로 도시 지역에선 알레르기 유발 식물로 눈총을 받기도 하므로 도시에서의 식재는 유의할 필요가 있다.

유사종
동속식물로 왕버들, 수양버들, 갯버들, 키버들 등 여러 종류의 버들이 있으며 수양버들과 조경적 용도가 비슷하다.

저습지에서 잘 자라는
왕버들
Salix chaenomeloides

성상, 음양	낙엽교목, 양수	수형	반구형, 구형
번식법	삽목, 실생	개화기, 꽃색	4~5월, 황색
식재 가능 지역	전국	결실기, 열매색	5~6월, 갈색
식재 시기	봄, 가을 낙엽 후	단풍	황갈색

분류학적 위치와 형태적 특징 및 자생지
왕버들은 버드나무과의 낙엽교목으로 학명은 *Salix chaenomeloides*이다. 높이 25m, 지름 2m까지 자라며 나무껍질은 회갈색으로 깊이 갈라지며 일년지는 황록색이다. 잎은 어긋매껴 나며 새로 나올 때는 붉은빛이 돌며 타원형이고 길이 3~10cm이며 표면은 녹색으로 광택이 있고 뒷면은 흰빛이 돈다. 자웅이주로 꽃은 4월에 잎과 같이 미상화서에 달리고, 수꽃차례는 위를 향하며, 길이 4~5cm이고, 암꽃차례는 위로 비스듬히 서고, 길이 5~8cm이다. 열매는 삭과로 계란형이며, 길이 3mm이고, 5월 말~6월 초에 성숙한다.

관상 포인트
웅장한 수형으로 자라는 대교목이며 크게 자라면 주간이 울퉁불퉁하여 경이롭다. 잎이 무성하고 그늘을 많이 드리우므로 녹음수로 좋으며 특히 저습지나 침수지의 조경에 매우 적합한 나무이다.

성질과 재배
양수로 토질은 비교적 가리지 않으나 물기가 많은 땅을 좋아하며 저습지나 침수지에서도 잘 견딘다. 번식은 삽목과 실생이 가능하지만 삽목이 잘 되므로 대개 삽목으로 한다. 봄 싹 트기 전에 지난해 웃자란 가지를 잘라 꽃는데 뿌리가 잘 내린다. 실생법의 경우 5~6월에 종자가 익는 대로 채취하여 직파한다. 파종상은 마르지 않게 관리해야 발아가 고르다. 종자는 수명이 짧으므로 두었다 이듬해 파종하면 발아하지 않으며 초여름에 파종하면 그해에 발아한다. 병충해로는 흑반병, 탄저병이 발생할 수 있는데 적당한 살균제를 살포하여 방제한다.

조경수로서의 특성과 배식
적응력이 좋아 어떤 토양에서도 잘 자라지만 특히 저습지에서 잘 자라므로 저지대 침수지나 강둑, 하천변 등에 심기 좋은 나무이다. 호수 주변이나 연못 주변 및 연못 내의 섬 등에 심어도 좋다. 또한 홍수 때 물이 범람할 수 있는 곳의 홍수 방지용으로도 심을 수 있다. 열매가 익으면 씨앗을 품은 솜털이 많이 날려 불편을 끼칠 수 있어 도시에서의 식재는 유의할 필요가 있다.

유사종
동속식물로 수양버들, 갯버들, 키버들 등 여러 종류의 버들이 있으며 왕버들과 조경적 용도가 비슷하다.

봉황이 깃들어 산다는 상서로운 나무
벽오동
Firmiana platanifolia

성상, 음양	낙엽교목, 양수	수형	배상형
번식법	실생, 삽목	개화기, 꽃색	6월, 황백색
식재 가능 지역	남부지방	결실기, 열매색	10월, 갈색
식재 시기	봄, 가을 낙엽 후	단풍	황갈색

분류학적 위치와 형태적 특징 및 자생지

벽오동은 벽오동과에 속하는 낙엽교목으로 학명은 *Firmiana platanifolia*이다. 속명 *Firmiana*는 피르미안K. J. von Firmian이란 사람의 이름에서 유래된 것이다. 종명 *platanifolia*는 '플라타너스의 잎과 같다'는 의미다. 높이 15m까지 자라며 수피는 청록색으로 매끈하고 광택이 있다. 잎은 어긋나며 길이 15~35cm, 너비 18~50cm로 손바닥 모양이며 3~7갈래로 갈라진다. 꽃은 가지 끝의 원추화서에 황백색의 작은 꽃이 다수 달리는데 약간의 향기가 난다. 열매는 골돌로 10월경에 익는다. 중국 원산으로 적어도 1600년대 이전에 우리나라에 도입되어 널리 심어진 것으로 본다.

관상 포인트

꽃도 피고 열매도 맺지만 벽오동을 심는 이유는 크고 넓은 잎을 감상하고 녹음수로 이용하며 또 나이를 먹어도 변치 않는 푸른 수피를 즐기기 위함이다. 변치 않는 수피로 인해 우리나라와 중국에서는 벽오동을 상서로운 나무로 여겼으며 문인과 선비들이 뜰에 즐겨 심었다. 봉황과 벽오동에 관한 얘기도 흥미 있는데, 봉황은 성인이 나지 않으면 나타나지 않으며 벽오동이 아니면 깃들지 않으며 죽실이 아니면 먹지 않는다고 하였다. 봉황은 전설 속의 상서로운 새로 벽오동에만 둥지를 튼다는 생각은 이 나무가 상서로운 나무임을 의미한다 하겠다.

성질과 재배

양지바르고 비옥한 토양을 좋아하며 추위에 약하므로 우리나라 남부지방이 적지이다. 번식은 실생 및 삽목으로 하는데 실생법이 실용적이며 일반적인 번식법이다. 가을에 익은 열매에서 종자를 채취하여 젖은 모래 속에 저장해두었다가 이듬해 봄에 파종한다. 발아율은 아주 좋은 편이며 성장이 빨라 파종 그해에 30cm 정도까지 자란다. 삽목의 경우 봄 싹 트기 전에 전년생지를 10~15cm 길이로 잘라 3분의 2가 묻히게 꽂는다. 병해는 걱정하지 않아도 되지만 잎의 이면과 가지 틈새 등에 면충이 자주 발생하므로 적당한 살충제로 구제할 필요가 있다.

조경수로서의 특성과 배식

추위에 약하여 주로 남부지방의 조경수로 이용하지만 충남과 경기도에서도 해안에 가까운 지방에서는 식재 가능하다. 수관이 웅대하게 자라므로 정원이나 공원의 주목으로 심으면 좋다. 독립수로 심어도 좋으며 여러 주를 모아 심어 녹음수로 이용하기도 한다. 햇볕이 잘 쬐는 곳에 심어야 하며 그늘지거나 통풍이 나쁜 곳에서는 벌레가 많이 생긴다. 공해에도 견디므로 가로수로도 심을 수 있다. 이식은 쉬운 편이며 이식 적기는 가을에 낙엽이 진 후와 봄 싹 트기 전이다.

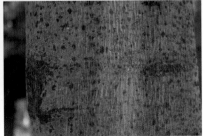

건강식품 및 약용으로 많이 이용되는
꾸지뽕나무
Maclura tricuspidata

성상, 음양	낙엽교목, 양수	수형	부정형
번식법	실생, 근삽, 삽목	개화기, 꽃색	6월, 연황색, 흰색
식재 가능 지역	황해도 이남	결실기, 열매색	10월, 홍색
식재 시기	봄, 가을 낙엽 후	단풍	황색

분류학적 위치와 형태적 특징 및 자생지

꾸지뽕나무는 뽕나무과에 속하는 낙엽교목으로 학명은 *Maclura tricus-pidata(Syn. Cudrania tricuspidata)*이다. 키는 대개 10m 이내로 자라며 가지에는 가시가 나지만 간혹 가시가 없는 개체도 있다. 잎은 어긋매껴 나고 계란형이며 길이 7~12cm 정도이다. 자웅이주로 꽃은 5~6월에 잎겨드랑이에 두상화서로 핀다. 열매는 육질이며 9~10월에 붉게 익는다. 뿌리는 다소 질기며 선명한 노란색이다. 자생지는 우리나라 황해도 이남의 양지바른 산기슭 및 마을 주변이며, 중국, 일본에도 분포한다.

관상 포인트 및 이용

꽃은 두상화서로 둥글게 피는데 모양이 특이하다. 그러나 꾸지뽕나무의 가장 큰 매력은 가을에 붉게 익는 탐스러운 열매이다. 황색으로 물드는 단풍도 관상 가치가 있다. 잎은 뽕나무와 함께 누에를 치는 데 이용해왔으며 또 어린순으로 차를 만들기도 한다. 뿌리는 샛노란색으로 향기가 강한데 각종 암을 치료하는 민간요법 및 건강식품의 원료로 이용한다. 열매도 건강식품의 재료로 이용한다.

성질과 재배

양수로 볕바른 곳에서 재배한다. 번식은 실생, 근삽 및 삽목으로 한다. 종자는 10월경에 채취하여 젖은 모래 속에 묻어 저장했다가 이듬해 봄에 파종한다. 근삽은 봄에 뿌리를 파내어 10~15cm 길이로 잘라 심는 방법으로 뿌리에서 부정아가 생겨 싹이 자라게 된다. 때로 여러 개의 줄기가 생기기도 하는데 그중 강한 줄기 하나만 남기고 나머지는 제거해야 성장이 빠르다. 삽목의 경우 봄 싹 트기 전에 지난해 자란 가지를 10~15cm 정도 길이로 잘라 꽂는다. 병충해에는 강한 편이나 간혹 하늘소가 수간을 뚫거나 노린재 종류가 잎에서 수액을 빨기도 하므로 살충제로 방제하도록 한다.

조경수로서의 특성과 배식

열매가 아름답긴 하지만 조경수로의 이용은 거의 없고 약용 및 건강식품의 원료로 이용하기 위한 재배가 늘어나고 있는 실정이다. 열매와 단풍이 좋으므로 공원수나 학교원의 조경수로 유용하며 또 열매는 새의 먹이가 되므로 자연생태공원에서의 조류 유인목으로도 유용하다. 척박지나 암석지대 등에서도 잘 적응하므로 이러한 환경에서의 조경용으로 이용할 수 있다. 이식에 잘 견디는 편이며 이식 적기는 가을에 낙엽이 진 후부터 이듬해 봄 싹 트기 전이다.

열매

수꽃

두꺼운 코르크가 독특한
황벽나무
Phellodendron amurense

성상, 음양	낙엽교목, 양수	**수형**	타원형
번식법	실생	**개화기, 꽃색**	5~6월, 황록색
식재 가능 지역	전국	**결실기, 열매색**	10월, 흑갈색
식재 시기	봄, 가을 낙엽 후	**단풍**	황갈색

분류학적 위치와 형태적 특징 및 자생지

황벽나무는 운향과에 속하는 낙엽교목으로 학명은 *Phellodendron amurense*이다. 속명 *Phellodendron*은 그리스어로 '코르크'를 뜻하는 phellos와 '나무'를 의미하는 dendron의 합성어로 '코르크가 있는 나무'란 뜻이다. 종명 *amurense*는 아무르 지역 원산이란 뜻이다. 높이 10m 정도 까지 자라고 수피는 회색이며 코르크층이 발달하여 탄력이 있고 깊은 홈이 있다. 속껍질은 선명한 황색으로 쓴맛이 난다. 자웅이주로 꽃잎은 5개이며 수꽃에는 암술이 퇴화되었고 수술은 5개이며 암꽃에는 퇴화된 수술이 5~6개 있다. 잎은 기수우상복엽으로 소엽의 수는 5~13개인데 운향과 특유의 강한 냄새가 난다. 우리나라 전역의 깊은 산에 자생하는데, 흔한 나무는 아니다.

관상 포인트 및 이용

황벽나무의 특징은 잎과 수피에서 찾을 수 있는데, 잎은 기수우상복엽으로 짙은 녹색이고 무성하여 녹음수로 좋다. 가을의 단풍은 황갈색으로 든다. 꽃은 5~6월에 피는데 나무가 크게 자라는 데다 꽃이 작고 색깔도 잎의 색과 비슷한 황록색이어서 관상 가치는 별로 없다. 열매는 둥글며 원추화서로 많이 달리는데 여름에는 녹색이다가 가을에 검게 익는다. 수피는 코르크가 발달하고 골이 지며 아름다운데 코르크는 공업용이나 공예용으로 이용한다. 황벽나무 코르크는 부드러워 주먹으로 쳐도 주먹이 아프지 않을 정도이다. 황색 내피는 황벽 또는 황경피라 하며 염료나 약재로 이용된다.

성질과 재배

양수로 우리나라 전역에서 재배 가능하다. 번식은 전적으로 실생법으로 하는데, 가을에 익은 종자를 채취하여 젖은 모래 속에 저장했다가 이듬해 봄에 파종한다. 파종상은 짚이나 거적 등을 덮어 마르지 않게 관리하며 발아 후에는 햇볕이 잘 쬐게 관리한다. 묘목의 성장은 빠른 편이다. 해충으로는 제비나비의 유충이 잎을 갉아먹어 피해를 입히지만 심각하게 발생하는 경우는 없다.

조경수로서의 특성과 배식

황벽나무는 약재와 염료를 생산하기 위한 특용수로만 간주되고 있으며 조경수로서의 이해와 이용은 거의 없이 식물원이나 수목원 등에 전시용 정도로 이용하는 실정이다. 그러나 코르크가 발달된 수피와 우상복엽의 울밀한 잎 등의 특징과 매력이 있으며 병해충의 피해도 크게 받지 않아 공원이나 학교원 등의 녹음수로 좋다. 황벽나무 잎은 제비나비, 산제비나비, 남방제비나비 등의 유충의 먹이가 되기도 하므로 생태공원이나 나비공원에서는 이들 나비를 유인하고 기르기 위한 용도로도 이용 가능하다. 이식은 비교적 쉬운 편이며 이식 적기는 가을에 낙엽이 진 후와 봄 싹 트기 전이다.

지질시대부터 면면히 이어온 화석식물
은행나무
Ginkgo biloba

성상, 음양	낙엽교목, 양수	수형	원추형
번식법	실생, 삽목, 접목	개화기, 꽃색	4월, 황색
식재 가능 지역	전국	결실기, 열매색	10월, 황색
식재 시기	봄, 가을 낙엽 후	단풍	황색

분류학적 위치와 형태적 특징 및 자생지

은행나무는 은행나무과의 낙엽교목으로 이 과에는 1속 1종만이 존재하며
학명은 *Ginkgo biloba*이다. 속명 *Ginkgo*는 은행의 일본 이름인 '긴교'에
서 유래된 것이고, 종명 *biloba*는 '두 갈래로 갈라져 있다'는 뜻으로 두 갈
래로 얕게 갈라진 잎의 모양을 나타낸다. 높이 30m까지 크게 자라며 잎
은 부채 모양이며 넓으나 평행맥을 가진다. 자웅이주로 꽃은 4월에 황색
으로 핀다. 열매는 10월에 익는데 외종피는 황색에 다육질이며 악취가 강
하고 내종피는 흰색이며 단단하고 깨끗하다. 우리나라에서도 지질시대엔
존재했으나 빙하기 때 절멸하고 그 후 중국에서 도입된 것이다. 주로 사
찰, 향교, 제각 등에 식재되어 있으며 자연 상태로 야생하는 나무는 보기
어려우며 대개 인공적으로 식재된 것이다.

관상 포인트 및 이용

'은행' 하면 노란 단풍을 떠올릴 정도로 단풍이 아름다운 나무이다. 꽃은
4~5월에 피지만 관상 가치는 거의 없다. 황색의 열매는 나름대로 보기 좋
지만 나무가 높은 관계로 실제 관상 가치는 높지 않다. 종자를 은행 또는
백과라고 하여 식용하며 또 천식, 빈뇨 등의 치료제로 이용하는데 독성이
있으므로 많이 먹으면 위험하며 성인 기준으로 하루 15알 이내로 먹는 게
안전하다. 목재는 가구재, 공예재, 조각재 등으로 이용하며 특히 소반과
죽은 이를 위한 관을 만드는 데 많이 사용하였다. 은행잎에는 혈류를 좋
게 하는 성분이 있어 제약 원료로 이용된다.

성질과 재배

양수로 우리나라 전역에서 재배 가능하며 성장 속도는 빠른 편이다. 번식
은 실생, 삽목, 접붙이기에 의하는데 종자로 하는 것이 가장 일반적이며
또 실용적이다. 가을에 익은 열매에서 종자를 채취하여 직파하거나 노천
매장하였다가 이듬해 봄에 파종하는데 발아율이 좋은 편이다. 접붙이기
는 열매가 열리지 않는 수그루를 생산하는 등의 목적으로 사용하는데 봄
에 깎아접으로 한다. 삽목의 경우 봄에 지난해 자란 가지를 잘라 꽂는다.
은행나무는 내병 내충성이 강하여 병해충은 거의 발생하지 않는다.

조경수로서의 특성과 배식

잎이 아름답고 수형이 정연하며 단풍이 좋은 데다 병해충의 발생이 없고
대기 오염에 견디는 힘이 아주 강해 도시의 가로수와 녹음수로 인기가 아
주 좋다. 가로수로 심었을 때 열매가 떨어져 악취를 풍기므로 접목으로
수나무를 증식하여 공급할 필요가 있다. 뿌리가 깊게 벋어 바람에도 강하
여 방풍수로도 좋으며 화재에 강하여 방화수로도 이용할 수 있다. 수성이
강인하고 이식에도 잘 견뎌 큰 나무도 이식할 수 있으며 이식 적기는 가
을에 낙엽이 진 후부터 봄 싹 트기 전이다.

보석처럼 아름다운 붉은 열매
이나무
Idesia polycarpa

성상, 음양	낙엽교목, 양수	수형	반구형
번식법	실생, 근삽, 삽목, 접목	개화기, 꽃색	5월, 황색
식재 가능 지역	남부지방	결실기, 열매색	10월, 홍색
식재 시기	봄, 가을 낙엽 후	단풍	황갈색

분류학적 위치와 형태적 특징 및 자생지

이나무는 이나무과에 속하는 낙엽교목으로 학명은 *Idesia polycarpa*이다. 속명 *Idesia*는 네덜란드인 이데스Yobrants Ides의 이름에서 비롯된 것이다. 종명 *polycarpa*는 '열매가 많이 달린다'는 뜻이다. 높이 15m 정도까지 자라며 줄기는 곧고 수피는 회백색에 피목이 산재한다. 잎은 난상 심장형이고 잎 길이는 20cm 내외이다. 자웅이주로 꽃은 커다란 원추화서에 피는데 수꽃은 직경 13~16mm, 암꽃은 8mm 정도로 수꽃이 암꽃보다 훨씬 크며 관상 가치도 더 좋다. 열매는 둥글고 직경 8~10mm로 붉게 익어 매우 아름답다. 전남과 전북에 자생하며 자생 북한계는 전북 내장산이다. 일본과 중국에도 분포한다.

관상 포인트

꽃은 5월에 큰 원추화서에 연한 황색으로 피는데 아름다운 데다 향기가 매우 좋다. 자웅이주로 암꽃보다는 수꽃이 크고 훨씬 아름다우며 꽃의 구조상 꽃잎은 없고 꽃받침 조각이 5개씩 있다. 열매는 10월에 붉게 익는데 매우 아름답다. 이나무의 가장 큰 매력은 바로 이 붉은 열매라고 할 수 있다. 피목이 산재한 밝은 회백색의 수피도 특이하며 관상 가치가 있다.

성질과 재배

크게 자라는 낙엽활엽수로 남부지방에 자생하는 나무지만 의외로 추위에 강한 나무이다. 확실한 식재 가능 지역은 조사되지 않았지만 전남북과 경남북은 물론이고 충남북과 경기도까지 식재 가능한 것으로 보인다. 양수로 성장은 빠른 편이다. 번식은 실생, 근삽, 삽목 및 접붙이기로 한다. 실생법의 경우 가을에 익은 열매를 채취하여 종자를 정선하여 모래와 섞어 노천매장하였다가 이듬해 봄에 파종한다. 근삽의 경우 연필 굵기 정도의 뿌리를 캐어 10cm 길이로 잘라 심는데 싹이 아주 잘 튼다. 삽목은 봄 싹 트기 전의 숙지삽과 6월 중 하순의 녹지삽 모두 가능하다. 접붙이기는 자웅이주인 이나무의 특성상 주로 암그루를 증식하기 위한 방법으로 사용하며 봄 싹 트기 전에 깎아접 또는 짜개접으로 한다.

조경수로서의 배식

크게 자라는 나무로 봄에 피는 황색 꽃과 가을의 붉은 열매가 아름다우므로 공원이나 학교 등 넓은 공간의 정원수로 좋으며 곧게 자라는 데다 가지와 잎이 무성하여 가로수나 녹음수로도 좋다. 자웅이주이므로 열매를 감상하려면 암수 그루를 섞어 심어야 하며 수그루는 열매는 열리지 않는 대신 꽃은 더 아름답다. 이식은 쉬운 편이나 이식 후 줄기에 볕뎀 현상이 발생하는 경우가 많으므로 수간을 짚으로 싸주거나 황토를 발라 직사광선이 쬐는 것을 막아주는 게 좋다. 이식 적기는 가을에 낙엽이 진 후와 봄 싹 트기 전이지만 추운 곳에서는 봄에 심는 것이 좋다.

자작나무과

낮은 산에서 볼 수 있는 박달나무
까치박달
Carpinus cordata

성상, 음양	낙엽교목, 중용수	수형	원개형
번식법	실생	개화기, 꽃색	4~5월, 녹색
식재 가능 지역	전국	결실기, 열매색	9~10월, 녹갈색
식재 시기	봄, 가을 낙엽 후	단풍	황갈색

분류학적 위치와 형태적 특징 및 자생지
까치박달은 자작나무과에 속하는 낙엽교목으로 학명은 *Carpinus cordata*이다. 속명 *Carpinus*는 켈트어로 '나무'라는 의미의 car와 '머리'라는 뜻의 합성어인 pin의 합성어이다. 종명 *cordata*는 라틴어로 '심장형'이란 뜻으로 잎이 심장 모양임을 나타낸다. 높이 15m, 지름 60cm까지 자라며 수피는 회색으로 거의 평활하고 세로로 갈라진다. 잎은 계란형이며 길이 7.5~14cm로 가장자리에 불규칙한 이중거치가 있으며 측맥은 16~22쌍이다. 자웅동주이며 꽃은 4~5월에 피는데 수꽃차례는 잎과 더불어 일년생 가지 끝에 달리고 길이 1~6cm이며, 암꽃차례는 가지 끝에서 밑으로 처지고 길이는 15~20mm이다. 전국 각지의 산지 숲속에 자생한다.

관상 포인트 및 이용
측맥이 뚜렷하여 주름진 잎이 독특하고 또 아래로 늘어지는 암꽃과 열매가 특이하다. 목재는 조직이 치밀하고 단단하며 갈라지지 않아 기구재, 세공재, 건축재 등으로 사용된다.

성질과 재배
중용수로 양지와 음지를 가리지 않고 잘 자라며 토심이 깊고 비옥한 습기가 있는 사질 양토가 재배 적지이다. 내한력이 강하여 전국적으로 재배

및 식재 가능하다. 번식은 실생법으로 하며 가을에 익은 종자를 채취하여 젖은 모래 속에 묻어 노천매장했다가 이듬해 봄에 파종한다. 종자는 늦게 채취하면 해충의 피해를 입기 쉬우므로 조금 일찍 채종하는 것이 좋으며 전문적으로 채종하는 채종수의 경우 열매에 살충제를 살포하여 해충의 피해를 입지 않도록 관리하면 충실한 종자를 얻을 수 있다.

조경수로서의 특성과 배식
내건성과 맹아력은 불량하나 공해에 대한 저항성이 크며 바닷가에서도 잘 자란다. 야취가 강한 나무로 적응력이 강하여 도시 공원에 여러 그루를 심어 녹음수로 조성하거나 가로수로 심으면 좋은 나무이다.

유사종
동속식물로 소사나무, 서어나무 등이 있다.

조경수로 좋은 나무

하얀색 수피가 아름다운 나무

자작나무

Betula platyphylla var. *japonica*

성상, 음양	낙엽교목, 양수	수형	타원형
번식법	실생	개화기, 꽃색	4~5월, 황색
식재 가능 지역	전국	결실기, 열매색	9월, 녹갈색
식재 시기	봄, 가을 낙엽 후	단풍	황색

분류학적 위치와 형태적 특징 및 자생지

자작나무는 자작나무과의 낙엽교목으로 학명은 *Betula platyphylla* var. *japonica*이다. 속명 *Betula*는 '자작나무'를 뜻하는 갈리아 말인 betua에서 비롯되었다. 종명 *platyphylla*는 라틴어로 '편평한 잎'이란 뜻이며 변종명 *japonica*는 '일본산'이란 뜻이다. 높이 20m에 달하고 수피는 흰색이며 옆으로 벗겨진다. 잎은 어긋매껴 나고 3각상 계란형이며 길이 5~7cm로 가장자리에 불규칙한 톱니가 있다. 꽃은 4~5월에 피고 열매는 9월에 성숙하는데 열매 이삭은 밑으로 처지고 원통형이며 길이 4cm 정도이다. 강원도 이북의 산지에 자생한다.

관상 포인트 및 이용

줄기의 하얀색 수피가 특징으로 이국적인 풍치를 선사한다. 대개 집단 재식하여 흰색의 수간을 감상하게 된다. 목재는 질이 좋고 벌레가 먹지 않아 건축재, 세공재, 조각재로 이용한다. 자작나무 수피는 썩지 않아 경주 천마총에서는 신라 시대에 자작나무 껍질에 그려진 그림이 출토되기도 했다.

성질과 재배

한랭한 기후에 적응된 나무로 우리나라 중부지방이 재배 및 식재 적지이다. 번식은 가을에 종자를 받아서 기건 저장하여두었다가 이듬해 4월에 파종하는 방법으로 한다. 추위에 강하며 극양수로 햇볕이 잘 쬐는 곳에서 잘 자란다.

조경수로서의 특성과 배식

자작나무는 대개 단식하기보다는 집단 재식하여 하얀 수피를 감상하면 좋다. 따라서 자연 공원이나 생태공원 등 규모가 있는 곳에 몰아 심는 것이 좋다. 중부지방의 기후에 잘 맞는 수종이지만 남부지방에 심어도 적응하는 편이다. 호수가나 물가 등에 줄지어 심으면 아름다운 경관을 연출할 수 있다.

유사종

동속식물로 박달나무, 물박달나무, 고채목, 거제수나무 등이 있는데 모두 성장이 느리며 나무가 단단하고 냉량한 기후에 적응된 수종이다.

늦봄에 피는 꽃이 아름다운
귀룽나무
Prunus padus

성상, 음양	낙엽교목, 양수	수형	원개형
번식법	실생, 삽목, 접목	개화기, 꽃색	5월, 흰색
식재 가능 지역	전국	결실기, 열매색	6~7월, 검은색
식재 시기	봄, 가을 낙엽 후	단풍	홍색, 황색

분류학적 위치와 형태적 특징 및 자생지

귀룽나무는 장미과의 낙엽교목으로 학명은 *Prunus padus*이다. 속명 *Prunus*는 자두, 복숭아 등의 열매를 통칭하는 plum이라는 라틴어에서 유래되었다. 종명 *padus*는 고대 라틴어로 '강'이라는 뜻으로 계류 주변에서 잘 자라는 성질을 나타냈다. 높이 15m 정도까지 자란다. 잎은 어긋매껴 나며 타원형이고 길이 6~12cm, 폭 3~6cm로서 가장자리에 잔 톱니가 있으며 엽병은 길이 1.0~1.5cm로서 털이 없고 꿀샘이 있다. 꽃은 5월에 새 가지 끝에서 총상꽃차례로 피며 지름 1~1.5cm로 흰색이고 꽃자루는 길이 5~12mm로서 털이 없다. 꽃받침조각과 꽃잎은 각각 5개이다. 핵과는 둥글며 6~7월에 검은색으로 익는다. 전국의 산지와 들에 자생한다. 일본, 중국, 몽골, 시베리아, 유럽에도 분포한다.

관상 포인트

5월에 총상꽃차례에 흰색으로 꽃이 피는데, 나무 전체가 꽃으로 뒤덮일 정도로 매우 아름답다. 단풍은 홍색 또는 황색으로 물드는데 아름답다.

성질과 재배

양수로 맹아력이 좋으며 생육 속도가 빠른 속성수이다. 번식은 실생, 삽목, 접목으로 한다. 실생법의 경우 여름에 익는 열매를 채취하여 과육을 제거하고 씨앗을 모래와 섞어 마르지 않게 관리했다가 이듬해 봄에 파종한다. 접목은 벚나무를 대목으로 절접 또는 여름철에 아접으로 하는데 접목으로 기른 나무는 실생묘에 비해 나무의 수명이 짧아지는 경향이 있다. 삽목은 봄에 지난해 가지를 꽂거나 6월 말에서 7월 초에 녹지삽을 하는데 발근율이 높은 편은 아니다.

조경수로서의 특성과 배식

녹음수를 겸한 꽃나무로 아주 좋은 특성을 가진 나무이다. 공원, 학교원에 심거나 가로수로도 이용 가치가 높다. 성장이 빠른 편이므로 적은 비용으로 작은 나무를 심어 조기에 조경 효과를 보고자 할 때도 유용하다. 우수한 특성에도 조경수로 이용이 미미하여 조경수종의 다양화란 측면에서 벚나무 대신 심을 만한 좋은 대체수목이 될 수 있다.

유사종

동속식물로 왕벚나무, 산벚나무 등이 있으며 벚나무 종류는 대체로 잎이 피기 전에 꽃이 먼저 피는 점이 귀룽나무와 다르다.

장미과

황금색 열매, 아름다운 수피. 향기로운 꽃
모과나무
Chaenomeles sinensis

성상, 음양	낙엽교목, 양수	수형	타원형, 개장형
번식법	실생, 삽목, 접목	개화기, 꽃색	4~5월, 연분홍
식재 가능 지역	전국	결실기, 열매색	10월, 황색
식재 시기	봄, 가을 낙엽 후	단풍	홍색, 홍갈색

분류학적 위치와 형태적 특징 및 자생지

모과나무는 장미과에 속하는 낙엽교목으로 학명은 *Chaenomeles sinensis*이다. 속명 *Chaenomeles*는 그리스어로 '벌어진다, 열린다'는 의미의 chainein과 '능금'이란 의미의 melea의 합성어인데 이는 꽃받침이 변한 과일의 끝부분이 능금처럼 다섯 갈래로 갈라져 있음을 나타낸 말이다. 종명 *sinensis*는 중국산이란 뜻이다. 높이 8~10m까지 자라며 수피는 녹색과 회녹색의 얼룩무늬를 가져 아름답다. 잎은 도란형으로 양끝이 뾰족하며 길이는 4~7cm이다. 꽃은 4월 하순부터 5월 상순에 피는데 직경 2.5~3cm 정도이며 연한 분홍색이며 향기가 난다. 열매는 타원형으로 단단한 목질이며 황색으로 익는데 향기가 아주 좋다. 원래 중국산으로 전국 각지에 관상용 및 과수로 재배하며, 국내에 도입된 지 오래됐으나 산야에 야생화한 나무를 보기는 어렵다.

관상 포인트

모과나무의 가장 큰 매력은 주먹보다도 큰 황금색 열매와 알록달록한 아름다운 수피이다. 열매는 황금색으로 아름답기도 하지만 향기가 좋아 차를 만들거나 술을 담그는 데 이용하기도 하고 또 실내에 두어 방향을 즐기기도 한다. 줄기는 묵은 껍질이 불규칙적으로 벗겨지면서 암녹색과 회녹색의 불규칙적인 무늬를 만들어 배롱나무, 노각나무와 함께 수피가 아름다운 나무로 손꼽힌다. 꽃은 4~5월에 피는데 옅은 홍색에 향기가 좋다. 가을에 홍색이나 홍갈색으로 물드는 단풍도 아름답다.

성질과 재배

양수로 우리나라 전역에서 재배 및 식재 가능하다. 번식은 실생, 삽목, 접목이 가능하지만 실생법이 가장 실용적이고 일반적인 번식법이다. 종자는 가을에 잘 익은 열매에서 채취하여 젖은 모래 속에 저장해두었다가 이듬해 봄에 파종한다. 삽목은 봄 싹 트기 전에 전년생지를 10~15cm 길이로 잘라 3분의 2가 묻히게 꽂는다. 접목은 과일을 목적으로 우량 묘목을 증식하기 위한 방법으로 깎아접이나 짜개접으로 한다. 모과나무는 붉은별무늬병의 피해가 심하므로 이 병의 중간 숙주가 되는 향나무와 함께 기르는 것은 피해야 한다.

조경수로서의 특성과 배식

수관이 꽤 웅대하게 자라며 정원이나 공원의 주목으로 많이 심는다. 가정 정원에 심어 조경수 겸 실용수로 이용해도 아주 좋으며, 꽃에는 꿀이 많으므로 밀원식물의 역할도 한다. 붉은별무늬병이 많이 발생하므로 향나무와 함께 식재하는 것은 피해야 한다. 큰 나무도 이식에 잘 견디며, 이식 적기는 가을에 단풍이 든 후부터 봄 싹 트기 전이다.

낙엽교목·모과나무

장미과

꽃과 열매가 아름다운
산돌배
Pyrus ussuriensis

성상, 음양	낙엽교목, 양수	수형	타원형
번식법	실생, 접목	개화기, 꽃색	4월, 흰색
식재 가능 지역	전국	결실기, 열매색	10월, 황갈색
식재 시기	봄, 가을 낙엽 후	단풍	황색

분류학적 위치와 형태적 특징 및 자생지

산돌배는 장미과의 낙엽활엽소교목으로 학명은 *Pyrus ussuriensis*이다. 속명 *Pyrus*는 라틴어로 '배'란 의미의 pyra에서 온 말이며 종명 *ussuriensis*는 '우수리 지역에서 난다'는 뜻이다. 높이 10m까지 자란다. 잎은 계란형이고, 길이는 5~10cm이며, 가장자리에는 침상의 톱니가 있다. 잎자루 길이는 2~5cm로, 털이 없다. 꽃은 5월에 피며 흰색이고 양성화이며, 산방화서를 이룬다. 꽃은 지름 3cm 정도며 꽃받침조각은 끝이 둥글고 꽃잎은 난상 원형이다. 열매는 둥글고 지름 5~10cm 정도에 황갈색으로 9월에 성숙한다.

관상 포인트 및 이용

봄에 하얗게 피는 꽃이 매우 아름답다. 예부터 배꽃의 아름다움은 많은 시인들이 시로 표현할 정도였다. 가을에 익는 열매는 아름답기도 하지만 과일로 이용할 수 있으며 식용, 약용한다. 단풍은 황색으로 물든다.

성질과 재배

양수로 내한성이 강하여 전국적으로 재배 및 식재 가능하다. 토양은 양토가 적당하며 물기가 적당히 유지되는 곳에서 생장이 양호하다. 산돌배는 재배하는 참배의 원종으로 지역에 따라 다양한 품종이 있었으나 요즘은 대부분 개량종 배를 재배하므로 고유의 산돌배 품종들은 거의 사라지고 있는 실정이다. 번식은 실생과 접목으로 하는데 과일을 생산하기 위한 우량 품종의 경우에는 반드시 접목으로 해야 한다. 실생 번식의 경우 가을에 잘 익은 열매에서 종자를 채취하여 젖은 모래와 섞어 저장했다가 이듬해 봄에 파종한다. 이렇게 얻은 실생묘는 그대로 기르면 좋은 열매를 얻을 수 없으므로 과일이 목적일 경우에는 우량 품종의 가지를 잘라 접붙이기로 번식하여야 한다. 접붙이기는 참배나무나 산돌배나무의 실생묘를 대목으로 하여 봄에 깎아접이나 짜개접으로 한다.

조경수로서의 특성과 배식

산돌배는 이전에는 과수로도 심고 또 산야에 자생하기도 했지만 과일을 생산하기 위해 개량종 배가 재배되면서 거의 사라지게 되었다. 꽃과 열매의 관상 가치가 뛰어나며 개량종에 비해 병충해에 대한 저항성도 강한 편이므로 공원이나 생태공원 등에 심어 유전자 자원도 보전하면 좋을 것이다. 적성병이 발생할 수 있으므로 여름철에는 방제를 해주어야 하지만 개량종 참배만큼 심하지는 않다.

유사종

동속식물로 돌배나무, 콩배나무, 위봉배나무가 있으며 참배와 백운배나무는 산돌배의 변종이다.

장미과

가장 먼저 피는 벚나무
올벚나무
Prunus pendula **for.** *ascendens*

성상, 음양	낙엽교목, 양수	수형	반구형
번식법	실생, 삽목, 접목	개화기, 꽃색	4월, 흰색~연분홍
식재 가능 지역	전국	결실기, 열매색	6월, 검은색
식재 시기	봄, 가을 낙엽 후	단풍	황갈색~홍갈색

분류학적 위치와 형태적 특징 및 자생지
올벚나무는 장미과에 속하는 낙엽교목으로 학명은 *Prunus pendula* for. *ascendens*이다. 속명 *Prunus*는 매실, 복숭아 등의 열매를 통칭하는 plum이라는 라틴어에서 유래되었다. 종명 *pendula*는 라틴어로 '처진다'는 의미로, 올벚나무의 기본종인 능수벚나무의 가지가 아래로 처지는 데서 유래한 이름이다. 변종명 *ascendens*는 '위로 오른다'는 의미로 기본종과 달리 가지가 처지지 않고 위로 자라는 것을 나타낸 것이다. 높이 10m까지 자라며 잎은 긴 타원형에 길이 6~10cm이다. 꽃은 3월 말부터 4월 초순경에 잎보다 먼저 피는데 산형화서에 2~5개가 달리며 화관은 지름 1.5~1.8cm로 연한 홍색이다. 열매는 둥글며 6월경에 검은색으로 익는다. 전국에 자생하며 전남 구례 화엄사 올벚나무는 수령 300년으로 천연기념물로 지정되었다.

관상 포인트
다른 벚나무류와 마찬가지로 봄에 일시에 피어나는 화려한 꽃이 아름답다. 초여름에 익는 검은 열매도 아름다우나 나무가 크게 자라고 또 잎이 무성하므로 열매는 관상의 대상이 되기 어렵다. 우리나라에 자생하는 벚나무 중에서는 올벚나무 꽃이 가장 먼저 핀다.

성질과 재배
양수로 우리나라 전역에서 재배 및 식재가 가능하며, 성장 속도는 빠른 편이다. 번식은 실생, 삽목 및 접목으로 하는데 실생법과 접목법이 실용적이며 또 일반적인 번식법이다. 실생법의 경우 여름에 익은 열매에서 종자를 채취하여 젖은 모래 속에 저장해두었다가 이듬해 봄에 파종한다. 삽목으로 할 때는 봄 싹 트기 전에 전년생지를 10~15cm 길이로 잘라 3분의 2가 묻히게 꽂는다. 접목은 벚나무나 산벚나무를 대목으로 4월에 깎아접이나 짜개접으로 한다. 벚나무류는 여러 종류의 해충의 피해가 발생하므로 성장기엔 방제가 필요하다.

조경수로서의 특성과 배식
수관이 웅대하게 자라므로 정원이나 공원의 주목으로 심으면 좋다. 가로수로도 좋으며 현재 많이 심고 있는 왕벚나무와 비교할 때 개화 시기만 조금 더 빠르며 성질은 비슷하므로 왕벚나무와 같은 용도로 이용할 수 있다. 벚나무는 크게 자라므로 여름철 녹음수로도 이용할 수 있으며 또 가을철의 단풍도 그런대로 좋은 편이다. 이식에 잘 견디지만 큰 가지를 절단한 자리는 부패하기 쉬우므로 너무 큰 나무를 옮겨 심는 것은 바람직하지 않다. 이식 적기는 가을에 단풍이 든 후부터 봄 싹 트기 전까지이다.

유사종
벚나무 무리에는 왕벚나무, 산벚나무, 참벚나무, 개벚나무, 섬벚나무 등의 많은 종류가 있다.

가로수와 공원수로 인기 좋은 나무
왕벚나무
Prunus yedoensis

성상, 음양	낙엽교목, 양수	수형	반구형
번식법	실생, 삽목, 접목	개화기, 꽃색	4월, 분홍색~흰색
식재 가능 지역	전국	결실기, 열매색	6월, 검은색
식재 시기	봄, 가을 낙엽 후	단풍	홍갈색, 황갈색

분류학적 위치와 형태적 특징 및 자생지

왕벚나무는 장미과에 속하는 낙엽교목으로 학명은 *Prunus yedoensis*이다. 속명 *Prunus*는 매실, 복숭아 등의 열매를 통칭하는 plum이라는 라틴어에서 유래되었다. 종명 *yedoensis*는 일본어로 도쿄의 옛 이름인 '에도(江戶)산'이라는 의미이다. 높이 7~8m까지 자라며 잎은 넓은 타원형이고 길이 5~12cm 정도이다. 꽃은 4월 초순경에 잎보다 먼저 피는데, 산방화서에 3~6개가 달리며 처음에는 담홍색이나 차차 흰색으로 변한다. 열매는 둥글며 6월경에 흑자색으로 익는다. 제주도 한라산과 해남 대둔산이 자생지로 알려져 있다. 제주도 서귀포시 남원읍 신예리의 왕벚나무 자생지는 천연기념물 제156호로, 또 제주도 제주시 용강동에 있는 봉개동 왕벚나무 자생지는 천연기념물 제158호로 지정되었다.

관상 포인트

봄에 눈이 부시게 피어나는 화려한 꽃이 아름답다. 대표적인 봄 꽃나무로 전국 곳곳에 가로수, 공원수 등으로 식재되어 있어 봄꽃놀이의 대상이 된다. 열매는 초여름에 흑자색으로 익는데 나무가 크게 자라고 또 잎이 무성하여 눈에 잘 띄지 않아 크게 주목을 받지 못하지만 새들이 즐겨 먹는다.

성질과 재배

양지바르고 비옥한 땅을 좋아하며 우리나라 전역에서 재배 및 식재 가능하며, 생장 속도가 매우 빠르다. 번식은 실생, 삽목 및 접목으로 하는데 접목법이 가장 일반적인 번식법이다. 접목의 대목으로는 주로 산벚나무의 실생묘를 이용하며 봄에 깎아접이나 짜개접으로 한다. 실생 번식으로 할 때는 익은 열매에서 종자를 채취하여 젖은 모래 속에 저장해두었다가 이듬해 봄에 파종한다. 삽목의 경우 봄 싹 트기 전에 지난해 자란 가지 중에서 꽃눈이 생기지 않은 가지를 골라 10~15cm 길이로 잘라 3분의 2가 묻히게 꽂으면 된다.

조경수로서의 특성과 배식

가로수로 가장 인기 좋은 나무 중 하나로 꼽히며 꽃이 화사하고 아름다워 공원수, 학교원, 공공건물 같은 넓은 정원의 조경수로 많이 이용된다. 어릴 때 성장이 무척 빠르므로 적은 비용으로 빨리 조경을 이루고자 할 때 심기 좋은 수종이기도 하다. 크게 자라는 나무로 잎이 무성하여 여름철 녹음수로도 이용할 수 있으며 가을철의 단풍도 볼 만하다. 큰 나무도 이식할 수 있으며 이식 적기는 가을에 단풍이 든 후부터 봄 싹 트기 전이다.

유사종

올벚나무, 산벚나무, 참벚나무, 개벚나무, 섬벚나무 등의 많은 종류가 있다.

차나무과

노각나무

꽃, 수피, 단풍이 아름다운 한국 특산 수종
Stewartia koreana

성상, 음양	낙엽교목, 중용수	수형	원추형
번식법	실생, 삽목	개화기, 꽃색	6~7월, 흰색
식재 가능 지역	남부지방, 중부 해안지방	결실기, 열매색	10월, 갈색
식재 시기	봄, 가을 낙엽 후	단풍	황색

분류학적 위치와 형태적 특징 및 자생지

노각나무는 차나무과의 낙엽교목으로 학명은 *Stewartia koreana*이다. 속명 *Stewartia*는 영국 에든버러 식물원 원장이었던 스튜어트John Stuart의 이름에서 온 것이며 종명 *koreana*는 한국산이란 뜻이다. 높이 7~15m에 달하며 줄기는 수피가 불규칙적으로 벗겨져 알록달록한 황갈색 무늬가 생긴다. 잎은 타원형으로 길이 4~10cm이다. 꽃은 양성화로 흰색이며 열매는 삭과로 10월에 갈색으로 익는다. 경북과 충북 이남의 산지 숲속에 자생하며 우리나라 특산종이다.

관상 포인트

6월부터 7월 사이에 피는 흰 꽃이 아름답다. 꽃은 일시에 피기보다는 차례차례 피어 약 20일 내외 지속된다. 꽃의 모양과 크기는 동백과 흡사하다. 줄기의 수피가 불규칙적으로 벗겨져 알록달록하면서 매끈하여 아주 아름답다. 가을에 황색으로 물드는 단풍도 무척 아름다워 단풍수로도 손색이 없다. 노각나무는 꽃, 수피, 단풍의 3박자를 갖춘 우수한 조경수목이랄 수 있다.

성질과 재배

햇볕이 강한 곳보다는 오후 햇빛이 어느 정도 가려지는 곳이 더 적당하다. 번식은 실생과 삽목으로 한다. 실생법의 경우 가을에 종자를 채취하여 젖은 모래에 묻어두었다가 이듬해 봄에 파종한다. 종자가 마르면 발아가 어려워진다. 일부는 그해에 발아하지만 이듬해 발아하는 것도 있다. 삽목의 경우 봄 싹 트기 전에 지난해 자란 가지를 꽂는데 발근율이 높은 편은

아니다. 묘목은 성장이 느려 개화까지 상당히 오랜 기간이 소요되며 실생묘의 경우 10년 이상 자라야 꽃이 피게 된다.

조경수로서의 특성과 배식

아름다운 꽃, 알록달록한 수피에 단풍까지 좋아 조경용으로 아주 우수한 나무지만 성장이 느리고 이식이 어려운 점이 조경수로 이용하는 데 큰 제약이 된다. 여름 꽃나무로서의 가치가 매우 높으며 학교원, 공원, 가정 정원 등에 모두 활용도가 높다. 다만 큰 나무의 경우 이식 후 일부 가지가 고사하여 조경수로서의 가치가 떨어지는 경우가 흔하므로 분을 크게 뜨고 적기에 옮겨 심도록 하는 주의가 필요하며, 가능하다면 대목보다는 중목 위주의 식재가 바람직한 수종이다. 강한 햇볕이 쬐는 곳보다는 오후의 강한 일광이 적당히 가려지는 곳을 좋아하므로 독립수로 심기보다는 다른 낙엽활엽수와 혼식하는 것이 활착과 추후 성장에 유리하다.

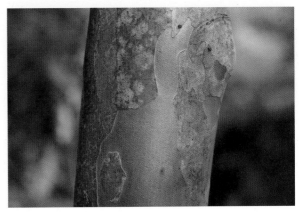

대표적인 도토리나무
굴참나무
Quercus variabilis

성상, 음양	낙엽교목, 양수	수형	타원형, 배상형
번식법	실생	개화기, 꽃색	5월, 연두색
식재 가능 지역	전국	결실기, 열매색	9~10월, 홍갈색
식재 시기	봄, 가을 낙엽 후	단풍	황갈색

분류학적 위치와 형태적 특징 및 자생지

굴참나무는 참나무과에 속하는 낙엽교목으로 학명은 *Quercus variabilis* 이다. 속명 *Quercus*는 켈트어에서 기원된 말로 quer는 '아름답다'는 뜻이고 cuez는 '나무'란 뜻이니 결국 '아름다운 나무'란 뜻이다. 종명 *variabilis*는 '다양하다'는 뜻이다. 낙엽교목으로 높이 25m, 지름 1m에 달하며 수피는 두꺼운 코르크가 발달한다. 잎은 난상피침형으로 길이 8~15cm에 뒷면은 회백색으로 성모가 밀생한다. 견과는 구형으로 길이 1.5cm이며 9~10월에 익는다. 각두는 견과를 3분의 2쯤 감싸고 있으며 포린은 뒤로 젖혀진다. 자생지는 중부 이남의 산지이며 우리나라 외에 중국, 대만, 일본에도 분포한다.

관상 포인트 및 이용

코르크가 잘 발달하는 수피가 특이하고 매력적이며 강한 야취가 느껴지는 나무이다. 꽃은 5월에 피는데 나무가 높으므로 크게 눈길을 끌지 못하며, 가을에 익어 떨어지는 열매 역시 열려 있는 채로는 사실상 관상의 대상이 되지 못한다. 굴참나무는 실용수로의 가치가 큰데, 코르크는 병마개 등의 재료로 이용하며 산골에서는 지붕의 재료로 사용하기도 했다. 코르크는 죽은 조직이므로 벗겨내어도 나무의 생존과 생육에는 영향이 없다. 땔감이나 숯을 굽는 나무로 많이 사용하였고 표고버섯을 재배하는 골목으로도 많이 이용한다. 도토리는 묵을 만들어 먹는다.

성질과 재배

전형적인 온대 수종으로 강한 양수이며 토질을 가리지 않고 잘 자란다. 번식은 실생법으로 한다. 가을에 익어 떨어지는 열매를 모아 마르지 않게 모래와 섞어 노천매장하였다가 이듬해 봄에 파종하거나 가을에 직파하는데 직파하면 그해에 뿌리가 내리므로 저장했다 봄에 파종하는 것보다 오히려 성적이 좋다.

조경수로서의 특성과 배식

야취가 강한 나무로 공원이나 생태공원, 자연학습원 등에서 동물 먹이용이나 녹음수로 이용하기에 좋다. 도토리는 멧돼지, 너구리, 다람쥐, 들쥐, 청설모 등의 포유류와 어치 같은 조류의 중요한 먹이가 된다. 뿌리가 깊게 벋어 건조와 바람에 아주 강하므로 사방용이나 방풍수로 이용하며 또 수피가 두꺼워 산불에 대한 저항력이 강하여 방화수종으로도 좋다. 이식 적기는 가을 낙엽이 진 후부터 봄 싹 트기 전까지가 알맞다. 이식을 싫어하므로 옮겨 심을 때는 가지를 강하게 쳐서 심는다.

유사종

같은 속의 낙엽성 식물로 갈참나무, 떡갈나무, 상수리나무, 졸참나무 등이 있다.

나뭇가지를 말채찍으로 썼다는 나무
말채나무
Cornus walteri

성상, 음양	낙엽교목, 양수~중용수	수형	계란형, 구형
번식법	실생	개화기, 꽃색	6월, 흰색
식재 가능 지역	전국	결실기, 열매색	9~10월, 검은색
식재 시기	봄, 가을 낙엽 후	단풍	갈색

분류학적 위치와 형태적 특징 및 자생지

말채나무는 층층나무과에 속하는 낙엽교목으로 학명은 *Cornus walteri* 이다. 속명 *cornus*는 '뿔'이라는 뜻이며 종명 *walteri*는 사람 이름에서 온 것이다. 높이 15m 정도까지 자라며 수피는 검은색으로 세로로 갈라지는 데 감나무의 수피와 흡사하다. 잎은 마주나며 타원형이고 길이 5~14cm 이다. 꽃은 가지 끝에 취산화서로 달리며 꽃잎은 피침형에 지름이 5mm 로 흰색이고 6월에 핀다. 열매는 구형으로 지름 6~7mm이며 9~10월에 검은색으로 익는다. 열매 속에는 하나의 둥근 종자가 들어 있다. 전국의 해발 1,200m 이하의 산기슭, 계곡 주변 등에 자생한다.

관상 포인트

6월에 피는 흰 꽃이 아름답다. 꽃은 가지 끝에 작은 꽃들이 취산화서로 달리는데 나무 전체가 온통 흰 꽃으로 덮일 정도이다. 열매는 9~10월에 검은색으로 익는다.

성질과 재배

크게 자라는 낙엽활엽수로 우리나라 전역에서 재배와 식재 가능하다. 어릴 때는 큰 나무 아래서도 자라지만 햇볕이 잘 드는 기름진 땅을 좋아한다. 번식은 전적으로 실생법으로 하는데 가을에 종자를 채취하여 모래와 섞어 노천매장하였다가 이듬해 봄에 파종한다. 말채나무의 병충해에 관해서는 거의 알려진 게 없으나 큰 피해를 입히는 병충해는 없는 것으로 보인다.

조경수로서의 배식

나무가 크게 자라는 데다 가지와 잎이 무성하고 흰 꽃이 아름다워 학교원이나 공원의 초여름 꽃나무 겸 녹음수로 좋다. 나무가 곧게 자라므로 가로수로도 좋으며 꽃에 꿀이 많아 밀원식물로도 이용할 수 있다. 열매는 새들이 즐겨 먹는다. 꽃과 열매 모두 층층나무와 흡사하며 조경적 용도도 비슷하지만 층층나무보다 개화 시기가 늦다. 적응력이 강하여 토질이 나쁘거나 메마른 곳에도 심을 수 있는 나무이다. 이식에도 잘 견디며 이식 적기는 가을에 낙엽이 진 후부터 봄 싹 트기 전까지이다.

유사종

동속식물로 층층나무, 산딸나무, 산수유, 미국산딸나무가 있다.

가지가 층층으로 질서있게 자라는
층층나무
Cornus controversa

성상, 음양	낙엽교목, 중용수	수형	계란형, 개장형
번식법	실생	개화기, 꽃색	5월, 흰색
식재 가능 지역	전국	결실기, 열매색	8~9월, 흑자색
식재 시기	봄, 가을 낙엽 후	단풍	갈색

분류학적 위치와 형태적 특징 및 자생지

층층나무는 층층나무과에 속하는 낙엽교목으로 학명은 *Cornus contro-versa*이다. 속명인 *cornus*는 '뿔'이라는 뜻이며 종명 *controversa*는 '싸움, 논란'이란 뜻이다. 높이 20m 정도까지 자라며 수피는 얕게 세로로 갈라져 터지고 가지는 층을 이루며 윤생하는데 새 가지는 붉은색을 띤다. 잎은 계란형이고 길이 7~12cm, 폭 3~8cm이다. 꽃은 가지 끝에 산방화서로 달리며 꽃잎의 지름은 8mm로 흰색이고 5월에 개화한다. 열매는 구형으로 지름 6~7mm이고 흑자색 내지 남흑색으로 8~9월에 성숙한다. 전국의 산기슭, 계곡 주변 등에 자생한다. 우리나라 외에 일본에도 분포한다.

관상 포인트

5월에 하얗게 피는 흰 꽃이 아름답다. 꽃은 가지 끝에 작은 꽃이 산방화서로 달리는데 수관이 온통 흰 꽃으로 덮일 정도이다. 열매는 늦여름에 흑자색으로 익는다. 가지가 윤생하며 층층이 배열되는 모습이 특이하여 층층나무란 이름이 붙었으며 세로로 얕게 골이 지는 회백색의 수피도 아름다운 편이다.

성질과 재배

중용수로 우리나라 전역에서 재배와 식재 가능하다. 어릴 때는 큰 나무가 어느 정도 햇빛을 가리는 환경을 더 좋아하며 양지와 음지 어느 곳에서도 잘 자란다. 번식은 전적으로 실생법으로 하는데 늦여름에 익은 열매를 채취하여 과육을 제거한 다음 모래와 섞어 노천매장하였다가 이듬해 봄에 파종한다. 병해는 여름 장마철 이후에 반점병이 발생하는 수가 있고 충해로는 흰불나방, 큰자나방 등의 유충이 발생하는 경우가 있으나 크게 피해를 입히는 경우는 드물다.

조경수로서의 특성과 배식

나무가 크게 자라는 데다 지엽이 무성하고 흰 꽃이 아름다우므로 늦봄의 꽃나무 겸 여름 녹음수로 좋다. 공원이나 학교원 등의 가로수로도 좋으며 밀원식물로도 가치가 있다. 열매는 새들이 즐겨 먹으므로 공원, 생태공원의 조류 유인목으로 좋다. 그러나 나무가 너무 크게 자라고 또 성장이 빠르므로 가정 정원에는 적합하지 못하다. 이식에는 잘 견디는 편이며 이식 적기는 가을에 낙엽이 진 후부터 봄 싹 트기 전까지이다.

유사종

동속식물 중 말채나무 및 곰의말채와 흡사하며 조경 용도도 비슷하다.

대표적인 가로수 겸 공원수
칠엽수
Aesculus turbinata

성상, 음양	낙엽교목, 양수	수형	원추형
번식법	실생, 삽목	개화기, 꽃색	4~5월, 홍색~흰색
식재 가능 지역	전국	결실기, 열매색	10월, 황갈색
식재 시기	봄, 가을 낙엽 후	단풍	황색

분류학적 위치와 형태적 특징 및 자생지

칠엽수는 칠엽수과에 속하는 낙엽교목으로 학명은 *Aesculus turbinata* 이다. 속명 *Aesculus*는 라틴어로 '식료품'이라는 뜻의 aesca에서 온 것으로 열매가 식용 또는 사료용으로 이용될 수 있는 데서 유래된 것이다. 종명 *turbinata*는 라틴어로 '팽이'란 뜻으로 열매가 거꾸로 된 원뿔형임을 나타내고 있다. 높이 30m, 원대의 주위가 2m까지 자란다. 잎은 마주나며 대형의 장상복엽으로 소엽의 수는 5~7개다. 꽃은 단성 또는 양성화로 4~5월에 커다란 원추화서로 피는데 꽃의 안은 희고 기부는 선홍색이다. 열매는 둥글고 9~10월에 황갈색으로 익는데 안에는 도원추형의 광택 있는 적갈색의 큰 종자가 들어 있다. 일본 원산으로 전국 각지에서 가로수, 공원수, 정원수로 식재한다.

관상 포인트 및 이용

4~5월에 가지 끝에 큰 원추화서로 피는 꽃이 아름답고 꽃에는 꿀이 많아 밀원식물로 유용하다. 실제 나무가 크게 자라므로 꽃나무로보다는 넓고 큰 잎의 녹음수로 더 가치가 있다. 장상복엽의 잎도 아름답지만 황갈색으로 물드는 가을 단풍 또한 아름답다. 열매는 둥글고 큰데 높은 나무 위에 열리므로 관상 가치는 크다고 보기 어렵고, 가공 처리하여 식용이나 사료로 이용할 수 있지만 독성이 강하여 그대로는 먹을 수가 없다.

성질과 재배

양수로 우리나라 전역에서 재배 가능하다. 번식은 실생 외에 삽목이 가능하다. 실생법의 경우 가을에 익는 대로 종자를 채취하여 직파하거나 또는 종자를 젖은 모래 속에 저장했다가 이듬해 봄에 파종한다. 삽목은 봄에 지난해 자란 가지를 꽂거나 6월에 그해에 자란 가지를 채취하여 가위로 잎을 적당하게 자르고 꽂는데 발근이 잘 되는 편이 아니므로 발근촉진제를 사용하는 것이 좋다.

조경수로서의 특성과 배식

긴 원추형에 가까운 정연한 수형을 가지는 특징이 있어 특별히 전정하여 나무를 다듬을 필요가 없다. 크게 자라는 교목으로 햇볕을 좋아하며 가로수, 공원용수로 많이 이용한다. 꽃에는 꿀이 많아 밀원식물로도 가치가 높다. 심근성이라 이식이 어려운 편이며 이식 적기는 가을에 낙엽이 진 후부터 봄 싹 트기 전까지이다.

유사종

마로니에 또는 가시칠엽수라고도 불리는 서양칠엽수도 일부 식재되고 있는데 열매에 가시가 있는 것을 제외하고는 칠엽수와 흡사하며 조경 용도도 비슷하다.

콩과

대표적인 밀원식물
아까시나무
Robinia pseudoacacia

성상, 음양	낙엽교목, 양수	수형	타원형
번식법	실생, 근삽	개화기, 꽃색	5월, 흰색
식재 가능 지역	전국	결실기, 열매색	10월, 갈색
식재 시기	봄, 가을 낙엽 후	단풍	황색

분류학적 위치와 형태적 특징 및 자생지
아까시나무는 콩과의 낙엽활엽교목으로 학명은 *Robinia pseudoacacia* 이다. 속명 *Robinia*는 아까시나무를 최초로 유럽에 소개한 프랑스의 정원사인 로뱅J. Robin 부자의 이름을 딴 것이며 종명 *pseudoacacia*는 '가짜'란 뜻의 접두어 pseudo와 '아까시나무'를 뜻하는 acacia의 합성어이다. 높이 25m까지 자라며 수피는 황갈색이고 세로로 갈라진다. 일년생 가지는 털이 거의 없고 탁엽이 변한 가시가 있다. 잎은 어긋매껴 나며 기수우상복엽이며, 소엽은 9~19개로 타원형이고 길이 2.5~4.5cm로 가장자리는 밋밋하다. 꽃은 5~6월에, 일년생 가지의 잎겨드랑이에서 나온 10~20cm 길이의 총상꽃차례에서 피는데 흰색이고 향기가 강하다. 꽃받침은 얕게 다섯 갈래로 갈라지고, 꽃잎은 뒤로 젖혀지며 흰색이지만 기부가 황색이다. 열매는 협과로 길이 5~10cm에 편평하고 털이 없으며 흑갈색으로 9월에 성숙한다. 북아메리카 원산으로 1900년대 초에 도입되어 연료림으로 전국에 식재되었다.

관상 포인트 및 이용
조경수로 이용하는 경우는 거의 없으나 5~6월에 피는 꽃은 매우 아름답고 또 향기가 강하다. 꽃에는 꿀이 많아 양봉가에게 가장 중요한 밀원식물로 꼽힌다. 맹아력이 강하고 빨리 자라면서 화력이 우수하여 화목으로 많이 이용하였다. 목재는 차량재, 기구재, 목공예 재료로 쓴다.

성질과 재배
내한성이 강하여 전국적으로 식재 및 재배 가능하다. 번식은 실생과 근삽 및 가지 삽목으로 한다. 실생법의 경우 가을에 종자를 채취하여 기건 저장하였다가 이듬해 봄에 파종하는데 파종 직전에 물에 하루 정도 침지시킨 후 파종한다. 삽목으로 할 때는 봄 싹 트기 전에 지난해 자란 가지를 잘라 꽂는다. 근삽의 경우 뿌리를 캐어 10cm 길이로 잘라 심는데 뿌리를 캐는 수고를 해야 하지만 발아력이 좋고 추후 성장이 빠르다.

조경수로서의 특성과 배식
내염성 및 내공해성이 강하고 척박지에서 잘 자라는 등 적응력이 매우 강하다. 가지에 강한 가시가 있어 다루기 불편하고 또 가시의 위험성으로 인해 공공장소에 심기 어려운 면이 있다. 한 그루를 심어두면 뿌리에서 맹아가 발생하여 번지는 점도 공원 등에 심기 어려운 점이다. 그러나 꽃이 좋고 밀원식물로 좋으므로 사람의 접근이 많지 않은 척박한 곳이나 도시 주변이나 도로변 등의 녹화 겸 밀원식물로 최적의 나무라고도 할 수 있다.

유사종
동속식물로 북미원산의 낙엽관목인 분홍아까시나무가 있다.

분홍아까시나무

녹음 및 녹화용수

회화나무

학자수라 불리는 여름 꽃나무

Sophora japonica

성상, 음양	낙엽교목, 양수	수형	구형, 반구형
번식법	실생, 삽목	개화기, 꽃색	7~8월, 흰색
식재 가능 지역	전국	결실기, 열매색	10월, 녹갈색
식재 시기	봄, 가을 낙엽 후	단풍	황갈색

분류학적 위치와 형태적 특징 및 자생지

회화나무는 콩과에 속하는 낙엽교목으로 학명은 *Sophora japonica*이다. 속명 *Sophora*는 이 종류의 아랍어에서 유래되었다. 종명 *japonica*는 일본산이란 뜻이다. 회화나무는 일본산이 아니고 중국 원산이니 린네가 명명할 당시 착각한 듯하다. 높이 25m 정도까지 자라 웅대한 수형을 이룬다. 잎은 기수우상복엽으로 소엽의 수는 7~17개이다. 꽃은 가지 끝의 큰 원추화서에 흰색으로 핀다. 열매는 협과로 10월에 익는다. 중국 원산이지만 일찍 도입되어 전국에 식재되어 있다. 마을의 정자나무, 고가, 서원, 사당, 마을숲 등에 많이 심겼다.

관상 포인트 및 이용

꽃은 7~8월에 피는데 절정기에는 나무 전체가 흰 꽃으로 덮일 정도로 많이 피어 매우 아름답다. 꽃이 귀한 여름철에 꽃이 피며 향기가 좋아 더욱 가치 있는 데다 꿀이 많아 밀원식물로도 유용하다. 꽃은 보름 정도 지속된다. 꽃이 지면 콩꼬투리 모양의 열매가 열린다. 예부터 약용식물로 많이 이용해왔는데, 회화나무의 꽃봉오리를 따서 말린 것을 괴미(槐米), 꽃을 말린 것을 괴화(槐花)라 하여 주로 고혈압, 뇌일혈, 중풍 등 순환기계 질병과 치질, 치루 등의 치료제로 이용한다. 또한 열매를 말린 것을 괴각(槐角) 또는 괴실(槐實)이라 하는데, 강장, 지혈, 양혈 등의 효과가 있어 각혈, 치질, 혈변, 혈뇨 등의 치료약으로 쓴다.

성질과 재배

양수로 우리나라 전역에서 재배 가능하며 척박한 곳에서도 잘 자란다. 번식은 실생과 삽목으로 하는데 종자의 결실과 발아율이 좋으므로 실생법이 편리하다. 실생의 경우 가을에 익은 종자를 채취하여 정선 후 노천매장하였다가 이듬해 봄에 파종한다. 삽목의 경우 이른 봄에 전년생 가지를 잘라 꽂는다. 병해로는 탄저병, 녹병 등이 발생할 수 있으며 충해는 진딧물과 깍지벌레가 발생하므로 적당한 살충제로 구제한다. 콩과 식물로 뿌리혹박테리아가 공생하여 질소를 제공해주므로 시비의 필요성이 거의 없다.

조경수로서의 특성과 배식

회화나무는 옛날 선비들이 좋아하여 서원, 서당, 사대부가 등에 많이 심었기에 학자수란 별명을 갖게 되었다. 지금도 곳곳의 고가나 서원에서 노거수 회화나무를 어렵지 않게 볼 수 있다. 꽃이 귀한 여름에 꽃이 피므로 여름 꽃나무로 이용 가치가 높은데 옛 전통대로 고가나 사찰, 서원, 사당 등의 조경수로 제격이다. 나무가 아주 크게 자라므로 공원이나 학교원 등의 여름 꽃나무 겸 녹음수로 좋으며 가로수로 심어도 좋다. 이식성은 보통인데, 이식 적기는 가을에 낙엽이 진 후부터 봄 싹 트기 전까지이다.

꽃이 아름답고 향기로운
피나무
Tilia amurensis

성상, 음양	낙엽교목, 양수	수형	구형, 타원형
번식법	실생	개화기, 꽃색	6월, 황색
식재 가능 지역	전국	결실기, 열매색	9월, 황갈색
식재 시기	봄, 가을 낙엽 후	단풍	황색

분류학적 위치와 형태적 특징 및 자생지

피나무는 피나무과의 낙엽교목으로 학명은 *Tilia amurensis*이다. 속명 *Tilia*는 라틴어로 '넓은 잎을 가졌다'는 뜻이다. 종명 *amurensis*는 '아무르 지역 원산'이란 뜻이다. 수고는 20m에 지름은 1m까지 자란다. 수피는 회색이며 흰색의 반점이 있다. 잎은 어긋매껴 나며 넓은 계란형으로 가장자리는 불규칙한 톱니가 있으며 뒷면은 회녹색이다. 꽃은 6월에 잎겨드랑이에서 산방화서로 3~20개씩 핀다. 열매는 견과로 둥글며 끝에는 돌기가 있고 흰색 또는 갈색의 털이 나 있고 9~10월에 익는다. 덕유산에서 함경북도 증산에 이르는 산야의 해발 100~1,700m의 숲속 골짜기에 자생한다. 우리나라 외에 중국, 몽골, 헤이룽강 지역에도 분포한다.

관상 포인트 및 이용

계란형의 큰 잎이 특색 있고 초여름에 흐드러지게 피는 꽃은 아름답고 향기도 좋다. 목재는 연하고 가공하기 쉬우며 뒤틀리지 않으므로 가구재, 조각재로 사용된다. 꽃에는 꿀이 많아 밀원식물로 중요하다. 어린 꽃봉오리를 따서 말려서 꽃차로 이용하기도 한다.

성질과 재배

양수지만 반음지에서도 잘 자라며 기름진 양토를 좋아한다. 전국적으로 재배 가능하지만 여름이 시원한 중부지방이 재배 및 식재 적지이다. 번식은 실생법으로 하며 9월에 익는 종자를 채취하여 젖은 모래와 섞어 2년간 노천매장하였다가 파종한다.

조경수로서의 특성과 배식

잎이 넓고 커서 녹음수로도 좋고 여름 꽃나무로도 아주 좋은 나무이다. 공원, 학교원, 가로수용으로 좋다. 또 꽃에는 꿀이 많아 밀원식물로 중요하므로 양봉장 주변에 심으면 좋다. 꿀벌과 다양한 야생벌의 밀원식물이 되고 목재는 가구재, 조각재로 유용하므로 앞으로 임야의 조림수로도 권장할 만하다.

유사종

동속식물로 개염주나무, 구주피나무, 뽕잎피나무, 섬피나무, 웅기피나무, 유럽피나무 등이 있다.

딸을 낳으면 심었던 속성수
오동나무
Paulownia coreana

성상, 음양	낙엽교목, 양수	수형	구형
번식법	실생, 근삽	개화기, 꽃색	5월, 자주색
식재 가능 지역	전국	결실기, 열매색	10월, 갈색
식재 시기	봄, 가을 낙엽 후	단풍	황갈색

분류학적 위치와 형태적 특징 및 자생지
오동나무는 현삼과에 속하는 낙엽교목으로 학명은 *Paulownia coreana*
이다. 속명 *Paulownia*는 네덜란드의 왕비였던 파울로나Anna Paulowna
의 이름을 딴 것이다. 종명 *coreana*는 한국산이란 뜻이다. 높이 15m에 달
한다. 잎은 마주나며 난상 원형이고 길이 15~23cm, 너비 12~29cm 정도
로 아주 크다. 꽃은 5월경에 피는데 가지 끝에 원추화서로 달리고 화관은
길이 6cm 정도로 자주색이다. 열매는 삭과로 갈색이며 10월에 익는다.
평남 이남에 자생하며 목재를 이용하기 위해 흔히 심는다. 한국 외에 중
국에도 분포한다.

관상 포인트 및 실용수로의 이용
꽃은 5월에 피는데 나무 전체를 뒤덮을 정도로 흐드러지게 피어 아름다
우며 향기 또한 매우 좋고 강하다. 오동은 원래 목재를 이용하기 위해 많
이 심는 나무지만 교목 꽃나무로 전혀 손색이 없을 정도로 꽃이 아름답
다. 초대형 잎과 겨우내 달려 있는 둥글고 큰 열매도 특징이 있다. 목재는
가볍고 무늬가 아름다운 데다 휘거나 갈라지지 않으며 또 벌레가 생기지
않아 가구재, 악기재, 포장재로 이용한다. 옛날 딸을 낳으면 오동나무를
심어 시집갈 때 장롱을 만들어주었다는 얘기가 있는데 그만큼 가구재로
많이 이용되었으며 또 성장이 빠르다.

성질과 재배
극양수로 우리나라 전역에서 재배 가능하다. 토질은 유기질이 풍부하고
배수가 잘 되면서 적당히 수분이 유지되는 양토를 좋아한다. 번식은 실생
과 근삽법으로 한다. 실생법의 경우 가을에 익는 종자를 채취하여 기건 저
장했다가 이듬해 봄에 파종한다. 어린 묘는 병충해의 피해를 많이 입으므
로 파종 전 파종상 소독을 하는 것이 좋다. 그 방법은 파종상에 포르말린
30~50배액을 분무기로 살포하고 일주일 정도 비닐을 덮어둔 후 비닐을
벗기고 20일 정도 지난 후 파종하는 것이다. 근삽으로 할 때는 봄 3~4월
에 뿌리를 캐어 10cm 내외 길이로 잘라 심으면 맹아가 자라게 된다.

조경수로서의 특성과 배식
중국과 미국에서는 꽃을 관상하기 위한 조경수로, 프랑스에서는 가로수
로 흔히 이용한다. 꽃이 아름답고 향기가 좋으므로 공원이나 학교원 등의
녹음수 겸 꽃나무로서 활용가치가 높으며, 꽃에는 꿀이 많아 밀원식물이
되기도 한다. 다만 극양수이므로 그늘진 곳에서는 자라지 못하며 건조한
곳에서도 잘 적응하지 못하므로 적지를 골라 심어야 한다. 이식성은 보통
이며 이식 적기는 가을에 낙엽이 진 후부터 봄 싹 트기 전이다.

유사종
동속식물로 참오동이 있으며 성질과 실용적 용도까지 비슷하여 두 종을
동일하게 이용한다. 참오동나무는 꽃에 자줏빛 점선이 있어 오동나무와
구별된다.

주황색 꽃이 아름다운
능소화
Campsis grandifolia

성상, 음양	낙엽만경, 양수	수형	덩굴형
번식법	삽목, 실생	개화기, 꽃색	6~8월, 주황색
식재 가능 지역	남부지방	결실기, 열매색	10월, 갈색
식재 시기	봄	단풍	홍갈색

분류학적 위치와 형태적 특징 및 자생지

능소화는 능소화과의 낙엽활엽의 덩굴식물로 학명은 *Campsis grandi-folia*이다. 속명 *Campsis*는 '구부러진다'는 의미인 그리스어 kampsis에서 온 말로 식물이 덩굴로 구부러지며 자라는 것을 나타낸 말이다. 종명 *grandifolia*는 '큰 잎을 가졌다'는 뜻이다. 길이 10m까지 자란다. 나무껍질은 회갈색이고 세로로 벗겨지며, 줄기는 부착근이 발달하여 다른 물체에 붙어 타고 오를 수 있다. 잎은 마주나며 기수 1회 우상복엽에 소엽은 계란형으로 길이 3~6cm이고 가장자리에는 톱니가 있다. 6~8월에 가지 끝에서 원추화서로 지름 6~8cm의 주황색의 큰 꽃이 다수 핀다. 열매는 삭과로 네모지며 끝이 둔하고 10월에 익는다. 중국 강소성 지방이 원산지로 우리나라에는 언제 들어왔는지 확실치 않으나 아주 옛날부터 남부지방의 사찰 또는 민가에 많이 심었으며 여름 꽃나무로 사랑받아왔다.

관상 포인트 및 이용

여름에 주황색으로 아름답게 피는 꽃이 관상 대상이다. 꽃은 약재로도 이용하는데, 한방에서는 꽃을 채취해서 햇볕에 말린 것을 능소화라 하며 양혈(凉血)의 효능이 있다고 한다. 또 혈체(血滯), 월경불순, 임산부의 산후질병 및 토혈(吐血) 등을 치료하는 데 이용한다.

성질과 재배

번식은 실생과 삽목으로 한다. 실생법의 경우 가을에 채취한 종자를 건조 저장했다가 이듬해 봄에 파종하는데 발아가 잘 된다. 삽목은 지난해 자란 줄기를 봄 싹 트기 전에 15~20cm 되게 잘라 꽂거나 6~7월에 그해 난 가지를 15cm 정도로 잘라 아래 잎은 따 버리고 위의 잎을 조금만 남기고 꽂으면 된다. 어느 경우에나 발근이 잘 된다.

조경수로서의 특성과 배식

꽃이 아름다운 낙엽성 덩굴식물로 큰 것은 10m까지 자란다. 부착뿌리가 있어서 큰 나무의 줄기나 벽면에 붙어 잘 타고 올라간다. 따라서 심는 곳은 타고 오를 벽면이나 퍼걸러 또는 아치가 있어야 한다. 사찰이나 고가 및 시골집의 토담이나 돌담장 등에 올려 기르면 자연스럽고 보기 좋으며 꽃도 잘 핀다. 중부지방에서는 겨울에 동해를 입을 수 있으므로 가지를 싸주는 등 월동하는 데 신경을 써야 한다.

다래나무과

퍼걸러나 아치용 실용수 겸 조경수
다래나무
Actinidia arguta

성상, 음양	낙엽만경, 양수	수형	덩굴
번식법	실생, 근삽, 삽목, 휘묻이	개화기, 꽃색	5~6월, 흰색
식재 가능 지역	전국	결실기, 열매색	10월, 황록색
식재 시기	봄, 가을 낙엽 후	단풍	황갈색

분류학적 위치와 형태적 특징 및 자생지

다래나무과에 속하는 낙엽덩굴식물로 학명은 *Actinidia arguta*이다. 속명 *Actinidia*는 '방사상'이라는 의미의 그리스어 aktis에서 유래된 말로 화주가 방사상으로 배열된 것을 나타낸다. 종명 *arguta*는 '뾰족하다'는 의미이다. 어린 가지에는 잔털이 있고 피목이 뚜렷하며 잎은 어긋나고 타원형이며 길이 8~12cm, 폭 4~7cm이다. 자웅이주로 꽃은 5~6월에 피는데 취산화서에 3~7개씩 달리며 흰색이다. 열매는 장과로 길이 2.5cm 정도 되며 10월에 황록색으로 익는데 아주 달고 맛있다. 자생지는 우리나라 전역의 해발 100~1,600m 정도의 산지이며 일본과 중국에도 분포한다.

관상 포인트 및 이용

5~6월에 피는 흰 꽃은 아름답고 향기 또한 좋아 관상 가치가 높다. 꽃에는 꿀이 많아 밀원식물이 된다. 가을에 익는 열매는 무척 달고 맛이 좋아 예부터 산중의 진과로 알려져 왔다. 다래나무의 어린순은 나물로 이용하는데 맛이 좋다. 또한 이른 봄에 가지를 잘라 수액을 받아 약용하거나 음료로 이용하는데 칼슘 등 무기물의 함량이 높다.

성질과 재배

양수로 우리나라 전역에서 재배 가능하며 기름지고 적당히 습기가 유지되는 땅을 좋아한다. 번식은 실생, 근삽, 가지삽, 휘묻이 등이 가능하다. 실생법의 경우 가을에 익는 열매에서 종자를 채취하여 직파하거나 젖은 모래와 섞어 저장해두었다 봄에 파종한다. 근삽으로 할 때는 이른 봄에 연필 굵기 전후의 뿌리를 캐어 10cm 정도의 길이로 잘라 심는다. 가지삽도 가능하지만 근삽만큼 성적이 좋지 않으며 추후 성장도 왕성하지 못하다. 또한 줄기를 흙으로 덮어 뿌리가 내린 후 분리하여 심는 휘묻이도 가능하다.

조경수로서의 특성과 배식

꽃이 아름답고 향기로운 나무지만 덩굴성이므로 독립수로의 식재는 어렵고 주로 퍼걸러나 아치에 올려 감상한다. 이식은 잘 되는 편이지만 줄기가 길게 벋어 자라는 특성상 줄기를 강하게 잘라 버리고 옮겨 심어 새 가지가 자라게 하는 것이 안전하며 이식 후의 성장도 빠르다. 이식 적기는 가을에 낙엽이 진 후가 좋으며 봄에 옮겨 심으면 가지의 절단면에서 수액이 다량 유출되어 나무가 쇠약해지므로 좋지 않다.

유사종

동속식물로 개다래, 쥐다래, 섬다래 등이 있어 다래와 같은 용도로 이용할 수 있다.

미나리아재비과

꽃이 아름다운 덩굴식물
세잎종덩굴
Clematis koreana

성상, 음양	낙엽만경, 중용수	수형	덩굴형
번식법	실생	개화기, 꽃색	5월, 황색~암자색
식재 가능 지역	전국	결실기, 열매색	9~10월, 황갈색
식재 시기	봄, 가을 낙엽 후	단풍	갈색

분류학적 위치와 형태적 특징 및 자생지

세잎종덩굴은 미나리아재비과의 낙엽 덩굴식물로 학명은 *Clematis ko-reana*이다. 속명 *Clematis*는 고대 그리스어로 '만경식물'이라는 뜻의 clé-matis에서 온 말이다. 종명 *koreana*는 한국산이란 뜻이다. 높이 1m 정도까지 자란다. 잎은 마주나며 3출 또는 2회 3출 복엽이다. 소엽은 계란형이고 길이 4~8cm이다. 꽃은 5월에 줄기 끝과 잎겨드랑이에서 1개씩 피며 화경은 길이 8~11cm이고 꽃받침은 황색 또는 암자색이며 종 모양이고 아래로 처진다. 열매는 수과로 황갈색이며 길이 5mm, 폭 3mm이고 7월에 성숙하며 회색 털이 있는 길이 4.5cm의 암술대가 부착된다. 경기도, 강원도, 충청북도, 경상도 등지의 높은 산의 풀밭 등에 자생한다.

관상 포인트

종 모양으로 생긴 짙은 자주색의 독특한 꽃이 관상 대상이며 잎의 모양도 아름답다. 꽃은 차례로 피어 개화기도 비교적 긴 편이다.

성질과 재배

반 음지식물로 주로 중부지방의 높은 산에 자라는 덩굴식물이다. 따라서 남부지방보다는 여름이 시원한 중부지방과 산지가 재배 및 식재 적지가 된다. 번식은 실생법으로 하는데, 9월경에 종자를 채취하여 젖은 모래에 섞어 2년간 노천매장했다가 2년째 봄에 파종한다. 채종 이듬해 봄에 파종하면 대부분 그다음 해에 발아한다. 종자의 발아율은 좋지 않은 편이다.

조경수로서의 특성과 배식

덩굴성이지만 아주 길게 자라지는 않으며 따라서 작은 지지대를 만들어 2~3주 함께 심어 올리면 좋다. 꽃이 독특하고 아름다워 눈길을 끌며 꽃에는 뒤영벌 종류가 많이 찾으므로 곤충 관찰용으로도 좋은 식물이다. 따라서 자연생태공원이나 학교원 등에 심어 교육용으로 이용해도 좋다.

유사종

동속식물로 종덩굴, 검종덩굴, 요강나물, 으아리 등이 있으며 꽃이 좋은 외국 원예종인 클레마티스도 많이 식재되고 있다.

미나리아재비과

꽃이 아름다운 덩굴식물
으아리
Clematis terniflora var. *mandshurica*

성상, 음양	낙엽만경, 양수	수형	덩굴형
번식법	실생, 삽목	개화기, 꽃색	6~8월, 흰색
식재 가능 지역	전국	결실기, 열매색	9~10월, 회색
식재 시기	봄, 가을 낙엽 후	단풍	갈색

분류학적 위치와 형태적 특징 및 자생지
으아리는 미나리아재비과의 낙엽덩굴식물로 학명은 *Clematis terniflora* var. *mandshurica*이다. 속명 *Clematis*는 고대 그리스어로 '만경식물'이라는 뜻의 clématis에서 온 말이다. 종명 *terniflora*는 '셋'이라는 의미의 tern과 '식물, 꽃'이라는 의미의 flora의 합성어로 잎이 세 개씩 모여 나는 것을 표현하였다. 길이 3~4m 정도까지 자란다. 잎은 우상복엽으로 어긋매껴 나며 5~7장의 소엽으로 구성된다. 잎자루는 구부러져 덩굴손 역할을 한다. 꽃은 흰색으로 6~8월에 피는데 가지 끝과 잎겨드랑이에 취산화서로 달리며 지름 2~4cm 크기다. 꽃받침은 4~6장으로 꽃잎처럼 보이며, 도란상 타원형이고 길이 1.2~2.0cm다. 열매는 수과로 9~10월에 익는데 길이 4~6mm이고, 깃털 모양의 긴 암술대가 남아 있다. 전국의 산지와 들의 초원이나 숲 가장자리에 자생한다. 일본과 중국에도 분포한다.

관상 포인트
세 갈래 진 잎과 여름에 피는 흰 꽃이 아름답다.

성질과 재배
양수로 볕바른 곳에서 재배 및 식재한다. 번식은 실생법으로 하는데, 10월경에 종자를 채취하여 젖은 모래에 섞어 2년간 노천매장했다가 2년째 봄에 파종한다. 채종 이듬해 봄에 파종하면 대부분 그다음 해에 발아한다. 종자의 발아율은 좋지 않은 편이다.

조경수로서의 특성과 배식
꽃이 좋아 정원에 심는데 덩굴식물이므로 아치나 지주를 세워 타고 오를 수 있게 해주어야 한다. 대나 철제로 원통형의 지주를 세우고 2~3주를 함께 심어 타고 오르게 하면 보기 좋다. 공원이나 정원의 독특한 여름 꽃나무로 가치가 있다. 이식은 쉬운 편이며 봄 싹 트기 전과 가을 낙엽 후가 이식 적기이다.

유사종
동속식물로 종덩굴, 검종덩굴, 요강나물, 세잎종덩굴 등이 있으며 꽃이 좋은 외국 원예종인 클레마티스도 많이 식재되고 있다.

종 모양의 아름다운 꽃이 피는
종덩굴
Clematis fusca var. *violacea*

성상, 음양	낙엽만경, 중용수	수형	덩굴형
번식법	실생	개화기, 꽃색	5~6월, 암자색
식재 가능 지역	전국	결실기, 열매색	8~10월, 황갈색
식재 시기	봄, 가을 낙엽 후	단풍	갈색

분류학적 위치와 형태적 특징 및 자생지

종덩굴은 미나리아재비과의 낙엽덩굴식물로 학명은 *Clematis fusca* var. *violacea*이다. 길이 2~3m 정도까지 자란다. 잎은 마주나며, 5~7장의 소엽으로 된 우상복엽으로, 소엽은 계란형이고 길이 3~6cm에 폭 2~3cm로 가장자리가 밋밋하거나 두세 갈래로 갈라진다. 꽃은 잎겨드랑이에서 밑을 향해 달리며, 종 모양에 어두운 자주색이며 길이 2~4cm이다. 열매는 수과로 넓은 계란형이고 깃털 모양의 긴 암술대가 남아 있다. 제주도를 제외한 전국 산지 숲속이나 풀밭에 자생한다. 러시아, 일본, 중국에도 분포한다.

관상 포인트

짙은 자주색의 종 모양 꽃이 특이하고 아름답다. 마치 털실 뭉치처럼 생긴 열매도 독특하다.

성질과 재배

반음지식물로 주로 중부지방과 남부지방의 높은 산에 자라는 덩굴식물이다. 따라서 여름이 시원한 중부지방이 재배 및 식재 적지가 된다. 번식은 실생법으로 하는데, 9월경에 종자를 채취하여 모래와 섞어 노천매장했다가 이듬해 봄에 파종한다.

조경수로서의 특성과 배식

덩굴나무로 크게 자라지 않으며 따라서 적당한 지지대를 만들어 2~3주를 함께 심어 올리면 좋다. 꽃이 독특하며 뒤영벌 종류가 많이 찾아 야생벌을 관찰하는 기회도 될 수 있어 자연생태원 등에 심으면 좋은 식물이다.

유사종

동속식물로 세잎종덩굴, 검종덩굴, 요강나물, 으아리 등이 있으며 꽃이 화려한 외국산 원예종인 클레마티스도 많이 식재되고 있다.

다섯 가지 맛의 열매나무
오미자
Schisandra chinensis

성상, 음양	낙엽만경, 양수	수형	덩굴형
번식법	실생, 삽목, 휘묻이 등	개화기, 꽃색	4~6월, 흰색
식재 가능 지역	전국	결실기, 열매색	8~9월, 홍색
식재 시기	봄, 가을 낙엽 후	단풍	황갈색

분류학적 위치와 형태적 특징 및 자생지

오미자는 오미자과의 낙엽활엽 덩굴성 식물로 학명은 *Schisandra chinensis*이다. 길이 6~9m까지 자란다. 잎은 어긋매껴 나며 짧은 가지에서는 뭉쳐난다. 잎의 길이는 7~10cm, 폭 3~5cm로서 넓은 타원형이다. 자웅이주로 꽃은 4~6월에 피고 3~5송이의 꽃이 새로 나온 짧은 가지의 잎겨드랑이에 각기 한 송이씩 핀다. 꽃은 지름 15mm로서 약간 붉은빛이 도는 흰색이다. 열매는 구형이며 장과로 8~9월에 붉은색으로 익는다. 열매 길이는 6~12mm이며 여러 개가 송이 모양으로 달려 밑으로 처진다. 하나의 열매에는 1~2개의 종자가 들어 있다. 우리나라 전역의 깊은 산에 자생하며 특히 전석지에서 많이 자란다.

관상 포인트 및 이용

꽃은 작지만 깜찍하게 예쁘다. 8~9월에 포도처럼 송이를 이루며 붉게 익는 열매는 매우 아름답다. 약용, 건강 음료용으로 이용하는 열매를 얻기 위해 재배하는 실용수지만 조경적 가치도 매우 높은 나무이다. 어린순은 나물로 이용할 수 있으며, 열매로 차를 끓여 마신다.

성질과 재배

전국적으로 재배 가능하나 여름이 시원한 중부지방이 재배 적지이며 남부지방의 경우 해발 고도 500~600m 이상의 냉량한 산지가 재배 적지가 된다. 실생, 삽목, 포기나누기, 휘묻이 등으로 번식한다. 실생 번식의 경우 가을에 채종하여 노천매장하였다가 이듬해 봄에 파종한다. 삽목은 봄 싹 트기 전에 하는데 삽수는 지난해 자란 줄기를 15cm 내외로 잘라 꽂는다. 포기나누기는 줄기가 여럿으로 자란 포기를 캐어 나누어 심는 방법으로 봄에 싹 트기 전에 한다. 휘묻이의 경우 줄기를 구부려 흙을 덮어두었다가 뿌리가 내리면 이듬해 봄에 떼어 심는다. 오미자는 중성 토양을 좋아하므로 심기 전 석회를 뿌려주어 토양을 중화시키면 좋다.

조경수로서의 특성과 배식

중부지방에 심기 좋은 나무로 덩굴식물이므로 아치나 지주를 세워 타고 오를 수 있게 해주어야 한다. 약용으로 재배할 때는 대개 포도밭과 유사한 지주를 세워 타고 오르게 하지만 조경용으로 심을 때에는 감상에 좋게 적당하게 지주를 세우는 것이 좋을 것이다. 자웅이주이므로 암수 그루를 섞어 심되 암나무 위주로 심어야 아름다운 열매를 감상하기 좋으며 또 덤으로 열매도 수확할 수 있다. 이식은 쉬운 편이며 봄과 가을 낙엽 후가 적기이다.

암꽃

수꽃

수줍은 꽃, 먹음직스러운 열매
으름덩굴
Akebia quinata

성상, 음양	낙엽만경, 음수	수형	만경
번식법	실생, 삽목, 휘묻이	개화기, 꽃색	4~5월, 보라색
식재 가능 지역	전국	결실기, 열매색	10월, 녹갈색
식재 시기	봄, 가을 낙엽 후	단풍	황갈색

분류학적 위치와 형태적 특징 및 자생지
으름덩굴은 으름덩굴과에 속하는 낙엽덩굴식물로 학명은 *Akebia quinata*이다. 속명 *Akebia*는 으름의 일본명 '아께비'에서 온 것이다. 종명 *quinata*는 '5장의 잎'이란 뜻이다. 덩굴식물로 땅으로 기거나 주위의 다른 나무를 감고 오른다. 잎은 장상복엽이고 소엽은 대개 5장이다. 일가화로 꽃은 4~5월에 피는데 짧은 총상꽃차례에 달리며 수꽃은 작고 많이 달리는 반면에 암꽃은 크고 수가 적다. 꽃잎은 없고 3개의 꽃받침이 꽃처럼 보인다. 열매는 장과로 길이 6~12cm에 바나나처럼 생겼는데 익으면 세로로 터져 과육이 노출된다. 황해도 이남의 산지 숲 가장자리에서 자라며 우리나라 외에 중국과 일본에도 분포한다.

관상 포인트 및 이용
꽃은 4~5월에 잎겨드랑이에서 난 총상꽃차례에 달리는데 보라색으로 매우 아름다우며 향기 또한 강하다. 장상복엽을 이루는 잎이 아름다운데, 겨울에도 완전히 낙엽 지지 않고 일부가 남아 있어 반상록성을 보인다. 열매는 크며 익음에 따라 녹색에서 갈색으로 변하며 잘 익으면 세로로 터져 흰 과육이 노출된다. 과육은 먹을 수 있으며 맛이 달고 좋다. 한방에서는 줄기를 말린 것을 목통(木通)이라 하며 치열, 이뇨, 진통 등의 증상에 이용한다. 또한 봄에 돋는 어린잎을 채취하여 데쳐 나물로 이용하기도 한다.

성질과 재배
우리나라 전역에서 재배가 가능하다. 음수지만 양지바른 곳에서 오히려 개화와 결실이 잘 된다. 번식은 실생, 삽목, 휘묻이로 할 수 있다. 실생법의 경우 가을에 익은 열매에서 종자를 발라내어 노천매장하였다가 이듬해 봄에 파종한다. 삽목의 경우 봄 싹 트기 전에 10~15cm 정도의 길이로 줄기를 잘라 심는데 뿌리가 잘 내린다. 그해에 자란 가지를 6~7월에 잘라 꽂는 녹지삽도 가능하다. 휘묻이는 줄기를 구부려 흙을 덮어두었다가 뿌리가 내리면 잘라 심으면 된다.

조경수로서의 특성과 배식
꽃, 잎, 열매가 아름다운 덩굴로 퍼걸러나 아치를 만들어 올리면 야취를 즐길 수 있다. 절개지 녹화에도 이용할 수 있으며 가정 정원의 철제 펜스에 올려도 좋다. 이식은 쉬운 편이며 이식 적기는 가을에 낙엽이 진 후부터 봄 싹 트기 전까지이다.

유사종
같은 으름덩굴과의 상록덩굴식물로 멀꿀이 있다.

향기롭고 아름다운 꽃의
붉은인동
Lonicera caprifolium

성상, 음양	낙엽만경, 양수	**수형**	덩굴형
번식법	삽목, 휘묻이, 실생	**개화기, 꽃색**	5~9월, 홍색
식재 가능 지역	전국	**결실기, 열매색**	9~10월, 주황색
식재 시기	봄, 가을 낙엽 후	**단풍**	황색

분류학적 위치와 형태적 특징 및 자생지
붉은인동은 인동과의 낙엽덩굴식물로 학명은 *Lonicera caprifolium*이
다. 속명 *Lonicera*는 독일의 의사이며 식물학자인 아담 로니서Adam
Lonicer(1528~1586)의 이름에서 유래된 것이다. 종명 *caprifolium*은 '염
소'라는 의미의 capri와 '잎'이라는 뜻의 folium의 합성어로 잎이 염소 뿔
처럼 둥글다는 뜻이다. 약 8m까지 자라며 성장이 왕성하다. 잎은 둥글며
줄기의 맨 위쪽 잎은 잎 속으로 줄기가 관통하여 난다. 꽃은 아름답고 향
기가 매우 좋다. 유럽에 널리 분포하며 영국 남동부와 미국 북동부에서는
귀화식물이 되었다. 우리나라에는 근년에 도입되어 관상용으로 많이 식
재되고 있다.

관상 포인트
홍색으로 모여 피는 꽃이 매우 아름답고 향기도 좋다. 꽃은 5월에 왕성하
게 피어 절정을 이루지만 그 후에도 줄기가 자라면서 지속적으로 새로 봉
오리가 생기고 가을까지 개화가 지속되므로 개화 기간이 무척 긴 편이다.

성질과 재배
원산지에서는 주황색의 아름다운 열매가 열리지만 우리나라에서는 잘 결
실하지 않는다. 따라서 번식은 삽목으로 하는데 뿌리가 아주 잘 내린다.
삽목은 봄과 초여름 장마기가 적기로, 봄에 할 때는 지난해 자란 줄기를
10~15cm 내외로 잘라 꽂으며 여름 장마기에 할 때는 그해에 자란 가지를
잘라 아래 잎을 따 버리고 위의 잎 1~2장만 남기고 꽂는다. 삽목으로 발근
이 아주 잘 되므로 겨울을 제외하고는 언제나 할 수 있을 정도이다. 삽목

으로 기른 묘는 이듬해나 3년째부터 꽃이 피게 된다. 휘묻이는 줄기를 구
부려 흙을 덮어두어 뿌리가 내리게 하는 것으로 이듬해 봄에 떼어 심으면
된다.

조경수로서의 특성과 배식
꽃이 좋은 덩굴식물로 아치나 고목에 올리면 좋다. 가지가 치밀하게 벋지
않고 엉성하게 자라므로 아치에 심을 때는 붉은인동 단일 수종으로 심기
보다는 으름, 마삭줄, 오미자, 멀꿀 등 보다 치밀하게 벋고 잎이 울밀한 다
른 덩굴식물 한두 종과 함께 심으면 더욱 보기 좋다.

유사종
동속식물로 우리나라 자생 인동덩굴, 괴불나무, 섬괴불나무, 올괴불나무,
길마가지나무 등이 있으며 인동덩굴과 성질과 조경 용도가 비슷하다.

낙엽활엽덩굴식물

초여름의 향기
인동덩굴
Lonicera japonica

성상, 음양	낙엽만경, 중용수	수형	덩굴형
번식법	삽목, 실생, 휘묻이	개화기, 꽃색	6월, 흰색
식재 가능 지역	전국	결실기, 열매색	10월, 검은색
식재 시기	봄, 가을 낙엽 후	단풍	황갈색

분류학적 위치와 형태적 특징 및 자생지
인동덩굴은 인동과에 속하는 낙엽 내지 반상록성의 덩굴식물이다. '인동'이란 이름은 낙엽성의 특징을 가지면서 겨울에도 일부 잎이 낙엽지지 않고 남아 있는 데에서 붙게 되었다. 학명은 *Lonicera japonica*이다. 속명 *Lonicera*는 독일의 의사로서 식물학자인 로니서의 이름에서 유래된 것이며 종명 *japonica*는 일본산이란 뜻이다. 잎은 마주나며 계란형으로 길이 8cm 정도이며 잎의 뒷면에는 잔털이 밀생한다. 꽃은 6월경에 1~2개씩 피며 긴 깔때기 모양이며 향기가 좋다. 열매는 장과로 지름은 7~8mm 정도이며 가을에 검게 익는다. 전국적으로 분포하는데 주로 산야의 숲속, 밭둑 등에 자생한다. 우리나라 외에 만주, 일본에도 분포한다.

관상 포인트 및 이용
꽃은 6월경에 새로 자란 가지의 잎겨드랑이에 1~2개씩 피는데 처음에는 흰색이다가 며칠 지나면 황색으로 변하는데 아름다우며 향기가 아주 좋다. 가을에 검게 익는 열매도 나름대로 관상 가치가 있다. 인동 줄기는 질기고 튼튼하여 줄기를 걷어 바구니 등을 엮는 데 이용해왔다. 또한 약재로도 이용하는데 잎과 줄기를 말린 것을 인동이라 하여 이질, 종기 등의 치료에 사용하며 꽃을 따서 말린 것을 금은화라 하여 치창(治瘡), 해독, 이뇨, 건위, 해열, 매독, 관절염 등에 사용하고 있다. 민간에서는 감기에 걸렸을 때 꽃이나 줄기와 잎을 달여 먹기도 하였다.

성질과 재배
우리나라 전역에서 재배와 식재가 가능하다. 적응성이 뛰어나 토질은 가리지 않는다. 번식은 삽목, 실생, 휘묻이로 할 수 있으나 삽목으로 뿌리가 잘 내리는 데다 결실수가 많지 않으므로 거의 삽목으로 하며, 봄 싹 트기 전에 지난해에 자란 줄기를 10cm 내외로 잘라 꽂는다. 실생의 경우 가을에 잘 익은 열매를 채취하여 종자를 정선하여 모래에 묻어 저장했다가 이듬해 봄에 파종한다.

조경수로서의 특성과 배식
분재, 분식용 꽃나무로 이용되며 조경용으로는 극히 제한적으로 사용되는 실정이다. 덩굴성 나무이므로 펜스에 타고 오르게 하거나 아치나 퍼걸러에 올려 기르면 좋다. 척박한 땅에서도 잘 견디며 양지와 음지를 가리지 않고 잘 자란다. 이식은 아주 쉬우며 뿌리가 잘 내리지만 이식할 때는 길게 자란 가지는 적당히 잘라 버리고 심는 것이 뿌리 내림이 좋다. 이식 적기는 가을에 낙엽이 진 후부터 봄 싹 트기 전이다.

아름다운 꽃은 기본, 향기는 덤으로
등나무
Wistaria floribunda

성상, 음양	낙엽만경, 양수	수형	덩굴형
번식법	실생, 근삽, 삽목 등	개화기, 꽃색	5월, 보라색
식재 가능 지역	전국	결실기, 열매색	9~10월, 녹갈색
식재 시기	봄, 가을 낙엽 후	단풍	황갈색

분류학적 위치와 형태적 특징 및 자생지

등나무는 콩과에 속하는 낙엽덩굴식물로 학명은 *Wistaria floribunda*이다. 속명 *Wistaria*는 18세기 미국인 해부학자 위스타Caspar Wistar의 이름에서 유래되었다. 종명 *floribunda*는 '꽃이 많이 핀다'는 뜻이다. 덩굴성으로 타 물체를 감고 올라간다. 잎은 기수우상복엽으로 소엽은 난상 타원형에 길이는 4~8cm 정도이다. 꽃은 5월경에 30~40cm 길이의 큰 총상꽃차례에 1.2~2cm 정도의 보라색 꽃이 핀다. 열매는 콩꼬투리 모양으로 열리며 9~10월에 익는다. 우리나라 전역에 자생하며 관상수로 많이 심는다. 한국 외에 중국과 일본에도 분포한다.

관상 포인트

5월에 피는 보라색 꽃은 아름답고 향기 또한 무척 강하여 관상 가치가 매우 높다. 꽃에는 꿀이 많아 밀원식물로도 유용하다. 가을에 커다랗게 달리는 콩꼬투리 열매도 특이하다.

성질과 재배

강한 양수로 우리나라 전역에서 재배 가능하다. 질소 고정을 할 수 있는 콩과 식물이라 토질은 크게 가리지 않으며 척박한 곳에서의 적응력이 아주 좋다. 번식은 실생, 근삽, 삽목, 포기나누기, 휘묻이, 접붙이기로 한다. 실생법은 가을에 익는 열매를 채취하여 직파하거나 기건 저장하였다가 봄에 파종하는 방법이다. 종자의 발아율은 아주 좋은 편이다. 근삽은 이른 봄에 연필 굵기 전후의 뿌리를 캐어 10cm 정도의 길이로 잘라 심는데, 발아가 잘 된다. 가지를 잘라 심는 삽목도 잘 되는데 봄 싹 트기 전에 손가락

정도 굵기의 가지를 10~15cm 길이로 잘라 꽂으면 된다. 등나무는 줄기가 땅으로 기어 나가면서 땅에 접촉하는 마디에서 흔히 발근하므로 이 마디에서 잘라 심는 포기나누기도 쉬운데 시기는 봄 싹 트기 전이 적당하다. 또한 줄기를 흙으로 덮어 뿌리가 내리게 유도하여 분리하여 심는 휘묻이도 잘 된다.

조경수로서의 특성과 배식

꽃이 아름답고 향기로운 나무지만 덩굴성이므로 독립수로의 식재는 어렵고 퍼걸러나 아치에 올려 감상한다. 성장이 빠르고 척박한 땅에서도 잘 견디므로 절개지 녹화에도 많이 이용한다. 이식할 때에는 줄기를 강하게 잘라 버리고 옮겨 심어 새 가지가 자라게 하는 것이 안전하며 이식 후의 성장도 빠르다. 이식 적기는 가을에 낙엽이 진 후부터 봄 싹 트기 전까지이다.

단풍이 고운 부착성 덩굴
담쟁이덩굴
Parthenocissus tricuspidata

성상, 음양	낙엽만경, 음수	수형	덩굴형
번식법	실생, 삽목	개화기, 꽃색	6~7월, 황록색
식재 가능 지역	전국	결실기, 열매색	8~9월, 검은색
식재 시기	봄, 가을 낙엽 후	단풍	홍색

분류학적 위치와 형태적 특징 및 자생지
담쟁이덩굴은 포도과에 속하는 낙엽성 덩굴식물로 학명은 *Parthenocis-sus tricuspidata*이다. 속명 *Parthenocissus*는 그리스어로 '처녀'란 의미의 parthenos와 담쟁이덩굴을 뜻하는 cissos의 합성어이다. 종명 *tricus-pidata*는 '3개로 돌출된다'는 의미로 잎의 모양을 표현하고 있다. 줄기는 잎과 마주나서 자라는데 끝에 흡반이 있어 바위나 나무의 줄기 등 타 물체에 부착한다. 잎은 어긋나고 넓은 계란형이고 단엽 또는 3출 복엽이며 잎의 넓이는 10~20cm 정도이다. 꽃은 액생 또는 가지 끝에 취산화서로 달리는데 양성화이며 황록색이 나고 6~7월에 핀다. 열매는 공 모양으로 지름 6~8mm이며 8~9월에 검게 익는데 흰색의 가루로 덮여 있다. 전국 산야와 민가 주변에 자생하며 우리나라 외에 중국, 일본, 대만 등에도 분포한다.

관상 포인트
여름에 녹색의 시원한 잎과 가을의 붉게 물드는 단풍이 아름답다. 꽃의 관상 가치는 크지 않으며 열매는 8~10월에 검게 익는다.

성질과 재배
추위에 강하여 전국 각지에서 재배 및 식재 가능하다. 음수이지만 양지에서도 잘 적응한다. 번식은 실생과 삽목으로 하는데 삽목으로 쉽게 뿌리가 내리므로 삽목이 편하다. 삽목의 경우 봄에 새싹이 나기 전이나 여름 6~7월에 줄기를 15cm 내외로 잘라 아래 잎을 따 버리고 꽂는다. 실생법의 경우 가을에 검은 열매를 따서 종자를 채취하여 모래와 섞어두었다가 이듬해 봄에 파종한다. 병해는 거의 생기지 않으나 통기가 불량한 환경에서 깍지벌레가 생길 수 있으므로 이 경우 적당한 살충제를 사용하여 구제하며 빽빽한 가지를 솎아내어 통풍이 좋게 하는 것도 병충해를 예방하는 방법이 된다.

조경수로서의 특성과 배식
현재 담쟁이덩굴의 조경수로의 이용은 대부분 서양식 건물의 벽면 녹화용으로, 건물이나 담벼락을 타고 오르게 하여 미관을 조성하는 용도로 이용한다. 건물의 벽면이나 옥상에 담쟁이를 타고 오르게 하면 여름에 태양열을 차단하여 실내 온도를 낮춤으로써 냉방비를 크게 절감할 수 있어 환경 친화적이면서 에너지 절약형 조경이 될 수 있다. 정원석이나 고사목을 타고 오르게 하여 운치있는 풍치를 조성할 수도 있다.

시렁에 올리면 좋은 과수 겸용 조경수
포도나무
Vitis vinifera

성상, 음양	낙엽만경, 양수	수형	덩굴형
번식법	삽목, 접목, 실생	개화기, 꽃색	5~6월, 녹색
식재 가능 지역	전국	결실기, 열매색	9~10월, 흑자색
식재 시기	봄, 가을 낙엽 후	단풍	황갈색

분류학적 위치와 형태적 특징 및 자생지

포도나무는 포도과에 속하는 낙엽덩굴식물로 학명은 *Vitis vinifera*이다. 속명 *Vitis*는 '포도'를 뜻하는 라틴어 viti에서 온 말이다. 종명 *vinifera*는 '포도주를 만드는 나무'란 뜻이다. 길이 30m까지 자라며 줄기에서 덩굴손이 나와 다른 물체를 감고 올라간다. 잎은 크고 손바닥 모양으로 갈라진다. 꽃은 양성화 또는 자웅이주이고 밀집된 원추화서에서 핀다. 꽃은 5~6월에 피며 노란빛을 띤 녹색 꽃이 달린다. 꽃잎은 5개이며 녹색으로, 위쪽이 융합한다. 열매는 장과로 9~10월에 익는다. 과피는 품종에 따라서 짙은 자줏빛을 띤 검은색, 붉은빛을 띤 검은색, 연한 노란색 등 다양하며 과형(果形)도 공 모양, 타원 모양, 양 끝이 뾰족한 원기둥 모양 등 다양하다. 재배용 포도는 지중해 연안, 중부유럽, 서남아시아 등이 원산으로 우리나라는 일찍이 중국을 통해 도입되었다.

관상 포인트 및 이용

포도나무는 대개 관상수로보다는 과수로 재배되지만 과일이 탐스럽게 열린 모습이 아름다워 과수 겸 조경수로도 가치가 있다. 과일은 생식도 하고 술을 담그거나 잼을 만드는 등 활용 가치가 매우 높다.

성질과 재배

우리나라 전역에서 재배 가능하며 땅이 걸고 여름 강수량이 비교적 많은 곳에서 잘 자란다. 번식은 삽목, 접목, 실생으로 하는데 삽목이 쉽고 일반적인 방법이다. 삽목의 경우 봄 싹 트기 전에 지난해 자란 줄기를 15cm 길이로 잘라 꽂는데, 뿌리가 잘 내린다.

조경수로서의 특성과 배식

덩굴식물이므로 타고 오를 지주를 마련해주어야 한다. 공원이나 가정 정원에서 퍼걸러를 만들어 포도 덩굴을 올려 그늘도 이용하고 열매를 감상, 이용하면 좋을 것이다. 포도를 과수로 재배할 때는 과일의 품질이 중요하겠지만 조경수 겸용으로 재배할 때는 가급적 내병성과 내충성이 강한 품종을 선택하여야 방임하여 기를 수 있다. 이식은 쉬운 편이지만 덩굴이 길게 자란 나무를 이식할 때는 줄기를 1~2m만 남기고 잘라 버리고 심어야 빨리 활착하게 된다.

유사종

동속식물로 왕머루, 새머루 등이 있다.

용어 해설

거치(鋸齒)　잎의 가장자리에 톱니 모양으로 난 돌기.

견과(堅果)　참나무, 개암나무, 피나무 등의 열매처럼 과피가 단단한 목질이며 대개 하나의 열매에 한 개의 종자가 들어 있음.

결실(結實)　열매가 맺음.

겹산형꽃차례　복산형화서(複傘形花序)라고도 하며 산형화서가 여러 차례 겹쳐 있음.

골돌과(蓇葖果)　열과의 한 종류. 갈라진 여러 개의 자방으로 된 과실로, 익으면 과피는 내봉선 혹은 외봉선을 따라 벌어짐.

과육(果肉)　과일의 육질 부분.

과탁(果托)　꽃받침에서 발달한 것으로 열매의 아래쪽 받침 부분을 이룸.

관목(灌木)　키가 작고 뿌리목에서 가지가 여럿 자라는 나무.

관수(灌水)　포장이나 화분 등의 식물에 인위적으로 물을 주는 것.

교목(喬木)　줄기가 하나로 자라며 키가 7~8m 이상으로 큰 나무.

귀화식물(歸化植物)　원래 외국산의 식물로 국내에 들어온 후 야생에서 스스로 번식하고 자라게 된 식물.

기근(氣根)　공기 중에 노출되어 있는 뿌리로 대개 줄기에서 발생하며 수분과 공기의 섭취도 함.

기주(寄主)　기생하는 생물의 숙주가 되는 생물.

꺾꽂이　풀이나 나무의 가지를 잘라 심어 뿌리가 내리게 하여 새로운 식물체를 얻는 방법.

난대수종(暖帶樹種)　난대지방에 적응하여 자라게 된 나무로 대개 추위에 약한 성질을 보임.

난상(卵狀)　잎 등이 달걀 모양의 형태를 보임.

내음력(耐陰力)　식물이 음지에서 견디며 자라는 능력, 대체로 음지식물은 내음력이 강함.

내조성(耐潮性)　소금기가 있는 바닷바람에 견디는 성질.

노지재배(露地栽培)　온실, 온상 등의 시설 없이 재배하는 것.

노천매장(露天埋藏)　종자를 젖은 모래와 섞어 노지에 두어 겨울 추위에 노출시키며 저장하는 방법.

녹지삽(綠枝揷)　그해에 자란 어린 가지를 잘라 꺾꽂이하는 방법. 대체로 여름 장마철에 하게 됨.

능각(稜角)　다면체로 이루어진 물체의 뾰족한 모서리.

다습(多濕)　땅이나 흙이 너무 습기가 많은 상태.

대목(大木)　크게 자란 나무.

대목(臺木)　접붙이기할 때 뿌리를 제공하여 바탕이 되는 나무.

도장지(徒長枝)　새로 자란 가지 중 특히 자람이 왕성하여 너무 길고 크게 자라난 가지.

도피침(倒披針)　거꾸로 된 피침형으로 전체적으로 창을 거꾸로 한 것 같은 잎의 형태.

독립수(獨立樹)　무리지어 자라지 않고 홀로 자란 나무 또는 한 그루만 따로 심어 가꾸는 나무.

동해(凍害)　추위에 의해 얼거나 쇠약해지는 피해.

두상화서(頭狀花序)　화탁 내에 꽃대가 없이 많은 작은 꽃들이 모여 마치 머리처럼 둥근 모양을 한 화서.

만경(蔓莖)　줄기가 바로 서지 않고 다른 물체나 식물을 감거나 타고 오르는 식물. 덩굴식물.

맹아력(萌芽力)　줄기나 가지를 절단했을 때 새로운 눈이 생겨 자라는 힘.

묘상(苗床)　묘목을 재배하는 토지의 두둑.

무성화(無性花)　꽃 중에서 암술이나 수술을 전혀 갖추지 못한 꽃.

미스트장치	물을 안개처럼 뿜어내어 공중 습도를 높여주는 장치.
반엽종(斑葉種)	잎에 흰색, 노랑색 등의 무늬가 든 품종.
발근율(發根率)	꺾꽂이한 묘목 중 뿌리가 내리는 묘목의 비율.
방풍수(防風樹)	바람이 강한 지역에서 바람을 막기 위해 심는 나무 또는 그런 용도로 심긴 나무.
방화수(防火樹)	화재를 막거나 화재가 번지는 것을 막기 위해 심는 나무로 대개 잎에 수분이 많고 잎이 넓은 나무가 효과적이다.
배상형(杯狀形)	술잔 모양의 수형을 이르는 말.
보수력(保水力)	토양이 물을 간직하는 힘으로, 토양을 구성하는 입자가 작을수록 보수력이 커짐.
복산방화서(複繖房花序)	산방화서가 둘 이상 겹쳐 있는 꽃차례. 산방화서는 아래쪽에서 벋은 소화경일수록 더 길고 위로 갈수록 짧아져 화서의 상단이 비슷한 높이를 가지는 꽃차례.
복산형화서(複傘形花序)	겹산형꽃차례라고도 하며 산형화서가 여러 차례 겹쳐 있음.
복총상화서(複總狀花序)	총상화서가 두 차례 이상 겹쳐 있는 꽃차례.
복토(覆土)	종자를 심거나 한 후 흙으로 덮는 일.
부정근(不定根)	뿌리에서 일상적으로 자라는 뿌리가 아닌, 줄기나 가지 등에서 돌연히 자라나는 뿌리.
부착근(附着根)	담쟁이덩굴이나 노박덩굴처럼 줄기에서 자란 가늘고 작은 뿌리로 줄기가 다른 물체에 부착하도록 해주는 뿌리.
분얼(分蘖)	대개 식물의 뿌리목에서 작은 줄기가 총생으로 불어나며 자라는 것으로, 이를 나누면 새 포기가 형성될 수 있음.
분주(分株)	줄기가 총생하여 자라는 성질을 가진 식물의

	경우 뿌리째 파내어 나누는 번식 방법.
비배(肥培)	식물에 거름 등을 잘 주고 가꾸어 키우는 일.
뿌리돌림	이식이 어려운 나무나 크게 자란 나무의 경우 이식하기 1년쯤 전에 나무의 주위를 따라 돌아가며 흙을 파고 노출되는 뿌리를 절단한 후 도로 흙을 덮어 새 뿌리가 내리게 하는 작업. 뿌리돌림을 하면 활착율이 높아져 큰 나무의 이식도 보다 쉬워짐.
삭과(蒴果)	둘 이상의 심피가 합쳐진 자방이 성숙하여 이루어진 과실로, 익으면 과피가 말라서 열개하여 종자가 노출됨.
산형화서(傘形花序)	화축 끝에서 비슷한 길이의 소화경이 갈라져 전체적으로 우산처럼 피는 꽃차례.
삽목(挿木)	식물의 가지 등을 잘라 꽂아 뿌리를 내리게 하는 번식 방법으로 '꺾꽂이'라고도 함.
선모(腺毛)	식물의 여러 기관에 있는 작은 털 모양의 구조물로 점액과 같은 액체를 분비한다.
선점(腺點)	식물의 여러 기관에서 점액과 같은 액체를 분비하는 작은 구멍.
성목(成木)	나무의 특성이 나타나고 꽃이 피며 열매가 맺을 정도로 충분히 다 자란 나무.
소관목(小灌木)	관목 중에서 특히 키가 작은 나무.
소교목(小喬木)	주간이 하나로 자라지만 키가 아주 크게 자라지는 않는 나무.
수간(樹幹)	나무의 줄기.
수과(瘦果)	열매가 성숙하여도 과피가 갈라지지 않고 혁질 또는 목질로 되어 있으며 속에 1개의 종자를 가진 과실.
수벽(樹壁)	나무를 밀집하게 심어 벽처럼 만드는 조경 방

	법 또는 그렇게 심긴 나무.
숙지삽(熟枝揷)	자란 지 2년 이상 지나 충분히 굳어진 가지를 잘라서 심는 꺾꽂이.
실생(實生)	종자를 심어 식물을 번식하는 방법.
실생묘(實生苗)	종자를 심어 길러 낸 묘목.
암생식물(岩生植物)	바위 위 또는 틈새 등에서 자라는 식물.
암수딴그루	암꽃과 수꽃이 각기 서로 다른 포기에서 피는 식물. '자웅이주'라고도 함.
암수한그루	암꽃과 수꽃이 동일 그루에서 피는 식물. '자웅동주'라고도 함.
액생(腋生)	잎의 겨드랑이에서 돋아남.
양성화(兩性花)	꽃 하나에 암술과 수술을 모두 갖추고 있는 꽃.
양수(陽樹)	햇빛을 좋아하는 나무로 그늘에서는 자라기 어렵다.
열개(裂開)	열매 등이 익어 벌어짐.
염해(鹽害)	소금기에 의한 피해. 갯벌 매립지 등에서 발생하며 태풍 등으로 바닷물이 바람에 날려 일어나기도 함.
우상복엽(羽狀複葉)	잎을 구성하는 작은 잎들이 마치 새의 깃털 모양으로 좌우로 배열되는 복엽.
원대	뿌리에서 자라나온 으뜸 줄기.
원로(園路)	공원이나 정원 사이에 낸 길.
원추화서(圓錐花序)	총상화서의 복합형으로 화서 전체가 원추형으로 됨. 라일락, 쥐똥나무의 꽃이 대표적임.
유독식물(有毒植物)	잎, 뿌리, 열매 등 식물의 기관에 유해한 성분을 가지는 식물.
유목(幼木)	어린 나무.
융모(絨毛)	아주 가늘고 연한 털.

은화과(隱花果)	주머니 모양의 화탁 내에 다수의 꽃이 달려 있는 은두화서로부터 발생한 과실.
음수(陰樹)	다른 큰 나무의 그늘 등에 자라며 음지에 잘 적응하는 나무.
인편(鱗片)	나리 등에서처럼 알뿌리에 수많은 작은 조각이 모여 있을 때 그 각각의 작은 조각들을 일컫는 말.
일가화(一家花)	한 그루에 암꽃과 수꽃이 함께 열리는 식물. '자웅동주'라고도 함.
잎겨드랑이	가지에서 잎이 자라난 지점에 형성되는 우묵한 곳으로 대개 눈이 형성됨.
자웅동주(雌雄同株)	암꽃과 수꽃이 같은 포기에서 피는 식물. '암수한그루'라고도 함.
자웅이주(雌雄異株)	암꽃과 수꽃이 각기 서로 다른 포기에서 피는 식물. '암수딴그루'라고도 함.
잡성화(雜性花)	자웅동주 또는 자웅이주 식물에서 암꽃, 수꽃 및 양성화가 나타날 때 이르는 말.
장과(漿果)	포도나 토마토처럼 종자가 과육 속에 파묻혀 있는 열매.
장상복엽(掌狀複葉)	여러 개의 작은 잎으로 모여 된 잎의 전체 모습이 손바닥을 닮은 잎. 으름덩굴의 잎이 대표적임.
장식수(粧飾樹)	정원 등을 돋보이게 하기 위해 심는 나무.
적습지(適濕地)	적당하게 습기가 유지되는 땅.
전년지(前年枝)	지난해에 자란 가지.
전초(全草)	대개 초본에 사용되며 뿌리, 줄기, 잎 등 식물체 전체를 일컫는 말.
절개지(切開地)	도로 공사, 건축 공사 등을 하면서 땅을 파내어 측면에 심토가 노출된 땅.
접수(椄穗)	접붙이기할 때 번식하고자 하는 우량 품종에서 잘라낸 작은 가지.

정생(頂生)	꼭대기에서 자람.
조해(潮害)	바닷바람에 실려 오는 염분에 의한 피해.
주목(主木)	정원이나 공원에서 중요한 위치에 있으며 또 크기도 커서 중심 역할을 하는 나무.
중륵(中肋)	잎의 맥 중에서 가운데 가장 굵은 맥.
중용수(中庸樹)	햇빛을 좋아하는 정도가 중간 정도인 나무.
증산(蒸散)	식물이 잎의 기공을 통해 수분을 대기 중으로 내보내는 현상.
지피식물(地被植物)	땅에 붙어 자라는 식물로 대개 표토의 유실을 막아 땅을 보호하는 작용이 있음.
지하경(地下莖)	땅 속으로 벋으며 자라는 줄기.
직근성(直根性)	뿌리가 땅속으로 곧고 깊게 벋는 성질.
직파(直播)	종자를 채취하여 저장하지 않고 바로 뿌림.
차광(遮光)	햇빛을 가림.
차폐수(遮蔽樹)	사람의 시선, 보기 싫은 배경 등을 가리기 위해 심는 나무.
척박지(瘠薄地)	메마르고 거름기가 적은 땅.
천근성(淺根性)	식물의 뿌리가 얕게 벋는 성질.
첨경수(添景樹)	정원 등에서 경치를 돋보이게 하고자 덧붙여 심는 나무.
총상화서(總狀花序)	아까시나무나 등나무 꽃처럼 길게 자란 화축에 비슷한 길이의 소화경을 가진 꽃이 나란히 달리는 꽃차례.
총생(叢生)	초목의 싹이나 잎이 돋을 때 여러 개가 무더기로 붙어서 남.
총포(總苞)	국화과 식물에서 두상화 하부의 주위를 둘러싼 인편을 총칭하는 말.
춘삽(春揷)	시기적으로 봄에 하는 꺾꽂이.
취산화서(聚繖花序)	작은 꽃이 많이 모여 피며 꽃이 위에서 아래로 차례로 피거나 중앙에서 가장자리를 향해 핀다.
토피어리	식물을 다듬어 다양한 동물 모양으로 만드는 기술 또는 작품.
통풍(通風)	주위가 막히지 않고 바람이 통함.
파종상(播種床)	종자를 뿌리기 위해 만든 두둑 또는 종자를 뿌린 두둑.
판갈이	종자로 기른 어린 묘목의 잔뿌리 발생을 촉진하기 위해 묘목을 캐내어 다시 심는 일.
퍼걸러	덩굴성 나무를 올려 그늘을 얻을 수 있도록 만든 시렁.
편구형(偏球形)	한쪽이 이지러진 공 모양.
풍매화(風媒花)	벼, 밀처럼 가루받이가 주로 바람에 의해 일어나는 꽃.
피목(皮目)	식물의 줄기나 가지에 작은 점처럼 있는 미세한 통로로 기체 교환의 통로가 됨.
피침형(披針形)	잎 등이 끝으로 갈수록 점점 좁아져 뾰족한 형태.
하목(下木)	큰 나무의 아래에 심는 나무 또는 심긴 나무.
핵과(核果)	복숭아 매실 등과 같이 육질의 중과피와 단단한 내과피를 가지는 과실.
혁질(革質)	가죽처럼 빳빳하고 두툼한 상태.
화관(花冠)	꽃받침 안쪽에 있는 구조물로 대개 아름다운 색채를 띠어 관상의 대상이 된다.
화탁(花託)	꽃대의 정단에 꽃잎이 부착하는 부분.
환상박피(環狀剝皮)	나무줄기나 가지를 빙 돌아가며 체관부를 벗겨내는 일.
활착(活着)	풀이나 나무를 심은 후 새 뿌리가 내림.

용어 해설

267

회차정(回車庭)	집이나 건물의 주변 등에 차를 돌릴 수 있도록 환형으로 만든, 길 가운데에 설치한 작은 정원.
휘묻이	식물의 가지를 구부린 후 흙을 덮어 새 뿌리를 내리게 하는 번식 방법.

용어 해설

기초적인 조경수 재배법

1. 조경수의 번식

취미로 정원을 가꾸거나 농원에서 영리를 목적으로 나무를 재배할 때 가장 기본이 되는 것은 수목을 번식하는 것이다. 묘목을 사서 심는 경우도 많지만 번식 방법을 알면 수목의 생산 단가를 낮출 수 있다. 또 취미 재배에서는 일일이 모든 나무를 다 구입할 수도 없는 노릇이니 번식법을 잘 익혀두는 것은 농원 경영자뿐 아니라 식물 애호가에게도 아주 중요한 일이라 할 수 있다.

식물의 번식 방법

식물의 번식 방법은 크게 유성번식과 무성번식으로 나눌 수 있다. 유성번식은 알세포에 꽃가루가 수정되어 형성된 종자에 의한 번식으로 수정 과정으로 어미그루가 가지고 있던 유전 형질들이 부계 그루의 유전 형질과 섞이고 재배열되어 어버이와는 닮았지만 또 다른 새로운 형질을 가진 개체가 되는 번식법이다. 식물이 유성번식을 함으로써 얻는 이득은 다양한 형질을 가진 개체를 생산하고 다양한 환경에서 적응하여 살 수 있는 2세들을 보는 것이다. 종자로 번식되는 개체들은 같은 나무에서 얻은 종자라 할지라도 그 형질이 제각각이므로 대개 품종별로 형질 차이가 뚜렷한 과수나 원예종의 번식법으로는 적당치 못하며 형질의 차이가 크게 중요하지 않은 임목이나 꽃나무 등의 번식에 편리한 방법이다.

반면 무성번식은 암수의 교배 없이 일어나는 모든 번식법으로, 증식된 개체들의 형질은 어미 포기와 동일하게 되므로 특정한 형질의 전달이 중요시되는 과수, 원예 품종 등의 번식에 많이 이용된다.

1) 유성번식(종자번식)의 특징과 방법

(1) 특징

• 알세포와 꽃가루가 형성되고 수정되는 과정에서 염색체의 재조합이 일어나므로 모주와 똑같은 형질을 이어받지 않고 약간 다른 형질을 가지게 된다. 또한 같은 모주에서 결실한 종자라 할지라도 개체 간의 변이가 있어 서로 다른 형질을 가지는 묘목을 얻을 수 있으며 우량 품종의 개발에도 이용할 수 있다. 따라서 과수의 번식법으로는 거의 사용하지 않으며 임목이나 조경 수목에 이용하기 좋은 번식법이다.

• 종자로 번식한 나무는 다른 방법으로 번식한 나무에 비해 상대적으로 수명이 길다.
• 뿌리가 깊게 뻗으므로 바람에 강하다.
• 성장이 왕성하다.
• 꽃이 피고 열매를 맺는 데 상대적으로 오랜 기간이 소요된다.
• 어려운 기술이 필요치 않은 가장 편리하고 쉬운 방법이다.
• 적은 비용으로 대량 번식이 가능하다.

(2) 방법

ㄱ. 종자 저장법

종자는 대개 가을에 성숙하지만 적당한 파종기는 봄이다. 따라서 파종할 때까지 저장해야 하는데 이 방법이 적당하지 못하면 발아율이 나빠지거나 아예 발아하지 않게 된다. 많은 종류의 나무들은 종자가 너무 건조하게 되면 발아력을 잃게 되는데, 이는 꽃밭에 심는 대부분의 화초의 경우 종자를 말려서 저장하는 건조 저장법을 활용하는 것과는 큰 차이가 있다. 특히 팔손이나무, 죽절초, 가막살나무, 까마귀밥나무 등과 같이 과육을 가지는 열매인 장과류나 밤이나 도토리 등과 같은 견과류의 경우 종자를 심하게 건조시키면 거의 발아하지 않는다. 따라서 이들은 적당한 방법으로 종자가 마르지 않게 보관할 필요가 있다.

대표적인 종자 저장법으로는 충적법과 노천매장법이 있다. 충적법은 종자와 젖은 모래를 섞어 섭씨 5도 전후의 온도에서 저장하는 것인데, 요즘은 냉장고가 잘 보급되어 있으므로 종자를 젖은 모래와 층층이 섞어 용기에 담아 냉장고에 저장하면 된다. 물론 저장 과정에서 모래가 너무 마르지 않게 관리해야 하며 그렇다고 물이 너무 흥건히 고이게 저장하면 종자가 호흡을 하지 못하여 부패하게 되므로 유의해야 한다. 노천매장법은 충적법과 마찬가지로 종자를 젖은 모래와 섞어 저장하되 노지에서 추위에 노출시키며 저장하는 방식이다. 이 방법은 종자가 저온에 노출되어야 잘 발아하는 수종에 특히 적합하다.

수종에 따라서는 익은 종자를 저장했다가 이듬해 봄에 파종하더라도 그해에 발아하지 않고 1년을 더 휴면했다가 발아하는 경우도 있는데, 이런 수종은 충적법이나 노천매장법으로 아예 2년을 저장했다가 파종하는 것이 편리하다. 2년간 저장하는 종자로는 먼나무, 호랑가시나무, 모란, 마가목 등이 있다. 해당화나 모감주나무 등은 일부는 그해에, 일부는 2년 만에 발아한다.

ㄴ. 발아 촉진법

여러 가지 화학 약품으로 종자를 처리하여 발아를 촉진하기도 하지만 취미 재배에서는 대개 물에 불려 파종하는 법이 가장 간편하고 부작용이 없는 발아 촉진법이다. 굴거리나무, 목련, 모란, 멀꿀 등과 같은 종자는 파종하기 전 냉수에 하루 정도 담가 충분히 불린 다음 파종하면 발아율과 발아 속도를 높일 수 있다. 또 종자를 감싸고 있는 과육에는 발아 억제 물질이 있는 경우가 많으므로 제거하는 것이 좋다. 예컨대 목련의 경우 채종 후 종자를 자루 등에 넣어 문질러 붉은색의 과육을 제거해야 발아가 잘 된다.

ㄷ. 종자 소독법

발아 중 또는 발아 뒤 어린 묘목이 병에 걸리기 쉬운 수목의 경우 종자 소독을 하는 것이 좋다. 소독제로는 승홍과 리오겐 등이 이용되는데 모두 1,000배액에 15분 정도 담근 후 물에 헹구고 물기를 뺀 후 파종한다. 세레산과 같은 가루약으로 된 소독제를 이용하기도 하는데 종자에 약을 묻혀 파종하면 된다.

ㄹ. 파종법

• 파종 시기에 따른 파종법

우선 파종 시기에 따라 봄에 파종하는 춘파, 가을에 하는 추파, 그리고 열매를 따서 곧바로 파종하는 채파로 나눌 수 있다. 대부분의 종자는 저장했다가 이듬해 봄에 춘파하는 것이 무난하며 또 관리가 편하다. 우리나라의 경우 추파하더라도 대부분 가을에 발아하지 않고 이듬해 봄에 발아하게 된다.

춘파는 층적법이나 노천매장 등으로 저장한 종자를 봄에 파종하는 것으로, 구체적인 파종 시기는 발아 습성에 따라 약간의 차이가 있으나 대체로 남부지방은 3월 하순에서 4월 상순, 중부지방은 4월 상순경이 적당하다.

추파는 가을에 파종하는 것으로 대부분의 경우 이듬해 봄에 비로소 발아하게 된다. 그러나 파종 후 가을과 겨울 사이에 새나 다른 동물에게 피해를 입기 쉬운 단점이 있고 또 묘목은 발아하지 않지만 잡초는 자라게 되므로 제초에 신경 써야 하는 번거로움이 따른다. 그러나 굴참나무나 상수리나무, 밤나무 등과 같은 참나무류의 경우 추파하게 되면 가을부터 뿌리가 벋기 시작하여 이듬해 봄에 보다 빨리 싹이 트고 성장이 개시되는 이점이 있다.

채파는 파종 직후 파종하는 것으로 가을에 익는 종자를 추파할 경우 추파가 곧 채파가 되겠다. 종자가 늦봄이나 초여름에 익는 올괴불나무나 길마가지나무, 까마귀쪽나무, 구골나무 등은 대개 채파하는데 그해 늦여름이나 가을에 발아하게 된다. 가을에 발아한 묘목의 경우 추위에 약한 수종은 아예 무가온 프레임에서 파종하여 겨울을 넘기게 하거나 짚 등을 덮어 보온과 건조를 방지해주는 것이 좋다.

진달래, 철쭉 등도 채파해야 하는데 종자가 아주 작은 데다 너무 마르면 발아력을 상실하기 때문이다. 진달래처럼 아주 작은 종자의 경우 모래에 묻어 저장하면 종자를 찾기가 어려우므로 아예 채파하는 것이 편리하다. 매실이나 살구의 경우에는 초여름에 익지만 직파더라도 그해에 발아하지 않고 저온에 노출된 후인 이듬해 봄에 발아하게 되므로 대개 저장했다가 이듬해 봄에 파종하는 것이 좋다.

• 종자를 뿌리는 방식에 따른 파종법

종자는 대개 크기에 따라 파종 방법을 달리한다. 우선 밤이나 호두, 가래나무, 칠엽수 등과 같은 대형 종자의 경우 한 알씩 파종하는 점파(한 알씩 심기)가 편리하다. 참나무류의 열매인 도토리나 모감주나무, 멀꿀, 무환자나무, 대추, 감 등과 같은 중간 크기의 종자는 조파(줄 뿌리기)가 편리하며, 아주 작은 종자는 묘상 전체에 종자를 뿌리는 산파(흩어뿌리기)가 편리하다. 물론 보다 작은 종자도 귀하거나 수량이 적을 경우 점파하기도 하므로 절대적인 것은 아니다. 또한 종자는 적당한 깊이로 복토를 해야 발아가 잘 되는데 대개 종자 직경의 2.5배 깊이로 흙을 덮는 것이 좋으며 아주 작은 종자를 깊이 복토하면 발아가 안 되거나 발아율이 극히 불량해지게 된다.

ㅁ. 파종 후 관리

파종상 관리에서 가장 중요한 것은 말리지 않고 적당하게 습기를 유지해주는 것이다. 파종 후 묘상이 마르면 발아가 늦어지거나 불량하게 되므로 짚이나 거적 등을 덮어주어 묘상이 마르지 않게 관리하거나 건조 정도에 따라 스프링클러를 가동하여 습기를 유지해주는 것이 좋다. 또한 새나 짐승의 내습이 빈번한 포장의 경우 이에 대한 대비책을 강구해야 한다.

파종 후 발아하게 되면 습기 유지를 위해 덮어두었던 거적이나 짚 등을 제거하여 햇볕과 바람이 잘 통하게 해주며 강한 음수의 경우는 발을 쳐서 어느 정도 해가림을 해준다. 또한 수시로 묘목에 병이나 벌레가 생기지 않았는지 관찰하고 살균제나 살충제를 살포하여 방제할 필요도 있다. 묘목이 너무 배게 발아했을 경우 허약한 묘를 솎아내면 우량묘의 성장에 도움이 된다.

■ 초보자를 위한 종자 번식법 Tip

1. 종자를 뿌려도 잘 발아하지 않는다면 너무 말려서 파종한 것이 원인일 수 있다. 식물의 종자는 너무 마르면 아예 발아력을 잃는 경우가 많다. 예컨대 참나무류의 종자는 마르면 전혀 발아하지 않는다.

2. 발아하지 않는다고 성급하게 파헤치지 말자. 파종한 지 2년 만에 발아하는 종자도 의외로 많다. 모란, 호랑가시나무, 먼나무, 해당화, 모감주나무 등은 대개 파종한 지 2년 만에 발아한다.

3. 몇 번을 시도해도 발아하지 않는다면 종자를 채취한 후 바로 파종해보자. 종자의 수명이 짧아 보관해두었다가 이듬해 봄에 파종하면 발아력을 상실하는 종자도 있다. 진달래, 철쭉 등의 종자는 채종한 직후 파종해야 한다.

4. 크기가 작은 종자를 너무 깊이 심으면 발아하지 않는다. 아주 작은 종자는 파종토 위에 뿌린 후 흙을 덮지 않고 대신 마르지 않게 묘상을 관리해야 잘 발아한다. 진달래, 철쭉, 영산홍, 만병초 등은 깊이 심으면 싹이 트지 않는다.

2) 무성번식(영양번식)의 특징과 방법

무성번식법은 영양번식법이라고도 부르며 꺾꽂이(삽목), 접붙이기(접목), 휘묻이(취목), 포기나누기(분주) 등이 있다. 무성번식으로 증식한 묘목은 어미 포기의 형질을 그대로 이어받게 된다.

(1) 꺾꽂이(삽목)

ㄱ. 꺾꽂이의 특징

- 어미 포기의 형질을 유지한 채 대량 증식이 가능하다.
- 방법이 단순하고 쉬워 특별한 기술이 필요치 않기 때문에 누구나 할 수 있고 비교적 적은 노력으로 대량 생산이 가능하다.

- 뿌리가 잘 내리는 종도 있지만 뿌리가 잘 내리지 않는 종도 있는 등 수종에 따라 발근율에 큰 차이가 있다.
- 적용 기간이 길어 다른 번식법에 비해 시기의 제약을 덜 받는 편이다.
- 꺾꽂이묘는 뿌리가 얕게 벋는 천근성이라 분재나 화분용으로 적당하다. 반면 바람에 쓰러지기 쉬운 단점이 있다.
- 종자로 기른 묘에 비해 나무의 수명이 짧은 경우가 있다.
- 개화와 결실에 이르는 기간이 짧다.

ㄴ. 꺾꽂이 종류와 구체적인 방법

꺾꽂이 방법도 구체적으로 사용하는 부위와 방법에 따라 가지를 잘라 꽂는 가지꺾꽂이(지삽)와 잎을 꽂는 잎꽂이(엽삽), 그리고 뿌리를 이용하는 뿌리꽂이(근삽)로 나눌 수 있다. 또 지삽은 다시, 지난해 이전에 자란 묵은 가지를 잘라 꽂는 숙지삽과 아직 푸르고 연한 새 가지를 잘라 꽂는 녹지삽으로 나눌 수 있다. 가장 일반적인 가지 꺾꽂이부터 알아보자.

숙지삽

봄에 싹이 트기 전에 실시하며 특히 낙엽활엽수에 많이 이용한다. 전년도에 자란 가지를 길이 15cm 정도로 잘라 아래쪽 3분의 2를 꽂는다. 상록수의 경우는 아래 잎을 따 버리고 위의 잎 1~3장을 붙여 꽂는다. 노지에 삽목상을 만들어 해도 되지만 봄이라고 해도 아직 기온이 낮고 밤과 낮의 기온의 변화가 심할 때이므로 비닐하우스나 온실 내에서 하면 발근율이 높아지고 또 뿌리가 내리는 데 걸리는 기간도 단축할 수 있다.

- 숙지삽으로 뿌리가 잘 내리는 나무: 개나리, 향나무, 명자나무, 화살나무, 버들, 영춘화, 조팝나무, 치자나무, 석류나무, 배롱나무, 동백, 사철나무, 영산홍, 은행나무, 벚나무, 차나무, 미선나무, 등나무, 으름덩굴, 인동, 마삭줄, 병아리꽃나무, 산수국, 가막살나무, 덜꿩나무, 댕강나무, 오미자, 돈나무, 고광나무, 애기말발도리, 능소화, 만리화, 벽오동, 무궁화, 무화과나무, 개회나무, 라일락, 병꽃나무, 피라칸다.

녹지삽

녹지삽은 이름 그대로 그해에 자란 푸른 가지를 잘라 꽂는 방법으로 시기적으로 장마철인 6~7월에 하게 된다. 이때는 공중 습도가 높고 기온이 높아 삽목에 유리한 조건이 되며 또한 아직 연한 어린 가지를 사용하게 되므로 조직의 분열 능력이 왕성하여 뿌리가 쉽게 내리게 된다. 상록활엽수의 경우 대개 난대성이라 이른 봄 싹이 트기 전에는 기온이 낮고 공중 습도가 낮아 좋은 조건이 되지 못하는 데 반해 초여름 장마기에 하는 녹지삽은 특히 유리하다. 대다수 낙엽활엽수들도 이 시기에 하면 뿌리가 잘 내린다. 그러나 낙엽활엽수의 경우 잎을 통한 증산작용이 상록수에 비해 왕성하므로 아래 잎을 따 버리고 위의 잎 1~2장을 남기고 꽂되 잎이 큰 경우 가위로 일부를 잘라 버리고 꽂는다.

- 녹지삽으로 뿌리가 잘 내리는 나무: 사철나무, 목서, 동백, 애기동백, 구골나무, 후피향나무, 치자나무, 서향, 호랑가시나무, 아왜나무, 산수국, 차나무, 송악, 산호수, 식나무, 멀꿀, 팔손이, 먼나무, 꼬리진달래, 남오미자, 돈나무, 부들레야.

- 꺾꽂이로 뿌리를 잘 내리려면
  a) 발근이 어렵거나 느린 나무의 경우는 발근 촉진제를 이용한다. 발근 촉진제는 큰 화원이나 종묘상, 농약 가게 등에서 구할 수 있다.
  b) 공중 습도를 높게 유지해야 좋다. 그러기 위해서는 하우스나 온실 등의 시설을 이용하면 편리하며 미스트 장치를 설치하여 공중 습도를 높여준다면 더욱 효과적이다.
  c) 오래되어 단단해진 가지보다는 연한 가지의 뿌리 내림이 빠르다.
  d) 꽂은 후 직사광선을 차단하여 증산량을 줄인다.
  e) 묘상을 너무 마르지 않게 관리하되 과습하지 않도록 유지한다.
  f) 상토는 물 빠짐이 잘 되고 미생물이 적은 깨끗한 모래나 가는 마사를 이용한다.

근삽

두릅나무, 음나무 등과 같은 수종은 뿌리에서 부정아가 싹이 터서 자라는 성질이 있는데 이러한 성질을 이용하는 번식법이 근삽법이다. 근삽법은 뿌리에서 부정아가 자라는 성질을 이용하므로 아무 수종에나 사용할 수는 없고 적용 수종이 매우 제한적이지만 비교적 성장이 빠르고 성적이 좋은 장점이 있다. 근삽의 시기는 숙지삽과 같은 시기인 봄에 싹이 트기 전이 좋으며, 뿌리를 파내어 10~15cm 길이로 잘라 위쪽 끝부분이 지상에 약간 노출될 정도로 심는데 이때 뿌리의 위와 아래가 바뀌지 않도록 유의한다. 대개 여름쯤이면 맹아가 자라기 시작하는데 튼튼한 줄기 하나만 남

기고 나머지는 잘라 버려 성장을 돕도록 한다.

- 근삽이 잘 되는 나무: 음나무, 두릅나무, 아까시나무, 미국풍나무, 꾸지뽕나무, 모감주나무, 붉나무, 팥꽃나무, 팥배나무, 오동나무, 참오동나무, 등나무, 참죽나무, 대추나무, 산사나무, 자귀나무, 차나무, 골담초, 고욤나무, 이나무, 개느삼, 다래나무

엽삽, 엽병삽, 엽아삽

엽삽이나 엽병삽은 주로 관엽식물이나 실내 원예식물에 이용되는 번식법이다. 실내용 다육식물의 일종인 크라슐라, 카란코에, 페페로미아 등의 경우 엽삽이 잘 되는데, 충분히 자란 잎을 따서 화분 위에 얹어두면 잎의 기부에서 뿌리와 눈이 형성되어 새 포기를 이루게 된다. 또한 베고니아의 경우 잎을 토막 내어 기부를 모래에 꽂아두면 뿌리와 새 눈이 자라 포기를 형성하게 된다.

아프리칸 바이올렛의 경우 잎에 잎자루를 붙인 채 잘라 꽂는 엽병삽으로 번식이 쉽게 된다. 이러한 식물들은 경이로운 역분화 능력을 가져 분화된 조직으로부터 역분화가 일어나고 또 재분화하여 새로운 개체를 만들어낼 수 있다. 그러나 대부분의 식물에서는 조직 배양이 아닌 한 이미 존재하고 있는 눈에서만 발아가 가능하므로 눈이 없는 가지를 잘라 꽂으면 뿌리가 내리더라도 싹이 트지 않는다. 동백의 경우 눈을 붙여 잎을 떼어내어 꽂는 엽아삽이 가능한데 삽수를 많이 얻기 어려운 희귀한 원예품종의 증식에 이용되는 정도이다.

(2) 휘묻이(취목)

삽목으로 뿌리 내림이 어려운 수목이나 귀한 수종의 안전한 번식법으로 이용할 수 있으며 덤불을 이루며 자라는 관목형 수목이나 덩굴성 식물의 번식법으로 특히 편리하다.

휘묻이 방법은 봄부터 초가을까지의 성장기라면 아무 때나 할 수 있으나 봄부터 여름까지가 적기이며, 가지나 줄기를 구부려 흙으로 덮어두면 그곳에서 뿌리가 내리게 되므로 이듬해 봄에 이를 잘라내어 심으면 된다. 대체로 낙엽활엽수의 경우 이듬해 봄에 싹이 트기 전에 잘라내는 것이 안전하며 상록수의 경우 6월경에 잘라내어 심는 것이 성적이 좋지만 흙을 헤쳐보아 충분히 뿌리가 내린 것을 확인한 후에 절단하여야 한다. 휘묻이

를 할 때 나무의 수피를 돌아가면서 제거하는 환상 박피를 한 후 흙을 덮어두면 뿌리 내림이 촉진된다.

- 휘묻이가 잘 되는 나무: 인동덩굴, 등나무, 마삭줄, 멀꿀, 능소화, 칡, 모람, 댕강나무, 빈도리, 애기말발도리, 영산홍, 철쭉, 목련, 자목련, 함박꽃나무, 굴거리나무, 구골나무, 개나리, 동백, 치자나무, 후피향나무, 산수국, 가막살나무.

(3) 포기나누기(분주)

조팝나무, 꽃댕강나무 등의 경우 원줄기에서 지속적으로 분얼하여 많은 줄기가 함께 자라게 된다. 이렇게 지하에서 새 줄기가 돋아 덤불을 이루는 나무의 경우 포기 전체를 파내어 적당히 나누어 심는 분주법으로 번식이 가능하다. 이 방법으로는 대량 번식은 어렵지만 단번에 크게 자란 묘목을 얻을 수 있는 장점이 있다.

포기나누기의 적기는 낙엽활엽수의 경우 새싹이 트기 전인 3~4월이 좋고, 상록활엽수는 6월 하순이 좋다.

- 포기나누기로 번식이 쉬운 나무: 조팝나무, 꽃댕강나무, 모란, 가막살나무, 괴불나무, 철쭉, 산수국, 식나무, 명자나무, 삼지닥나무, 차나무, 치자나무, 황매화, 이스라지, 옥매, 골담초, 개느삼.

(4) 접붙이기

ㄱ. 접붙이기의 특징
- 가지를 채취하는 모수의 형질을 그대로 유지하므로 우량 품종을 대량 증식할 수 있으며 균일한 품질의 묘목 생산이 가능하다.
- 고도의 기술과 숙련이 필요하다.
- 다른 번식 방법에 비해 시간과 노력이 많이 요구된다.
- 병해충에 강한 대목을 이용함으로써 병해충에 강한 우량 묘목을 생산할 수 있다.
- 실생묘에 비해 개화와 결실이 빨라지므로 과수의 경우 수확기가 앞당겨지는 효과가 있다.
- 접붙임 묘는 다른 방법으로 증식된 묘목에 비해 시간과 노력이 많이 투

자되므로 가격이 비싸며 우량 묘목이라는 이미지가 강하며 신뢰감이 크다.

ㄴ. 접붙이기 종류와 방법
접붙이기 종류는 기준에 따라 여러 방법으로 나눌 수 있는데, 우선 사용하는 대목에 따라 가지에 하는 가지접과 뿌리에 하는 근접으로 나눌 수 있고 또 접수의 종류에 따라 가지접과 눈접으로 나눌 수 있다. 또한 대목을 캐내어 하는 양접과 그대로 둔 채 하는 거접으로 나누기도 하고 대목의 뿌리 가까운 곳에 접하는 저접과 가지 높은 곳에 하는 고접으로 나누기도 한다. 이들 접목법은 다시 구체적으로 대목과 접수의 조제와 접합 방식에 따라 깎아접, 짜개접, 박접, 안접, 탑접 등으로 나눈다.

깎아접(절접)
대부분의 수종에 적용 가능하며 과수와 조경수의 접목법으로 가장 많이 사용되는 방법이다. 봄에 싹이 트기 시작할 무렵에 하며 접수는 접목 15~20일쯤 전에 채취하여 물이끼로 싸서 냉장고에 저장하였다가 사용하는데 이는 뿌리는 활동하고 접수는 아직 휴면하고 있어야 활착이 잘 되기 때문이다.

깎아접은 대목의 한쪽 면을 수직으로 깎아 내리고 그곳에 맞게 다듬은 접수를 끼우는 것이다. 이때 대목과 접수의 형성층을 잘 맞춰야 하는데 양쪽 면이 다 맞으면 좋지만 그렇지 못할 경우 한쪽 면이라도 맞춰야 된다. 어중간하게 양쪽 중 어느 쪽도 맞지 않게 되면 접수는 활착하지 못하고 고사하게 된다. 그 이유는 서로 다른 조직인 접수와 대목이 유합하여 물과 양분이 서로 유통할 수 있어야 하는데 분열 조직은 형성층에만 존재하므로 접수와 대목이 형성층이 맞아야만 두 조직이 유합할 수 있기 때문이다.

짜개접(할접)
깎아접 다음으로 많이 이용되는 방법으로 대목이 접수보다 클 경우에 이용하기 좋다. 깎아접과 같은 시기에 하며 깎아접과 마찬가지로 사전에 접수를 잘라 저장해야 활착률이 높다. 대목을 수직으로 짜개고 양쪽 면을 동일하게 다듬은 접수를 절개부에 삽입한다. 대개 대목의 중앙부나 중앙 가까운 곳을 절개하며 접수의 양쪽 면을 동일하게 깎아 쐐기 모양으로 끼워 넣는 것이 깎아접과 다르다.

박접

밤나무의 접붙이기에 사용하는 방법이다. 대목의 껍질을 11자 모양으로 절개하여 벗기고 껍질과 목질부를 약간 제거한 접수를 끼워 맞추는 접목법으로, 활착율이 매우 높다. 봄에 싹이 트기 시작할 무렵에 붙이며 접수는 사전에 잘라 냉장고에 저장해두었다가 사용한다.

눈접

대부분 수종에 할 수 있으며, 장미, 라일락, 매실 등에 많이 이용한다. 생육기에 하므로 접수를 저장할 필요가 없으며 바로 따서 붙이면 된다. 눈접은 5~9월의 생육기에 하므로 가지접의 경우보다 적용 기간이 길어 실패하더라도 다시 할 수 있는 장점이 있고 또 다른 정원 일로 바쁜 봄철을 피해서 하므로 시간적으로 여유가 있어 좋다. 접아가 활착되면 그대로 두었다가 이듬해 봄에 접붙인 부위 바로 위쪽을 절단하여 접아가 자라게 한다.

부름접(호접)

가지를 잘라서 접붙이기하는 것이 아니고 접붙이기할 친화성이 있는 두 그루의 나무를 나란히 심어두고 접할 나무의 가지와 대목의 서로 맞닿는 부분의 수피를 약간 벗긴 후 비닐로 묶어두어 두 그루의 가지가 서로 유합하게 하는 접목법으로 접붙이기에 능숙하지 못한 초보자들에게 좋은 접목법이다.

시기에 크게 구애받지 않고 생육기라면 언제든 할 수 있지만 봄에 하는 것이 좋으며 다른 접목법에 비해 활착하는 데 오랜 기간이 소요되므로 대개 이듬해 봄에 분리한다. 이때 대목이 되는 나무는 뿌리 쪽을 남기고 번식시킬 나무는 뿌리가 있는 쪽을 잘라 두 그루를 한 그루로 만들게 되는데 만약 접수 부분이 너무 크다면 잘라서 적당히 줄이는 것이 안전하다.

뿌리접(근접)

수목의 줄기나 가지에 접하는 것이 일반적이지만 뿌리에 하는 경우도 있는데, 이를 뿌리접이라 한다. 다른 수종도 뿌리접을 할 수 있지만 가장 대표적인 경우는 모란이나 작약의 뿌리에 모란을 접하는 경우이다. 모란은 성장이 느리고 분얼도 왕성하지 않아 실생묘나 분주 묘를 길러 접붙이는 데는 한계가 있고 비실용적이지만 모란이나 작약의 뿌리는 비교적 쉽게 얻을 수 있으므로 뿌리접이 일반적이다. 대목으로 뿌리를 사용한다는 점만 특별하며 실제 접붙이는 방법은 깎아접이나 짜개접을 사용하므로 위

에서 설명한 방법을 따르면 된다. 다만 모란의 경우는 일반적인 접붙이기 시기인 봄에 하지 말고 9~10월에 실시해야 활착이 잘 된다.

• **접붙이기할 때 유의점**

a) 대목은 생육기에 접어들고 접수는 아직 휴면 상태여야 접목묘의 활착이 잘 된다. 그러기 위해서는 접붙이기 2~3주 전의 휴면기에 접수로 쓸 가지를 잘라 마르지 않게 물이끼로 감고 비닐봉지로 싸서 냉장고에 저장해두어 휴면이 유지되게 하여 사용하면 좋다.

b) 접수를 조제할 때 위쪽 절단면엔 돼지기름과 송진, 밀랍을 혼합하여 녹인 접밀을 발라두면 절단면에서 물의 증산을 방지하게 되어 활착률이 높아진다. 접밀은 재료를 구해 직접 만들어 써도 되지만 상품으로도 나오므로 농약상이나 농자재상에서 구입하여 쓸 수 있다.

c) 대목과 접수의 형성층을 잘 맞추는 것이 가장 중요하다.

d) 접수와 대목 간에 친화성이 있어야 한다. 즉, 아무 나무에나 접을 붙일 수는 없으며 대개 같은 속의 나무끼리 가능하다.

e) 눈접은 생육기에 하므로 접수를 저장할 필요가 없다.

f) 이론적으로만 배워서 성공하기는 쉽지 않으므로 이웃에 접붙이기를 할 줄 아는 사람이 있으면 실기를 배워두는 것이 좋다.

g) 여러 접붙이기 방법의 기본적 원리는 동일하지만 실제 특정 접붙이기 방법으로 해야 활착이 잘 되는 경우도 많으므로 그 수종에 맞는 방법으로 실시하는 것이 좋다.

h) 접붙이기는 똑같은 방법으로 하더라도 대목과 가지를 잘 다듬고 정확히 맞추느냐에 따라 성패가 달라지므로 상당한 숙련이 필요하다.

ㄷ. 접붙이기 묘의 관리

1) 접목 부위를 묶은 비닐은 6개월~1년 후 끌러주어야 자람이 원활하다. 비닐을 풀지 않고 그대로 두면 그 부분이 자라지 못해 바람에 부러지는 등의 문제가 생긴다.

2) 접수가 자라면 여름 태풍에 꺾이기 쉬우므로 지주를 세워 부러지거나 쓰러지지 않게 해준다.

3) 접가지에서 새눈이 자라더라도 대목에서 맹아가 많이 발생하게 되는데, 생기는 대로 제거해주어야 접가지에서 자란 싹의 성장이 왕성하게된다. 만약 대목의 맹아지 제거에 소홀하면 자라던 접가지가 세력이 약해져 고사하는 경우도 생긴다. 대목의 맹아는 묘목 때뿐 아니라 때로는

성목으로 자라난 후에도 발생하는 수가 있는데 마찬가지로 제거해주어야 한다. 예컨대 장미의 뿌리목에서 찔레가 자라 나오는 경우를 흔히 볼 수 있는데 그대로 두면 장미는 쇠약해지고 찔레가 왕성해지게 되므로 반드시 뿌리목에서 바짝 잘라주어야 한다.

2. 조경수의 육묘 및 비배

식물체를 구성하는 원소는 40여 종이 있으며 그중 탄소는 공기로부터, 수소와 산소는 물로부터 공급되고 나머지는 대부분 토양에서 뿌리를 통해 물에 녹은 채로 공급된다. 이 원소들 중에서 식물체가 가장 많이 필요로 하며 부족하기 쉬운 질소, 인산, 칼리를 비료의 3요소라고 부른다. 비료는 대개 이들 성분을 공급하게 되며 나머지 다른 원소들은 적은 양이 필요하므로 미량요소라 부른다. 미량요소는 결핍되는 일이 적으나 때로는 특정 식물이나 환경에서 결핍되어 장애가 나타나거나 성장이 억제되는 경우도 있는데 특히 연작을 하는 농경지에서 나타나기 쉬우며 조경수의 경우 미량요소가 결핍되어 문제가 되는 경우는 거의 없다. 다만 조경수 재배의 경우에도 산지의 박토로 메운 매립지나 토석 채취로 표토를 완전히 제거한 토양의 경우 3요소뿐 아니라 미량요소도 결핍되는 경우가 있는데 이런 경우는 퇴비 등 유기질 비료를 꾸준히 시비하여 토질을 개량하고 비옥하게 할 필요가 있다.

1) 식물에 필요한 비료 성분

(1) 질소

식물의 원형질을 구성하는 단백질과 유전 정보의 저장체인 핵산의 구성 요소가 된다. 질소가 부족하면 성장이 억제되며 식물에 질소 비료를 하면 가장 극명하게 그 효과가 나타나지만 너무 많이 주면 식물체가 연약해지고 키가 너무 자라게 된다. 또 병해충에 의한 피해가 증가하게 되는 부작용이 발생한다. 대표적인 질소 비료로는 퇴비, 가축의 분뇨, 어박 썩힌 것, 유박(깻묵) 썩힌 것 등이 있으며 화학 비료로는 유안, 요소가 있다.

(2) 인산

핵산의 주성분이 되어 세포의 분열과 증식에 중요한 역할을 한다. 인산이 많이 들어 있는 비료로는 골분, 과린산석회 등이 있다.

(3) 칼리

가지와 줄기를 튼튼하게 하고 식물체 내 단백질 합성 등에 관여한다. 칼리 비료로는 초목회(재거름), 황산칼리, 염화칼리 등이 있다.

(4) 미량요소

마그네슘, 철분, 붕소, 염소, 황, 아연 등의 성분도 식물에 꼭 필요하지만 아주 적은 양이 요구되므로 이들을 통틀어 미량요소라 부른다. 미량요소는 특별한 결핍증이 나타날 때 시여하기도 하지만 정원수나 화초에서 그런 증상이 나타나는 경우는 드물고 일반적으로 퇴비를 적당히 주면 미량요소도 함께 공급된다.

2) 비료의 종류

(1) 유기질 비료

퇴비는 만드는 재료에 따라 그 성분과 농도가 달라지며, 여러 성분이 들어 있으나 주성분은 질소이다. 화학비료보다 퇴비를 위주로 시비하게 되면 토양의 물리 화학적 성질이 좋아지고 유익한 미생물이 증가하여 식물의 건강과 성장에 효과적이다.

ㄱ. 우분 퇴비

거름의 농도가 약하고 섬유질이 많아 토질 개량에 가장 효과적이며 또한 냄새가 적게 난다.

ㄴ. 돈분 퇴비

거름의 농도가 진하며 냄새도 많이 나는 편이다. 농도가 높으므로 너무 과량으로 사용하지 않아야 하며 충분히 썩은 것을 사용해야 그나마 냄새가 덜하다.

ㄷ. 계분 퇴비

퇴비 중 거름의 농도가 가장 진하며 냄새 또한 지독하다. 따라서 과수원 등에 많이 사용하며 묘포장이나 가정 정원에서는 사용을 삼가는 것이 좋다. 사용해야 할 경우엔 과잉 시비가 되지 않도록 주의해야 하고 땅을 파고 거름을 준 후 흙으로 덮어야 악취를 줄일 수 있다.

ㄹ. 자가 제조 퇴비

가지치기한 작은 나뭇가지와 잎, 낙엽, 채소를 다듬고 남은 찌꺼기, 기름 짜고 남은 깻묵, 과일 껍질과 음식 쓰레기, 정원과 텃밭에서 뽑은 잡초 등을 퇴비간에서 썩히면 좋은 거름이 되는데 주로 어떤 재료가 들어갔느냐에 따라 농도는 달라지지만 대개 우분과 비슷한 농도의 퇴비가 된다.

자가 퇴비를 만들 때 소금기가 많은 음식물 쓰레기를 그대로 썩혀 쓸 경우 염분으로 인한 장애가 나타나기 쉬우므로 소금기를 제거해야 하며 또 잘 썩힌 후 정원에 넣어야 벌레가 생기지 않고 침출수에 의한 식물의 피해를 막을 수 있다. 퇴비간이 없을 경우 정원 구석에 자리를 마련하여 각종 유기물 쓰레기들이 생기는 대로 쌓아 썩혀도 된다. 야외 퇴비장의 경우 비가 올 때는 비닐 등으로 덮어 비를 맞지 않게 해야 거름 성분이 유실되지 않으며 어느 정도 썩은 후 쇠스랑으로 한두 번 뒤집어주면 골고루 그리고 빨리 잘 썩게 된다. 그 외 깻묵, 어박 등 농수산품의 가공 부산물을 썩혀 만든 퇴비도 사용 가능한데 깻묵의 경우 썩혀서 사용하거나 가루를 그대로 화단 등에 뿌려 서서히 효과가 나타나게 하기도 한다. 깻묵과 어박 퇴비의 주성분도 모두 질소이다.

(2) 화학 비료

농도가 아주 진하여 초보자는 실수하기 쉬우므로 가급적 사용을 삼가는 것이 좋으며 사용하더라도 양이 과하지 않도록 특히 주의해야 한다. 조경수의 경우 농작물이나 초화에 비해 비료 흡수량이 적으므로 양을 더 줄여 사용한다. 화학 비료에는 질소 비료로 유안, 요소가 있으며, 칼리 비료로 염화칼리, 인산 비료로는 과린산석회와 용성인비 등이 공급되고 있다. 정원에선 질소, 인산, 칼리가 함께 들어 있는 복합비료를 사용하는 것이 편리하며 잔디밭에는 요소 비료 위주로 시용하면 된다.

(3) 재거름(초목회)

나뭇가지, 장작, 낙엽 등 각종 유기물을 태운 재로 여러 무기질 성분을 함유하고 있고 특히 칼리가 풍부하다. 다소 많이 주어도 장애를 일으키는 일은 없으나 성질이 알칼리성이므로 만병초, 철쭉, 진달래, 영산홍 등과 같이 산성 토양을 좋아하는 식물에는 사용하지 않는 것이 좋다.

3) 수목의 성상별 시비 방법

조경수라 할지라도 성상에 따라 성장 속도가 크게 다르며 따라서 비료 요구량도 달라진다. 일반적으로 시비량은, 낙엽활엽수＞상록활엽수＞상록침엽수의 순으로, 침엽수가 비료를 가장 적게 요구하는데 이는 침엽수의 성장 속도가 느리기 때문이다. 또한 같은 낙엽활엽수라 할지라도 성장이 빠른 속성수는 성장이 느린 나무에 비해 더 많은 시비량이 요구된다. 예컨대 활엽수 중 오동나무나 백합나무처럼 성장이 빠른 나무는 더 많은 시비를 요구한다. 반면 노각나무나 산수유처럼 성장이 느린 나무는 상대적으로 적은 양의 비료를 필요로 한다.

4) 거름 주는 시기

묘목을 배양할 때는 우선 밑비료로 파종상에 복합비료나 퇴비를 넣어 초기 성장을 도모하며 자람에 따라 복합비료로 추비를 하면 된다. 추비는 이듬해 봄에 하면 되며 여름 장마철이나 여름 이후에 하면 자칫 병충해의 피해를 부르거나 늦자람을 유도하여 겨울에 동해를 초래할 수 있다.

3. 병충해 관리

1) 병해 관리

수목은 초화류에 비해 병에 걸리는 일이 적다. 또 크게 자란 나무의 경우 병에 걸려도 죽게 되는 경우보다는 성장이 늦어지고 관상 가치가 저하되는 것이 일반적이지만 어린 묘의 경우에는 병에 걸려 죽는 경우도 많다. 따라서 묘목을 기르는 경우에는 병해방제에 결코 소홀할 수 없다.

수목에 많이 발생하는 병으로는 그을음병과 흰가루병, 붉은별무늬병, 탄저병, 입고병 등이 있는데 이들은 모두 곰팡이에 의해 일어나는 병이며 다이젠수화제, 석회보르도액 등의 살균제를 이용하여 방제한다. 대체로 비료 성분 특히 질소 성분을 많이 시용했을 경우 병해가 증가하며 진딧물이나 깍지벌레 등의 발생이 있을 경우 그을음병의 발생이 수반되는 경우가 많으므로 이런 경우에는 살균제로 방제하기보다는 살충제로 이들 해충을 구제하는 것이 더 우선적인 방제책이 된다. 또한 밀식하여 재배할 경우의 통풍 불량이나 장마철 토양의 과습도 병을 유발하는 요인이 되므로 밀식 묘를 솎아주어 통풍이 원활하게 해주는 것과 두둑을 높게 쳐서 배수가 잘 되게 하는 것도 병해와 충해 예방에 필요하다.

2) 충해 관리

수목은 그 종류에 따라 피해를 입히는 해충도 제각기 다르며 해충의 종류도 아주 다양하다. 따라서 모든 해충의 피해와 그 방제법을 설명하기에는 한계가 있다. 여기서는 가장 대표적인 해충의 피해에 대해 알아보고 그 방제법과 예방법을 소개하고자 한다.

(1) 진딧물

각종 조경수에 가장 흔히 발생하는 해충으로 종류가 다양하지만 그 생활방식과 피해는 종류에 관계없이 거의 비슷하다. 주로 어린 가지나 잎에 무수히 달라붙어 식물의 체관부에 주둥이를 꽂아 양분을 빨아 먹는다. 이로 인해 식물은 성장이 불량해지고 여러 종류의 식물 병도 매개하게 되는데 특히 분비물에 포함된 양분에 의해 식물의 잎이나 가지, 줄기 등에 그을음병이 발생하는 경우가 많다. 질소 비료를 많이 시용할 때 잘 발생하므로 시비량이 과다하지 않도록 유의하며 방제는 메타시스톡스 등의 살충제를 사용한다.

(2) 개각충

깍지벌레라고도 부르며 여러 종류의 조경수에 발생하지만 특히 잎이 두터운 상록활엽수에 많이 발생한다. 식물의 종에 따라 개각충도 여러 종류가 있으며 잎이나 가는 가지, 줄기 등에 붙어 수액을 빨아 먹는다. 이로 인해 식물의 성장을 방해하며 진딧물과 마찬가지로 여러 종류의 식물병을 매개하고 역시 그을음병을 일으키는 경우가 많다. 개각충은 납질의 껍질에 싸여 있으므로 일반 살충제로는 방제하기 어려운 편이다. 겨울 동안에는 석회유황합제를 뿌려 예방 및 방제하지만 식물의 생육기에는 약해를 입으므로 사용하기 어렵고 수프라사이드로 구제하는데 맹독성 농약이므로 취급에 유의해야 한다.

(3) 모충(毛虫, 쐐기벌레)

나비목 곤충의 애벌레로 식물의 잎을 갉아 먹어 피해를 입히며 피부에 닿으면 따갑고 가려움 등의 증상을 야기하여 큰 불편을 준다. 외래종의 유입이나 생태계의 교란 등으로 대량 발생하여 엄청난 피해를 입히는 경우도 있는데 1960년대에 우리나라 소나무 숲에 큰 피해를 입혔던 솔나방의 유충인 송충이나 1960~1970년대에 전국적으로 활엽수에 엄청난 피해를 입혔던 미국흰불나방 등의 예가 있다. 디프 수화제, 메프 수화제 같은 적당한 살충제로 구제한다.

(4) 잎벌레

딱정벌레목의 곤충으로 유충과 성충이 식물의 잎을 갉아 먹으며 잎벌레의 종류에 따라 각기 피해를 입히는 식물의 종류도 다양하다. 한때 사방용으로 산지에 오리나무를 대량 식재한 후 오리나무잎벌레가 대량 발생하여 큰 피해를 입은 적이 있다. 종류에 따라 여러 차례 발생할 수 있으며 성충이 되기 전에 유충 시기에 방제하는 것이 효과적이다.

(5) 심식충(心喰虫)

하늘소의 애벌레를 심식충이라 하는데 나무의 수간에 구멍을 뚫고 목질부를 파먹어 때로 줄기가 부러지게 하거나 나무가 고사하게 하는 피해를 입힌다. 심식충이 발생하면 나무줄기나 줄기의 기부에 톱밥처럼 생긴 배설물이 쌓이므로 확인할 수 있다. 배설물이 보이면 구멍 안으로 살충제의 입제를 주입하거나 이황화탄소를 주사기로 소량 주입하여 진흙으로 막으면 벌레가 죽게 된다. 예방책으로 4~9월 사이 심식충의 발생기에 수간 아래 토양에 카운타 등의 살충제 입제를 소량 뿌려두면 하늘소의 접근을 막을 수 있다.

(6) 소나무좀

딱정벌레목의 작은 곤충으로 몸길이는 4mm 내외로 소나무 종류의 수피를 뚫고 들어가 체관부를 갉아 먹어 나무를 쇠약해지게 하거나 고사케 한다. 건강한 나무에는 잘 발생하지 않으며 옮겨 심어 약해진 나무에 잘 발생하므로 소나무를 옮겨 심을 때는 소나무좀이 침입하지 않도록 줄기와 굵은 가지의 수피에 황토나 진흙을 물로 개어 바르고 그 위에 새끼를 감은 후 다시 진흙을 발라두면 효과적이다.

가정 정원용으로 좋은 조경수

수종	관상 부위	성상	증식법	음양성	식재지
가막살나무	꽃, 열매	낙엽활엽관목	실생, 삽목, 휘묻이	양지, 반음지	전국
가침박달	꽃	낙엽활엽관목	실생, 삽목	양지	전국
갈기조팝나무	꽃	낙엽활엽관목	실생, 삽목	양지, 반음지	전국
감나무	열매	낙엽활엽교목	실생, 접목	양지	중부 이남(강원 제외)
개나리	꽃	낙엽활엽관목	실생, 삽목	양지	전국
개느삼	꽃	낙엽활엽관목	근삽, 실생	양지	전국
개버무리	꽃	낙엽만경	실생	양지	전국
고광나무	꽃	낙엽활엽관목	삽목, 실생	양지, 반음지	전국
골담초	꽃	낙엽활엽관목	근삽, 분주	양지	전국
공조팝나무	꽃	낙엽활엽관목	삽목, 실생	양지	전국
구골나무	꽃, 열매, 상록 잎	상록활엽소교목	실생, 삽목	양지, 반음지	남부지방
구상나무	상록 잎, 수형, 열매	상록침엽교목	실생	반음지	전국
굴거리나무	열매, 상록 잎	상록활엽소교목	실생	양지, 반음지	남부지방
금목서	꽃, 상록 잎	상록활엽소교목	삽목	양지, 반음지	남부지방
길마가지나무	꽃, 열매	낙엽활엽관목	실생, 삽목	양지, 반음지	전국
꼬리조팝나무	꽃	낙엽활엽관목	실생, 삽목, 분주	양지	전국
꼬리진달래	꽃, 상록 잎	상록활엽관목	삽목	양지, 반음지	전국
꽃개회나무	꽃	낙엽활엽관목	실생, 삽목	양지	전국
꽃댕강나무	꽃	낙엽활엽관목	실생, 삽목	양지, 반음지	전국
꽃아그배나무	꽃	낙엽활엽소교목	실생	양지	전국
꽃치자	꽃, 상록 잎	상록활엽관목	삽목	양지, 반음지	남부지방
꽝꽝나무	열매, 상록 잎	상록활엽관목	삽목, 실생	양지, 반음지	남부지방
낙상홍	열매	낙엽활엽관목	실생	양지	전국
남오미자	꽃, 열매, 상록 잎	상록만경	실생, 삽목	반음지	남부지방
남천	꽃, 열매, 상록 잎	상록활엽관목	실생, 삽목	양지, 반음지	중부 이남(강원 제외)
납매	꽃	낙엽활엽관목	실생	양지	남부지방
노각나무	꽃, 단풍	낙엽활엽교목	실생	양지	중부 이남(강원 제외)
다정큼나무	꽃, 열매, 상록 잎	상록활엽관목	실생, 삽목	양지, 반음지	남부지방
단풍나무	잎, 단풍, 녹음	낙엽활엽교목	실생	양지, 반음지	전국
당단풍	잎, 단풍, 녹음	낙엽활엽소교목	실생	양지, 반음지	전국
당마가목	꽃, 열매	낙엽활엽소교목	실생	양지	전국
대팻집나무	열매	낙엽활엽소교목	실생	양지	전국
댕강나무	꽃	낙엽활엽관목	삽목, 실생	양지, 반음지	전국
덜꿩나무	꽃, 열매	낙엽활엽관목	삽목, 실생	양지, 반음지	전국
돈나무	꽃, 열매, 상록 잎	상록활엽관목	실생, 삽목	반음지	남부지방
동백	꽃, 상록 잎	상록활엽소교목	실생, 삽목	양지, 반음지	남부지방
때죽나무	꽃, 열매	낙엽활엽소교목	실생	양지, 반음지	전국
라일락	꽃	낙엽활엽소교목	삽목, 실생, 접목	양지	전국

수종	관상 부위	성상	증식법	음양성	식재지
마가목	꽃, 열매	낙엽활엽소교목	실생	양지	전국
만병초	꽃, 상록 잎	상록활엽관목	실생	반음지	전국
말발도리	꽃	낙엽활엽관목	실생, 삽목	반음지	전국
말오줌때	열매	낙엽활엽관목	실생	양지	남부지방
매실나무	꽃, 열매	낙엽활엽소교목	실생, 접목, 삽목	양지	중부 이남(강원 제외)
먼나무	꽃, 열매, 상록 잎	상록활엽소교목	실생, 삽목	양지, 반음지	남부지방
멀구슬나무	꽃, 열매	낙엽활엽교목	실생	양지	남부지방
멀꿀	꽃, 열매, 상록 잎	상록만경	실생, 삽목	양지, 반음지	남부지방
명자꽃	꽃, 열매	낙엽활엽관목	실생, 삽목	양지	전국
모감주나무	꽃, 단풍	낙엽활엽교목	실생, 근삽	양지	전국
모과나무	꽃, 열매, 단풍, 수피	낙엽활엽교목	실생	양지	전국
모란	꽃	낙엽활엽관목	실생, 접목, 분주	양지	전국
목련	꽃, 열매	낙엽활엽교목	실생	양지	전국
무궁화	꽃	낙엽활엽소교목	삽목, 실생	양지	전국
무화과나무	열매	낙엽활엽소교목	삽목	양지	남부지방
무환자나무	꽃, 열매, 단풍	낙엽활엽교목	실생	양지	남부지방
미선나무	꽃	낙엽활엽관목	삽목, 실생	양지, 반음지	전국
박쥐나무	꽃, 열매	낙엽활엽관목	실생	반음지, 음지	전국
박태기나무	꽃	낙엽활엽관목	실생	양지	전국
배롱나무	꽃, 수피	낙엽활엽교목	삽목, 실생	양지	남부지방
백당나무	꽃, 열매	낙엽활엽관목	삽목, 실생	양지	전국
백목련	꽃	낙엽활엽교목	실생, 접목	양지	전국
백서향	꽃, 열매, 상록 잎	상록활엽관목	삽목, 실생	양지, 반음지	남부지방
백송	상록 잎, 수형	상록침엽교목	실생	양지	전국
벚나무	꽃	낙엽활엽교목	실생, 삽목	양지	전국
별목련	꽃, 열매	낙엽활엽소교목	실생	양지	전국
병꽃나무	꽃	낙엽활엽관목	삽목, 실생	양지, 반음지	전국
병아리꽃나무	꽃, 열매, 단풍	낙엽활엽관목	실생, 삽목	양지	전국
분꽃나무	꽃	낙엽활엽관목	삽목, 실생	양지, 반음지	전국
분단나무	꽃	낙엽활엽관목	삽목, 실생	양지	전국
불두화	꽃	낙엽활엽관목	삽목	양지	전국
붓순나무	꽃, 열매, 상록 잎	상록활엽소교목	실생, 삽목	양지, 반음지	남부지방
비자나무	열매, 상록 잎	상록침엽교목	실생, 삽목	반음지	남부지방
비파나무	열매, 상록 잎	상록활엽관목	실생	양지	남부지방
사람주나무	단풍, 수피	낙엽활엽관목	실생	양지, 반음지	중부 이남(강원 제외)
사철나무	열매, 상록 잎	상록활엽관목	삽목, 실생	양지, 반음지	중부 이남(강원 제외)
산가막살나무	꽃, 열매	낙엽활엽관목	삽목, 실생	양지, 반음지	전국
산개나리	꽃	낙엽활엽관목	삽목, 실생	양지, 반음지	전국

수종	관상 부위	성상	증식법	음양성	식재지
산딸나무	꽃, 열매, 단풍, 수피	낙엽활엽소교목	실생	양지	전국
산사나무	꽃, 열매	낙엽활엽소교목	실생, 근삽	양지	전국
산수국	꽃	낙엽활엽관목	삽목, 실생	양지, 반음지	전국
산수유	꽃, 열매, 수피	낙엽활엽교목	실생	양지	전국
산옥매	꽃, 열매	낙엽활엽관목	삽목, 실생	양지	전국
산조팝나무	꽃	낙엽활엽관목	삽목, 실생	양지	전국
산철쭉	꽃	낙엽활엽관목	삽목	반음지	전국
살구나무	꽃, 열매	낙엽활엽교목	실생, 접목	양지	전국
삼지닥나무	꽃	낙엽활엽관목	삽목, 실생	양지	남부지방
생강나무	꽃, 단풍	낙엽활엽관목	실생	양지, 반음지	전국
생달나무	열매, 상록 잎	상록활엽교목	실생	양지, 반음지	남부 해안지방
생열귀나무	꽃, 열매	낙엽활엽관목	실생, 삽목	양지	전국
서향	꽃, 상록 잎	상록활엽관목	삽목, 실생	양지, 반음지	남부지방
섬개야광나무	꽃, 열매	낙엽활엽관목	실생, 삽목	양지	전국
세열단풍	잎, 단풍	낙엽활엽관목	접목	양지	전국
소나무	상록 잎, 수형	상록침엽교목	실생	양지	전국
소사나무	단풍	낙엽활엽교목	실생	양지	전국
수국	꽃	낙엽활엽관목	삽목, 실생	양지	전국
수수꽃다리	꽃	낙엽활엽소교목	삽목, 실생	양지	전국
쉬땅나무	꽃	낙엽활엽관목	삽목, 실생	양지	전국
식나무	열매, 상록 잎	상록활엽관목	삽목, 실생	반음지	남부지방
아구장나무	꽃	낙엽활엽관목	삽목, 실생	양지	전국
아그배나무	꽃, 열매	낙엽활엽소교목	실생	양지	전국
아왜나무	꽃, 열매, 상록 잎	상록활엽소교목	삽목, 실생	반음지	남부지방
애기동백	꽃, 상록 잎	상록활엽소교목	실생, 삽목	양지, 반음지	남부지방
앵두나무	꽃, 열매	낙엽활엽관목	실생, 분주	양지	전국
야광나무	꽃, 열매	낙엽활엽소교목	실생	양지	전국
얼룩식나무	열매, 상록 잎	상록활엽관목	삽목, 실생	반음지, 음지	남부지방
영춘화	꽃	낙엽활엽관목	삽목	양지	전국
오갈피나무	열매	낙엽활엽관목	실생, 근삽	양지	전국
올괴불나무	꽃, 열매	낙엽활엽관목	실생, 삽목	반음지	전국
올벚나무	꽃	낙엽활엽교목	실생, 삽목	양지	전국
왕벚나무	꽃	낙엽활엽교목	실생, 삽목	양지	전국
월계수	열매, 상록 잎	상록활엽소교목	실생, 삽목	양지, 반음지	남부지방
윤노리나무	꽃, 열매	낙엽활엽소교목	실생	양지	전국
으름덩굴	꽃, 열매, 잎	낙엽만경	실생, 삽목, 휘묻이	반음지	전국
음나무	꽃, 열매, 잎	낙엽활엽교목	실생, 근삽	양지	전국
이나무	꽃, 열매, 수피	낙엽활엽교목	실생, 근삽	양지	남부지방

수종	관상 부위	성상	증식법	음양성	식재지
이스라지	꽃, 열매	낙엽활엽관목	실생, 분주	양지	전국
이팝나무	꽃	낙엽활엽교목	실생	양지	전국
자귀나무	꽃	낙엽활엽교목	실생	양지	중부 이남
자두나무	꽃, 열매	낙엽활엽소교목	실생, 접목	양지	전국
자목련	꽃	낙엽활엽소교목	실생, 접목, 휘묻이	양지	전국
장구밥나무	열매	낙엽활엽관목	실생	양지	전국
장미	꽃	낙엽활엽관목	접목, 삽목	양지	전국
장수만리화	꽃	낙엽활엽관목	삽목, 실생	양지	전국
정금나무	꽃, 열매, 단풍	낙엽활엽관목	실생	반음지	전국
정향나무	꽃	낙엽활엽소교목	삽목, 실생	양지	전국
제주광나무	꽃, 열매, 상록 잎	상록활엽소교목	실생, 삽목	양지, 반음지	남부지방
조팝나무	꽃	낙엽활엽관목	실생, 삽목	양지	전국
종가시나무	열매, 상록 잎	상록활엽교목	실생	양지, 반음지	남부지방
주목	열매, 상록 잎, 수형	상록침엽교목	삽목, 실생	양지, 반음지	전국
죽단화	꽃	낙엽활엽관목	삽목, 실생	양지, 반음지	전국
준베리	꽃, 열매, 단풍	낙엽활엽관목	실생	양지	전국
중국단풍	잎, 단풍, 녹음	낙엽활엽교목	실생	양지	전국
진달래	꽃	낙엽활엽관목	실생	양지, 반음지	전국
쪽동백나무	꽃, 열매	낙엽활엽소교목	실생	양지	전국
차나무	꽃, 열매, 상록 잎	상록활엽관목	실생, 삽목	양지, 반음지	남부지방
차빛당마가목	꽃, 열매	낙엽활엽소교목	실생	양지	전국
참꽃나무	꽃	낙엽활엽관목	실생	양지, 반음지	전국
참빗살나무	열매	낙엽활엽관목	실생, 삽목	양지, 반음지	전국
참식나무	열매, 상록 잎	상록활엽교목	실생	양지, 반음지	남부 해안지방
참조팝나무	꽃	낙엽활엽관목	삽목, 실생	양지, 반음지	전국
참죽나무	실용수, 녹음수	낙엽활엽교목	근삽, 실생	양지	남부지방
채진목	꽃, 열매	낙엽활엽소교목	실생, 삽목	양지, 반음지	남부지방
철쭉	꽃, 단풍	낙엽활엽관목	실생	양지, 반음지	전국
초크베리	꽃, 열매, 단풍	낙엽활엽관목	실생, 삽목	양지	전국
치자나무	꽃, 열매, 상록 잎	상록활엽관목	삽목, 실생	양지, 반음지	남부지방
칠엽수	꽃, 열매, 잎, 단풍	낙엽활엽교목	실생	양지	전국
콩배나무	꽃	낙엽활엽소교목	실생, 근삽	양지	전국
태산목	꽃, 상록 잎	상록활엽교목	실생, 접목	양지, 반음지	남부지방
팔손이	꽃, 열매, 상록 잎	상록활엽관목	실생, 삽목	음지, 반음지	남부 해안지방
팥꽃나무	꽃	낙엽활엽관목	근삽, 실생	양지	전국
팥배나무	꽃, 열매	낙엽활엽소교목	실생, 근삽	양지, 반음지	전국
풍년화	꽃	낙엽활엽관목	실생	양지	전국
피라칸다	꽃, 열매, 상록 잎	상록활엽소교목	실생, 삽목	양지, 반음지	중부 이남, 강원 제외

수종	관상 부위	성상	증식법	음양성	식재지
함박꽃나무	꽃, 열매	낙엽활엽소교목	실생, 휘묻이, 접목	양지, 반음지	전국
해당화	꽃, 열매	낙엽활엽관목	실생, 삽목	양지	전국
향나무	상록 잎	상록침엽교목	삽목, 실생	양지	전국
호랑가시나무	꽃, 열매, 상록 잎	상록활엽소교목	실생, 삽목	양지, 반음지	남부지방
홍가시나무	꽃, 열매, 상록 잎	상록활엽소교목	실생, 삽목	양지, 반음지	남부지방
화살나무	꽃, 열매, 단풍	낙엽활엽관목	실생, 삽목	양지, 반음지	전국
황근	꽃	낙엽활엽관목	삽목, 실생	양지	제주도
황매화	꽃, 열매, 단풍	낙엽활엽관목	삽목, 실생, 분주	양지, 반음지	전국
황목련	꽃	낙엽활엽소교목	실생, 접목	양지	전국
황칠나무	꽃, 열매, 상록 잎	상록활엽관목	실생, 삽목	반음지	남부지방
회양목	꽃(향기), 상록 잎	상록활엽관목	삽목, 실생	양지	전국
회잎나무	꽃, 열매, 단풍	낙엽활엽관목	삽목, 실생	양지, 반음지	전국
회화나무	꽃, 녹음	낙엽활엽교목	실생	양지	전국
후박나무	열매, 상록 잎	상록활엽교목	실생	양지, 반음지	남부 해안지방
히어리	꽃, 단풍	낙엽활엽관목	실생, 삽목, 분주	양지, 반음지	전국

꽃이 아름다운 조경수

수종명	개화기	꽃색	성상	증식법	식재 적지	비고(꽃 외 관상 부위)
가막살나무	5월	흰색	낙엽활엽관목	실생, 삽목	전국	열매, 단풍
가시오갈피	6월	흰색	낙엽활엽관목	실생, 삽목, 근삽	전국	열매
가침박달	4~5월	흰색	낙엽활엽관목	실생, 삽목	전국	
각시괴불나무	5~6월	흰색	낙엽활엽관목	실생, 삽목	전국	열매
갈기조팝나무	5~6월	흰색	낙엽활엽관목	실생, 삽목	전국	
개나리	4월	황색	낙엽활엽관목	실생, 삽목	전국	
개느삼	5월	황색	낙엽활엽관목	실생, 근삽	전국	
개벚나무	4월	흰색	낙엽활엽교목	실생, 삽목	전국	
개살구	4월	분홍	낙엽활엽교목	실생	전국	
개암나무	4월	황색	낙엽활엽관목	실생	전국	
개오동	6월	흰색	낙엽활엽관목	실생, 삽목	전국	열매
갯버들	3~4월	황백색	낙엽활엽관목	삽목, 실생	전국	
검노린재	5월	흰색	낙엽활엽관목	실생	전국	열매
검종덩굴	6~7월	자주색	낙엽만경	실생	중, 북부	
계요등	7~8월	흰색	낙엽만경	실생, 삽목, 휘묻이	전국	
고광나무	5~6월	흰색	낙엽활엽관목	실생, 삽목	전국	향기
고추나무	5~6월	흰색	낙엽활엽관목	실생	전국	
골담초	4월	황색	낙엽활엽관목	근삽	전국	
곰의말채	7월	흰색	낙엽활엽교목	실생	전국	
공조팝나무	4월	흰색	낙엽활엽관목	실생, 삽목	전국	
광나무	7~8월	흰색	상록활엽소교목	실생	남부	열매, 잎
괴불나무	5~6월	흰색	낙엽활엽관목	실생	전국	열매
구골나무	11~12월	흰색	상록활엽소교목	실생, 삽목	남부	잎
구슬댕댕이	5~6월	황색	낙엽활엽관목	실생	전국	열매
구주피나무	7월	황색	낙엽활엽교목	실생	전국	
국수나무	5~6월	흰색	낙엽활엽관목	실생, 분주	전국	
귀룽나무	4~5월	흰색	낙엽활엽교목	실생, 삽목	전국	
금목서	9~10월	황색	상록활엽소교목	삽목	남부	향기, 잎, 수형
길마가지나무	2~4월	흰색	낙엽활엽관목	실생, 삽목	전국	열매
까마귀밥나무	4~5월	황색	낙엽활엽관목	실생, 삽목, 분주	전국	열매
까치밥나무	5~6월	흰색	낙엽활엽관목	실생, 삽목, 분주	전국	열매
꼬리까치밥나무	4월	흰색	낙엽활엽관목	실생, 삽목, 분주	전국	열매
꽃개오동(미국개오동)	6~7월	흰색	낙엽활엽교목	실생, 삽목	전국	열매
꽃개회나무	6~7월	홍자색	낙엽활엽관목	실생, 삽목	전국	
꽃댕강나무	6~10월	흰색	낙엽활엽관목	실생, 삽목	전국	
꽃싸리	8~9월	홍색	낙엽활엽관목	실생	전국	
꽃아그배나무	4월	분홍	낙엽활엽관목	접목	전국	
꽃아까시나무	5~6월	분홍	낙엽활엽관목	근삽, 실생	전국	

수종명	개화기	꽃색	성상	증식법	식재 적지	비고(꽃 외 관상 부위)
꽃치자	6월	흰색	상록활엽관목	삽목	남부	향기, 잎
나도국수나무	5월	흰색	낙엽활엽관목	실생, 근삽	전국	
나무수국	7~8월	흰색	낙엽활엽관목	실생, 삽목	전국	
남오미자	6~8월	연황색	상록만경	실생, 삽목, 휘묻이	남부	잎, 열매
남천	6~7월	흰색	낙엽활엽관목	실생, 삽목, 분주	남부	열매, 잎
납매	3~4월	연황색	낙엽활엽관목	실생, 삽목	남부	
넓은잎댕댕이	6~7월	황백색	낙엽활엽관목	실생, 삽목	중, 북부	
노각나무	6~7월	흰색	낙엽활엽교목	실생, 삽목	전국	단풍, 수피
노란해당화	5~6월	황색	낙엽활엽관목	실생, 삽목	전국	
노랑만병초	5~6월	황색	상록활엽관목	실생	중, 북부	잎
노린재나무	5월	흰색	낙엽활엽관목	실생	전국	
누른종덩굴	7월	황색	낙엽활엽관목	실생, 삽목	중, 북부	
누리장나무	7~9월	흰색	낙엽활엽관목	실생	전국	열매
능금	5월	연분홍	낙엽활엽교목	실생	중, 북부	열매
능소화	6~8월	등황색	낙엽만경	삽목	중부 이남	
능수매	3~4월	흰색, 홍색	낙엽활엽소교목	접목	중부 이남	
다래나무	5월	흰색	낙엽만경	실생, 삽목	전국	
다릅나무	7월	흰색	낙엽활엽교목	실생	전국	
다정큼나무	5월	흰색	상록활엽관목	실생, 삽목	남부	열매, 잎
담자리꽃나무	7~8월	흰색	상록활엽관목	실생, 분주	전국	
담팔수	7~8월	흰색	상록활엽교목	실생	제주도	열매, 잎
당마가목	5~6월	흰색	낙엽활엽소교목	실생	중, 북부	열매, 단풍
당매자나무	5월	황색	낙엽활엽관목	실생	전국	열매
당조팝나무	4~5월	흰색	낙엽활엽관목	실생, 삽목	전국	
댕강나무	5월	흰색	낙엽활엽관목	실생, 삽목	전국	
덜꿩나무	4~5월	흰색	낙엽활엽관목	실생, 삽목	전국	열매
덤불조팝나무	4~5월	흰색	낙엽활엽관목	실생, 삽목	전국	
돈나무	5~6월	흰색	상록활엽관목	실생, 삽목	남부	열매, 잎
돌매화나무	6~7월	흰색	상록활엽관목	실생	남부	
동백	3~4월	홍색	상록활엽소교목	실생, 삽목	남부	잎, 열매
두릅나무	7~8월	흰색	낙엽활엽관목	실생, 근삽, 분주	전국	열매
둥근잎말발도리	5~6월	흰색	낙엽활엽관목	실생, 삽목	전국	
등나무	5월	보라	낙엽만경	실생, 근삽, 삽목	전국	향기
등수국	6~7월	흰색	낙엽만경	실생, 삽목	전국	
등칡	5월	황색	낙엽만경	실생	전국	
땅비싸리	5월	담홍색	낙엽활엽관목	실생, 분주	전국	
때죽나무	5월	흰색	낙엽활엽소교목	실생	전국	열매
떡버들	4월	황색	낙엽활엽관목	삽목, 실생	전국	

수종명	개화기	꽃색	성상	증식법	식재 적지	비고(꽃 외 관상 부위)
라일락	4월	흰색, 보라	낙엽활엽소교목	실생, 삽목, 접목	전국	향기
마가목	5~6월	흰색	낙엽활엽소교목	실생	전국	열매, 단풍
마삭줄	5~6월	흰색	상록만경	실생, 삽목	남부	향기, 잎
만리화	4월	황색	낙엽활엽관목	실생, 삽목	전국	
만병초	6월	흰색	상록활엽관목	실생	전국	잎
말발도리	5월	흰색	낙엽활엽관목	실생, 삽목	전국	
말채나무	6월	흰색	낙엽활엽교목	실생	전국	
매발톱나무	4~5월	황색	낙엽활엽관목	실생, 분주	전국	열매
매실나무	3~4월	흰색, 홍색	낙엽활엽소교목	실생, 접목	중부 이남	열매
매자나무	6월	황색	낙엽활엽관목	실생	전국	열매
매화말발도리	5월	흰색	낙엽활엽관목	실생, 삽목	전국	
머귀나무	7~8월	흰색	낙엽활엽교목	실생	남부	
멀구슬나무	5월	연보라	낙엽활엽교목	실생	남부	열매, 단풍
멀꿀	4~5월	연보라	상록만경	실생, 삽목, 휘묻이	남부	잎, 열매
명자꽃	4월	흰색, 홍색	낙엽활엽관목	실생, 삽목	전국	열매
모감주나무	6~7월	황색	낙엽활엽교목	실생, 근삽	전국	단풍
모과나무	4월	홍색	낙엽활엽교목	실생	전국	열매, 단풍, 수피
모란	4~5월	자주	낙엽활엽관목	실생, 접목, 분주	전국	
모새나무	6월	흰색	상록활엽관목	실생, 삽목	남해안	잎
목련	4월	흰색	낙엽활엽교목	실생, 접목	전국	열매
무궁화	7~8월	홍색	낙엽활엽관목	실생, 삽목	전국	
물개암나무	3월	황색	낙엽활엽관목	실생, 근삽	전국	
물참대	5월	흰색	낙엽활엽관목	실생, 삽목	전국	
미선나무	4월	흰색	낙엽활엽관목	실생, 삽목	전국	향기
민둥인가목	5~6월	흰색	낙엽활엽관목	실생, 분주, 삽목	전국	
바위댕강나무	5~6월	흰색	낙엽활엽관목	실생, 삽목	전국	
바위말발도리	5월	흰색	낙엽활엽관목	실생, 삽목	전국	
바위수국	7월	흰색	낙엽활엽관목	실생, 삽목	남부	
박달목서	5~6월	흰색	상록활엽관목	실생, 삽목	남부	잎, 향기
박쥐나무	5~6월	흰색	낙엽활엽관목	실생	전국	열매
박태기나무	4월	홍색	낙엽활엽관목	실생	전국	
배롱나무	6~9월	홍색	낙엽활엽교목	실생, 삽목	남부	수피, 단풍
백당나무	5~6월	흰색	낙엽활엽관목	실생, 삽목	전국	열매
백량금	5~6월	흰색	상록활엽관목	실생, 삽목	남해안	열매
백리향	6~7월	연홍	상록활엽관목	실생, 삽목, 분주	전국	향기, 잎
백목련	4월	흰색	낙엽활엽소교목	실생, 접목	전국	
벚나무	4월	흰색	낙엽활엽교목	실생, 삽목	전국	
별목련	4월	흰색	낙엽활엽소교목	실생, 접목	전국	열매

수종명	개화기	꽃색	성상	증식법	식재 적지	비고(꽃 외 관상 부위)
병꽃나무	5월	황록~홍색	낙엽활엽관목	실생, 삽목	전국	
병조희풀	8~9월	보라색	낙엽활엽관목	실생	전국	
병아리꽃나무	5월	흰색	낙엽활엽관목	실생, 삽목	전국	열매. 단풍
복사나무	4~5월	홍색	낙엽활엽소교목	실생, 접목	중부 이남	열매
부게꽃나무	5~6월	연황	낙엽활엽교목	실생	전국	단풍
부용	7~10	담홍	낙엽활엽관목	실생, 삽목, 분주	중부 이남	
분꽃나무	4~5월	담홍	낙엽활엽관목	실생, 삽목	전국	
분단나무	5월	흰색	낙엽활엽관목	실생, 삽목	남부	
불두화	5월	흰색	낙엽활엽관목	삽목	전국	
붓순나무	4월	흰색	상록활엽소교목	실생, 삽목	남부	잎, 향기
빈도리	5~6월	흰색	낙엽활엽관목	삽목, 실생	전국	
빈추나무	4월	황색	낙엽활엽관목	삽목, 실생	전국	
사과나무	4~5월	흰색	낙엽활엽교목	실생, 접목	중부	열매
사위질빵	7~8월	흰색	낙엽만경	실생	전국	
산가막살나무	5~6월	흰색	낙엽활엽관목	실생, 삽목	전국	열매
산개나리	4월	황색	낙엽활엽관목	실생, 삽목	전국	
산개벚지나무	4월	흰색	낙엽활엽교목	실생, 삽목	전국	
산돌배	4~5월	흰색	낙엽활엽교목	실생, 접목	전국	열매
산딸나무	6월	흰색	낙엽활엽교목	실생	전국	열매, 단풍
산벚나무	4월	흰색	낙엽활엽교목	실생, 삽목	전국	단풍
산사나무	5월	흰색	낙엽활엽교목	실생, 근삽	전국	열매
산수국	6~7월	보라	낙엽활엽관목	실생, 삽목	전국	열매
산수유	3~4월	황색	낙엽활엽교목	실생, 휘묻이	전국	열매, 수피
산앵도나무	5~6월	연홍색	낙엽활엽관목	실생, 휘묻이	전국	열매
산옥매	3~4월	연홍색	낙엽활엽관목	실생	전국	열매
산조팝나무	5월	흰색	낙엽활엽관목	실생, 삽목, 분주	전국	
산철쭉	4~5월	홍색	낙엽활엽관목	실생, 휘묻이, 분주	전국	
산초나무	8~9월	흰색	낙엽활엽관목	실생	전국	열매
살구나무	4월	연홍색	낙엽활엽교목	실생	전국	열매
삼색병꽃	5월	홍색~흰색	낙엽활엽관목	삽목	전국	
삼지닥나무	4월	황색	낙엽활엽관목	삽목	남부지방	
상산	4~5월	황록색	낙엽활엽관목	실생	남부지방	
생강나무	4월	황색	낙엽활엽관목	실생	전국	단풍, 잎, 열매
생열귀나무	5월	홍색	낙엽활엽관목	실생, 삽목	전국	열매
서양병꽃	5월	홍색	낙엽활엽관목	삽목	전국	
서향	4월	연홍색	상록활엽관목	삽목	남부지방	잎
석류나무	5~6월	홍색	낙엽활엽소교목	삽목	남부지방	열매, 단풍
섬개야광나무	5~6월	흰색	낙엽활엽관목	삽목, 실생	전국	열매

수종명	개화기	꽃색	성상	증식법	식재 적지	비고(꽃 외 관상 부위)
섬개회나무	5월	연홍색	낙엽활엽관목	삽목, 실생	전국	
섬고광나무	4월	흰색	낙엽활엽관목	삽목, 실생	전국	향기
섬괴불나무	5~6월	흰색	낙엽활엽관목	삽목, 실생	전국	열매
섬댕강나무	5월	흰색	낙엽활엽관목	삼목, 실생	전국	
섬백리향	6~7월	홍자색	상록활엽관목	삽목, 분주	전국	잎, 향기
섬벚나무	4~5월	흰색	낙엽활엽교목	삽목, 실생	전국	
섬피나무	7월	황백색	낙엽활엽교목	실생	전국	
세잎종덩굴	5월	주홍색	낙엽만경	실생	전국	
수국	6~7월	보라색	낙엽활엽관목	삽목, 실생	중부 이남	
쉬나무	6~7월	흰색	낙엽활엽소교목	실생	전국	열매
시로미	5월	자주색	상록활엽관목	실생	전국	
싸리	7~8월	홍자색	낙엽활엽관목	실생	전국	
아구장나무	5월	흰색	낙엽활엽관목	삽목, 실생	전국	
아그배나무	5월	흰색	낙엽활엽소교목	실생	전국	열매
아까시나무	5월	흰색	낙엽활엽교목	실생, 근삽	전국	향기
아왜나무	6월	흰색	상록활엽소교목	삽목, 실생	남부지방	잎, 열매
안개나무	5~6월	자주색	낙엽활엽관목	실생	전국	
애기고광나무	4~5월	흰색	낙엽활엽관목	삽목, 실생	전국	
애기동백	11~2월	홍색	상록활엽소교목	실생, 삽목	남부지방	잎
애기등	7~8월	보라색	낙엽만경	실생, 삽목, 근삽	전국	
애기말발도리	5월	흰색	낙엽활엽관목	삽목, 휘묻이, 분주	전국	
앵두나무	4월	흰색	낙엽활엽관목	실생	전국	열매
야광나무	4월	흰색, 연분홍색	낙엽활엽소교목	실생	전국	열매
양다래	5월	흰색	낙엽만경	실생, 삽목	남부지방	열매
영춘화	4월	황색	낙엽활엽관목	삽목, 휘묻이	전국	
오동나무	5월	자주색	낙엽활엽교목	실생, 근삽	전국	
옥매	4월	연분홍	낙엽활엽관목	실생, 분주	전국	열매
올괴불나무	4월	연홍색	낙엽활엽관목	종자, 삽목, 분주	전국	열매
올벚나무	4월	흰색	낙엽활엽교목	실생, 접목	전국	
왕벚나무	4월	흰색	낙엽활엽교목	실생, 접목, 삽목	전국	
왕자귀나무	6월	분홍색	낙엽활엽소교목	실생	전국	잎
요강나물	5~6월	암자색	낙엽만경	실생	전국	
위성류	5~7월	흰색	낙엽활엽소교목	삽목, 실생	전국	
유동	5월	흰색	낙엽활엽소교목	실생	남부지방	열매
윤노리나무	5월	흰색	낙엽활엽소교목	실생	전국	열매, 단풍
으름덩굴	5월	보라색	낙엽만경	실생, 삽목, 휘묻이	전국	잎, 열매
으아리	6~7월	흰색	낙엽만경	실생	전국	
은목서	10월	흰색	상록활엽관목	삽목	남부지방	잎, 향기

수종명	개화기	꽃색	성상	증식법	식재 적지	비고(꽃 외 관상 부위)
은종나무	5월	흰색	낙엽활엽소교목	실생	전국	
음나무	7~8월	흰색	낙엽활엽교목	실생, 근삽	전국	열매, 잎
이나무	5월	황색	낙엽활엽교목	실생, 근삽	남부지방	열매, 수피
이스라지	5월	연분홍	낙엽활엽관목	실생, 삽목, 분주	전국	열매
이팝나무	4~5월	흰색	낙엽활엽교목	실생	중부 이남	열매
인가목조팝나무	5~6월	흰색	낙엽활엽관목	실생, 삽목	전국	
인동덩굴	6~7월	연황색	낙엽만경	실생, 삽목	전국	향기
일본목련	6~7월	흰색	낙엽활엽교목	실생, 접목	중부 이남	잎, 향기
일본조팝나무	6월	홍색	낙엽활엽관목	삽목, 실생, 분주	전국	
자귀나무	6월	분홍색	낙엽활엽소교목	실생	남부지방	
자두나무	4월	흰색	낙엽활엽소교목	실생, 접목	전국	열매
자목련	4월	자주색	낙엽활엽소교목	휘묻이, 접목	전국	
자주받침꽃	5~6월	자주색	낙엽활엽관목	실생	전국	
장수만리화	4월	황색	낙엽활엽관목	삽목, 실생	전국	
정금나무	6월	연홍색	낙엽활엽관목	실생	전국	열매, 단풍
정향나무	5월	자주색	낙엽활엽소교목	실생, 삽목	전국	
제주광나무	7~8월	흰색	상록활엽소교목	실생, 삽목	남부지방	열매, 잎
조록싸리	6~7월	홍자색	낙엽활엽관목	실생	전국	
조팝나무	4월	흰색	낙엽활엽관목	삽목, 실생	전국	단풍
좀댕강나무	5~7월	흰색	낙엽활엽관목	삽목, 실생	전국	
좀참꽃	6~7월	홍색	상록활엽관목	실생	전국	
죽단화	4~5월	황색	낙엽활엽관목	삽목, 분주, 휘묻이	전국	단풍
중대가리나무	7~8월	흰색	낙엽활엽관목	실생	남부지방	
진달래	4월	홍색	낙엽활엽관목	실생, 분주	전국	
쪽동백나무	5~6월	흰색	낙엽활엽소교목	실생	전국	열매
찔레나무	5월	흰색, 연홍색	낙엽활엽관목	실생, 삽목	전국	열매
차나무	10~11월	흰색	상록활엽관목	실생, 삽목	남부지방	열매, 잎
차빛당마가목	5~6월	흰색	낙엽활엽소교목	실생	전국	열매, 단풍
참꽃나무	4월	홍색	낙엽활엽관목	실생	전국	
참배	4월	흰색	낙엽활엽교목	실생, 접목	전국	열매
참싸리	7~8월	홍자색	낙엽활엽관목	실생	전국	
참오동	5월	자주색	낙엽활엽교목	실생, 근삽	전국	
참으아리	7~8월	흰색	낙엽만경	실생	전국	
참조팝나무	5~6월	흰색	낙엽활엽관목	삽목, 실생, 분주	전국	
채진목	4~5월	흰색	낙엽활엽소교목	실생	전국	열매
천엽지자	6월	흰색	상록활엽관목	삽목	남부지방	
철쭉	4~5월	분홍	낙엽활엽관목	실생, 휘묻이	전국	
초평조팝나무	5월	흰색	낙엽활엽관목	실생, 삽목, 분주	전국	

수종명	개화기	꽃색	성상	증식법	식재 적지	비고(꽃 외 관상 부위)
층꽃나무	6월	보라색	낙엽활엽관목	실생	남부지방	
층층나무	5월	흰색	낙엽활엽교목	실생	전국	열매
치자나무	6월	흰색	상록활엽관목	삽목, 실생, 분주	남부지방	열매, 잎
칠엽수	4~5월	흰색	낙엽활엽교목	실생	전국	
칡	8~9월	자홍색	낙엽만경	실생, 분주, 삽목	전국	
콩배나무	4월	흰색	낙엽활엽소교목	실생, 근삽	전국	열매, 단풍
큰꽃으아리	5월	흰색	낙엽만경	실생	전국	
탐라산수국	6~7월	보라색	낙엽활엽관목	삽목, 실생	전국	
태산목	6월	흰색	상록활엽교목	실생, 접목	남부지방	잎, 향기, 열매
털댕강나무	5월	흰색	낙엽활엽관목	삽목, 실생	전국	
튤립나무	6월	황록색	낙엽활엽교목	실생	전국	잎, 단풍
팔손이	11~12월	흰색	상록활엽관목	실생, 삽목, 분주	남부 해안지방	잎, 열매
팥꽃나무	4월	분홍	낙엽활엽관목	근삽, 실생	전국	향기
팥배나무	5월	흰색	낙엽활엽소교목	실생, 근삽	전국	열매, 단풍
포포나무	5월	자홍색	낙엽활엽소교목	실생	전국	
풀명자	4월	분홍	낙엽활엽관목	삽목, 실생	전국	
풍년화	3~4월	황색	낙엽활엽관목	실생	전국	단풍
피라칸다	4월	흰색	상록활엽관목	삽목, 실생	전국	열매
할미밀망	7~8월	흰색	낙엽만경	실생	전국	
함박꽃나무	5~6월	흰색	낙엽활엽소교목	실생, 휘묻이	전국	열매
해당화	5월	분홍	낙엽활엽관목	실생, 삽목, 분주	전국	열매, 단풍
헛개나무	5~7월	황록색	낙엽활엽소교목	실생, 삽목	전국	
협죽도	7~8월	홍색	상록활엽관목	삽목	남부 해안지방	잎
호랑버들	4월	황색	낙엽활엽소교목	삽목, 실생	전국	
홍가시나무	5~6월	흰색	상록활엽소교목	삽목, 실생	남부지방	잎, 열매
황근	6~8월	황색	낙엽활엽관목	삽목, 실생	제주도, 남해안 도서지방	단풍
황매화	4~5월	황색	낙엽활엽관목	삽목, 분주, 휘묻이	전국	단풍
후피향나무	7월	흰색	상록활엽소교목	실생, 삽목	남부지방	열매
흰말채나무	5~6월	흰색	낙엽활엽관목	실생, 삽목	전국	열매
흰인가목	5~6월	흰색	낙엽활엽관목	실생, 삽목, 분주	전국	열매
히어리	3월	황색	낙엽활엽관목	실생, 삽목, 분주	전국	잎, 단풍

과수 겸용 정원수

수종명	열매의 색	성상	증식법	음양성	식재지
가래나무	녹색	낙엽활엽교목	실생	양지, 반음지	전국
감나무	주황색	낙엽활엽교목	실생, 접목	양지	중부 이남, 강원도 제외
개암나무	갈색	낙엽활엽관목	실생	양지	전국
고욤나무	주황색	낙엽활엽교목	실생	양지	전국
귤	주황색	상록활엽소교목	실생, 접목	양지	남해안 도서지방
금감	주황색	상록활엽관목	실생, 접목, 삽목	양지	남해안 도서지방
난티잎개암나무	갈색	낙엽활엽관목	실생	양지	전국
능금	홍색	낙엽활엽소교목	실생, 접목	양지	중부지방
다래나무	연두색	낙엽만경	실생, 휘묻이, 삽목	양지	전국
대추나무	자주색	낙엽활엽소교목	실생, 접목	양지	전국
들쭉나무	검은색	낙엽활엽관목	실생	양지	전국
뜰보리수나무	홍색	낙엽활엽관목	실생, 삽목	양지, 반음지	남부지방
매실나무	황록색	낙엽활엽소교목	실생, 접목, 삽목	양지	중부 이남, 강원도 제외
머루	검은색	낙엽만경	실생	양지	전국
멀꿀	자주색	상록만경	실생, 삽목, 휘묻이	양지, 반음지	남부지방
모과나무	황색	낙엽활엽교목	실생	양지	전국
무화과나무	황록색	낙엽활엽소교목	삽목	양지	남부지방
문배	황색	낙엽활엽교목	실생,접목	양지	전국
밤나무	갈색	낙엽활엽교목	실생, 접목	양지	전국
복분자딸기	검은색	낙엽활엽관목	실생, 분주	양지	전국
복사나무	황색, 연홍색	낙엽활엽소교목	접목, 실생	양지	전국
뽕나무	검은색	낙엽활엽소교목	실생, 접목	양지	전국
블루베리	흑청색	낙엽활엽관목	삽목, 휘묻이, 실생	양지	전국
사과나무	홍색	낙엽활엽교목	접목	양지	중부지방
산돌배	황색	낙엽활엽교목	실생	양지	전국
산딸기	홍색	낙엽활엽관목	실생, 분주	양지	전국
살구나무	주황색	낙엽활엽교목	실생, 접목	양지	전국
섬딸기	홍색	낙엽활엽관목	실생, 분주	양지	남부지방
소귀나무	홍색	상록활엽교목	실생, 접목	양지, 반음지	남해안 도서지방
수리딸기	홍색	낙엽활엽관목	실생, 분주	양지	전국
앵두나무	홍색	낙엽활엽관목	실생	양지	전국
양다래	갈색	낙엽만경	실생, 삽목, 휘묻이	양지	남부지방
유자나무	황색	상록활엽소교목	실생, 접목	양지	남해안 도서지방
으름덩굴	회녹색	낙엽만경	실생, 휘묻이, 삽목	반음지	전국
은행나무	황색	낙엽활엽교목	실생, 삽목, 접목	양지	전국
자두나무	자주색	낙엽활엽소교목	접목, 실생	양지	전국
잣나무	갈색	상록침엽교목	실생	양지	전국
정금나무	검은색	낙엽활엽관목	실생, 분주	반음지	전국

수종명	열매의 색	성상	증식법	음양성	식재지
준베리	암자색	낙엽활엽소교목	실생	양지	전국
참배	황색	낙엽활엽교목	접목, 실생	양지	전국
초크베리	검은색	낙엽활엽관목	실생, 삽목	양지	전국
호두나무	녹색	낙엽활엽교목	실생, 접목	양지	전국

녹음수, 공원수, 가로수로 좋은 조경수

수종명	성상	증식법	식재 적지	녹음 외 관상 부위
가래나무	낙엽활엽교목	실생, 접목	전국, 중부지방	
가문비나무	상록침엽교목	실생	전국	
가시나무	상록활엽교목	실생	남부지방	
가죽나무	낙엽활엽교목	실생, 근삽	남부지방	
갈참나무	낙엽활엽교목	실생	전국	
개서어나무	낙엽활엽교목	실생	전국	
개잎갈나무	상록침엽교목	실생, 삽목	충청이남	
거제수나무	낙엽활엽교목	실생	전국	
검팽나무	낙엽활엽교목	실생	전국	
계수나무	낙엽활엽교목	실생	전국	단풍, 잎의 방향
고로쇠나무	낙엽활엽교목	실생	전국	단풍
고욤나무	낙엽활엽교목	실생	전국	열매
곰솔	상록침엽교목	실생	중부 이남, 강원도 제외	
구실잣밤나무	상록활엽교목	실생	남부지방	
구주피나무	낙엽활엽교목	실생	전국	꽃
굴거리나무	상록활엽소교목	실생	남부지방	열매
굴피나무	낙엽활엽교목	실생	전국	
굴참나무	낙엽활엽교목	실생	전국	
까치박달	낙엽활엽교목	실생	전국	
낙우송	낙엽활엽교목	실생	전국	단풍
난티나무	낙엽활엽교목	실생	전국	
너도밤나무	낙엽활엽교목	실생	전국	
녹나무	상록활엽교목	실생	남부 해안지방	
눈잣나무	상록침엽관목	실생	전국	
느릅나무	낙엽활엽교목	실생	전국	단풍
느티나무	낙엽활엽교목	실생	중부 이남	단풍
능수버들	낙엽활엽교목	삽목, 실생	전국	
다릅나무	낙엽활엽교목	실생	전국	
단풍나무	낙엽활엽교목	실생	전국	단풍
담팔수	상록활엽교목	실생	남해안 도서지방	
당느릅나무	낙엽활엽교목	실생	전국	
대만풍나무	낙엽활엽교목	실생, 근삽	전국	단풍
독일가문비	상록침엽교목	실생	전국	
두충	낙엽활엽교목	실생	전국	
들메나무	낙엽활엽교목	실생	전국	
떡갈나무	낙엽활엽교목	실생	전국	단풍
리기다소나무	상록침엽교목	실생	전국	
말채나무	낙엽활엽교목	실생	전국	꽃

수종명	성상	증식법	식재 적지	녹음 외 관상 부위
맹종죽	상록활엽	분주	남부지방	
멀구슬나무	낙엽활엽교목	실생	남부지방	꽃, 열매
메타세쿼이아	낙엽침엽교목	실생, 삽목	전국	단풍
모감주나무	낙엽활엽교목	실생, 근삽	전국	꽃, 단풍
목련	낙엽활엽교목	실생	전국	꽃
무환자나무	낙엽활엽교목	실생	남부지방	꽃, 단풍, 열매
물푸레나무	낙엽활엽교목	실생	전국	
물박달나무	낙엽활엽교목	실생	전국	수피
물오리나무	낙엽활엽교목	실생	전국	
미루나무(미류나무)	낙엽활엽교목	삽목, 실생	전국	
박달나무	낙엽활엽교목	실생	전국	
배롱나무	낙엽활엽소교목	실생, 삽목	중부 이남, 강원도 제외	꽃
버드나무	낙엽활엽교목	삽목, 실생	전국	수간
버즘나무	낙엽활엽교목	삽목, 실생	전국	수간
벚나무	낙엽활엽교목	실생, 삽목	전국	꽃
벽오동	낙엽활엽교목	실생	중부 이남	수피
복자기나무	낙엽활엽교목	실생	전국	단풍
복장나무	낙엽활엽교목	실생	전국	단풍
분비나무	상록침엽교목	실생	전국	수형
붉가시나무	상록활엽교목	실생	남부지방	
사스래나무	낙엽활엽교목	실생	전국	수피
산딸나무	낙엽활엽소교목	실생	전국	꽃, 단풍, 열매
삼나무	상록침엽교목	실생, 삽목	남부지방	수간
상수리나무	낙엽활엽교목	실생	전국	
서어나무	낙엽활엽교목	실생	전국	
설탕단풍	낙엽활엽교목	실생	전국	단풍
섬잣나무	상록침엽교목	실생, 접목	전국	수형
소나무	상록침엽교목	실생	전국	
소사나무	낙엽활엽소교목	실생	전국	단풍
수양버들	낙엽활엽교목	삽목, 실생	전국	
스트로브잣나무	상록침엽교목	실생	전국	수형
시닥나무	낙엽활엽교목	실생	전국	단풍
시무나무	낙엽활엽교목	실생	전국	
신갈나무	낙엽활엽교목	실생	전국	단풍
신나무	낙엽활엽교목	실생	전국	
양버즘나무	낙엽활엽교목	실생, 삽목	전국	
연필향나무	상록침엽교목	실생, 삽목	전국	수형
염주나무	낙엽활엽교목	실생	전국	꽃

수종명	성상	증식법	식재 적지	녹음 외 관상 부위
올벚나무	낙엽활엽교목	실생, 삽목, 접목	전국	꽃
왕대	상록활엽	분주	남부지방	수간, 숲
왕버들	낙엽활엽교목	삽목, 실생	전국	수간
왕벚나무	낙엽활엽교목	실생, 삽목, 접목	전국	꽃
용버들	낙엽활엽교목	실생, 삽목	전국	가지
우산고로쇠	낙엽활엽교목	실생	전국	단풍
은단풍	낙엽활엽교목	실생	전국	단풍
은백양	낙엽활엽교목	실생, 삽목	전국	단풍
은수원사시나무	낙엽활엽교목	실생, 삽목	전국	수간
은행나무	낙엽활엽교목	실생, 삽목, 접목	전국	딘풍
음나무	낙엽활엽교목	실생, 근삽	전국	꽃, 열매
이나무	낙엽활엽교목	실생, 근삽	남부지방	꽃, 열매, 수피
이대	상록활엽	분주	남부지방	수간
이팝나무	낙엽활엽교목	실생	중부 이남, 강원도 제외	꽃
일본목련	낙엽활엽교목	실생, 접목	전국	꽃
자귀나무	낙엽활엽소교목	실생	남부지방	꽃
자작나무	낙엽활엽교목	실생	전국	수간, 수피
잣나무	상록침엽교목	실생	전국	수형
조릿대	상록활엽	분주	전국	잎
족제비싸리	낙엽활엽관목	실생	전국	
졸참나무	낙엽활엽교목	실생	전국	단풍
중국굴피나무	낙엽활엽교목	실생	전국	
중국단풍	낙엽활엽교목	실생	전국	단풍
참오동	낙엽활엽교목	실생, 근삽	전국	
참죽나무	낙엽활엽교목	실생, 근삽	남부지방	단풍
청시닥나무	낙엽활엽교목	실생	전국	단풍
측백나무	상록침엽교목	실생	전국	수형
층층나무	낙엽활엽교목	실생	전국	꽃
칠엽수	낙엽활엽교목	실생	전국	꽃, 단풍
튤립나무	낙엽활엽교목	실생	전국	꽃, 단풍
팽나무	낙엽활엽교목	실생	전국	단풍
편백	상록침엽교목	실생	전국	수간, 수형
푸조나무	낙엽활엽교목	실생	중부 이남, 강원도 제외	
피나무	낙엽활엽교목	실생	전국	꽃
호두나무	낙엽활엽교목	실생, 접목	전국	열매
화백	상록침엽교목	실생	전국	수간, 수형
황벽나무	낙엽활엽교목	실생	전국	
회화나무	낙엽활엽교목	실생	전국	꽃

열매가 아름다운 조경수

수종명	열매색	성상	증식법	식재 적지
가래나무	녹색	낙엽활엽교목	실생	전국
가시딸기	황홍색	낙엽활엽관목	실생, 분주	남부지방
가막살나무	홍색	낙엽활엽관목	실생, 삽목	전국
가시오갈피	검은색	낙엽활엽관목	실생, 삽목, 근삽	전국
각시괴불나무	홍색	낙엽활엽관목	실생, 삽목	전국
감나무	주황색	낙엽활엽교목	실생, 접목	경기 이남
감탕나무	홍색	상록활엽소교목	실생, 삽목	남부지방
감태나무	검은색	낙엽활엽관목	실생	중부 이남
개머루	검은색	낙엽만경	실생	전국
개비자나무	연두색	상록침엽관목	실생, 삽목	중부 이남
개산초	검은색	상록활엽관목	실생	남부지방
개살구	연두색	낙엽활엽소교목	실생	전국
개암나무	갈색	낙엽활엽관목	실생	전국
개오동	녹갈색	낙엽활엽소교목	실생	전국
검노린재	검은색	낙엽활엽관목	실생	전국
겨울딸기	홍색	낙엽활엽관목	실생, 분주	제주도, 남해안지방
고욤나무	홍갈색	낙엽활엽교목	실생	전국
광나무	검은색	상록활엽소교목	실생	남부지방
괴불나무	홍색	낙엽활엽관목	실생, 삽목	전국
구골나무	흑자색	상록활엽소교목	실생, 삽목	남부지방
구슬댕댕이	홍색	낙엽활엽관목	실생, 삽목	전국
굴거리나무	검은색	상록활엽소교목	실생	남부지방
귀룽나무	검은색	낙엽활엽교목	실생, 삽목	전국
귤	황색	상록활엽소교목	실생, 접목	남해안 도서지방
금감	황색	상록활엽관목	실생, 삽목	남해안 도서지방
길마가지나무	홍색	낙엽활엽관목	실생, 삽목	전국
까마귀밥나무	홍색	낙엽활엽관목	실생, 삽목	전국
까치밥나무	홍색	낙엽활엽관목	실생, 삽목	전국
꼬리까치밥나무	홍색	낙엽활엽관목	실생, 삽목	전국
꽝꽝나무	검은색	상록활엽관목	실생, 삽목	남부지방
꾸지나무	홍색	낙엽활엽교목	실생	전국
꾸지뽕나무	홍색	낙엽활엽교목	실생, 근삽	전국
나도밤나무	홍색	낙엽활엽교목	실생	중부 이남
나래회나무	홍색	낙엽활엽관목	실생, 삽목	전국
나무딸기	홍색	낙엽활엽관목	실생	전국
낙상홍	홍색	낙엽활엽관목	실생	전국
남오미자	홍색	상록만경	실생, 삽목	남부지방
남천	홍색	상록활엽관목	실생, 삽목	중부 이남

수종명	열매색	성상	증식법	식재 적지
넓은잎딱총나무	홍색	낙엽활엽관목	실생, 삽목	전국
노박덩굴	홍색	낙엽만경	실생, 삽목	전국
누리장나무	흑자색	낙엽활엽관목	실생	전국
능금	홍색	낙엽활엽소교목	실생, 접목	전국
다래나무	연두색	낙엽만경	실생, 삽목	전국
다정큼나무	흑자색	상록활엽관목	실생, 삽목	남부지방
닥나무	홍색	낙엽활엽관목	실생, 삽목	전국
담팔수	녹색	상록활엽소교목	실생	남해안 도서지방
당마가목	홍색	낙엽활엽소교목	실생	전국
당매자나무	홍색	낙엽활엽관목	실생, 삽목	전국
대추나무	홍색	낙엽활엽소교목	실생, 접목	전국
대팻집나무	홍색	낙엽활엽소교목	실생	전국
덜꿩나무	홍색	낙엽활엽관목	실생, 삽목	전국
덧나무	홍색	낙엽활엽관목	실생	전국
돈나무	황색	상록활엽관목	실생, 삽목	남부지방
두릅나무	검은색	낙엽활엽관목	실생, 근삽	전국
두메닥나무	홍색	낙엽활엽관목	실생, 삽목	전국
두메오리나무	녹갈색	낙엽활엽교목	실생	전국
딱총나무	홍색	낙엽활엽관목	실생	전국
땃두릅나무	홍색	낙엽활엽관목	실생	전국
때죽나무	녹갈색	낙엽활엽소교목	실생	전국
뜰보리수나무	홍색	낙엽활엽관목	실생, 삽목	전국
마가목	홍색	낙엽활엽소교목	실생	전국
말오줌나무	홍색	낙엽활엽관목	실생	전국
말오줌때	검은색	낙엽활엽소교목	실생	남부지방
말채나무	검은색	낙엽활엽교목	실생	전국
망개나무	홍색	낙엽활엽교목	실생	전국
매발톱나무	홍색	낙엽활엽관목	실생, 삽목	전국
매실나무	황록색	낙엽활엽소교목	실생, 삽목, 접목	경기 이남
매자나무	홍색	낙엽활엽관목	실생, 삽목	전국
머루	검은색	낙엽만경	실생	전국
먼나무	홍색	상록활엽소교목	실생, 삽목	남부지방
멀구슬나무	황색	낙엽활엽교목	실생	남부지방
멀꿀	홍자색	상록만경	실생, 삽목	남부지방
멍덕딸기	홍색	낙엽활엽관목	실생, 분주	전국
명자꽃	황색	낙엽활엽관목	실생, 삽목	전국
모과나무	황색	낙엽활엽교목	실생	전국
모람	연두색	상록만경	실생, 삽목	남부지방

수종명	열매색	성상	증식법	식재 적지
목련	홍색	낙엽활엽교목	실생	전국
무화과나무	황록색	낙엽활엽소교목	삽목	남부지방
박쥐나무	흑자색	낙엽활엽관목	실생	전국
백당나무	홍색	낙엽활엽관목	실생, 삽목	전국
백량금	홍색	상록활엽관목	실생, 삽목	제주도
백서향	홍색	상록활엽관목	실생, 삽목	남부지방
별목련	홍색	낙엽활엽소교목	실생	전국
병아리꽃나무	검은색	낙엽활엽관목	실생, 삽목	전국
보리밥나무	회홍색	상록만경	실생, 삽목	남부지방
보리수나무	회홍색	낙엽활엽소교목	실생, 삽목	전국
복분자딸기	검은색	낙엽활엽관목	실생, 분주	전국
복사나무	홍색, 황색	낙엽활엽소교목	실생, 접목	전국
분단나무	검은색	낙엽활엽관목	실생, 삽목	전국
붉은인가목	홍색	낙엽활엽관목	실생, 삽목	전국
비목나무	홍색	낙엽활엽교목	실생	전국
비자나무	녹색	상록침엽교목	실생, 삽목	남부지방
뽕나무	검은색	낙엽활엽소교목	실생	전국
사과나무	홍색	낙엽활엽소교목	실생, 접목	전국
사방오리	녹갈색	낙엽활엽교목	실생	전국
사철나무	홍색	상록활엽소교목	실생, 삽목	중부 이남
산가막살나무	홍색	낙엽활엽관목	실생, 삽목	전국
산딸기	홍색	낙엽활엽관목	실생, 분주	전국
산딸나무	홍색	낙엽활엽교목	실생	전국
산벚나무	검은색	낙엽활엽교목	실생	전국
산사나무	홍색	낙엽활엽소교목	실생, 근삽	전국
산수유	홍색	낙엽활엽교목	실생	전국
산앵도나무	홍색	낙엽활엽관목	실생	전국
산옥매	홍자색	낙엽활엽관목	실생, 분주	전국
산초나무	검은색	낙엽활엽관목	실생	전국
산호수	홍색	상록활엽관목	실생	제주도, 남해안 도서지방
살구나무	황색	낙엽활엽교목	실생, 접목	전국
새비나무	보라색	낙엽활엽관목	실생	전국
생열귀나무	홍색	낙엽활엽관목	실생, 삽목	전국
석류나무	자주색	낙엽활엽소교목	실생, 삽목	남부지방
섬개야광나무	홍색	낙엽활엽관목	실생	전국
섬괴불나무	홍색	낙엽활엽관목	실생, 삽목	전국
섬딸기	홍색	낙엽활엽관목	실생, 분주	남부지방
섬오갈피	검은색	낙엽활엽관목	실생, 삽목	남부지방

수종명	열매색	성상	증식법	식재 적지
소귀나무	홍색	상록활엽소교목	실생, 삽목	제주도
송악	검은색	상록만경	실생, 삽목	남부지방
식나무	홍색	상록활엽관목	실생, 삽목	남부지방
아그배나무	홍색, 황색	낙엽활엽소교목	실생	전국
아왜나무	홍색	상록활엽소교목	실생, 삽목	남부지방
앵두나무	홍색	낙엽활엽관목	실생	전국
야광나무	홍색	낙엽활엽소교목	실생	전국
양다래	갈색	낙엽만경	실생, 삽목	남부지방
오갈피나무	검은색	낙엽활엽관목	실생, 삽목	전국
오리나무	노갈색	낙엽활엽교목	실생	전국
오미자	홍색	낙엽만경	실생, 삽목	전국
옥매	홍자색	낙엽활엽관목	실생, 분주	전국
올괴불나무	홍색	낙엽활엽관목	실생, 삽목	전국
왕괴불나무	홍색	낙엽활엽관목	실생, 삽목	전국
왕초피나무	홍색	낙엽활엽관목	실생	전국
유자나무	황색	상록활엽소교목	실생, 접목	남해안 도서지방
윤노리나무	홍색	낙엽활엽소교목	실생	전국
으름덩굴	갈색	낙엽만경	실생, 삽목	전국
음나무	검은색	낙엽활엽교목	실생, 근삽	전국
이나무	홍색	낙엽활엽교목	실생, 근삽	남부지방
이스라지	홍색	낙엽활엽관목	실생, 분주	전국
이팝나무	검은색	낙엽활엽교목	실생	전국
일본목련	홍색	낙엽활엽교목	실생	전국
자금우	홍색	상록활엽관목	실생, 삽목, 분주	남해안 도서지방
자두나무	홍자색	낙엽활엽소교목	실생, 접목	전국
자살나무	보라색	낙엽활엽관목	실생	전국
장구밥나무	주황색	낙엽활엽관목	실생	전국
장딸기	홍색	낙엽활엽관목	실생	전국
장미	홍색	낙엽활엽관목	실생, 접목	전국
정금나무	검은색	낙엽활엽관목	실생	전국
제주광나무	검은색	상록활엽소교목	실생	남부지방
좀굴거리나무	흑자색	상록활엽소교목	실생	남부지방
좀작살나무	보라색	낙엽활엽관목	실생	전국
주목	홍색	상록침엽교목	실생, 삽목	전국
주엽나무	갈색	낙엽활엽교목	실생	전국
준베리	흑자색	낙엽활엽소교목	실생	전국
죽절초	홍색	상록활엽관목	실생, 삽목	제주도
줄딸기	홍색	낙엽활엽관목	실생, 분주	전국

수종명	열매색	성상	증식법	식재 적지
줄사철나무	홍색	상록만경	실생, 삽목	남부지방
지렁쿠나무	홍색	낙엽활엽관목	실생, 삽목	전국
쪽동백나무	녹갈색	낙엽활엽교목	실생	전국
찔레나무	홍색	낙엽활엽관목	실생, 삽목	전국
차나무	녹색	상록활엽관목	실생, 삽목	남부지방
차빛당마가목	홍색	낙엽활엽소교목	실생	전국
참빗살나무	홍색	낙엽활엽소교목	실생, 삽목	전국
참식나무	홍색	상록활엽교목	실생	남부 해안지방
참회나무	홍색	낙엽활엽관목	실생, 삽목	전국
채진목	흑자색	낙엽활엽소교목	실생	전국
청괴불나무	홍색	낙엽활엽관목	실생, 삽목	전국
초크베리	검은색	낙엽활엽관목	실생, 삽목	전국
층층나무	검은색	낙엽활엽교목	실생	전국
치자나무	주황색	상록활엽관목	실생, 삽목	남부지방
칠엽수	갈색	낙엽활엽교목	실생	전국
콩배나무	녹갈색	낙엽활엽소교목	실생, 근삽	전국
태산목	홍색	상록활엽교목	실생, 접목	남부지방
탱자나무	황색	낙엽활엽관목	실생	경기 이남
팔손이	검은색	상록활엽관목	실생, 삽목	남해안 도서지방
팥배나무	홍색	낙엽활엽소교목	실생, 근삽	전국
포도나무	검은색	낙엽만경	실생, 삽목	전국
풀명자	황색	낙엽활엽관목	실생, 삽목	전국
피나무	황갈색	낙엽활엽교목	실생	전국
피라칸다	홍색, 황색	상록활엽소교목	실생, 삽목	중부 이남
함박꽃나무	홍색	낙엽활엽소교목	실생	전국
합다리나무	홍색	낙엽활엽교목	실생	전국
해당화	홍색	낙엽활엽관목	실생, 삽목	전국
호랑가시나무	홍색	상록활엽소교목	실생, 삽목	남부지방
홍가시나무	홍색	상록활엽소교목	실생, 삽목	남부지방
홍괴불나무	홍색	낙엽활엽관목	실생, 삽목	전국
화살나무	홍색	낙엽활엽관목	실생, 삽목	전국
황칠나무	검은색	상록활엽소교목	실생, 삽목	남부지방
회나무	홍색	낙엽활엽관목	실생, 삽목	전국
회잎나무	홍색	낙엽활엽관목	실생, 삽목	전국
후박나무	흑자색	상록활엽교목	실생	남해안 도서지방
후피향나무	홍색	상록활엽소교목	실생, 삽목	남부지방
흑오미자	검은색	상록만경	실생, 삽목	남해안 도서지방
흰인가목	홍색	낙엽활엽관목	실생, 삽목	전국

단풍이 아름다운 조경수

수종명	단풍색	성상	증식법	식재지
가막살나무	자주색	낙엽활엽관목	실생, 삽목	전국
감나무	홍색	낙엽활엽교목	실생, 접목	중부 이남
감태나무	홍색	낙엽활엽관목	실생	중부 이남
개옻나무	홍색	낙엽활엽관목	실생	전국
검양옻나무	홍색	낙엽활엽관목	실생	남부지방
고로쇠나무	황색	낙엽활엽교목	실생	전국
낙우송	황색	낙엽침엽교목	실생	전국
남천	홍색	상록활엽관목	실생, 삽목, 분주	중부 이남
네군도단풍	황색	낙엽활엽교목	실생	전국
노각나무	황색	낙엽활엽교목	실생	전국
단풍나무	홍색	낙엽활엽교목	실생	전국
담쟁이덩굴	홍색	낙엽만경	실생, 삽목	전국
당단풍	홍색	낙엽활엽소교목	실생	전국
당마가목	황갈색	낙엽활엽소교목	실생	전국
대만풍나무	홍색	낙엽활엽교목	실생	전국
덜꿩나무	홍갈색	낙엽활엽관목	실생, 삽목	전국
마가목	황갈색	낙엽활엽소교목	실생	전국
만리화	홍갈색	낙엽활엽관목	실생, 삽목	전국
멀구슬나무	황색	낙엽활엽교목	실생	남부지방
메타세쿼이아	황색	낙엽침엽교목	실생, 삽목	전국
모감주나무	황색	낙엽활엽교목	실생, 근삽	전국
모과나무	홍색	낙엽활엽교목	실생	전국
무환자나무	황색	낙엽활엽교목	실생	남부지방
병아리꽃나무	황색	낙엽활엽관목	실생, 삽목	전국
복자기나무	홍색	낙엽활엽교목	실생	전국
복장나무	홍색	낙엽활엽교목	실생	전국
부게꽃나무	황색	낙엽활엽교목	실생	전국
붉나무	홍색	낙엽활엽관목	실생	전국
비목나무	황색	낙엽활엽교목	실생	전국
사람주나무	홍색	낙엽활엽관목	실생	남부지방
산가막살나무	홍갈색	낙엽활엽관목	실생, 삽목	전국
산겨릅나무	황색	낙엽활엽교목	실생	전국
산딸나무	홍색	낙엽활엽소교목	실생	전국
산벚나무	홍색	낙엽활엽교목	실생, 삽목	전국
생강나무	황색	낙엽활엽관목	실생	전국
석류나무	황색	낙엽활엽소교목	실생, 삽목	남부지방
소사나무	홍색	낙엽활엽교목	실생	전국
시닥나무	홍색	낙엽활엽교목	실생	전국

수종명	단풍색	성상	증식법	식재지
신나무	홍색	낙엽활엽교목	실생	전국
야촌단풍	홍색	낙엽활엽교목	실생	전국
옻나무	황색	낙엽활엽관목	실생	전국
우산고로쇠	황색	낙엽활엽교목	실생	전국
윤노리나무	황색	낙엽활엽소교목	실생	전국
은단풍	홍색	낙엽활엽교목	실생	전국
은행나무	황색	낙엽활엽교목	실생, 삽목	전국
일본잎갈나무	황색	낙엽침엽교목	실생	전국
잎갈나무	황갈색	낙엽침엽교목	실생	전국
장수만리화	홍갈색	낙엽활엽관목	실생, 삽목	전국
정금나무	홍색	낙엽활엽관목	실생	중부 이남
조팝나무	홍색	낙엽활엽관목	실생, 삽목	전국
좁은단풍	홍색	낙엽활엽소교목	실생	전국
중국단풍	홍색	낙엽활엽교목	실생	전국
중국풍년화	황색	낙엽활엽관목	실생	전국
진달래	홍색	낙엽활엽관목	실생	전국
차빛당마가목	황갈색	낙엽활엽소교목	실생	전국
참느릅나무	황색	낙엽활엽교목	실생	전국
참빗살나무	홍색	낙엽활엽소교목	실생, 삽목	전국
참회나무	홍색	낙엽활엽관목	실생	전국
청시닥나무	홍색	낙엽활엽교목	실생	전국
칠엽수	황갈색	낙엽활엽교목	실생	전국
튤립나무	황색	낙엽활엽교목	실생	전국
팥배나무	황색	낙엽활엽소교목	실생, 근삽	전국
팽나무	황색	낙엽활엽교목	실생	전국
풍년화	황색	낙엽활엽관목	실생	전국
황근	황색	낙엽활엽관목	실생, 삽목	제주도
히어리	황색	낙엽활엽관목	실생, 삽목	전국
회목나무	홍색	낙엽활엽관목	실생	전국

남부 난대수종

수종	관상 부위	성상	증식법	식재 적지
가시나무	잎	상록활엽교목	실생	남부지방
감탕나무	잎, 열매	상록활엽소교목	실생, 삽목	남부지방
개가시나무	잎	상록활엽교목	실생	남부지방
개산초	잎, 열매	상록활엽관목	실생	남부지방
광나무	잎, 꽃, 열매	상록활엽소교목	실생	남부지방
구골나무	잎, 꽃, 열매	상록활엽소교목	실생, 삽목	남부지방
구실잣밤나무	잎	상록활엽교목	실생	남부지방
굴거리나무	잎, 열매	상록활엽소교목	실생	남부지방
귤	잎, 꽃, 열매	상록활엽소교목	실생, 접목	남해안 도서지방, 제주도
금감	잎, 꽃, 열매	상록활엽관목	실생, 삽목, 접목	남해안 도서지방, 제주도
금목서	잎, 꽃, 향기	상록활엽소교목	삽목	남부지방
까마귀쪽나무	잎, 열매	상록활엽교목	실생	남해안 도서지방, 제주도
꽃치자	잎, 꽃, 향기	상록활엽관목	삽목	남부지방
꽝꽝나무	잎, 꽃, 열매	상록활엽관목	실생, 삽목	남부지방
남오미자	잎, 꽃, 열매	상록만경	실생, 삽목	남부지방
남천	잎, 꽃, 열매	상록활엽관목	실생, 삽목, 분주	중부 이남
납매	꽃	낙엽활엽관목	실생	남부지방
녹나무	잎	상록활엽교목	실생	남해안 도서지방, 제주도
다정큼나무	잎, 꽃, 열매	상록활엽관목	실생, 삽목	남부지방
담팔수	잎, 꽃, 열매	상록활엽교목	실생	남해안 도서지방, 제주도
돈나무	잎, 꽃, 열매	상록활엽관목	실생, 삽목	남부지방
동백	잎, 꽃, 열매	상록활엽소교목	실생, 삽목	남부지방
만년콩	잎, 열매	상록활엽관목	실생	남부지방
말오줌때	잎, 열매	낙엽활엽관목	실생, 삽목	남부지방
머귀나무	잎, 꽃, 열매	낙엽활엽교목	실생	남부지방
먼나무	잎, 열매	상록활엽소교목	실생, 삽목	남부지방
멀구슬나무	잎, 꽃, 열매	낙엽활엽교목	실생	남부지방
멀꿀	잎, 꽃, 열매	상록만경	실생, 삽목	남부지방
모람	잎	상록만경	실생, 삽목	남부지방
모밀잣밤나무	잎	상록활엽교목	실생	남부지방
모새나무	잎, 꽃	상록활엽관목	실생	남해안 도서지방
무화과나무	잎, 열매	낙엽활엽소교목	삽목	남부지방
박달목서	잎, 꽃, 열매	상록활엽소교목	실생, 삽목	남부지방
백량금	잎, 꽃, 열매	상록활엽관목	실생, 삽목	제주도
백서향	잎, 꽃, 열매	상록활엽관목	실생, 삽목	남부지방
백정화	잎, 꽃	상록활엽관목	실생, 삽목	남부지방
붉가시나무	잎, 꽃, 열매	상록활엽교목	실생	남부지방
붓순나무	잎, 꽃, 열매	상록활엽소교목	실생, 삽목	남부지방

수종	관상 부위	성상	증식법	식재 적지
비자나무	잎, 열매	상록침엽교목	실생, 삽목	남부지방
비파나무	잎, 꽃, 열매	상록활엽소교목	실생	남부 해안지방
사스레피나무	잎, 꽃, 열매	상록활엽관목	실생, 삽목	남부지방
산호수	잎, 꽃, 열매	상록활엽관목	실생, 삽목	남부지방
삼지닥나무	꽃, 열매	낙엽활엽관목	실생, 삽목	남부지방
상동나무	잎	반 상록활엽관목	실생	남부지방
상산	꽃	낙엽활엽관목	실생	남부지방
새덕이	잎	상록활엽교목	실생	남해안 도서지방, 제주도
생달나무	잎	상록활엽교목	실생	남해안 도서지방, 제주도
서향	잎, 꽃	상록활엽관목	실생, 삽목	남부지방
석류나무	꽃, 열매	낙엽활엽소교목	실생, 삽목	남부지방
센달나무	잎	상록활엽교목	실생	남해안 도서지방, 제주도
소귀나무	잎, 열매	상록활엽소교목	실생	남해안 도서지방, 제주도
소철	잎, 꽃, 열매	상록활엽관목	실생	남해안 도서지방, 제주도
순비기나무	꽃	상록활엽관목	실생, 삽목	남해안 도서지방, 제주도
식나무	잎, 꽃, 열매	상록활엽관목	실생, 삽목	남부지방
실거리나무	꽃	낙엽활엽관목	실생	남해안 도서지방, 제주도
아왜나무	잎, 꽃, 열매	상록활엽소교목	실생, 삽목	남부지방
애기동백	잎, 꽃	상록활엽소교목	실생, 삽목	남부지방
양다래	꽃, 열매	낙엽만경	실생, 삽목	남부지방
얼룩식나무	잎, 열매	상록활엽관목	실생, 삽목	남부지방
예덕나무	꽃	낙엽활엽관목	실생	남부지방
완도호랑가시	잎, 꽃, 열매	상록활엽소교목	실생, 삽목	남부방
우묵사스레피	잎	상록활엽관목	실생	남부지방
월계수	잎, 꽃, 열매	상록활엽소교목	실생, 삽목	남부지방
유자나무	잎, 꽃, 열매	상록활엽소교목	실생, 삽목, 접목	남해안 도서지방, 제주도
육박나무	잎	상록활엽교목	실생	남해안 도서지방, 제주도
은목서	잎, 꽃, 향기	상록활엽소교목	삽목	남부지방
이나무	꽃, 열매, 수피	낙엽활엽교목	실생, 근삽	남부지방
자금우	잎, 꽃, 열매	낙엽활엽관목	실생, 삽목, 분주	남해안, 제주도
제주광나무	잎, 꽃, 열매	상록활엽소교목	실생	남부지방
졸가시나무	잎	상록침엽교목	실생	남부지방
좀굴거리나무	잎, 열매	상록활엽소교목	실생	남부지방
종가시나무	잎	상록활엽교목	실생	남부지방
죽절초	잎, 열매	상록활엽관목	실생, 삽목	제주도
차나무	잎, 꽃, 열매	상록활엽관목	실생, 삽목	남부지방
참식나무	잎, 열매	상록활엽교목	실생	남해안, 제주도
참죽나무	실용수	낙엽활엽교목	실생, 근삽, 분주	남부지방

수종	관상 부위	성상	증식법	식재 적지
천선과나무	열매	낙엽활엽관목	실생, 삽목	남해안, 제주도
초령목	잎, 꽃, 열매	상록활엽소교목	실생	남해안 도서지방, 제주도
치자나무	잎, 꽃, 열매, 향기	상록활엽관목	실생, 삽목	남부지방
탐라산수국	꽃	낙엽활엽관목	실생, 삽목, 분주	중부 이남
태산목	잎, 꽃, 열매	상록활엽교목	실생, 접목	남부지방
통탈목	잎	상록활엽소교목	실생, 삽목	제주도
팔손이	잎, 꽃, 열매	상록활엽관목	실생, 삽목, 분주	남부지방
호랑가시나무	잎, 꽃, 열매	상록활엽소교목	실생, 삽목	남부지방
호자나무	잎, 꽃, 열매	상록활엽관목	실생, 삽목	남해안 도서지방, 제주도
홍가시나무	잎, 꽃, 열매	상록활엽소교목	실생, 삽목	남부지방
황근	꽃	낙엽활엽관목	실생, 삽목	제주도
황칠나무	잎, 꽃, 열매	상록활엽소교목	실생, 삽목	남부지방
후박나무	잎	상록활엽교목	실생	남해안 도서지방, 제주도
후추등	잎, 꽃, 열매	상록만경	실생, 삽목	남해안 도서지방
흑오미자	잎, 꽃, 열매	상록만경	실생, 삽목	남해안 도서지방
흰동백	잎, 꽃, 열매	상록활엽소교목	실생, 삽목	남부지방

찾아보기

본문에 표제어로 수록된 수종의 경우 해당 페이지에 별표(*)를 달았다.

[ㄱ]

가래나무	209, 290, 292, 295
가막살나무	45, 128*, 133, 137, 269, 271, 273, 278, 283, 295, 300
가문비나무	292
가시나무	53, 59*, 60, 157, 206, 292, 302
가시딸기	295
가시오갈피	94*, 96, 283, 295
가죽나무	224, 292
가침박달	141*, 278, 283
각시괴불나무	283, 295
갈기조팝나무	142, 145, 148, 154, 156, 278, 283
갈참나무	244, 292
감나무	92, 210*, 211, 245, 278, 290, 295, 300
감탕나무	12, 35, 50, 85, 179, 295, 302
감태나무	88*, 89, 215, 295, 300
개가시나무	59, 302
개나리	102, 104, 105, 106, 166, 271, 273, 278, 283
개느삼	168*, 272, 273, 278, 283
개머루	295
개버무리	278
개벚나무	241, 242, 283
개비자나무	66*, 295
개산초	125, 126, 295, 302
개살구	197, 283, 295
개서어나무	192, 292
개암나무	140*, 264, 283, 290, 295
개오동	283, 295
개옻나무	191, 300
개잎갈나무	292
개회나무	103, 183, 186*, 271
갯버들	229, 230, 283
거제수나무	273, 292
검노린재	90, 283, 295
검양옻나무	191, 300

검종덩굴	254, 255, 256, 283
검팽나무	216, 217, 292
겨울딸기	295
계수나무	212*, 292
계요등	283
고광나무	111*, 271, 278, 283
고로쇠나무	181, 218*, 219, 292, 300
고욤나무	210, 211*, 272, 290, 292, 295
고추나무	86*, 283
골담초	169*, 172, 272, 273, 278, 283
곰솔	67, 69*, 71, 73, 292
곰의말채	246, 283
공조팝나무	142, 145, 278, 283
광나무	41*, 42, 107, 283, 295, 302
괴불나무	129*, 130, 131, 134, 135, 259, 273, 283, 295
구골나무	20*, 21, 55, 270, 273, 278, 283, 295, 302
구상나무	70*, 72, 75, 278
구슬댕댕이	129, 130*, 131, 138, 283, 295
구실잣밤나무	292, 302
구주피나무	250, 283, 292
국수나무	283
굴거리나무	39*, 270, 273
굴참나무	244*, 270, 292
굴피나무	292
귀룽나무	238*, 283, 295
귤	290, 295, 302
금감	44, 290, 295, 302
금목서	20, 21, 55, 278, 283, 302
금송	36, 68*
길마가지나무	110, 131*, 134, 135, 138, 139, 259, 270, 278, 283, 295
까마귀밥나무	112*, 113, 269, 283, 295
까마귀베개	177*
까마귀쪽나무	37*, 270, 302
까치박달	192, 236*, 292
까치밥나무	112, 283, 295

꼬리까치밥나무 112, 113*, 283, 295
꼬리조팝나무 142*, 145, 148, 154, 156, 278
꼬리진달래 27*, 272, 278
꽃개오동(미국개오동) 283
꽃개회나무 103, 186, 187, 278, 283
꽃댕강나무 132, 273, 278, 283
꽃싸리 283
꽃아그배나무 200, 278, 283
꽃아까시나무 283
꽃치자 278, 284, 302
꽝꽝나무 12*, 85, 179, 278, 295, 302
꾸지나무 120, 295
꾸지뽕나무 232*, 295

[ㄴ]

나도국수나무 284
나도밤나무 213*, 214, 295
나래회나무 91, 180, 295
나무딸기 295
나무수국 116, 117, 284
나한송 36*
낙상홍 85*, 179, 278, 295
낙우송 83*, 84, 292, 300
난티나무 292
난티잎개암나무 140, 290
남오미자 63*, 278, 284, 295, 302
남천 19*, 278, 284, 295, 300, 302
납매 110*, 131, 278, 284, 302
너도밤나무 292
넓은잎댕댕이 284
넓은잎딱총나무 296
네군도단풍 218, 219, 300
노각나무 239, 243*, 276, 278, 284, 300
노간주나무 81*, 82
노란해당화 284
노랑만병초 284
노린재나무 90*, 284
노박덩굴 265, 296
녹나무 51*, 53, 292, 302
누른종덩굴 284

누리장나무 97*, 284, 296
눈잣나무 292
느릅나무 292
느티나무 216*, 292
능금 199, 284, 290, 296
능소화 252*, 271, 273, 284
능수매 284
능수버들 292

[ㄷ]

다래나무 253*, 272, 284, 290, 296
다릅나무 284, 292
다정큼나무 25*, 278, 284, 296, 302
닥나무 120*, 296
단풍나무 181, 218, 219*, 220, 222, 278, 292, 300
담자리꽃나무 284
담쟁이덩굴 262*, 265, 300
담팔수 38*, 284, 292, 296, 302
당느릅나무 292
당단풍 181*, 218, 220, 278, 300
당마가목 193, 204, 278, 284, 296, 300
당매자나무 100*, 101, 284, 296
당조팝나무 142, 154, 156, 284
대만풍나무 292, 300
대추나무 178*, 272, 290, 296
대팻집나무 85, 179*, 278, 296
댕강나무 132*, 271, 273, 278, 284
덜꿩나무 45, 128, 133, 137, 271, 278, 284, 296, 300
덤불조팝나무 142, 145, 148, 154, 156, 284
덧나무 296
독일가문비 292
돈나무 18*, 271, 272, 278, 284, 296, 302
돌매화나무 284
동백 30, 31, 47*, 48, 50, 53, 58, 89, 157, 243, 271, 272, 273, 278, 284, 302
두릅나무 95*, 272, 284, 296
두메닥나무 173*, 175, 296
두메오리나무 296
두충 292
둥근잎말발도리 284

들메나무 292

들쭉나무 29, 163, 165, 290

등나무 98, 261*, 267, 271, 272, 273, 284

등수국 116, 117, 284

등칡 284

딱총나무 296

땃두릅나무 296

땅비싸리 170*, 284

때죽나무 182*, 183, 278, 284, 296

떡갈나무 244, 292

떡버들 284

뜰보리수나무 119*, 290, 296

[ㄹ]·[ㅁ]

라일락 103*, 122, 186, 187, 266, 271, 274, 278, 285

리기다소나무 292

마가목 147, 193*, 204, 279, 285, 296, 300

마삭줄 65*, 259, 271, 273, 285

만년콩 302

만리화 102, 105, 106, 271, 285, 300

만병초 28*, 271, 276, 279, 285

말발도리 114, 115, 118, 279, 285

말오줌나무 296

말오줌때 87*, 279, 296, 302

말채나무 245*, 246, 285, 292, 296

망개나무 296

매발톱나무 100, 101, 285, 296

매실나무 150, 151, 194*, 195, 197, 279, 285, 290, 296

매자나무 100, 101*, 285, 296

매화말발도리 114*, 115, 118, 285

맹종죽 293

머귀나무 126, 285, 302

머루 290, 296

먼나무 12, 35, 50*, 85, 269, 271, 272, 279, 296, 302

멀구슬나무 223*, 279, 285, 293, 296, 300, 302

멀꿀 64*, 258, 259, 270, 272, 273, 279, 285, 290, 296, 302

멍덕딸기 296

메타세쿼이아 83, 84*, 293, 300

명자나무 143*, 271, 273, 279, 285, 296

모감주나무 185*, 269, 270, 272, 279, 285, 293, 300

모과나무 81, 82, 239*, 279, 285, 290, 296, 300

모란 108*, 269, 270, 271, 273, 274, 279, 285

모람 62*, 121, 296, 302

모밀잣밤나무 302

모새나무 29*, 285, 302

목련 54, 184, 225*, 270, 273, 279, 285, 293, 297

목서 20, 21*, 50, 53, 55, 272

무궁화 123*, 124, 279, 285

무화과나무 62, 121, 188*, 271, 279, 290, 297, 302

무환자나무 227*, 279, 293, 300

문배 290

물개암나무 140, 285

물박달나무 237, 293

물오리나무 293

물참대 114, 115, 118, 285

물푸레나무 223, 293

미루나무(미류나무) 293

미선나무 104*, 271, 279, 285

민둥인가목 160, 285

[ㅂ]

바위댕강나무 132, 285

바위말발도리 114, 115, 118, 285

바위수국 116, 117, 285

박달나무 141, 236, 237, 293

박달목서 21, 55*, 285, 302

박쥐나무 109*, 279, 285, 297

박태기나무 171*, 212, 279, 285

밤나무 213, 270, 274, 290

배롱나무 189*, 239, 271, 279, 285, 293

백당나무 45, 128, 133*, 137, 279, 285, 297

백량금 22*, 23, 24, 285, 297, 302

백리향 14, 285

백목련 184, 225, 279, 285

백서향 33*, 173, 175, 279, 297, 302

백송 67, 71, 73*, 279

백정화 302

백합나무 226*, 276

버드나무 202, 229*, 293

버즘나무	293
벚나무	143, 150, 195, 197, 202, 238, 241, 271, 279, 285, 293
벽오동	231*, 271
별목련	184, 225, 279, 285, 297
병꽃나무	136*, 271, 279, 286
병아리꽃나무	144*, 185, 271, 279, 286, 297, 300
병조희풀	286
보리밥나무	119, 297
보리수나무	119, 297
복분자딸기	290, 297
복사나무	195*, 197, 202, 286, 290, 297
복자기나무	220*, 293
복장나무	220, 293, 300
부게꽃나무	218, 219, 286, 300
부들레야	122*, 272
부용	286
분꽃나무	45, 128, 133, 137*, 279, 286
분단나무	45, 128, 133, 137, 279, 286, 297
분비나무	70, 75, 293
분홍괴불나무	134*
(타타리카괴불나무)	
불두화	133, 279, 286
붉가시나무	59, 60, 293, 302
붉나무	191*, 272, 300
붉은인가목	160, 297
붉은인동	259*
붓순나무	43*, 279, 286, 302
블루베리	163*, 165, 290
비목나무	89, 215*, 297, 300
비자나무	76*, 279, 297, 303
비쭈기나무	58*
비파나무	46*, 279, 303
빈도리	115*, 273, 286
빈추나무	286
뽕나무	232, 272, 290, 297

[ㅅ]

사과나무	198, 199, 286, 290, 297
사람주나무	92*, 221, 300
사방오리	297
사스래나무	293
사스레피나무	30*, 58, 303
사위질빵	286
사철나무	15*, 180, 272, 279, 297
산가막살나무	128, 133, 137, 279, 286, 297, 300
산개나리	102, 279, 286
산개벚지나무	286
산겨릅나무	300
산돌배	157, 240*, 286, 290
산딸기	290, 297
산딸나무	205*, 206, 245, 280, 286, 293, 297, 300
산벚나무	238, 241, 242, 286, 297, 300
산사나무	196*, 272, 280, 286, 297
산수국	116*, 117, 271, 272, 273, 280, 286
산수유	89, 140, 162, 174, 205, 206*, 245, 276, 280, 286, 297
산앵도나무	165, 286, 297
산옥매	151, 280, 286, 297
산조팝나무	142, 145*, 148, 154, 156, 280, 286
산철쭉	27, 164*, 166, 167, 280, 286
산초나무	125*, 126, 286, 297
산호수	22, 23*, 24, 272, 297, 303
살구나무	197*
삼나무	151, 280, 286, 290, 297
삼색병꽃	286
삼지닥나무	174*, 273, 280, 286, 303
상동나무	303
상산	286, 303
상수리나무	244, 293
새덕이	37, 51, 52, 303
새비나무	99, 297
생강나무	89*, 162, 215, 280, 286, 300
생달나무	37, 51, 280, 303
생열귀나무	152, 153, 158, 160, 280, 286, 297
서양병꽃	286
서양측백	78*, 79
서어나무	192, 236, 293
서향	33, 173, 174, 175, 272, 280, 286, 303
석류나무	190*, 271, 286, 297, 300, 303
설탕단풍	218, 219, 293
섬개야광나무	146*, 280, 286, 297

섬개회나무	186, 187, 287
섬고광나무	287
섬괴불나무	134, 135*, 139, 259, 287, 297
섬댕강나무	132, 146, 287
섬딸기	290, 297
섬백리향	14*, 287
섬벚나무	241, 242, 287
섬오갈피	94, 96, 297
섬잣나무	67*, 74, 293
섬피나무	250, 287
세열단풍	280
세잎종덩굴	254*, 255, 256, 287
센달나무	37, 51, 52, 303
소귀나무	56*, 290, 298, 303
소나무	27, 39, 67, 68, 69, 71*, 73, 74, 143, 206, 277, 280, 293
소사나무	192*, 236, 280, 293, 300
소철	303
솔송나무	72*
송악	61*, 272, 298
수국	116, 117*, 280, 287
수리딸기	290
수사해당	198*
수수꽃다리	186, 187, 280
수양버들	229, 230, 293
순비기나무	98*, 303
쉬나무	287
쉬땅나무	147*, 280
스트로브잣나무	293
시닥나무	181, 218, 219, 293, 300
시로미	287
시무나무	293
식나무	32*, 272, 273, 280, 298, 303
신갈나무	293
신나무	181, 219, 220, 293, 301
실거리나무	303
싸리	287

[ㅇ]

아구장나무	142, 145, 148*, 154, 156, 280, 287
아그배나무	81, 198, 199*, 200, 280, 287, 298
아까시나무	248*, 267, 272, 287
아로니아(초크베리)	149*
아왜나무	45*, 272, 280, 287, 298, 303
안개나무	287
애기고광나무	111, 287
애기동백	47, 48*, 272, 280, 287, 303
애기등	287
애기말발도리	118*, 271, 273, 287
앵두나무	150*, 151, 280, 287, 298
야광나무	198, 199, 200*, 280, 287, 298
야촌단풍	301
양다래	287, 290, 298, 303
양버즘나무	293
얼룩식나무	280, 303
연필향나무	81, 82, 293
염주나무	185, 293
영춘화	105*, 162, 271, 280, 287
예덕나무	93*, 303
오갈피나무	94, 96*, 280, 298
오동나무	251*, 272, 287
오리나무	204, 277, 298
오미자	63, 257*, 259, 271, 298
옥매	151, 273, 287, 298
올괴불나무	129, 130, 131, 135, 138*, 139, 259, 270, 280, 287, 298
올벚나무	241*, 242, 280, 287, 294
옻나무	191, 301
완도호랑가시	303
왕괴불나무	298
왕대	294
왕버들	229, 230*, 294
왕벚나무	238, 241, 242*, 280, 287, 294
왕자귀나무	207*, 208, 287
왕초피나무	125, 126, 298
요강나물	254, 255, 256, 287
용버들	294
우묵사스레피	30, 58, 303
우산고로쇠	218, 294, 301
월계수	16*, 33, 39, 173, 175, 280, 303
위성류	287
유동	287

유자나무	44*, 290, 298, 303
육박나무	37, 51, 53, 303
윤노리나무	57, 81, 201*, 280, 287, 298, 301
으름덩굴	64, 258*, 266, 271, 280, 287, 290, 298
으아리	254, 255*, 256, 287
은단풍	218, 219, 294, 301
은목서	20, 287, 303
은백양	294
은수원사시나무	294
은종나무	288
은행나무	234*, 271, 290, 294, 301
음나무	222*, 272, 280, 288, 294, 298
이나무	235*, 272, 280, 288, 294, 298, 303
이대	294
이스라지	151*, 273, 281, 288, 298
이팝나무	228*, 281, 288, 294, 298
인가목	152*, 153, 155
인가목조팝나무	142, 145, 148, 154, 288
인동덩굴	135, 259, 260*, 273, 288
일본목련	225, 288, 294, 298
일본잎갈나무	301
일본조팝나무	142, 145, 288
잎갈나무	301

[ㅈ]

자귀나무	207, 208*, 272, 281, 288, 294
자금우	22, 23, 24*, 298, 303
자두나무	37, 52, 197, 202*, 281, 288, 290, 298
자목련	184, 273, 281, 288
자작나무	237*, 294
자주받침꽃	288
작살나무	99, 298
잣나무	67, 73, 74*, 290, 294
장구밥나무	176*, 281, 298
장딸기	298
장미	144, 152, 153*, 155, 158, 160, 166, 167, 274, 275, 281, 298
장수만리화	102, 106*, 281, 288, 301
전나무	70, 75*
정금나무	29, 163, 165*, 281, 288, 290, 298, 301

정향나무	103, 187*, 281, 288
제주광나무	41, 42*, 107, 281, 288, 298, 303
조구나무	221*
조록싸리	288
조릿대	294
조팝나무	142, 145, 148, 154*, 156, 271, 273, 281, 288, 301
족제비싸리	294
졸가시나무	59, 303
졸참나무	244, 294
좀굴거리나무	39, 298, 303
좀댕강나무	132, 288
좀작살나무	99*, 298
좀참꽃	288
좁은단풍	301
종가시나무	59, 60*, 281, 303
종덩굴	254, 255, 256*
주목	66, 72, 77*, 83, 281, 298
주엽나무	298
죽단화	159, 281, 288
죽절초	26*, 269, 298, 303
준베리	203, 281, 291, 298
줄딸기	298
줄사철나무	15, 180, 299
중국굴피나무	294
중국단풍	218, 219, 281, 294, 301
중국풍년화	161, 301
중대가리나무	288
쥐똥나무	41, 42, 103, 107*, 266
지렁쿠나무	299
진달래	27, 102, 164, 165, 166*, 167, 270, 271, 276, 281, 288, 301
쪽동백나무	182, 183*, 281, 288, 299
찔레나무	153, 155*, 158, 275, 288, 299

[ㅊ]

차나무	31*, 271, 272, 273, 281, 288, 299, 303
차빛당마가목	281, 288, 299, 301
참골담초	169, 172*
참꽃나무	164, 166, 167, 281, 288
참느릅나무	301

참배	157, 240, 288, 291
참빗살나무	91, 180*, 281, 299, 301
참식나무	52*, 53, 281, 299, 303
참싸리	288
참오동	251, 272, 288, 294
참으아리	288
참조팝나무	154, 156*, 281, 288
참죽나무	224*, 272, 281, 294, 303
참회나무	299, 301
채진목	203*, 281, 288, 299
천선과나무	62, 121*, 304
천엽지자	288
철쭉	164, 166, 167*, 270, 271, 273, 276, 281, 288
청괴불나무	139, 299
청시닥나무	218, 219, 220, 294, 301
초령목	54, 304
초크베리	149, 281, 291, 299
초평조팝나무	288
초피나무	125, 126*
측백나무	78, 79*, 294
층꽃나무	289
층층나무	245, 246*, 289, 294, 299
치자나무	13*, 271, 272, 273, 281, 289, 299, 304
칠엽수	247*, 270, 281, 289, 294, 299, 301
칡	98, 273, 289

[ㅋ]·[ㅌ]·[ㅍ]

콩배나무	157*, 240, 281, 289, 299
큰꽃으아리	289
탐라산수국	289, 304
태산목	54*, 281, 289, 299, 304
탱자나무	44, 127*, 299
털댕강나무	132, 289
통탈목	304
튤립나무	226, 289, 294, 301
팔손이나무	17*, 269, 272, 281, 289, 299, 304
팥꽃나무	175*, 272, 281, 289
팥배나무	193, 204*, 272, 281, 289, 299, 301
팽나무	216, 217*, 294, 301
편백	79, 80*, 294

포도나무	263*, 299
포포나무	289
푸조나무	216, 294
풀명자	289, 299
풍년화	110, 131, 161*, 281, 289, 301
피나무	250*, 264, 294, 299
피라칸다	271, 281, 289, 299

[ㅎ]

할미밀망	289
함박꽃나무	184*, 282, 289, 299
합다리나무	213, 214*, 299
해당화	152, 153, 155, 158*, 160, 269, 271, 282, 289, 299
향나무	81, 82*, 157, 198, 239, 271, 282
헛개나무	289
협죽도	289
호두나무	209*, 291, 294
호랑가시나무	12, 35*, 50, 85, 179, 269, 271, 272, 282, 299, 304
호랑버들	289
호자나무	304
홍가시나무	57*, 282, 289, 299, 304
홍괴불나무	129, 130, 131, 135, 138, 139, 299
화백	79, 80, 294
화살나무	15, 91*, 180, 271, 282, 299
황근	124*, 282, 289, 301, 304
황매화	159*, 273, 282, 289
황목련	282
황벽나무	233*, 294
황칠나무	40*, 282, 299, 304
회나무	15, 91, 180, 299
회목나무	301
회양목	12, 34*, 282
회잎나무	282, 299
회화나무	249*, 282, 294
후박나무	37, 51, 53*, 282, 299, 304
후추등	304
후피향나무	49*, 272, 273, 289, 299
흑오미자	63, 299, 304
흰동백	304
흰등괴불나무	138, 139*

흰말채나무	289
흰인가목	152, 153, 155, 158, 160*, 289, 299
히어리	140, 162*, 282, 289, 301